高等院校“十二五”规划教材／食品科学与工程系列

生物活性成分分离技术

● 主　　编　王振宇　赵海田

● 副 主 编　程翠林　井　晶　张　华　卢卫红

● 参编人员　白海娜　刁　岩　李　辉　邱军强

　　　　　　贠可力　伊娟娟

● 主　　审　王　路

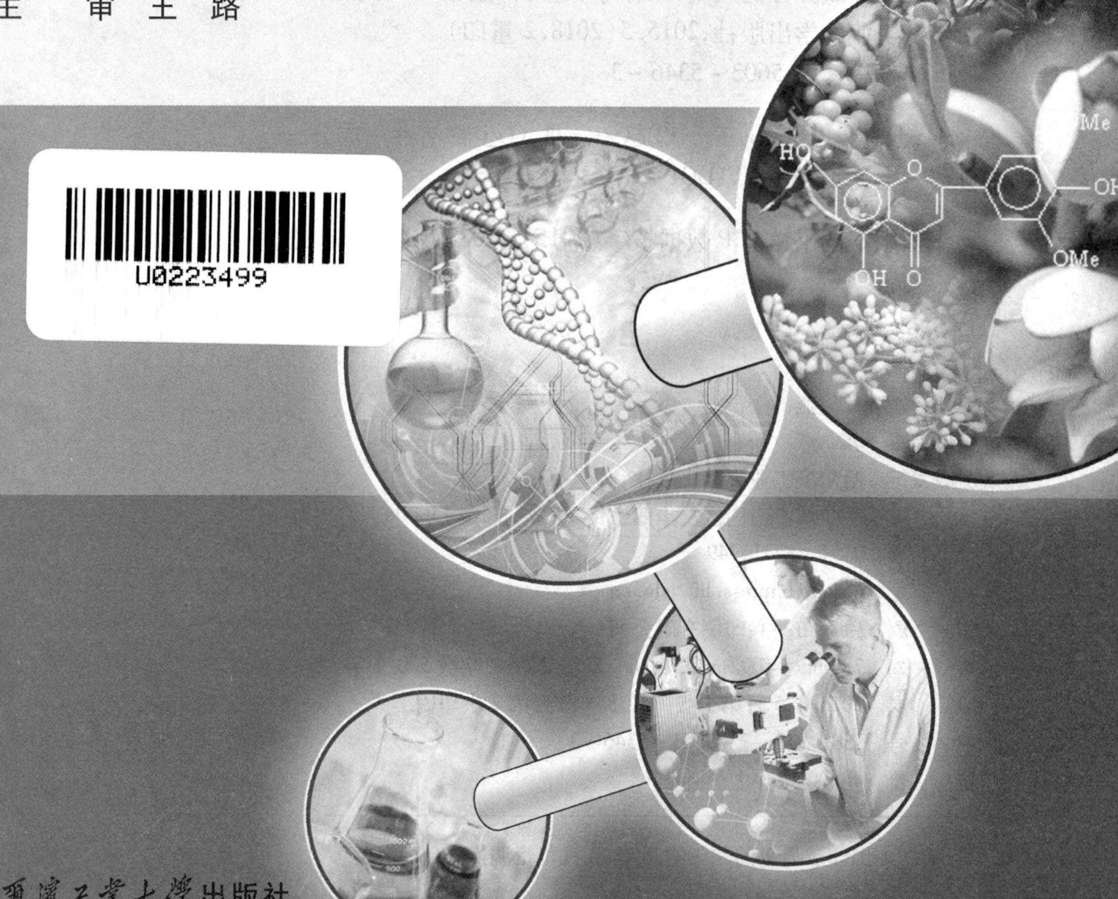

哈爾濱工業大學出版社

内容简介

随着生物技术的迅速发展、新型天然产物工程(动物、植物及微生物)制品及功能活性物质的不断发现与开发,天然产物分离技术成为现代生物技术的核心。它决定着天然产物制品的功效、安全及成本,同时决定着在生物领域中的竞争能力。本书兼顾了天然产物分离技术的前瞻性、实用性、系统性和科学性,分为2部分,共21章,第1部分介绍了萜类、多酚类、甾体及其苷类化合物、脂肪酸、生物碱、多糖、氨基酸、蛋白类及核酸等生物活性成分的性质、分类和生理功能;第2部分重点阐述了天然产物的分离技术,包括离心分离、超声波萃取、微波萃取、超临界流体萃取、反胶束萃取、强电场萃取、双水相萃取、层析技术、膜分离技术、液膜分离、分子蒸馏、泡沫分离技术及分子印迹技术的基本原理、工艺技术、设备参数和应用实例。

本书可作为生物化工、医药、食品、营养、能源、环境等专业科研人员的工具书,也可作为高等学校上述专业的本科生、研究生教材或参考用书。

图书在版编目(CIP)数据

生物活性成分分离技术/王振宇,赵海田主编.—哈尔滨:哈尔滨工业大学出版社,2015.5(2018.2重印)
ISBN 978-7-5603-5346-3

Ⅰ.①生…　Ⅱ.①王…②赵…　Ⅲ.①生物活性-成分-分离-生物工程　Ⅳ.①Q1

中国版本图书馆CIP数据核字(2015)第087078号

策划编辑　杜　燕
责任编辑　郭　然
出版发行　哈尔滨工业大学出版社
社　　址　哈尔滨市南岗区复华四道街10号　邮编150006
传　　真　0451-86414749
网　　址　http://hitpress.hit.edu.cn
印　　刷　肇东市一兴印刷有限公司
开　　本　787mm×1092mm　1/16　印张22.5　字数520千字
版　　次　2015年5月第1版　2018年2月第2次印刷
书　　号　ISBN 978-7-5603-5346-3
定　　价　46.00元

前　言

本书是在哈尔滨工业大学食品科学与工程学院开设的研究生专业课“高等生物分离技术”的基础上，不断适应新的教学需求，并由哈尔滨工业大学研究生教育教学改革研究项目（编号：JCJS201314）资助而编写的专业课教材。全书分2部分共21章，兼顾了应用技术的前沿性、实用性、系统性和科学性。重点介绍了生物来源的蛋白质、多肽、有机酸、多糖、生物碱、多酚、脂类等生物活性物质的分离纯化技术；同时对现代分离纯化方法进行了大量阐述，如新型萃取、膜分离、离心分离、色谱分离、分子蒸馏、亲和层析技术等，并将生物分离过程科学与化学、生物化学及分子生物学等理论进行了有机的结合。通过对本书的阅读可了解各种生物活性物质性质、功能和分离纯化技术，有利于从事食品、药品、天然活性制品及能源等领域的技术人员解决理论与实践问题。

本书编写分工如下：第1,2章由赵海田编写；第3,4章由井晶编写；第5,6章由张华编写；第7,8章由白海娜编写；第9,10章由伊娟娟编写；第11,12章由负可力编写；第13,14章由邱军强编写；第15章由程翠林编写；第16章由卢卫红编写；第17章由王振宇编写；第18,19章由刁岩编写；第20,21章由李辉编写。王振宇、赵海田负责全书的资料搜集整理工作。哈尔滨工业大学王路副教授在百忙之中对本书进行了审阅。同时，哈尔滨工业大学马立明老师、王哲研究生等对本书提供了很大帮助，在此一并表示感谢。

本书在编写过程中参考了相关的文献及著作，在此对相关资料的作者表示衷心的感谢！

由于编者水平有限，书中难免有疏漏之处，敬请批评指正！

编　者

2015年2月

目　录

第1部分　生物活性成分介绍

第2部分　分离技术

第 1 部分　生物活性成分介绍

第1章 萜类物质

1.1 概　　念

萜类(terpenes)化合物是广泛存在于自然界的天然产物中的一类非常重要的烃类化合物,其结构特点是它们的碳骨架都可以看作是由异戊二烯的聚合体及其含氧的饱和程度不等的衍生物。因此,凡是由异戊二烯衍生,且分子式符合 $(C_5H_8)_n$ $(n \geqslant 2)$ 通式的衍生物,均可以称为萜类化合物。

萜类化合物的分类方法有很多种,最常见的就是按照其分子中所含有的异戊二烯数量进行分类,如单帖、倍半萜、二萜、二倍半萜、三萜、四萜和多萜,其中单萜和倍半萜为挥发油的组成成分,具体见表1.1。

表1.1　萜类化合物的分类与分布

类别	异戊二烯单位数	碳原子数	存在	含氧衍生物
半萜(hemiterpenes)	1	5	植物叶	醇、醛、酸等
单萜(monoterpenes)	2	10	挥发油	醇、醛、酮、醚等
倍半萜(sesquiterpenes)	3	15	挥发油、树脂	醇、醛、酮、醚、内酯等
二萜(diterpenes)	4	20	树脂	植物醇、树脂酸、内酯等
二倍半萜(sesterterpenes)	5	25	植物病菌、海绵、昆虫代谢物	醛、酮、酸等
三萜(triterpenes)	6	30	树脂、皂苷	醇、酸等
四萜(tetraterpenes)	8	40	色素	色素等
多萜	>8	>40	橡胶	—

此外,还可以按照成环的数目对萜类化合物进行分类,如链状单萜、单环单萜、双环单萜、三环单萜等;链状倍半萜、单环倍半萜、双环倍半萜、三环倍半萜等;链状二萜、单环

二萜、双环二萜、三环二萜、四环二萜等;链状三萜、三环三萜、四环三萜、五环三萜等。

如果按照碳环的骨架分类,则有单萜中的月桂烷、香芹樟烷等;倍半萜中的金合欢烷、藿香烷等;三萜中的龙涎香烷、乌苏烷等。

如果按照功能基团来划分,则有倍半萜内酯、二萜内酯,三萜酸等。

萜类化合物分子中大多数具有双键或共轭双键,分子活泼程度很高。因此,在自然界中,萜类化合物除了以萜类的形式存在以外,很多是以含氧衍生物的形式存在,如萜醇、萜醛、萜酸、萜酯、萜酮、萜苷等,另外还有含氮的萜生物碱,并有少数含硫衍生物存在。

萜类化合物广泛存在于自然界中的高等植物、真菌、微生物、某些昆虫和海洋生物中。作为中草药中一类相当重要的化合物,萜类化合物在治疗各种疾病中有着非常重要的作用,如梓醇是地黄降血糖的主要成分,而月桂烯是治疗痰多和咳嗽的有效物质,中药青蒿中的青蒿素对恶性疟疾有速效。同时,它们也是非常重要的天然香料,是化妆品工业和食品工业不可或缺的原料,如姜烯、α-姜黄烯、β-麝子油烯和水芹烯等萜类化合物都是常用的食品调味料,α-蒎烯和香茅醇都在香料工业制造中十分重要,而且一些萜类化合物还是重要的工业原料,如由反式连接的异戊二烯类长链化合物合成的多萜化合物橡胶,就是汽车工业和飞机制造业的重要原料。

萜类化合物在自然界中分布很广,菌类、蕨类、单子叶和双子叶植物、动物及海洋生物中均有分布,尤以双子叶植物中分布最多。它们以游离形式或者以与糖结合成苷或酯的形式存在。游离三萜主要来源于菊科、豆科、大戟科等植物;三萜苷类在豆科、五加科、桔梗科、远志科、葫芦科等植物分布较多。动物类资源的鱼油中也有萜类物质。

下面就按照最常见的分类方法及其分子中所含有的异戊二烯数量进行分类来介绍几种重要的萜类物质。

1.1.1　单萜类化合物

单萜 (monoterpenes)化合物在高等植物中分布广泛,通常存在于唇形科(Labiatae),樟科(Lauraceae),芸香科(Rutaceae),桃金娘科(Myrtaceae),木兰科(Magholiaceae),松科(Pinaceae)等植物中,大多数是植物挥发油中沸点在140~180 ℃部分的主要成分。单萜类的含氧衍生物沸点较高,一般为200~230 ℃,而且具有较强大的生理活性和香味。单萜的不饱和度为3,根据分子结构中碳环数目的不同,分为链状单萜(无环单萜)、单环单萜和双环单萜三大类,其中以单环单萜和双环单萜最多。

1. 链状单萜类

(1)罗勒烯(α-ocimene)。

链状萜烯类,存在于吴茱萸中,具有祛痰和镇咳的作用(图1.1)。

(2)香茅醇Ⅰ(nerol)。

含氧链状单萜类,油状物,b. p. 99 ℃;d 0.856 0。存在于芸香科植物九里香中,具有驱虫的作用,同时可以作为香料来使用(图1.2)。

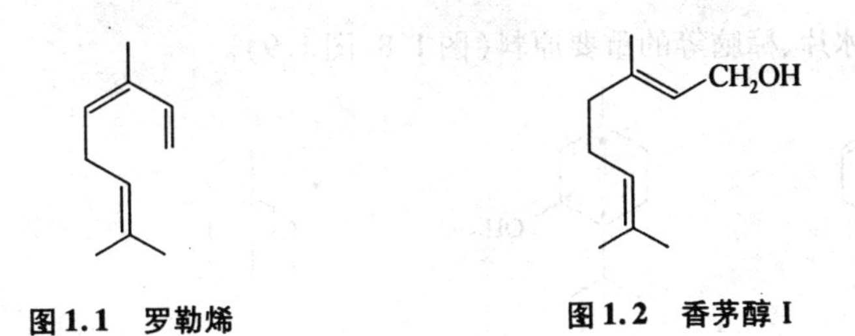

图1.1 罗勒烯　　图1.2 香茅醇Ⅰ

(3)柠檬醛(citral)。

含氧链状单萜类,淡黄色液体,b. p. 229 ℃;d 0.880 0;f. p. 101 ℃。存在于百合科植物大蒜的挥发油中,具有杀、驱昆虫,抑、杀真菌和防腐的功能(图1.3、图1.4)。

(4)香茅醇Ⅱ(citronellol)

含氧链状单萜类,淡黄色液体,微溶于水,能溶于乙醇和乙醚,b. p. 222 ℃;d 0.850 0;f. p. 79 ℃。存在于柠檬油、香茅油、香叶油中,具有抑制金黄色葡萄球菌和伤寒杆菌的功效(图1.5)。

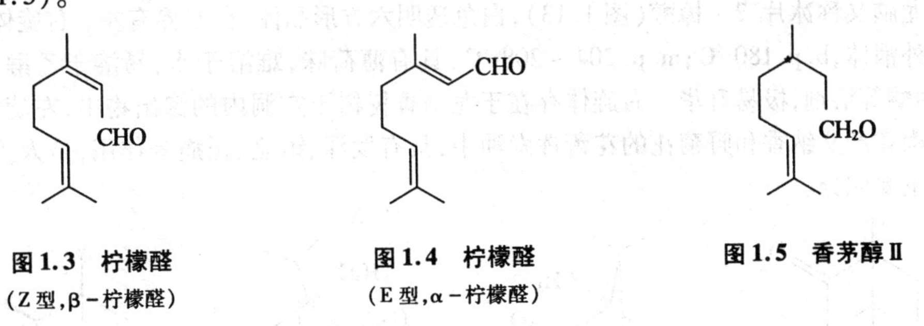

图1.3 柠檬醛
(Z型,β-柠檬醛)

图1.4 柠檬醛
(E型,α-柠檬醛)

图1.5 香茅醇Ⅱ

2. 单环单萜类

(1)柠烯(limonene)。

柠烯又称柠檬烯,1,8-萜二烯,含一个C*,外消旋体为无色针状晶体,油状物;左旋体为无色针状晶体,油状物,b. p. 177.6~177.8 ℃,右旋体为油状物,b. p. 71 ℃;左旋体和外消旋体存在于松科植物白皮松的松针油和松节油中,右旋体存在于芸香科植物柠檬、柑橘、佛手等的油和杜鹃科植物黄花杜鹃的挥发油中,具有镇咳和祛痰的功效,同时可以用作生产香料、溶剂及合成橡胶(图1.6)。

(2)薄荷醇(menthol)。

薄荷醇又称薄荷脑,3-萜醇,结构式中含有3个C*,自然界只存在左旋体,b. p. 212 ℃;d 0.890。白色针状或棱柱状结晶,有薄荷香味,微溶于水,存在于薄荷油中,是二萜的重要来源,用作清凉剂、祛风剂、防腐剂,是清凉油、人丹等的主要成分(图1.7)。

3. 双环单萜类

(1)α-松节烯(α-pinene)和β-松节烯(β-pinene)。

α-松节烯和β-松节烯又称α-蒎烯和β-蒎烯,b. p. 分别为155~156 ℃和164 ℃。不溶于水,溶于乙醇、氯仿、乙醚、冰醋酸等有机溶剂,是松节油的主要成分,也广泛存在于柠檬、百里香、茴香、薄荷、橙花等物质的挥发油中。具有局部止痛作用,同时α-

蒎烯还是合成冰片、樟脑等的重要原料(图1.8、图1.9)。

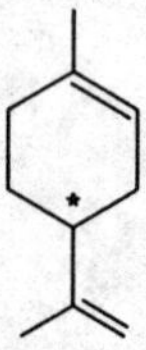

图1.6　柠烯 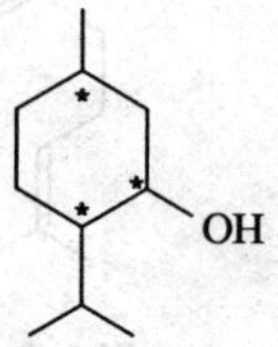　　图1.7　薄荷醇 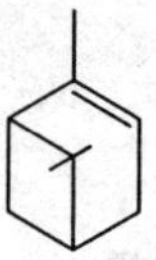　　图1.8　α-松节烯 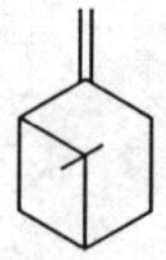　　图1.9　β-松节烯

(2)樟脑(camphor)。

樟脑又称2-樟酮、2-莰酮(图1.10),无色透明粒状晶体,结构式中有2个C*,因此存在左、右旋体(图1.11、图1.12)。自然界多以右旋体存在,合成品为外消旋体,右旋体b.p. 179 ℃,外消旋体b.p. 178 ℃。主要存在于樟树的挥发油中,在临床上利用其对呼吸及循环系统的兴奋剂作用来进行急救工作,还可以用于身体局部擦拭来增加微血管循环。

(3)龙脑(borneol)。

龙脑又称冰片、2-樟醇(图1.13),白色透明六方形晶体,自然界有左、右旋体,合成品为外消体,b.p. 180 ℃;m.p. 204～208 ℃,具有薄荷味,难溶于水,易溶于乙醇、乙醚、苯、丙酮等溶剂,极易升华。右旋体存在于龙脑香树树干空洞内的渗出物中,左旋体存在于海南省产艾纳香和野菊花的花蕾挥发油中,具有发汗、镇痉、止痛等作用,是人丹、冰硼散的主要成分。

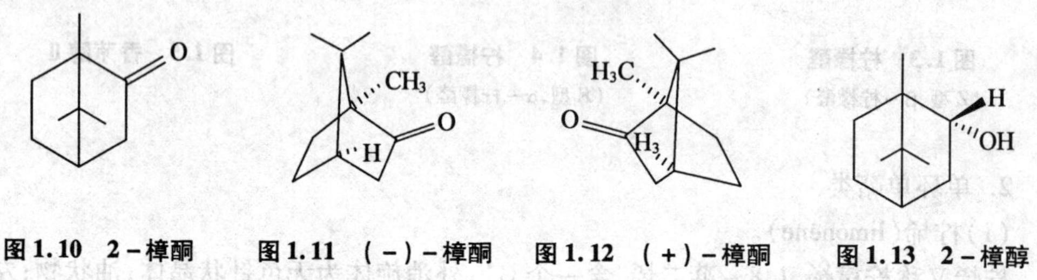

图1.10　2-樟酮　　图1.11　(-)-樟酮　　图1.12　(+)-樟酮　　图1.13　2-樟醇

1.1.2　环烯醚萜类化合物

环烯醚萜(iridoids)为蚁臭二醛(iridoidial)的缩醛衍生物,含有取代环戊烷环烯醚萜(iridoid)和环戊烷开裂的裂环环烯醚萜(secoiridoid)两种基本碳架。环烯醚萜及其苷类广泛分布于唇形科、茜草科、龙胆科等植物。目前已从植物中分离并鉴定结构的环烯醚萜类化合物超过800种,其中大多数为苷类成分,非苷环烯醚萜仅60余种,裂环环烯醚萜类30余种。

环烯醚萜苷和裂环环烯醚萜苷大多数为白色结晶体或粉末,多具有旋光性,味苦。环烯醚萜苷类易溶于水和甲醇,可溶于乙醇、丙酮和正丁醇,难溶于氯仿、乙醚和苯等亲脂性有机溶剂。环烯醚萜苷易被水解,生成的苷元为半缩醛结构,其化学性质活泼,容易进一步聚合,难以得到结晶苷元。苷元遇酸、碱、羰基化合物和氨基酸等都能变色。游离的苷元遇氨基酸并加热,即产生深红色至蓝色,最后生成蓝色沉淀。因此,与皮肤接触,也能使皮肤染成蓝色。苷元溶于冰醋酸溶液中,加少量铜离子,加热,显蓝色。

1. 环烯醚萜苷类

(1)栀子苷(gardenoside)。

栀子苷又称栀子糖苷,m. p. 64 ~65 ℃,主要存在于茜草科植物栀子的果实、叶和叶柄;大花栀子的果实和叶中,能够促进植物的生根的生长,是烟油抑制剂的原料(图1.14)。

(2)京尼平苷(geniposide)。

京尼平苷为无色针状晶体,m. p. 161 ~163 ℃,山栀子的主要成分,具有清热泻火,泻下和利胆作用(图1.15)。

2. 4-去甲环烯醚萜苷类

4-去甲环烯醚萜苷类的代表是梓醇(catalpol),又称梓醇苷,m. p. 203 ~205 ℃,是玄参科植物地黄中降血糖作用的主要有效成分,并有很好的利尿和迟发性的缓下功能(图1.16)。

3. 裂环环烯醚萜苷类

当药苦苷(swertamarin)又称獐牙菜苦苷,m. p. 113 ~114℃,为当药和獐牙菜中的苦味成分,能够抑制癌细胞的转移(图1.17)。

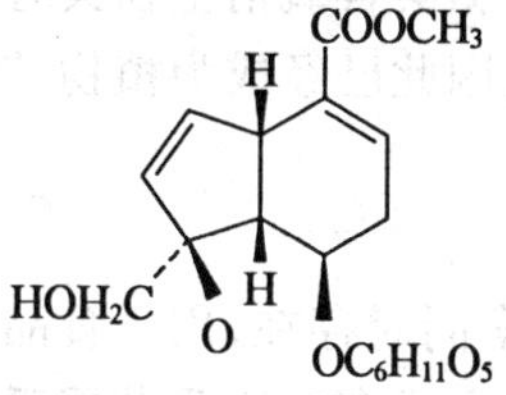

图1.14　栀子苷 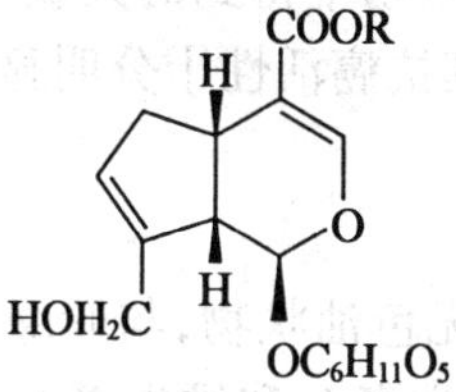　　图1.15　京尼平苷 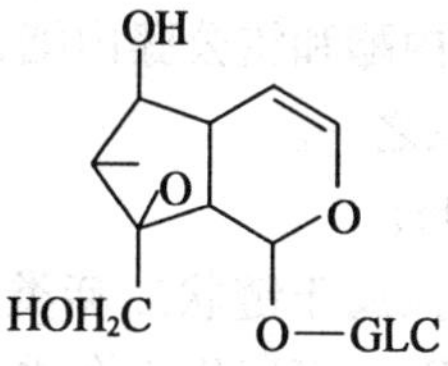　　图1.16　梓醇 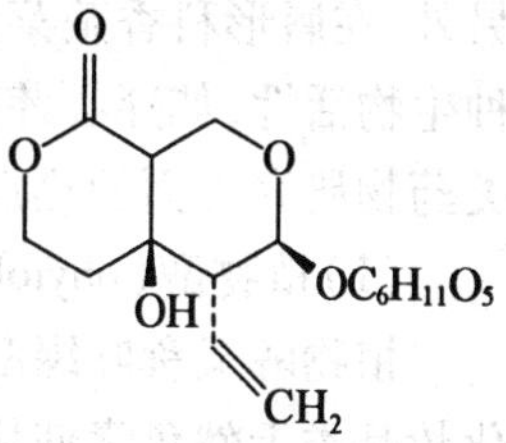　　图1.17　当药苦苷

1.1.3　倍半萜类化合物

作为萜类化合物中最多的一个分支,倍半萜(sesquiterpenes)化合物的结构有几十种。在芸香目、山茱萸目和木兰目的植物中含量丰富。大部分倍半萜大都以烃、醇、酮和内酯的形式同单萜类化合物共存于植物的挥发油中,是组成挥发油中高沸点部分的重要化合物,对其香气的散发起到十分重要的作用。

倍半萜的沸点较高,大多数在250 ~300 ℃,也有少部分低熔点的倍半萜类固体。倍半萜内酯类化合物极性中等,不溶于水和石油醚,易溶于甲醇、乙醇、乙酸乙酯、氯仿、苯等有机溶剂。倍半萜的含氧类衍生物大多数有较强的香气,在医药和化妆品工业上是重要的原料。

(1)金合欢醇(farnesol)。

金合欢醇又称法呢醇,m. p. 160 ℃;广泛存在于各种花的挥发油中,如金合欢油、玫瑰花油、橙花油中,具有特殊香气,用于配制香精的重要香料,具有抗菌的作用(图1.18)。

(2)大牻牛儿酮(germacrone)。

大牻牛儿酮又称杜鹃酮,b. p. 56 ~57 ℃,存在于牻牛儿苗科植物大根老鹳草、杜鹃花科植物兴安杜鹃叶以及满山红的挥发油中,用于治疗慢性气管炎(图1.19)。

(3)愈创木薁(guaiazulene)。

愈创木薁存在于桑科无花果根皮、兴安杜鹃叶、母菊、满山红、桉叶的挥发油中,是烫伤膏的主要成分(图1.20)。

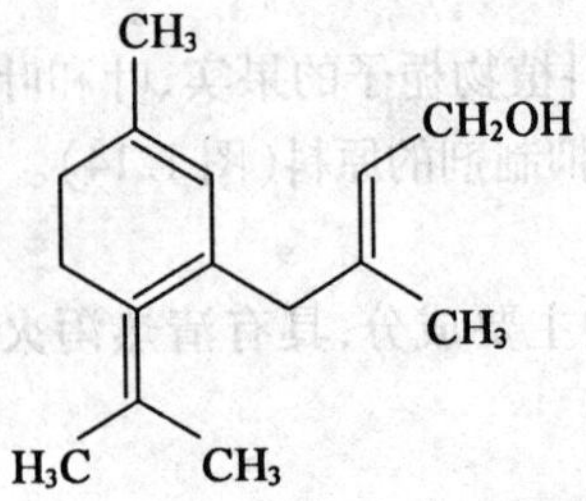

图1.18 金合欢醇 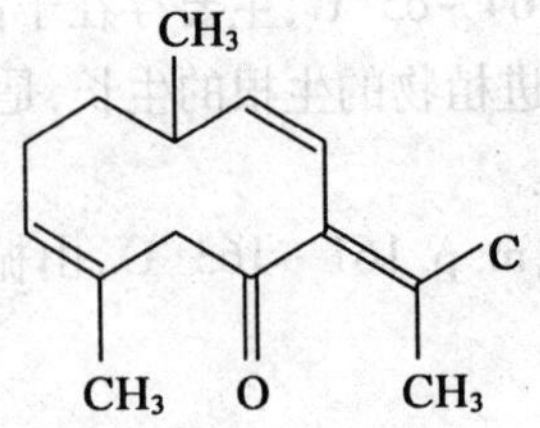　图1.19 大牻牛儿酮 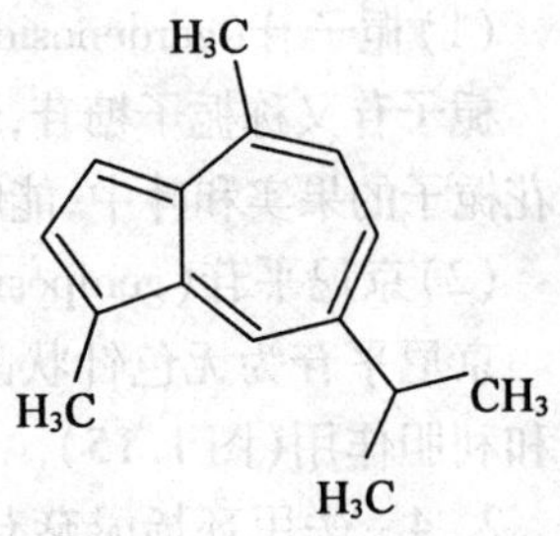　图1.20 愈创木薁

1.1.4 二萜类化合物

二萜类(diterpenes)化合物是一类含有20个碳原子的萜类化合物,在植物树脂中分布广泛,在生物碱和苦味质中也被发现含有二萜类化合物,其主要分布于植物和真菌中。另外,在唇形科香茶菜属和苦木科鸦胆子属植物中得到的大量二萜类含氧衍生物具有多种生物活性,如穿心莲内酯和雷公藤内酯,其抗癌活性十分明显,因此已经成为植物抗癌类药物研究方面的热点之一。

(1)植物醇(phytol)。

植物醇又称叶绿醇,属于链状二萜类,无色油状物,与叶绿素同时存在,用于食品及化妆品类天然色素使用,还可以用于合成维生素E和维生素K_1,主要存在于番茄属番杏中,可以抑制骨骼肌中脂质过氧化物酶的活性(图1.21)。

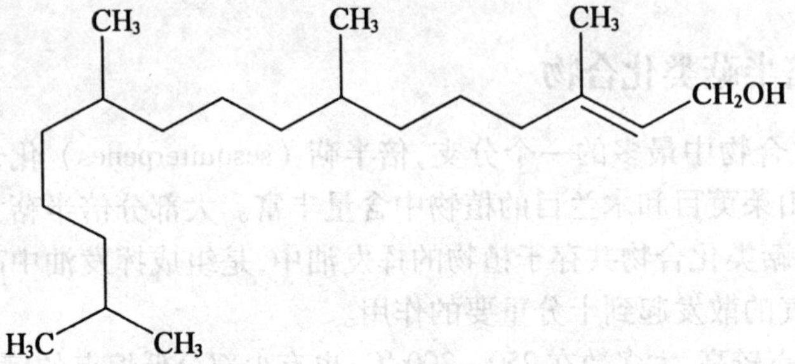

图1.21 植物醇

(2)维生素A(vitamin A)。

维生素A又称视黄醇,属于单环二萜类,黄色柱状结晶,b. p. 62~64 ℃;m. p. 120~125 ℃。油溶性,对光极为敏感,溶于无水乙醇、甲醇、三氯甲烷、乙醚和油脂,来源于茄科植物龙葵的全草,百合科植物黄花萱草的花,豆科植物大豆叶,番杏科植物番杏的全草,在胡萝卜、青菜、玉、鱼肝油、奶油、蛋黄中含量也很高。维生素A具有促进生长发育,维持上皮组织的正常形态和生理功能,参与合成视紫红质,临床上用于治疗皮肤粗糙、干燥、眼干、夜盲、角膜软化症等(图1.22)。

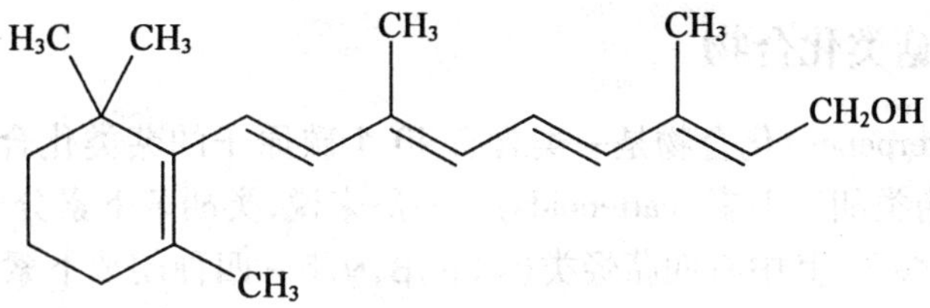

图1.22 维生素A

1.1.5 三萜类化合物

三萜类(triterpenes)化合物是一类含有30个碳原子的萜类化合物,大部分可以被看作是由6个异戊二烯所组成,其烃、醇、醛、酮、酸等衍生物在自然界中广泛分布。大多数的三萜类化合物为较好的晶体,不溶于水,溶于石油醚、乙醚、苯、氯仿等有机溶剂。能够在无水的条件下与酸发生显色反应而发生颜色的变化或发出荧光,如硫酸和磷酸等强酸、三氯乙酸等中强酸、氯化锌和三氯化铝等弱酸都能够与其发生反应。其存在形式主要有游离态和苷态,前者主要存在于植物体内,后者主要是与糖所结合。大多数的游离态三萜类化合物都不溶于水,而与糖相结合成糖苷后则在水中形成胶体溶液,并且伴有持久的泡沫产生。

三萜类化合物在自然界中主要分布于单子叶植物和双子叶植物中,尤其在豆科、桔梗科、玄参科、石竹科、五加科、远志科等植物中分布广泛,含量较高。同时,在一些如人参、柴胡、甘草、黄芪等中草药中也很常见。在真菌类的灵芝和茯苓中,动物体的羊毛脂和鲨鱼肝脏中都能够分离出少数的三萜类化合物。

(1)角鲨烯(squalene)。

角鲨烯属于链状三萜类,b.p. 240~242 ℃;d 0.856 2。油状液体,不溶于水,气味好闻,主要存在于鲨鱼肝酵母麦芽橄榄油中,另外还可以通过将法呢醇(farnesol)溴化来获得,在生物体内可转化为羊毛甾醇和胆甾醇,用于治疗白血球下降(图1.23)。

(2)甘草次酸(glycyrrhetinic acid)。

甘草次酸又称甘草亭酸,五环三萜类,白色晶体,m.p. 285~286 ℃;水溶性差,主要存在于豆科植物甘草中,具有抗肿瘤、抗菌消炎等作用,还可以调节免疫系统和清除自由基,临床上用于抗炎过敏剂的生产,并可以在食品工业中充当甜味剂(图1.24)。

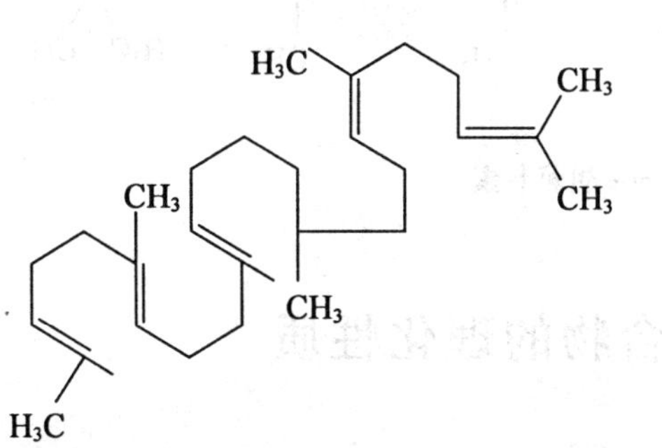

图1.23 角鲨烯

图1.24 甘草次酸

1.1.6 四萜类化合物

四萜类(tetraterpenes)化合物是一类含有40个碳原子的萜类化合物,多数时候提到四萜类化合物多指类胡萝卜素(cartenoids)。一般来说,类胡萝卜素分子内存在多个共轭双键,因此都具有颜色,其中有四萜烃类(如α,β,γ,δ-四种胡萝卜素),四萜醇类(如玉黄素),四萜酮类(如紫杉红素),四萜酸类(如西红花素)。

(1)α-胡萝卜素(α-carotene)。

紫色晶体,m.p. 160~162 ℃(图1.25)。

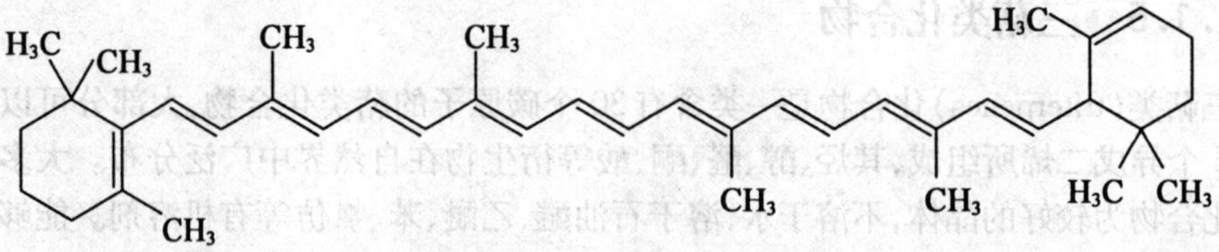

图1.25 α-胡萝卜素

(2)β-胡萝卜素(β-carotene)。

红色晶体,m.p. 183 ℃(图1.26)。

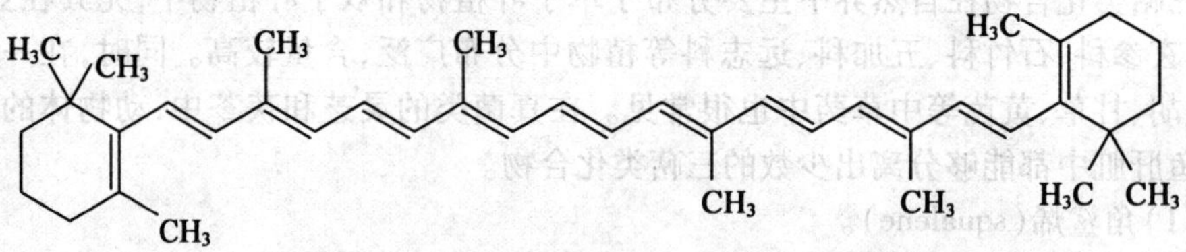

图1.26 β-胡萝卜素

(3)γ-胡萝卜素(γ-carotene)。

红色晶体,m.p. 152~154℃(图1.27)。

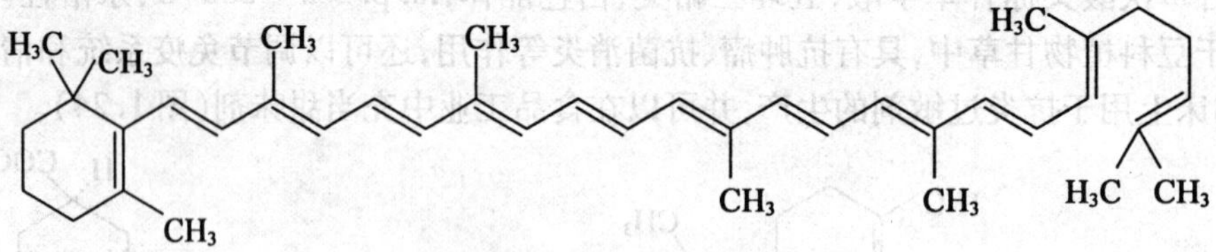

图1.27 γ-胡萝卜素

1.2 萜类化合物的理化性质

1.2.1 萜类化合物的物理性质

常温下,单萜和倍半萜多为具有特殊香气的油状液体,可挥发,而它们的含氧衍生物、二萜和二倍半萜多为结晶性固体。萜类化合物多具有苦味,有的味极苦,所以萜类化合物又称苦味素。但有的萜类化合物具有强的甜味,如具有对映－贝壳杉烷骨架(ent-kaurane)的二萜多糖苷——甜菊苷的甜味是蔗糖的300倍。单萜和倍半萜类多为具有特殊香气的油状液体,在常温下可以挥发,或为低熔点的固体。单萜的沸点比倍半萜低,且单萜和倍半萜随相对分子质量和双键的增加及功能基的增多,其挥发性降低,熔点和沸点相应增高,可利用此沸点的规律性,采用分馏的方法将它们分离开来。

游离的固体萜类化合物多为无色结晶,成苷后多为白色或类白色粉末。含极性基团少的萜类化合物一般均难溶于水,易溶于醇、乙醚和氯仿等亲脂性的有机溶剂中。苷类化合物易溶于水、乙醇中,难溶于乙醚、氯仿等亲脂性的有机溶剂。具有内酯性结构的萜类化合物能溶于碱水,酸化后又会自水中析出,利用此特性可以分离纯化具有内酯结构的萜类化合物。二萜类化合物一般不能随水蒸气蒸馏。萜类化合物绝大多数为无色,仅四萜烯类化合物有色,如叶黄素、胡萝卜素等。

大多数萜类具有不对称碳原子,具有光学活性。萜类化合物对高热、光和酸碱较为敏感,或氧化,或重排,引起结构的改变。在提取分离或氧化铝柱层析分离时,应慎重考虑。

1.2.2　萜类化合物的化学性质

1. 分子重排反应

在萜类化合物中,特别是双环萜在发生加成、消除或亲核性取代反应时,常常发生碳架的改变,产生重排。目前工业上由α－蒎烯合成樟脑的过程,就是应用萜类化合物的重排反应,再氧化制得。

2. 氧化反应

不同的氧化剂在不同的条件下,可以将萜类成分中各种基团氧化,生成各种不同的氧化产物。常用的氧化剂有臭氧、铬酐(三氧化铬)、四醋酸铅、高锰酸钾和二氧化硒等,其中以臭氧的应用最为广泛。

3. 酯化反应

萜类化合物的醇羟基易于酸类发生酯化反应,可用于分离纯化萜醇类成分和制备萜类香料,如从芳樟油中提取纯化芳樟醇等。

4. 加成反应

含有双键和醛、酮等羰基的萜类化合物,可与某些试剂发生加成反应,其产物往往是结晶性的。这不但可供识别萜类化合物分子中不饱和键的存在和不饱和的程度,还可借助加成产物完好的晶型,用于萜类的分离与纯化。

5. 脱氢反应

环萜的碳架经脱氢转变为芳香烃类衍生物。脱氢反应通常在惰性气体的保护下,用铂黑或钯作为催化剂,将萜类成分与硫或硒共热(200～300 ℃)而实现脱氢。有时可能导致环的裂解或环合。

1.3 萜类化合物的生理活性

萜类化合物种类繁多,结构复杂,性质各异,因而其生理活性也是多种多样的,其生理活性主要有以下20个方面。

(1)抗生育活性:芫花酯甲(yuanhuacin)、芫花酯乙(yuanhuadin)均为引产药。

(2)抗白血病、抗肿瘤活性:雷公藤内酯(triptolide)、雷公藤羟内酯(tripdiolide)、鸦胆丁(bruceantin)等。

(3)驱蛔虫和杀虫活性:如驱蛔素(ascaridole)、川楝素(chuanliansu,toosendanin)、土木香内酯(costunolide)等。

(4)抗疟活性:如青蒿素(arteannuin)、鹰爪甲素(yingzhaosu A)。

(5)神经系统作用:如治疗神经分裂症的马桑内酯类化合物。

(6)抗菌痢和抗钩端螺旋体活性:如穿心莲内酯(andrographolide)、穿心莲新苷(neoandrographolide)、14-去氧穿心莲内酯(14-deoxyandrographolide)。

(7)抑制血小板凝集、扩张冠状动脉、增强免疫功能:如芍药苷(paeoniflorin)。

(8)泻下作用:如栀子苷(京尼平苷,geniposide)。

(9)促进肝细胞再生活性:如齐墩果酸。

(10)防治肝硬化、肝炎的活性:如葫芦素B,E(cucurbitacin B,E)。

(11)抗阿巴原虫活性:如鸦胆子苷(yatanoside,brucealin)、鸦胆子苦素A,B,C,D,E,F,G(bruceine A,B,C,D,E,F,G)及鸦胆子苦内酯(bruceolide)等。

(12)降血压活性:闹羊花毒素Ⅲ(rhodojuponin Ⅲ)对重症高血压有紧急降压作用并对室上性心动过速有减慢心率作用。

(13)降血脂、降血清总胆固醇活性:如泽泻萜醇A(alisol A)。

(14)抗菌消炎活性:如雪胆甲素(cucubitacin Ⅱa)、雪胆乙素(cucubitacin Ⅱb)。

(15)降低转氨酶活性:如山芝麻酸甲酯(methyhelicterata)。

(16)毒鱼活性:如二萜醛(sacculatal)。

(17)昆虫拒食活性。

(18)可用作甜味素:甜菜素(滕氏甜昧内酯,phylloduicin)具有蔗糖600~800倍甜度,罗汉果甜素V(mogroside V)的0.02%水溶液比蔗糖甜约250倍,可用作调味剂。

(19)昆虫保幼激素:如天蚕蛾保幼激素 cecropia juvenile hormone。

(20)昆虫性引诱剂及昆虫驱避物质:倍半萜丙二烯酮,对蚂蚁及其他昆虫有驱避作用。

其他如挥发油中的单萜和倍半萜成分,不少具有祛痰、止咳、平喘、祛风、健胃、解热及镇痛等活性。有些是香料、化妆品工业的重要原料。

1.4 萜类化合物的分离提取方法

萜类化合物的结构千变万化,提取分离方法因其结构类型的不同而呈现多样性。萜类化合物虽都是由异戊二烯基衍变而来,但种类很多,骨架也多显庞杂,结构包罗极广。

因此，对萜类物质的提取、分离方法也多因其结构的不同而各异。下面分别介绍萜类物质的分离提取方法。

1. 萜类物质的提取

萜类物质的提取方法主要有直接压榨法、溶剂提取法、水蒸气蒸馏法、分子蒸馏法、酸沉碱提法、吸附分离法、超临界流体萃取法、超声辅助提取法、微波辅助提取法等多种方法。其中，直接压榨法、水蒸气蒸馏法及分子蒸馏法多用于挥发油的提取。对于极性小的萜类化合物，因其脂溶性强，多采用有机溶剂法提取，通常有机溶剂有乙醇、甲醇、氯仿和乙酸乙酯等。成苷的萜类化合物亲水性较强，常用乙醇或热水为溶剂提取。

需要注意的是，萜类化合物尤其是倍半萜内酯类化合物容易发生结构重排，二萜类易聚集树脂化，导致结构的改变，所以宜选择新鲜的药材或迅速晾干的药材。含苷类成分时，则要避免触酸，以防在提取过程中发生水解，且要在提取前采用适宜方法破坏酶的活性。

(1)溶剂提取法。

溶剂提取法是一种经典的提取方法，也是一种出现早、使用频率高的提取方法。依照相似相溶原理，选用合适的溶剂对粉碎后的原料进行浸泡，通过溶剂的扩散、渗透作用，使目标成分穿过细胞壁进入溶剂中，对溶剂进行浓缩即可得到目标成分的浸膏。在萜类化合物的提取中，需要根据化合物极性的差异选择适当的溶剂。

萜苷类化合物多具有羟基、羧基等极性基团，亲水性强，一般易溶于水、甲醇、乙醇和正丁醇等溶剂，难溶于一些亲脂性强的有机溶剂。通常用乙醇或甲醇溶剂提取，加压浓缩后转溶于水中，滤除水中不溶性杂质，继用乙醚或石油醚萃取，以除去脂溶性杂质，最后在以溶剂萃取出萜苷类物质。

非苷类化合物的提取时，首先考虑提取物质的极性。提取中小极性的游离萜类化合物时，若选用溶剂极性过小，选择性较好，但提取不完全；而用极性较大的溶剂时，杂质的含量会相应增加。所以通常先用甲醇或乙醇为溶剂进行提取。另外，为全面系统地分析生物体内的化学成分，也可以依据溶剂极性由小到大依次提取，得到不同极性的萜类提取物再进行分离。此种方法称为系统溶剂提取法，通常按照石油醚、乙醚、乙酸乙酯、乙醇和水的顺序，可提取完全，但操作冗繁，同一组分不易分离开来。

(2)酸沉碱提法。

此方法可选择性提取内酯，尤其是倍半萜内酯。主要依据是具有内酯结构的萜类物质在热的碱性溶液中易开环成相应的盐类物质而易溶于水中，酸处理后又自动闭环，析出原内酯类化合物的特性来对倍半萜内酯化合物进行提取分离。使用此方法应该注意防止化合物的结构变化。

(3)吸附分离法。

吸附分离法就是利用适当的吸附剂，在一定的 pH 条件下，使提取液中的有效成分被吸附剂吸附，然后再用适当的洗脱剂将被吸附的成分从吸附剂上解析下来，达到浓缩和提纯的目的。

大孔树脂能有效吸附和分离天然产物，常用于天然产物的初步分离和纯化，如苹果多酚，紫杉醇衍生物，红景天苷等。大孔树脂有很好的适应性和吸附选择性，提取工艺简单，生成成本较低，是常用的萜类物质的分离介质。大孔树脂包括大孔吸附树脂和大孔离子交换树脂，是一种不含交联基团的、具有大孔结构的高分子吸附剂，多为白色球状颗粒，大孔吸附树脂本身由于范德华力或氢键的作用具有吸附性，又具有网状结构和很高的比表面积而具有筛选性能，是一类不同于离子交换树脂的吸附和筛选性能相结合的分离材料。大孔树脂可分为非极性和极性两大类，根据极性的大小还可以分为弱极性、中等极性和强极性等。分离的化合物相对分子质量较大时，应选择大孔径树脂；相对分子质量小的化合物，则可选用小孔径而表面积大的树脂，以增加吸附力。大孔树脂一般不溶于水、酸碱溶液和常用的有机溶剂，在水和有机溶剂中可以吸收溶剂而膨胀。大孔树脂吸附法简便、快速、准确、重现性好，可作为该制剂的质控检测方法之一。

将含苷的水溶液通过大孔树脂吸附，用水、稀醇及醇依次洗脱，然后再分别处理，可得到纯的苷类化合物。如甜菊叶热水提取液，碱化后上大孔吸附树脂柱，水洗后用质量分数为95%的乙醇洗脱，收集洗脱液，脱色处理，甲醇结晶，即得甜菊苷结晶。三萜苷皂苷类化合物，如绞股蓝皂苷，与甜菊苷类一样也可通过热水浸提和吸附树脂分离的方式提取。Du 等采用大孔树脂富集和纯化鸡骨草总黄酮及其萜类物质，发现 HPD－100 大孔树脂显示良好的吸附和解吸附特征，并具有良好的收率。

大孔树脂具有吸附性能好、吸附效率高、再生简单、解吸方便等优点，经常用于植物化学成分的分离和纯化。AB－8 型大孔吸附树脂是弱极性的，适用于水溶性的具有弱极性的物质的提取、分离、纯化。大孔树脂在天然产物的提取分离中很有效，活性炭吸附法可用于苷类成分的提取分离。苷类水浸提液通过活性炭吸附柱，用水洗去水溶性杂质后，再选用适当的有机溶剂依次洗脱，有可能得到纯品，如桃叶珊瑚苷的提取分离可采用此方法。

(4)超临界流体萃取法。

CO_2 在超临界状态下其密度近似于液体，黏度近似于气体，对相对分子质量较大、糖基较多、极性大的多糖类化合物溶解度高，并且更容易扩散及传质。超临界 CO_2 提取方法的基本原理是利用 CO_2 在特定超临界状态下与天然原料接触，天然成分就会溶解于超临界 CO_2 流体之中，达到有效成分与原料的分离，然后通过减压或升温，将超临界流体中萃取的有效成分在分离器中分离出来。超临界 CO_2 提取方法具有提取效率高、生产周期短及耗资少等优点，现已成为多糖提取的关键技术之一。虽然有机溶剂萃取能够有效地萃取多酚化合物，但是萃取效率仍然偏低，超临界流体有着特殊的优势。如以 CO_2 超临界流体技术用于青蒿素的生产，产品收率可比传统汽油法提高 1.9 倍，生产周期缩短约 100 h；刘莉等将 CO_2 超临界流体技术用于紫杉醇的提取，摸索得到了最佳的萃取条件，在此基础上提取率比传统溶剂法有较大提高。景秋菊等以乙醇为提取溶剂采用超临界流体萃取红松种壳内活性成分，最佳固液比 1:12，萃取时间 60 min，提取温度35 ℃；并对红松种壳的醇提物进行抗氧化功能研究，结果显示，其中部分产物具有较强的抗氧化性能，分别具有抗超氧阴离子能力，SOD 活性和清除羟自由基的能力。

(5)超声波辅助提取法。

超声波技术作为一种有效的提取方法，可大大缩短提取时间，提高提取效率，已经广泛应用于天然产物的提取研究。它是利用超声波产生的强烈振动、空化作用、粉碎作用，将植物中的活性成分提取到溶剂中去。胡涛等研究优化了超声辅助提取桦褐孔菌中多糖和三萜类物质的工艺。以蒸馏水和异丙醇为提取剂,用超声波辅助提取桦褐孔菌多糖和三萜类物质,以不同处理条件、超声功率、超声次数、超声处理时间为实验因素,以多糖和三萜的提取率为考察指标进行单因素实验,确定最佳提取工艺。超声辅助技术提取桦褐孔菌子实体中多糖类和三萜类物质的最佳工艺条件为:超声功率400 W、超声20次、超声10 min,在此条件下多糖得率最高,为11.62%,总三萜类物质得率为2%,使得多糖和三萜类物质二者共提取得率达到13.57%。简丽等以$W(C_2H_5OH)=95\%$的乙醇为提取剂,HPLC法测定的狼毒大戟中二萜类物质(Jolkino lide B)提取率为指标,考察了利用超声波辅助技术提取狼毒大戟中二萜类物质的适宜提取条件。测定出狼毒大戟中W(Jolkino lide B) =0.021 6%。同时考察了提取时间、提取温度、料液质量比等因素对Jolkino lide B提取率的影响。

(6)微波辅助提取法。

微波辅助提取法是通过微波能量的高温、高压及位点明确等特点将植物的细胞壁破碎,使萜类物质从细胞壁中分离出来。由于其穿透力强、高选择性、微波加热的高能效以及低耗能等优势,微波提取方法现已成为一种广泛应用的高速、高效的提取方法。例如,从弥胡桃根中提取三萜类活性物质,在微波功率450 W下,猕猴桃根粉碎度为40目,微波处理前浸泡30 min,料液比1:15($m:v$),乙醇质量分数63%,提取温度47 ℃,提取时间30 min,此条件下一次提取率可达85.13%。溶剂的极性对微波辅助提取有较大的影响。

2. 萜类物质的分离

萜类物质的分离纯化主要采用色谱法和膜分离等方法,色谱法是一种非常重要和普遍使用的分离方法,被广泛用于萜类物质的分离纯化中。

(1)柱色谱分离。

柱色谱包括吸附柱色谱、分配柱色谱、离子交换柱色谱、凝胶柱色谱、大孔树脂吸附柱色谱等。其中,吸附柱色谱是常用来分离萜类物质的方法之一。常用的吸附剂有硅胶、中性氧化铝、活性炭、聚酰胺、硅藻土等,其中应用最多的是硅胶,其吸附容量大,分离范围广。选择氧化铝作吸附剂时,一般多选用中性氧化铝。待分离物与吸附剂之比为1:30~1:60。硅胶和氧化铝均为极性吸附剂,对极性物质具有较强的亲和能力。洗脱剂一般选用非极性有机溶剂的混合溶液梯度洗脱,如石油醚-乙酸乙酯、苯-乙酸乙酯、苯-氯仿等。对极性较大的多羟基萜类也可选用氯仿-甲醇作为洗脱液。此外,硝酸银也可以作为吸附剂用于萜类物质的分离,因萜类化合物中多具有双键且双键数目和位置随萜类不同而不同,与硝酸银形成的络合物的难易程度和稳定性也不同,故此规律可用于分离。实际应用中可联合使用硝酸银-硅胶、硝酸银-中性氧化铝柱色谱分离以提高分离效果。

硅胶常以其孔径大小分为大孔硅胶、粗孔硅胶、B型硅胶和细孔硅胶。常用的硅胶一般是正相硅胶,或者在硅胶上连接极性或非极性集团。分离萜类化合物常用的硅胶色谱一般为柱色谱或者薄层色谱。

(2)气相色谱分离。

气相色谱是一种很好的分离与分析方法,具有分析速度快、分离效能好、灵敏度高等优点,在萜类化合物的分离纯化中有着广泛的应用。但气相色谱仅能用于分析在操作温度下能汽化而不分解的物质,对高沸点、难挥发及热不稳定化合物难以利用。

(3)液相色谱分离。

与气相色谱法比较,液相色谱法不受样品挥发度和热稳定性的限制,它非常适合相对分子质量较大、难汽化、不易挥发、对热敏感的物质的分离分析。且液相色谱中流动相液体与样品分子有亲和作用,与固定相争夺样品分子,为提高选择性增加了一个因素,还可选用不同比例的两种或两种以上的液体作为流动相,增大分离的选择性。高效液相色谱法由于具有高选择性、分析速度快、灵敏度高、重复性好等优点,已成为萜类化合物分离分析和制备的重要手段之一。

1.5 萜类化合物生理功能的应用

作为挥发油的重要组成成分,单萜类物质主要在各种精油的生产和加工上起到十分重要的作用。如松节油中的蒎烯、橙花油中的月桂烯、柏木油中的柏木烯、龙脑香树中的龙脑、小茴香中的茴香酮、樟脑油中的樟脑、薄荷油中的薄荷醇等萜类化合物都是合成各种香料的重要原料。另外,胡椒中的胡椒酮、页蒿中的香芹酮、松叶中的松油醇等具有镇咳平喘的作用,在临床治疗各种疾病方面有着重要的作用。

倍半萜类化合物的生理功能比较广泛,是医疗、食品和化妆品加工工业的重要原料,如黄兰根皮中的木香烯内酯能够抑制肿瘤活性,莽草中的莽草毒素具有抗炎作用,山道年能够驱除蛔虫,鹰爪根中的鹰爪甲素可以治疗疟疾,苦树根皮中的苦树皮苦素能够毒杀昆虫,落叶酸可以调节植物发芽落叶。另外,地中海蓟种子中的蓟苦素和姜黄根茎中的吉马酮等物质具有抗菌消炎的作用。

二萜类化合物的生理功能主要有抗菌消炎、抗肿瘤活性、抑制昆虫活性、治疗心脑系统疾病的作用。如穿心莲内酯和黄花香茶菜乙素能抗菌消炎,紫杉醇可以抑制肿瘤的活性,海州常山苦素可以对昆虫幼虫具有拒食作用,圆瓣姜花素和大戟二萜酯具有细胞毒素的作用。

三萜类化合物主要的作用有缩短小鼠睡眠时间,治疗白血病,使昆虫拒食,治疗艾滋病,抗骨质疏松等。如芸香科黄柏中黄柏内酯和黄柏酮可以缩短小鼠睡眠时间,近心格尼迪木中的格尼迪木灵和格尼迪木灵棕榈酸酯可以抑制小鼠淋巴白血病细胞,新苦木素和缘毛椿素可以对昆虫拒食,查耙任酮可以抑制 HIV 病毒的活性。由于三萜类化合物具有抗病毒、抗炎、抗菌、抗癌、溶血、降低血糖血脂等生物活性,被充分用于医学、食品,甚至农田防治等领域。研究发现,齐墩果酸对胰腺癌细胞具有一定的抗性作用,其通过抑制肿瘤细胞的增殖、凋亡、血管新生及侵袭寄主等达到一定的疗效。宋蕾蕾研究发现,熊果酸及其衍生物有抗癌、抗菌等活性,并且熊果酸作为一种常见的三萜类化合物,被广泛应用于医学领域,治疗各种肝癌、肺癌、胃癌、乳腺癌等疾病,早在 1990 年,日本就将熊果酸列为最有希望的癌化学预防药物之一,通过试验发现白桦脂醇对小白鼠酒精性肝损伤有治疗效果,其能明显改善由酒精引起的肝组织脂肪样变和坏死。郝瑞霞研究发现,从灵芝中分离的三萜类化合物对肿瘤细胞的增殖具有很好的抑制效果,抑制率高于 60%。

国内外对于三萜化合物的功能研究较多,但是对其药用价值的研究及发展具有很大的前景。

四萜类化合物是一类含有40个碳原子的萜类化合物,多数时候提到的四萜类化合物多指类胡萝卜素(cartenoids)。类胡萝卜素在生物体内可转化成维生素A,称为维生素A单元。对光、热、酸碱敏感,不溶于水,溶于醇、醚、油中,乳化性较强。具有强肝、利尿、抗癌的作用。类胡萝卜素分布广泛,几乎遍布整个自然界。主要存在于一些黄色植物的果实中,如南瓜、番茄、柿子;一些黄色花冠中,如蒲公英和毛莨等;一些昆虫、鸟类和其他的物体内。

参考文献

[1] 杨峻山. 萜类化合物[M]. 北京:化学工业出版社, 2005.

[2] 李炳奇, 马彦梅. 天然产物化学[M]. 北京: 化学工业出版社, 2010.

[3] 汪茂田, 谢培山, 王忠东. 天然有机化合物提取分离与结构鉴定[M]. 北京:化学工业出版社, 2004.

[4] 张冰月,郎铁咏,王强. 蓝萼香茶菜二萜类物质的提取工艺及其急毒实验的研究[J]. 中医药信息,2014(4): 57-60.

[5] ABE D, SAITO T, KUBO Y, et al. A fraction of unripe kiwi fruit extract regulates adipocyte differentiation and function in 3T3 – L1 cells[J]. Biofactors, 2010, 36(1): 52-59.

[6] IWASAWA H, MORITA E, UEDA H, et al. Influence of kiwi fruit on immunity and its anti – oxidant effects in mice[J]. Food Science and Technology Research, 2010, 16(2): 135-142.

[7] 阮冲, 肖小华, 李攻科. 天然产物有效成分提取分离制备方法研究进展[J]. 化学试剂, 2014(3):193-200,258.

[8] 郭春晓, 王世宽. 高新技术在天然产物有效成分分离中的应用[J]. 化学与生物工程, 2006(5):38-40.

[9] 邓迎娜, 易醒, 肖小年, 等. 超声提取泽泻中三萜类总组分[J]. 食品工业科技, 2007(9):145-147.

[10] 占爱瑶, 由香玲, 詹亚光. 植物萜类化合物的生物合成及应用[J]. 生物技术通信, 2010(1):131-135.

[11] 卢丹, 刘金平, 李平亚. 三萜类化合物抗癌活性研究进展[J]. 特产研究, 2010(1):65-69.

[12] 董天骄, 崔元璐, 田俊生, 等. 天然环烯醚萜类化合物研究进展[J]. 中草药, 2011(1):185-194.

[13] 马丽娜, 田成旺, 张铁军, 等. 獐牙菜属植物中环烯醚萜类成分及其药理作用研究进展[J]. 中草药, 2008(5):790-795.

[14] 杨鹤, 郜玉钢, 李璠瑛, 等. 人参皂苷等萜类化合物生物合成途径及HMGR的研

究进展[J]. 中国生物工程杂志，2008(10):130-135.
[15] 谭世强，谢敬宇，郭帅，等. 三萜类物质的生理活性研究概况[J]. 中国农学通报，2012(36):23-27.
[16] 李国栋，陈园园，王盼，等. 野菊花中萜类和黄酮类化合物保肝作用研究[J]. 中草药，2013(24):3510-3514.
[17] 黄书铭，杨新林，张自强，等. 超声循环提取灵芝中三萜类化合物的研究[J]. 中草药，2004(5):32-34.

第2章　多　酚　类

多酚类是有共同的并且携有一个或多个羟基的一个芳香环的植物化学物质的总称(phytochemicals)。植物中多酚含量仅次于纤维素、半纤维素和木质素。绝大多数多酚类化合物为水溶性物质,存在于植物细胞的液泡中,天然存在的形式多与糖相结合形成糖苷。

2.1　多酚类物质的化学结构及分类

多酚类化合物至今还没有一种完善的分类体系,多数是按照它们的结构复杂程度以及生物合成的来源分类。一类是结构较为简单的酚类化合物,包括酚酸类、苯丙烷类以及酚酮类。另一类是多聚体分类化合物,包括木酚素类、黑色素类及单宁类。

天然存在的酚类化合物有8 000多种,其中类黄酮化合物占一半。类黄酮类化合物又分为以下五类:(1)花色苷及黄烷醇类;(2)微量类黄酮,包括查耳酮和二氢查耳酮类、黄烷酮类及二氢黄酮醇类;(3)异类黄酮类;(4)黄酮类和黄酮醇类;(5)单宁类。主要介绍以下几种。

1. 花色苷类(anthocyanins)

花色苷是2-苯基苯并吡喃的多羟基或多甲氧基取代物的糖苷(图2.1)。植物三大主要色素之一,起着红~蓝色的主要贡献。花色苷类化合物的基本构成单元为16种配基。最常见的花色素是矢车菊素(cyanidin),红色的色泽通常以它为主,而蓝色以飞燕草(delphinidin)为主,是矢车菊素的5′-羟基衍生物。表2.1为几种较典型的花色苷化合物的化学结构。

花色苷是樱桃和葡萄等水果中主要的酚类物质,作为一种天然色素,被广泛地应用到食品领域,除可避免合成色素的致癌性外,还附加很多生理功能,如抗氧化、预防心血管疾病、抗病毒、改善肝功能等。

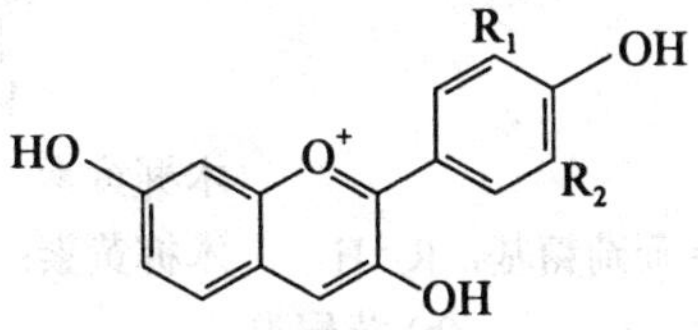

图2.1　花色苷基本结构

表 2.1　几种较典型的花色苷化合物的化学结构

化合物	B 环取代	
	R_1	R_2
天竺葵色素	—H	—H
矢车菊色素	—OH	—H
飞燕草色素	—OH	—OH
芍药色素	$—OCH_3$	—H
矮牵牛色素	$—OCH_3$	—OH
锦葵色素	$—OCH_3$	$—OCH_3$

2. 黄酮及黄酮醇类(flavones and flavonols)

黄酮及黄酮醇类分布于各种植物中,又是分布最为广泛的类黄酮化合物。最为常见的黄酮醇类有:堪非醇、槲皮素和杨梅黄素。其中仅槲皮素一种化合物就存在 135 种多糖苷化合物,又以槲皮素 - 3 - 芸香糖苷(或称芦丁)最为常见。黄酮类化合物通常以糖苷的形式出现,最为常见的仅有两种:芹菜配基和木樨黄素。几种常见的黄酮及黄酮醇类化合物如图 2.2 所示。

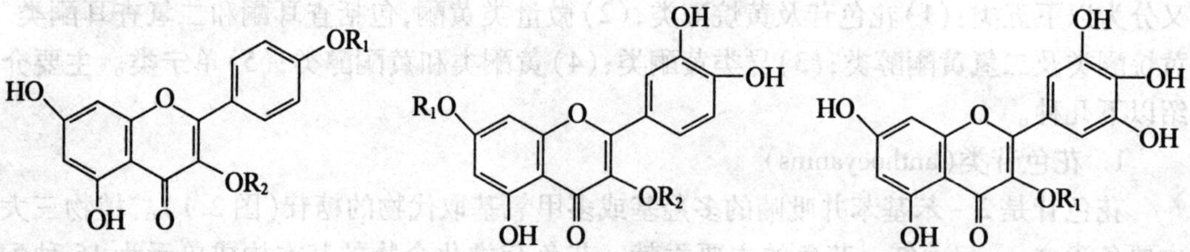

堪非醇:$R_1=R_2=H$　　槲皮素:$R_1=R_2=H$　　杨梅黄素:$R_1=H$

堪非素:$R_1=CH_3$,$R_2=H$　　槲皮素:R_2=葡萄糖基　　杨梅黄苷:R_1=鼠李糖苷

(a) 黄酮醇类

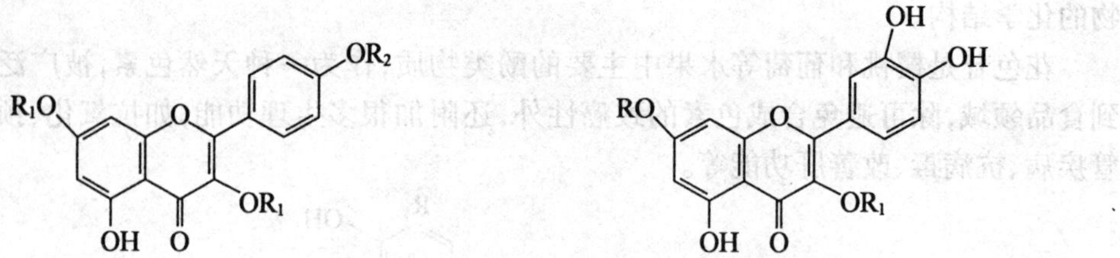

芹菜配基:$R_1=R_2=H$　　木樨黄素:R=H

芹菜配基:7—O—葡萄糖苷:R_1=葡萄糖基,$R_2=H$　　木樨黄素:7—O—葡萄糖苷:R=葡萄糖基

(b) 黄酮类

图 2.2　几种常见的黄酮及黄酮醇类化合物

3. 微量类黄酮(minor flavonoids)

“微量类黄酮”并不是说量很少的意思,它是个简便术语,用来记述那些天然分布的比花色苷、黄酮及黄酮醇类要窄的多的类黄酮化合物,主要有黄烷酮类(flavanones)、二氢

查耳酮类、二氢黄酮醇、黄烷－3－醇类、黄烷－3,4－二醇类及黄烷类。柚苷配基及圣草酚(eriodictyol)是最为常见的黄烷酮化合物,而柚皮苷及圣草苷是柑橘类水果的主要苦味物质。但不是所有的黄烷类化合物都呈苦味,有一些呈苦－甜味,甚至是甜味。黄烷酮和黄酮是柑橘中含量最多的黄酮类化合物。黄烷－3－醇类中的像(+)－表儿茶素、(－)－表儿茶素、表没食子儿茶素－3－没食子酯,这些是茶叶中主要的酚类物质。常见的几种微量类黄酮的化学结构如图2.3所示。

大量研究显示,微量类黄酮具有清除自由基、保肝、抗菌、抗过敏等作用,其中以茶叶的研究最为清晰。

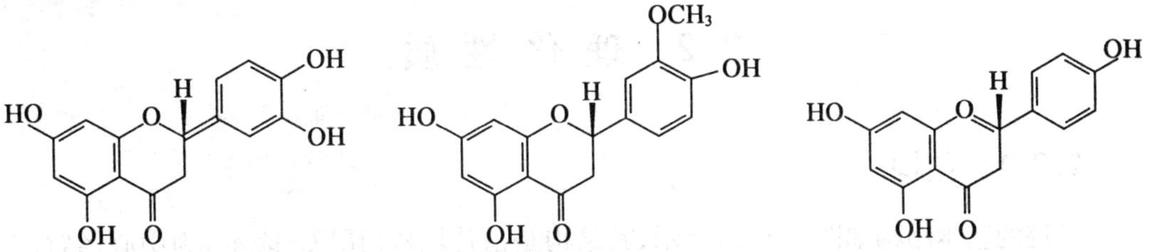

圣草酚　　橘皮素　　柚苷配基

(a) 黄烷酮类

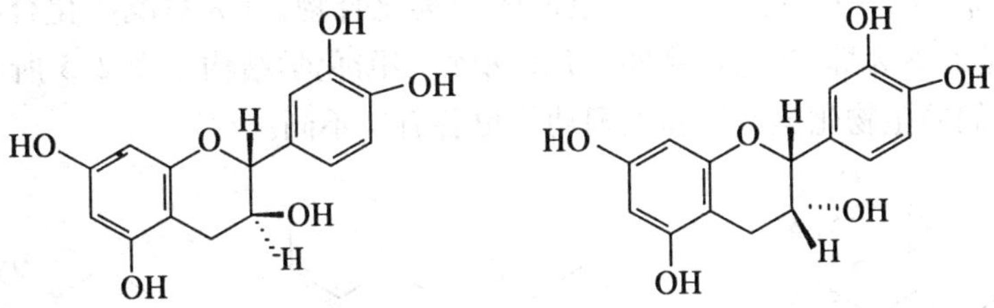

(+)-表儿茶素　　(-)-表儿茶素

(b) 黄烷-3-醇类

图2.3　常见的几种微量类黄酮的化学结构

4. 异类黄酮及新类黄酮类(isoflavonoids and neoflavonoids)

异类黄酮通常不是以糖苷的形式而是以游离的形式存在于植物中,所以与其他类黄酮有所不同。异黄酮是以查耳酮为前体物质,是黄酮类的异构体,但其分布要比黄酮及黄酮醇类窄,通过研究发现仅在豆科的一个亚科里有明显的分布,但是也有可能其分布的情况比现在所了解的要多,比如在一种藓类植物中也发现过它们。新异黄酮类(neoflavonoids)构成另外一类具有异构的化合物,其中常见的有4－苯基香豆素类。

由于取代基的类型、位点不同,所以异黄酮类化合物的化学结构有所差异。最常见的并且具有一定雌激素活性的异黄酮类化合物有黄豆黄素－Ⅰ(daidzein)、染料木素、生物素A(biochanin A)。几种常见的异黄酮类化合物的化学结构如图2.4所示。

由于异黄酮类化合物的分布原因,现在研究最多的是大豆异黄酮,可以降低心血管疾病,预防骨质疏松或是减缓更年期症状,大豆异黄酮已经被广泛应用于很多领域。

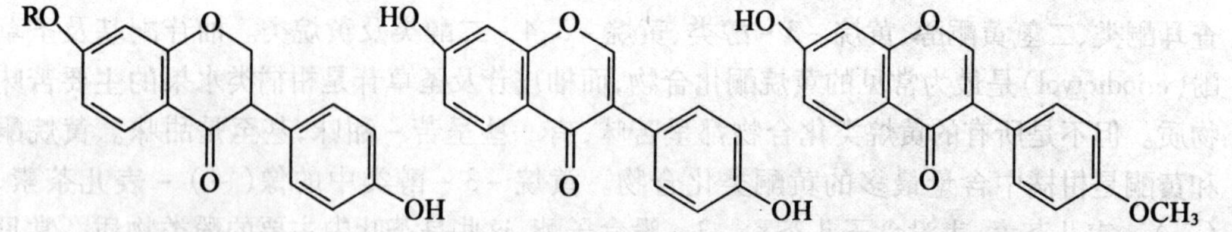

(a)黄豆黄素-Ⅰ　(b)染料木素　(c)生物素A

图 2.4　几种常见的异黄酮类化合物的化学结构

2.2　理化性质

2.2.1　结构

黄烷的基本结构如图 2.5(a)所示,其结构是由黄烷核(用“C”表示)为中心,结合有两个苯环(A,B 表示)所组成。在 A 环或 B 环之上,因结合有多个羟基,所以又称为酚类或是多酚类。在 C 环 4 位上有酮基的称为酮,又因 C 环 2,3 位是双键呈黄色,所以称黄酮。这种由 $C_6-C_3-C_6$ 基本构架所组成的一类化合物,称为黄酮类化合物。还有在 C 环位上有羟基的称为醇,花色苷除外。几种植物多酚化学结构如图 2.5 所示。由于结构上的不同,它们的生物化学特性和生理功能也各有所不同。

(a)黄烷　(b)黄酮　(c)黄酮醇

(d)异黄酮　(e)黄烷酮　(f)黄烷醇

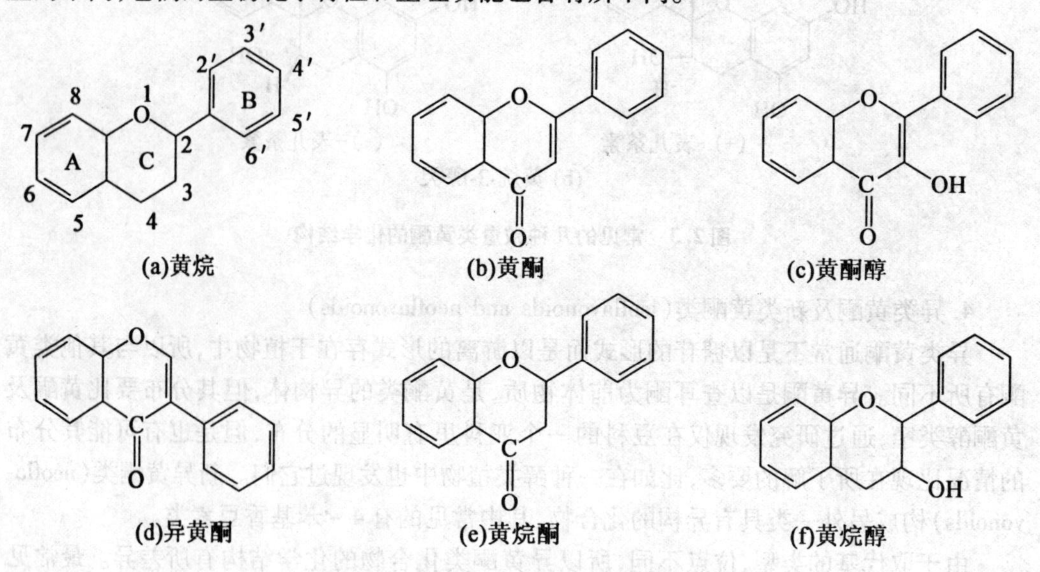

图 2.5　几种植物多酚化学结构示意图

2.2.2　多酚类的化学性质

多酚类的一个重要化学特征是可以通过疏水键与蛋白质发生结合反应。与其他生物大分子如生物碱、多糖甚至于核酸、细胞膜等发生的反应也与之相似。多酚中多个邻位酚羟基可与金属离子发生络合反应，是其应用的化学基础。抗氧化性也是多酚的一个重要性质。另外，植物多酚在200 ~ 300 nm有较强的吸收紫外光能力。

2.3　多酚类物质的生理功能

2.3.1　抗氧化和抗心血管疾病

现在医学研究证明，很多疾病如组织器官老化等都与过剩的自由基有关。心血管疾病是仅次于癌症的第二大疾病，这种慢性疾病现在呈上升的趋势，所以得到人们的广大关注。许多研究表明，通过膳食可以预防这些慢性疾病，其中来源植物的一些活性组分，如一些酚类物质可以起到预防心血管疾病的作用。富含多酚类化合物的植物食品及饮料有：苹果、洋葱、大豆、红葡萄酒、橙汁、茶等。其中起到预防心血管疾病的功能因子主要有：黄酮醇类的槲皮素、堪非醇、儿茶素；异黄酮类的主要有：染料木素、黄豆黄素 - Ⅰ、白藜芦醇、木酚素等。

法国人虽然有摄食高脂肪食物的膳食习惯，但是由心血管疾病引起的死亡率却很低。研究发现，此现象和他们长期饮用红葡萄酒有关，致使人们对红葡萄酒的研究感兴趣，同时增加了对葡萄酒中多酚类化合物的研究。红葡萄的酚含量平均为5 631 mg/kg，比白葡萄的酚含量高得多。葡萄中的多酚类主要有花色苷类、黄酮、儿茶素类、槲皮苷、单宁等。研究表明，红葡萄酒在体外可抑制低密度脂蛋白（LDL）的氧化，降低血中的胆固醇，抑制血小板的凝聚，同时可以增强血浆的抗氧化能力。因此，葡萄多酚受到了广泛的关注。

茶是世界上消费量仅次于水的饮料，它富含大量抗氧化性多酚类化合物，茶多酚（tea polyphenols，简称TP）是茶叶的重要成分之一，是一类多羟基酚化合物的混合物，是由黄酮醇类、花青素类、茶白素类、酚酸及茶黄素等组合成的化合物，主要成分为儿茶素。其中含有的多酚类占茶叶干重的35%以上。研究表明，茶多酚可以降低LDL氧化的灵敏性，从而具有一种心脏保护效果。同时茶多酚也是天然没有任何毒副作用的抗氧化剂。

2.3.2　抗癌

流行病研究以及动物试验都证明多酚类物质可以阻止和抑制癌症的发病。多酚的抗癌作用是多个方面的，对癌变的不同阶段可以进行相应的控制，可以充当阻害剂（如类黄酮）和抑制剂（如白藜芦醇）。多酚同时是一种有效的抗诱变剂，能够减少诱变剂的致癌作用，可以增强细胞免疫力和抑制肿瘤细胞的生长。

研究者近年来对绿茶萃取物或它们的活性组分（即儿茶素）的抗癌和抗肿瘤的能力进行了大量的研究，细胞实验发现（-）- 表没食子儿茶素没食子酸酯（EGCG）可以抑制12 - O - 四葵酰基 - 佛波 - 13 - 乙酸酯（TPA）的促细胞转化作用，动物实验验证发现EGCG可以抑制TPA诱导的小鼠耳部水肿，对TPA所诱导的小鼠背部皮肤增生也具有显著的抑制作用，同时可以抑制大量器官中的癌症发生。

白藜芦醇是很多芳香致癌物的氧化代谢酶类的一种抑制剂，被评为是心、脑血管疾病及癌症的天然化学预防剂。经大量研究表明,白藜芦醇还具有抗突变活性、保护由氧化脂蛋白诱导的细胞毒害作用、抑制肿瘤细胞的繁殖等。

2.3.3　对微生物的抑制作用

植物多酚对一些细菌、真菌、酵母菌有明显的抑制作用。多酚对动物体内和其他环境中多种微生物的生长都能产生明显的抑制作用。对细菌的最低抑制质量浓度范围一般为0.012~1 g/L,对丝状真菌为0.5~20 g/L,对酵母菌为25~125 g/L。另外,多酚对植物致病病毒如烟草花叶病毒、烟草坏死病毒等,动物和人的致病病毒如流感病毒、艾滋病病毒等都有一定的抑制作用。

2.4　分离提取方法

2.4.1　多酚的提取

多酚因其结构和来源不同,溶解性差异较大。因此,在提取不同原料中多酚类化合物时,应根据目标物质的属性选择不同的提取溶剂。另外,为了不破坏多酚固有结构和活性,应尽量选择比较温和的提取方法。

(1)溶剂萃取法。

溶剂萃取法是最常用的多酚提取方法。多酚结合有糖基,因此具有一定的极性,最常用的提取剂是甲醇或乙醇水溶液,此外丙酮水溶液也可用于多酚的提取。应用甲醇或乙醇水溶液为提取剂时,通常会添加少量的酸(如盐酸或乙酸),降低提取剂的pH值,以防止多酚降解,但pH值过低会导致酰基化多酚或具有3-单糖苷结构的多酚水解而破坏其固有结构。与酸性甲醇或乙醇提取剂相比较,丙酮水溶液浓缩所需温度更低,回收更方便,并且可避免果胶带来的影响,但丙酮水溶液提取率相对较低,一般仅为甲醇水溶液提取率的二分之一,而且丙酮会使某些多酚单体结构发生明显改变。考虑到安全性因素,食品工业中主要采用乙醇水溶液作为多酚提取剂。

传统的溶剂萃取法操作简单,但一般提取时间较长,通常需要水浴加热或回流等辅助操作,在提取过程中会对多酚带来水解、氧化等不利因素。近年来,超声波辅助萃取法、微波辅助萃取法、超临界流体萃取法、酶法辅助提取法和超高压萃取法等新兴分离提取技术陆续应用到多酚类物质的分离提取研究中。

(2)超声波辅助萃取法。

超声波辅助萃取法的原理是通过“空化作用”产生的冲击力,促进目标物质与载体分离,加速溶出到溶剂中。相对于溶剂浸提法,超声波辅助萃取法具有廉价、简便、高效等特点。Huang等发现,超声波辅助萃取法提取五倍子中多酚类物质,提取效果优于热微波辅助萃取和酶法辅助萃取两种方法的效果。Corrales等利用超声波辅助萃取法提取葡萄皮中的多酚,也得到了较好的效果。

(3)微波辅助萃取法。

微波辅助萃取法是利用微波可以强化溶剂萃取效率,加速溶剂对固体样品中目标萃取物(主要是有机化合物)的萃取过程。此法具有操作方便、加热均匀和高效快速等优点,现已在多种天然产物萃取中有所应用。吕春茂等利用微波辅助萃取法提取越橘果实多酚,最佳提取工艺条件为微波功率500 W、提取时间7 min、乙醇体积分数55%、温度51 ℃,此条件下提取量为(1.47 ±0.15) mg/g。与溶剂萃取法相比,提取时间明显缩短。王怀宗等利用微波辅助萃取苋菜红色素,高雪琴等利用微波辅助萃取黑豆皮红色素也取得了较好的提取效果。

(4)超临界流体萃取法。

超临界流体萃取的原理是利用接近临界点条件下,很小的压力改变即可使溶剂的溶解和扩散特性发生明显改变,从而可选择性地萃取不同目标物质。目前,最常用的超临界流体是超临界 CO_2。然而,由于多酚类物质具有一定的极性,因此利用超临界 CO_2 萃取多酚,需要较高的压力和大剂量的有机溶剂(甲醇或乙醇)作为夹带剂,这一点使超临界 CO_2 萃取法在多酚提取中的应用受到一定限制。

(5)酶法辅助提取法。

酶法辅助提取也是一种有效的提取多酚的方法。此法是利用纤维素酶、果胶酶等酶类,将果渣中纤维类、果胶类物质进行降解,从而促进多酚等活性物质的释放,并可降低组分黏度,便于过滤、分离等操作。Maier 等利用酶法辅助提取葡萄渣中的多酚类物质,取得了较好的效果,并已应用于中试实验。向道丽用纤维素酶水解法提取越橘果渣花色苷,所得产物色价比用传统乙醇法提取的花色苷色价高30%。赵玉红等研究了双酶法提取果渣中花色苷工艺,发现采用果胶酶与纤维素酶双酶复合水解辅助提取,比单独使用纤维素酶花色苷提取率提高3.05倍。但酶解过程中,也可能发生花色苷中糖苷键的破坏,生成其他未知的杂质,为后继的纯化工艺带来困难。

(6)超高压辅助萃取法。

超高压辅助萃取是一种新兴的萃取技术。其原理主要有两方面:一是超高压萃取过程中,由于压力作用,果蔬组织间隙的空气被压缩,并有溶剂填充进去,随后,压力释放,孔隙中的空气膨胀会破坏细胞膜;二是超高压还可使带电基团去质子化,破坏盐桥和疏水键导致蛋白质构象改变,破坏细胞膜,从而促进目标溶质释放。超高压辅助萃取法具有时间短、能耗低、溶剂消耗少、收率高、环保等优点,一般在常温下即可进行,因而很适合热敏性天然产物活性物质的分离提取。此法已应用于咖啡中咖啡因以及西红柿酱中类胡萝卜素的提取,并获得了很好的提取率。Corrales 等利用超高压辅助萃取法萃取葡萄皮中花色苷,提取率高,并且花色苷抗氧化活性保持较好。

2.4.2　多酚的纯化

无论采用何种提取方法,提取的多酚物质都会伴随着糖、有机酸和蛋白质等杂质,因此还需要进一步纯化,才能得到单体化合物,并结合仪器分析最终确定其化学结构。近年来,关于多酚粗提物的纯化工艺已研究出多种方法,从固相萃取、液液萃取、大孔吸附树脂柱层析法,到复杂的逆流色谱技术,中压液相色谱、高效液相色谱技术等,可根据不同的研究目的选择不同的纯化方法。

(1)大孔树脂吸附层析法。

大孔树脂吸附层析法是一种有效的多酚纯化方法,可以有效地去除多酚粗提液中的糖类、有机酸、蛋白质和无机盐等成分,从而使多酚成分高度富集,这种方法也适用于多酚的工业化生产。大孔吸附树脂是一类不含交换基团且有大孔结构的高分子吸附树脂,具有良好的大孔网状结构和较大的比表面积,可以通过物理吸附从水溶液中有选择地吸附有机物,根据极性可分为为非极性和极性(包括弱极性、中等极性和强极性)两大类。有机化合物可根据吸附特性及相对分子质量大小的不同,在大孔吸附树脂填充柱层析过程中,经过吸附-解吸过程得到精制或分离。大孔吸附树脂层析分离法是目前天然药物及生物活性成分分离纯化最有效的一种方法,也是目前国内外研究多酚类物质纯化采用最多的方法。大孔吸附树脂分离法也存在预处理较复杂,有机溶剂残留高,可重复利用次数有限,使用寿命短等问题。

(2)制备色谱法。

液相色谱法的分离机理是基于混合物中各组分对两相亲和力的差别,用液体作为流动相,将不同组分从固定相中洗脱,可以同时分离、定性和定量多酚。根据原理和规模的不同,液相色谱可分为高效液相色谱、中压色谱(制备高效液相色谱)和高速逆流液相色谱三种。中压色谱与高速逆流液相色谱分离技术因具有流动相消耗少、分离速度快等特点,而被广泛应用于中药成分分离、保健食品、生物化学、生物工程、天然产物化学、有机合成和环境分析等领域。这两种方法处理样品装载量大,分离试剂要求不高,操作条件温和,适用于大批量的多酚的分离。高效液相色谱法样品处理量非常小,主要用于多酚的分析、鉴定。通常高效液相色谱法进行结构分析前,先采用中压色谱或高速逆流液相色谱法对样品进行初步纯化,再利用高效液相色谱进行测定,从而达到更好的分析效果。

(3)固相萃取法。

固相萃取(solid-phase extraction,简称 SPE)法是近年由液固萃取和柱液相色谱技术相结合发展起来的一种样品预处理技术,与传统的液液萃取法相比较,可以提高分析物的回收率,更有效地将分析物与干扰组分分离。主要利用 C_{18} 或葡萄糖凝胶(sephadex)柱对多酚粗提物进行初级纯化,多酚可通过未被取代羟基很好地吸附到固定相,随着洗脱剂极性的增加,与不同杂质分离。

2.5 应 用

2.5.1 天然抗氧化剂

植物多酚的酚羟基能提供活泼质子与油脂等自动氧化而形成的自由基结合,导致链式反应中断,而其本身则形成稳定态的抗氧化自由基,因而对油脂具有良好的抗氧化作用。其抗氧化效果较好,可有效地降低人工添加剂可能带来的副作用。此外,植物多酚还可以提高水溶性维生素、胡萝卜素的稳定性。

2.5.2 除臭剂

植物多酚可以去除肉类、粮油等食品中的一些异味。如茶多酚可去除豆制品的腥味。此外,植物多酚还可以去除鱼腥味。鱼的腥味成分主要是三甲胺,抑臭试验结果表明,随着苹果多酚含量的增加,挥发性三甲基胺的含量不断减少。

2.5.3 风味作用

多酚与蛋白质结合可产生涩味,在食品味觉中,苦味常伴随着涩味,当它与甜、酸、涩等其他味调配得当时,便可以丰富和改进食品风味。多酚有助于啤酒风味的形成,但多酚含量过高或聚合指数不适当时,会使啤酒的口感变差。

2.5.4 饮料澄清剂

果汁中加入适量的明胶后,其与果汁中的单宁可形成明胶单宁酸盐的络合物,从而起到澄清剂的效果。在啤酒的澄清中常加入明胶和单宁酸使其自然沉淀。

参考文献

[1] CHEN X, WANG W, LI S, et al. Optimization of ultrasound - assisted extraction of lingzhi polysaccharides using response surface methodology and its inhibitory effect on cervical cancer cells[J]. Carbohydrate Polymers, 2010, 80(3): 944-948.

[2] ZHONG Kui, WANG Qiang. Optimization of ultrasonic extraction of polysaccharides from dried longan pulp using response surface methodology[J]. Carbohydrate Polymers, 2010, 80(1): 19-25.

[3] HUANG Wen, AN Xue, NIU Hai, et al. Optimised ultrasonic - assisted extraction of flavonoids from Folium eucommiae and evaluation of antioxidant activity in multi - test systems in *vitro*[J]. Food Chemistry, 2009, 114(3): 1147-1154.

[4] CORRALES M, GARCIA A F, BUTZ P, et al. Extraction of anthocyanins from grape skins assisted by high hydrostatic pressure[J]. Journal of Food Engineering, 2009, 90(4): 415-421.

[5] 吕春茂, 王新现, 董文轩, 等. 响应面法优化越橘花色苷微波辅助提取工艺参数[J]. 食品科学, 2011, 32(6):71-75.

[6] 王怀宗, 金玲玲, 王武, 等. 微波萃取苋菜红色素及其稳定性研究[J]. 中国食物与营养, 2008(3): 45-47.

[7] PALENZUELA B, ARCE L, MACHO A, et al. Bioguided extraction of polyphenols from grape marc by using an alternative supercritical - fluid extraction method based on a liquid solvent trap[J]. Analytical and Bioanalytical Chemistry, 2004, 378(8): 2021-2027.

[8] BLEVE M, CIURLIA L, ERROI E, et al. An innovative method for the purification of anthocyanins from grape skin extracts by using liquid and sub - critical carbon dioxide [J]. Separation and Purification Technology, 2008, 64(2): 192-197.

[9] MAIER T, GÖPPERT A, KAMMERER D R, et al. Optimization of a process for en-

zyme – assisted pigment extraction from grape (*Vitis vinifera L.*) pomace[J]. European Food Research and Technology, 2008, 227(1): 267-275.

[10] 向道丽. 酶法提取越橘果渣花色苷酶解条件的研究[J]. 中国林副特产, 2005(6): 1-3.

[11] 赵玉红, 苗雨, 张立钢. 双酶法提取蓝靛果果渣中花色苷酶解条件的研究[J]. 中国食品学报, 2008, 8(4): 75-79.

[12] RASTOGI N. Application of high – intensity pulsed electrical fields in food processing [J]. Food Reviews International, 2003, 19(3): 229-251.

[13] BUTZ P, FERNANDEZ G A, LINDAUER R, et al. Influence of ultra high pressure processing on fruit and vegetable products[J]. Journal of Food Engineering, 2003, 56(2): 233-236.

[14] 郭文晶, 张守勤, 王长征. 超高压法从甘草中提取甘草酸的工艺研究[J]. 食品工业科技, 2007, 28(3): 194-196.

[15] 庞道睿, 刘凡, 廖森泰, 等. 植物源多酚类化合物活性研究进展及其应用[J]. 广东农业科学, 2013(4): 91-94.

[16] 赵伟, 李建科, 何晓叶, 等. 几种常见植物多酚降血脂作用及机制研究进展[J]. 食品科学, 2014(21):258-263.

[17] 范金波, 蔡茜彤, 郑立红, 等. 果蔬中多酚成分及其分析方法的研究进展[J]. 食品工业科技, 2014(4):374-379.

[18] 范金波, 蔡茜彤, 冯叙桥, 等. 5种天然多酚类化合物抗氧化活性的比较[J]. 食品与发酵工业, 2014(7):77-83.

[19] 黄琴, 沈杨霞, 张成静, 等. 铁皮石斛多酚和黄酮含量及与抗氧化活性的相关性[J]. 应用与环境生物学报, 2014(3):438-442.

[20] 魏媛媛, 闫冬, 阿以仙木·加帕尔, 等. 石榴花多酚对糖尿病合并脂肪肝大鼠肝脏中PON表达的影响[J]. 药学学报, 2013(1):71-76.

[21] 陈亮, 李医明, 陈凯先, 等. 植物多酚类成分提取分离研究进展[J]. 中草药, 2013(11):1501-1507.

[22] 赵海田, 王振宇, 程翠林, 等. 松多酚类活性物质抗氧化构效关系与作用机制研究进展[J]. 食品工业科技, 2012,33(2):458-461.

[23] 王雪飞, 张华. 多酚类物质生理功能的研究进展[J]. 食品研究与开发, 2012(2):211-214.

[24] 魏颖, 籍保平, 周峰, 等. 苹果渣多酚提取工艺的优化[J]. 农业工程学报, 2012, S1:345-350.

第3章 甾体及其苷类化合物

3.1 概 述

甾体化合物广泛存在于植物、动物体内和微生物代谢产物中。在动植物生命过程中起着十分重要的作用,被誉为“生命的钥匙”。在植物界以植物甾醇、甾体皂苷、强心苷、甾体生物碱等形式存在,在动物界以甾醇、性激素、肾上腺皮质激素、胆汁酸等形式存在。

3.1.1 化学结构及分类

天然甾体类化合物在结构上的共同特征是含有环戊烷骈多氢化菲的甾核,即甾体母核,如图3.1所示。

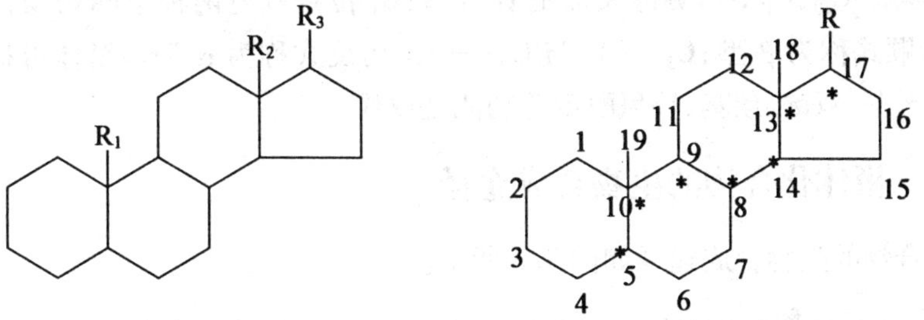

R_3 R_2 R_1

甾体基本骨架
(R_1,R_2通常为甲基)

R 18 17 12 13* 16 11 1 19 9 2 10* 8 14 15 3 5 7 4 6

甾体母核的编号
(带*号为手性碳)

图3.1 甾体母核

甾体母核上有7个手性碳原子,应有128种光学异构体,但由于稠环引起的空间位阻,使实际存在的异构体数目大大减少。天然甾体化合物分子中甾核四个环分别为A环、B环、C环和D环,都是椅式构象,其中A/B为顺式或反式稠合,B/C为反式稠合,C/D为顺式或反式稠合。A/B,B/C,C/D都为反式稠合的甾体母核构象,如图3.2所示。

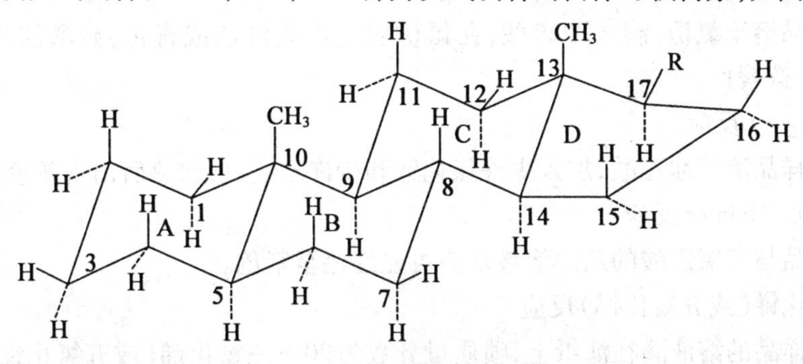

图3.2 反式稠合的甾体母核构象

甾核 C_3 有羟基取代，可与糖结合成苷，核的 C_{10} 和 C_{13} 位有角甲基取代，C_{17} 位有侧链。根据 C_{17} 侧链结构的不同，天然甾体化合物有如下不同分类，见表 3.1。

表 3.1　天然甾体化合物中甾核的稠合方式及分类

类型	A/B 环	B/C 环	C/D 环	C_{17} 侧链
C_{21} 甾类	反	反①	顺	羰甲基衍生物
甾体皂苷	顺、反	反	反	具有螺原子的含氧杂环
强心苷类	顺、反	反	顺	不饱和内酯环
胆酸类	顺	反	反	戊酸
醉茄内酯类抗癌成分	顺	反	反	不饱和内酯环
植物甾醇	顺、反	反	反	8～10 个碳的脂肪烃衍生物
昆虫变态激素类	顺	反	反	8～10 个碳的脂肪烃衍生物

注　①至今只有一个化合物例外，B/C 环为顺式排列。

天然甾类的 C_{10}，C_{13}，C_{17} 侧链大都是 β 构型；C_3 位羟基有两种空间构型，C_3—OH 与 C_{10}—CH_3 为顺式称为 β 型；C_3—OH 与 C_{10}—CH_3 为反式称为 α 型。甾体母核的其他位置还可以有羟基、双键、羰基、环氧醚键等功能基取代。

3.1.2　甾体化合物的生物合成途径

甾体化合物的生物合成途径如图 3.3 所示。

3.1.3　甾体化合物的显色反应

甾体化合物在无水条件下与酸作用可以发生一系列颜色反应，利用这些反应可以对甾体化合物成分做初步鉴定或比色分析。

1. Liebermann - Burchard 反应

甾体样品与浓硫酸 - 醋酐溶液作用，可产生红→紫→蓝→绿→污绿等颜色变化，最后褪色。

2. Salkowski 反应

甾体样品溶于氯仿，滴入浓硫酸，在氯仿层呈现血红色或青色，硫酸层出现绿色荧光，两液面呈蓝紫色。

3. Tschugaev 反应

将甾体样品溶于冰乙酸，加入少许氯化锌和少许乙酰氯，加热后出现颜色反应。

4. Rosen - Heimer 反应

甾体样品与三氯乙酸的乙醇溶液反应可显红色至紫色。

5. 三氯化锑（或五氯化锑）反应

将甾体样品的溶液滴在滤纸上，喷质量分数为 20% 三氯化锑（或五氯化锑）的氯仿溶液（不含乙醇和水），干燥后，加热至 60～70 ℃，显蓝色、灰蓝色、灰紫色斑点。

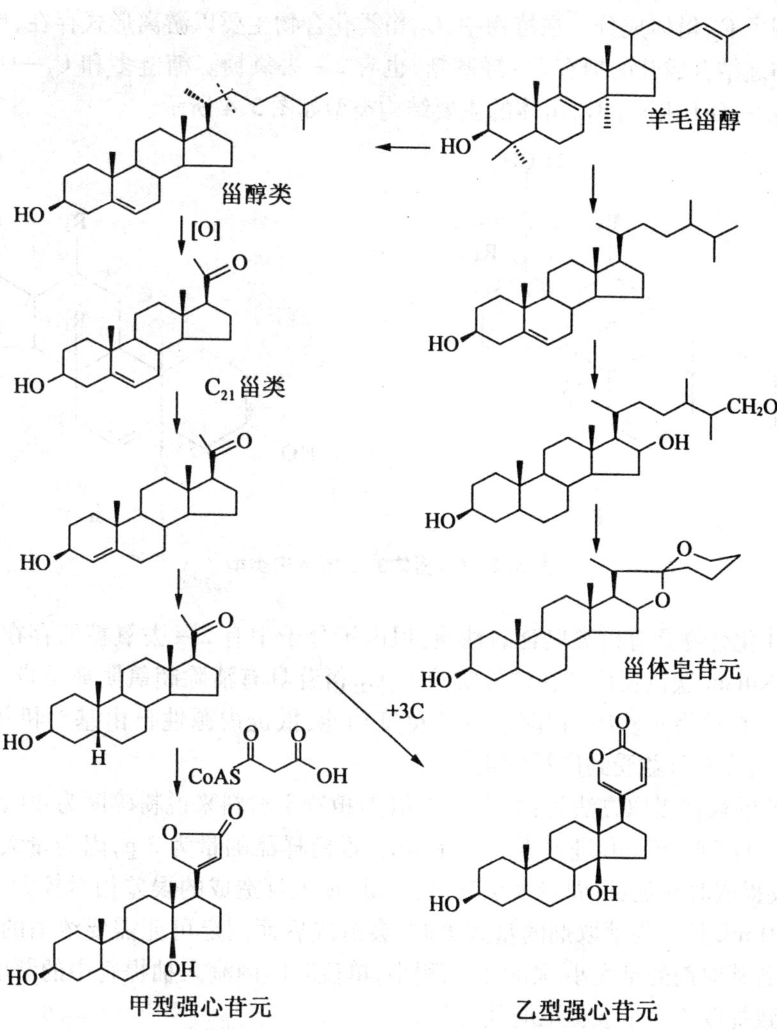

图 3.3　甾体化合物的生物合成途径

3.2　C_{21} 甾类化合物

C_{21} 甾体成分共有 21 个碳，具有孕甾烷的基本结构，此类化合物具有重要的生理活性，是具有抗炎、抗肿瘤、抗生育等生物活性的药物。人们对它的研究始于 20 世纪 60 年代。20 世纪 70 年代以后，由于层析分离技术和结构鉴定方法迅速发展，C_{21} 甾体的化学研究在国内外取得了令人瞩目的成绩。大量的新化合物、微量成分被一一发现，其中大部分有较强的生理活性，有的已开发成为药品。众多的研究者在这一领域的研究中摸索出一些新的实验技术和手段，丰富了植物化学的内容，有的系统研究形成了植物化学分类的特色。

C_{21} 甾体是萝摩科植物中普遍存在的化学成分，另外在玄参科、夹竹桃科、毛茛科等植

物中也发现了 C_{21} 甾体成分。在植物中，C_{21} 甾类化合物主要以游离形式存在，也以苷的形式存在。与之结合成苷的糖有 2－羟基糖，也有 2－去氧糖。糖链多和 C_3—OH 相连，也有以 C_{20} 位的—OH 相连。C_{21} 甾体的主要结构类型如图 3.4 所示。

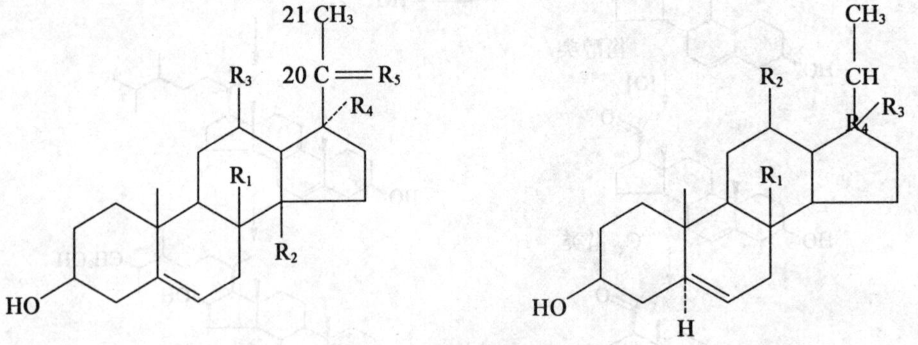

图 3.4　C_{21} 甾体的主要结构类型

C_{21} 甾体化合物具有甾类皂苷的性质，但由于分子中有 2－去氧糖的存在，因此也能呈 Keller－Kiliani 颜色反应。在体外实验中，C_{21} 甾苷具有清除超氧阴离子自由基和羟自由基的能力；在动物实验中，它能够调节免疫功能、抵抗内源性自由基对机体的氧化损伤。因此，C_{21} 甾苷日益受到广泛的重视。

C_{21} 甾苷的最佳提取方法为：取 2 g 样品（对植物干材料来说粉碎度为 40 目），用质量分数为 95% 的乙醇 50 mL 进行索氏抽提 4 h。设定样品的量为 2 g，因为量太大，不容易提取完全或提取时间延长；而量太小时，则称量、损失等造成的误差相对较大。选择萃取剂的量为 50 mL 是因为萃取剂的量太大时，会造成后面测定可能需要浓缩的困难，而且浪费溶剂；若萃取剂的量太小，则沸腾面积小，单位时间内滴入抽提管中的萃取剂滴数太少，从而导致提取不完全或提取时间延长。

3.3　强心苷类化合物

强心苷是一类对心脏有显著生物活性的甾类化合物，有兴奋心肌的作用，存在于许多有毒的植物中，尤其在夹竹桃科、玄参科、萝藦科、毛茛科、百合科、桑科和十字花科植物中较为普遍，医生常用它作为强心药治疗心力衰竭的病人。

3.3.1　强心苷的结构、分类及重要化合物

强心苷结构比较复杂，由强心苷元和糖两部分组成。强心苷元甾体母核的四个环的稠合方式为：B/C 环为反式，C/D 环为顺式，A/B 环有反、顺两种构型，但以顺式居多，如毛地黄毒苷元（图 3.5）；个别为反式稠合，如乌沙苷元（图 3.6）。

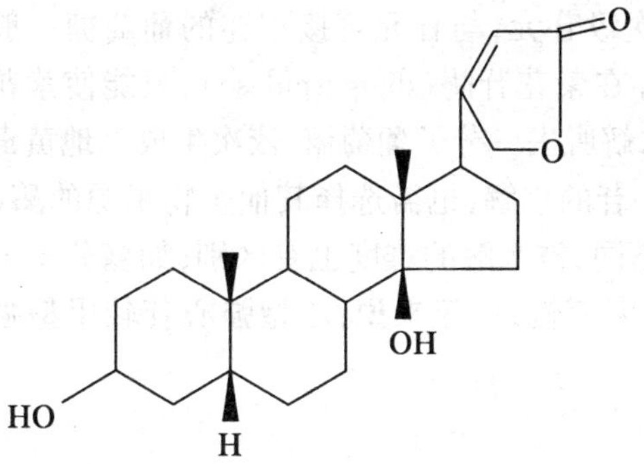

图3.5　毛地黄毒苷元

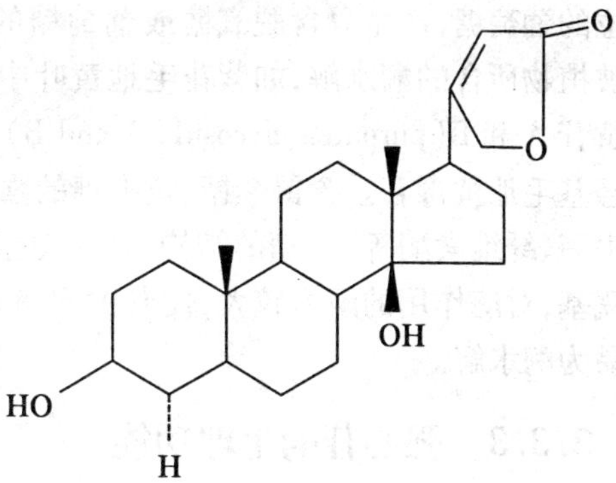

图3.6　乌沙苷元

3.3.2　强心苷的性质

1. 强心苷的理化性质

强心苷是中性化合物，多为无色结晶或无定形粉末，味苦，有旋光性，可溶于水、丙酮及甲醇、乙醇等极性溶剂，略溶于乙酸乙酯，几乎不溶于醚、苯、石油醚等非极性溶剂。其溶解度也因糖分子数目和性质以及苷元分子中有无亲水性基团而有差异。

强心苷的稳定性较差，在酸或酶作用下发生水解、叔羟基脱水或异构化等反应。强心苷分子中有内酯环结构，当用碱溶解处理时，内酯环开裂并异构化，但酸化后不能复原，属于不可逆反应。

2. 苷键的水解

与其他苷类化合物类似，强心苷的苷键也能被酸、酶水解，具有酯链结构的强心苷还能被碱水解。强心苷中苷键由于糖的结构不同，水解难易有区别，水解产物也有差异。

(1)温和酸水解。

用稀酸(0.02～0.05 mol/L 的 HCL 或 H_2SO_4)在含水醇溶液中经短时间加热回流，可水解去氧糖的苷键；2－羟基糖的苷在此条件下不易断裂。

(2)强酸水解。

2－羟基糖的苷由于2位羟基产生互变，阻碍了水解反应的进行，使水解较为困难，必须提高酸的浓度(质量分数为3%～5%)，延长水解时间或同时加压；但因反应较剧烈而引起苷元的脱水，产生缩水苷元。

(3)盐酸丙酮法(mannich 水解)。

2－羟基糖苷强心苷于丙酮溶液中，常温条件下与体积分数为0.4%～1% HCl 长时间反应(约两周)，糖分子中 C_2—OH 与丙酮反应，生成丙酮化物，进而水解，可得到原来的苷元和糖的衍生物。如果苷元分子中也有两个相邻的羟基，也能与丙酮反应生成苷元丙酮化物，如乌本苷的水解，需再用稀酸加热水解才能得到乌本苷元。

3. 酶催化水解

许多酶对水解的糖具有选择性，因此可用于确定糖的构型，不同性质的酶作用于不同性质的苷键。在含强心苷的植物中均有水解强心苷的酶共存，此酶的水解部位主要是末位的葡萄糖,产生只含脱氧糖或葡萄糖的次级苷元,与苷元直接相连的葡萄糖一般不易被植物所含的酶水解,如紫花毛地黄叶中存在紫花苷酶(digipurpidase),只能使紫花毛地黄苷A和B(purpurea glycoside A and B)水解脱去一分子葡萄糖,依次生成毛地黄毒苷和羟基毛地黄毒苷。含鼠李糖、黄夹糖的强心苷的水解,也需选择其他生物来源的酶(如蜗牛酶、纤维素酶等)。糖的结构、苷元类型不同,被水解的难度也有区别,如糖分子上有乙酰基,对酶作用的阻力较大,使苷的水解速率变慢;一般来说,乙型强心苷较甲型强心苷易为酶水解。

3.3.3 强心苷的生理功能

强心苷是一类选择性地作用于心脏,加强心肌收缩力,使脉动加速,具有强心、利尿作用,治疗慢性心功能不全(充血性心力衰竭)最常用、最有效的药物。临床上,主要用作强心剂。但此类药物毒性大,不易控制,易出现中毒症状甚至死亡。

3.4 甾体皂苷

3.4.1 甾体皂苷的结构、分类

甾体皂苷是以甾体为苷元的糖苷化合物,在自然界分布很广,主要集中在单子叶植物的百合科(liliaceae)、薯蓣科(dioscoreaceae)和龙舌兰科(agavaceae)等植物中;在双子叶植物的豆科(fabaceae)、玄参科(scrophulariaceae)、蒺藜科(zygophyllaceae)、苦木科(simaroubiaceae)和茄科(solanaceae)的少数种中也有分布。甾体皂苷一般在植物中的含量较高,并在植物的各个部位都有分布,但含量有很大的不同,并随植物的生长季节和地域而变化。甾体皂苷的结构主要包括两部分内容,即糖和苷元。按皂苷元结构的不同,皂苷通常被分为三萜皂苷、甾体皂苷和甾体生物碱皂苷(图3.7)。而甾体皂苷又可分为胆甾烷型皂苷、螺甾烷型甾体皂苷和呋喃甾烷型皂苷(图3.8)。

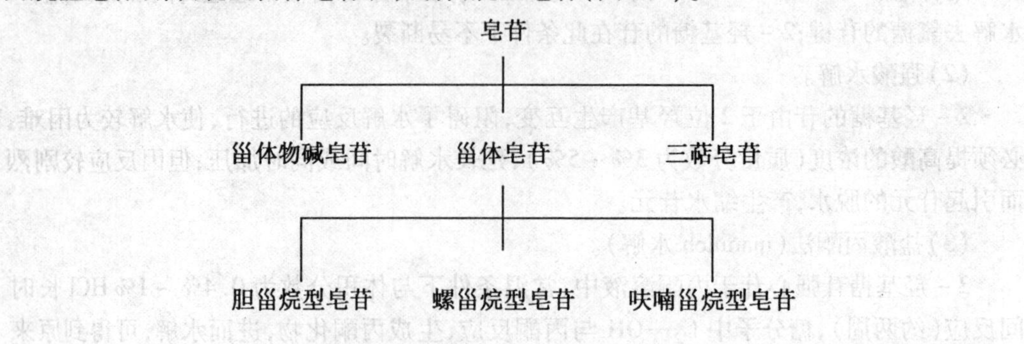

图3.7 皂苷的结构类型

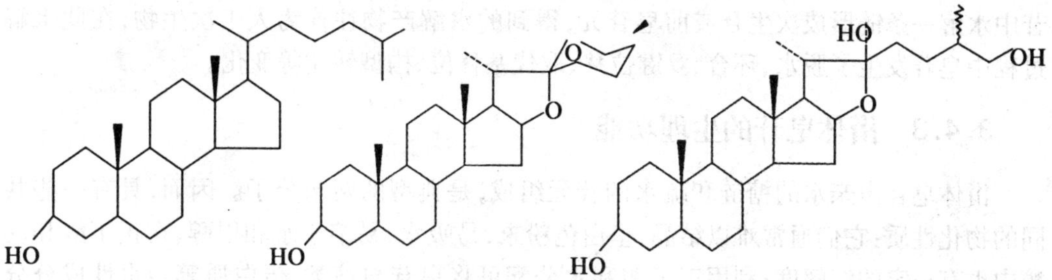

胆甾烷　　螺甾烷　　呋喃甾烷

图 3.8　甾体皂苷苷元的骨架类型

其中，固定的结构因素有：C_{18}，C_{19}角甲基为 β 型，C_{21}角甲基为 α 型；B/C 和 C/D 环呈反式，而 D/E 环呈顺式。3 位为 β 羟基取代，糖链往往连接于此位。

皂苷类化合物是一类结构多样的化合物，存在于很多植物之中，其特征的骨架是源于 30 – 碳的前体化合物环氧角鲨烯（oxidosqualene）连接的糖苷，传统意义而言，它们再细分为三萜类糖苷和载体类糖苷，或者分为三萜类（triterpenoid）、螺旋甾烷醇（spirostanol）和呋喃甾醇类皂苷，在本研究中对皂苷的分类进行了综述，并且基于碳骨架，三萜类和甾体类生物合成的路径进行分类。

在这种方式下，11 种主要的皂苷类化合物分类分为：达玛烷（dammaranes），甘遂烷型（tirucallanes），羽扇烷型（lupanes），藿烷型（hopanes），齐墩果烷（oleananes），蒲公英甾烷（taraxas – teranes），乌苏烷（ursanes），环木菠萝烷（cycloartanes），羊毛甾烷（lanostanes），葫芦烷（cucurbitanes）和类固醇（steroids）。其中达玛烷、羽扇烷、藿烷、齐墩果烷、乌苏烷和类固醇进一步分为 16 亚类，因为它们的碳骨架易于断裂、同类化以及发生降解反应。

根据这种系统的分类，对骨架类型和植物来源之间的关系进行了进一步的探讨，上面提及的五类骨架可以存在于一种植物目之中，但是在植物王国中骨架的分类无亚类的特殊性，齐墩果烷骨架是作为普遍的骨架存在于植物王国大多数目之中。对于齐墩果型皂苷，取代基的类型（如—OH，═O，单糖的残基，等等）以及它们连接的骨架的位置都进行了综述。单糖残基可以连接到齐墩果烷的骨架上，最普遍的是位于 C_3和/或 C_{17}原子上的。种类和取代的位置看起来并没有什么特异性。

3.4.2　甾体皂苷的性质

甾体皂苷元多为较好的结晶。随着分子中羟基数目的增加，甾体皂苷元熔点升高，其单羟基衍生物的熔点都在 208 ℃以下，三羟基衍生物的熔点都在 242 ℃以上，多数双羟基或单羟基酮甾体皂苷元的熔点介于两者之间。

我们希望皂苷水解的目标产物是原始皂苷元，但往往皂苷的水解有两种方式，也可能导致水解产物不是原始皂苷元，而为次生苷或前皂苷元。在温和的水解条件下，如 Smith 氧化降解法、酶解法等，可以一次完成水解，生成皂苷元及糖；但在水解条件比较剧烈，如酸性较强的高氯酸条件下，皂苷就发生分步水解，即部分糖先被水解，或双糖链皂苷中水解一条链形成次生苷或前皂苷元，得到的水解产物往往为人工次生物，在此水解过程中皂苷发生了脱水、环合、双键位移、取代基移位、构型转化等变化。

3.4.3 甾体皂苷的生理功能

甾体皂苷由亲水的糖链和疏水的苷元组成，是典型的两亲分子。因而，具有一些共同的物化性质：它们通常难以结晶，呈白色粉末，易吸水，易溶于水和甲醇，在正丁醇和戊醇中也有一定的溶解度；利用正丁醇和水分配可将皂苷与糖类、蛋白质等亲水性成分分离。大多数皂苷能形成泡沫和胶束，是很强的表面活性剂，它们能增加水不溶物在水中的溶解，能与胆固醇形成复合物，能在细胞膜上打洞和引起溶血。这些性质决定了它们的一些广泛的用途，如它们长期被用于洗涤，食品和化妆品的乳化，杀鱼，杀虫，杀软体动物等。

甾体皂苷具有广泛的药理活性，它们是很多传统药用植物特别是中草药的活性成分。以甾体皂苷为主要活性成分的传统中草药有：重楼、麦冬、黄精、玉竹、山药、穿山龙、土茯苓、积雪草、瞿麦等；含甾体生物碱皂苷的有龙葵、贝母、知母等；含强心苷的有夹竹桃、羊角扭、万年青、香加皮等。

目前，单一成分的甾体皂苷直接应用于临床的药物还没有，但总的甾体皂苷作为治疗心脑血管系统疾病的药物在临床应用较多，且疗效显著。如黄山药中提取的含8种甾体皂苷的纯中药制剂——地奥心血康胶囊，由蒺藜果实总甾体皂苷研制的制剂——心脑舒通等。这些药物在治疗冠心病、心绞痛、心肌缺血、脑动脉硬化症和脑血栓形成的后遗症、慢性肺原性心脏病等方面经临床试验效果十分显著。经科学研究发现，甾体皂苷具有治疗心血管系统疾病、抗肿瘤、滋补强壮、提高免疫力、降低血糖、抗生育、杀虫及抗真菌活性的作用等。

1. 抗真菌、抗细菌和抗病毒活性

很多甾体皂苷有抗真菌活性，如从 Asparagus officeinalis (Liliaceae) 中分离的皂苷1对多种真菌 (Candida, Cryptococcus, Trichophyton, Microsporum, Epidermophyton 等) 的最小抑制质量浓度 (MIC) 为0.5 μg/mL 到0.8 μg/mL。从 Dracaena mannii (Agavaceae) 中分离的皂苷2对17种真菌有活性，其中对 Trichophyton soudanease 最为敏感，MIC 为6.25 μg/mL。一些甾体皂苷有抗格兰氏阳性细菌的活性。从海星中分离的15个皂苷有8个对抗金黄色葡萄球菌 (staphylococcus aureus) 有活性。具有抗真菌活性的皂苷一般由4~5个单糖构成的单糖链皂苷，短的糖链导致低水溶性及较弱的抗真菌活性。皂苷抗真菌的机制一般认为是皂苷与真菌浆膜中的类固醇形成一种复合物，其破坏了真菌细胞膜的半透性。长春藤皂苷（一种香树脂素皂苷）在体外具有抗白念珠菌活性。龙须菜（百合科）中的皂苷 As-1（一种螺旋固醇烷皂苷）对白念珠菌、浅白隐球酵母菌、絮状表皮癣菌、石膏样小孢子菌和发癣菌具有抑制作用。番茄素（一种螺旋固醇碱烷皂苷）对曲霉菌属、白念珠菌和发癣菌具有活性抑制作用。海参毒素A和B（均为一种羊毛脂固醇烷皂苷）对许多真菌株表现出抑制活性。

2. 细胞毒性和抗肿瘤活性

很多甾体皂苷有细胞毒性和抗肿瘤活性。如从东非植物 balanites aegyptica 中分离的四个皂苷(3－6)对P－388肿瘤有明显的抑制活性,ED_{50}分别为0.41,2.4,0.21,0.22 μg/mL(作为对照的5－氟尿的ED_{50}为0.08 μg/mL)。迄今发现最强的抗肿瘤活性皂苷是从虎眼万年青(ornithogalum saundersiae)中分离到的OSW－1,它的活性比临床用药,如mitomycin C,adriamycin,cisplatin,camptothecin,taxol等强10～100倍。少数甾体皂苷还显示抗病毒活性。皂苷类化合物有含有甾体化合物母核的,有的母核类似于甾体化合物,但是不完全相同,但是这些皂苷在抗肿瘤方面的应用有很多报道,如Alexander Yu等报道了(22R,23R)－22,23－二羟基豆甾烷衍生物对培养的肿瘤细胞的毒性作用,Yoshihiro Mimaki等报道了来自玉簪属草本植物甾族糖苷以及其对白血病细胞HL－60的移植作用,Guo Chuangxing等报道了合成的甾体皂苷OSW－11的抗肿瘤作用。Atul Gupta等综述了目前开发的皂苷作为抗肿瘤药的研究进展,Qi Lianwen等对美国人参结构与功能的关系——抗癌活性研究进行了报道。

欧洲癌症杂志报道了海洋药物化学抗肿瘤和细胞毒性化合物。Pui Kwong Chan等报道了二当归酰基团在C_{21-22}位置的三萜皂苷对于肿瘤细胞的毒性是必要的。

3.心血管活性

很多甾体皂苷具有心血管活性,如重楼、穿龙薯蓣、麦冬等中药植物中的甾体皂苷。类固醇类总皂苷在临床应用中作为治疗心脑血管系统疾病的有效药物。人参中的达玛烷皂苷、黄芪中的阿屯皂苷(9,19－羊毛脂固醇烷)、强心苷(洋地黄苷)和重楼中的类固醇皂苷等都是重要的含有抗心血管疾病的天然植物资源。

多数类固醇类总皂苷的心血管保护机制主要是通过抑制钙依赖性磷酸二酯酶(PDE)而增加cGMP和cAMP含量,从而舒张血管,增加血流量,改善外周循环和组织的代谢;类固醇类总皂苷还可以抑制细胞外Ca^{2+}内流和细胞内Ca^{2+}释放来阻止细胞内钙过度负荷,具有非选择性钙通道阻滞作用。人参皂苷可激活血管内皮NO合成酶(NOS)释放NO,保护血管免受自由基损伤,从而达到抗血小板聚集的目的。三七总皂苷保护心血管机制是升高大鼠动脉壁前列腺素2(PG2)的合成并降低血小板血栓素(TXA2),从而达到抑制血小板聚集的作用。

4.降血糖作用

皂苷及其衍生物有一定的降血糖减缓糖尿病作用。皂苷降血糖机制是通过抑制肝脏的氨基酸转化成葡萄糖(即糖原异生作用)或抑制糖原分解达到降低血糖的效果,其降血糖作用对葡萄糖的摄取和胰岛素的释放没有影响。

植物中分离出的香树脂醇皂苷具有降低血糖和抗糖尿病的作用,如木鳖子(葫芦科)、藤三七(落葵科)和刺五加等,以及从埃及酸叶木中分离的类固醇类皂苷。从辽东楤木、欧洲七叶树、莙荙菜(藜科)、远志(远志科)、匙羹藤和地肤(藜科)等植物中分离的皂苷则有抑制葡萄糖吸收的作用。

5.免疫调节活性

皂苷对人体免疫系统具有调节作用,包括免疫促进和免疫抑制作用。皂苷对免疫抑制剂所致免疫功能低下动物的非特性免疫、体液免疫和细胞免疫均有增强并恢复至接近正常的作用,从而增强了消除癌细胞的功能。

从皂树(蔷薇科)中得到的皂苷已在世界范围内被研究多年,并将其作为免疫辅助剂上市。其中含有大量的皂苷成分,其中 Q521 是从中分离出来的具有很强活性而无细胞毒性作用的分子。从中药中得到的 Esculentosides 具有免疫抑制作用。具有免疫调节作用的皂苷还包括从人参、刺五加(五加科)、坡柳、大叶合欢(豆科)、辽东楤木(五加科)、洪都拉斯菝葜(百合科)、金盏花、银柴胡(石竹科)和扁豆(豆科)等植物中分离的皂苷。

6. 抗氧化作用

皂苷具有清除氧自由基等捕获自由基的功能,能应用于与磷脂、核酸、蛋白质相关的质变。抗氧化作用为皂苷抗心血管系统疾病、抗肿瘤等提供了一个理论依据。三七皂苷能提高血清超氧化物歧化酶 SOD 还原型谷胱甘肽 GSH - PX 过氧化氢酶水平,说明其具有较强的抗自由基抗氧化作用。

7. 降血脂作用

皂苷可以阻止胆固醇在肠道吸收,降低血浆胆固醇。螺甾烷醇苷类活性随糖链中单糖数目增加而增加,含有三个单糖时,其活性最强。降低血浆中胆固醇浓度,即降低了由于胆固醇浓度增高而形成的高脂血症。

薯蓣属植物总甾体皂苷具有降血脂作用,如高加索薯蓣(dioscorea caucasia)、穿龙薯蓣(dioscorea nipponica)和叉蕊薯蓣(dioscorea collettii)含总甾体皂苷具有降胆固醇作用,从毛冬青(冬青科)中分离获得的冬青皂苷可降低小鼠的血胆固醇,其他降低胆固醇的皂苷包括从辽东楤木、金盏花和甜草(藜科)等得到的齐墩果酸皂苷以及从葫芦巴(豆科)得到的皂苷。Ohminami 报道了大豆皂苷抑制血清中脂类物质的氧化与过氧化脂质的生成并能降低血液中胆固醇和甘油三酯的含量。

8. 其他活性

甾体皂苷还具有很多其他的活性。如麦冬皂 C 具有显著的抗炎症活性。从 ophiopogon intermedius 中分离的皂苷 7,从 asparagus officinalis 中分离的皂苷 8 等能阻止精子的活动。从 solanaceae 中分离的甾体生物碱皂苷 9 和 10 有护肝的功能。从 paris polyphylla 中分离的皂苷 11 有促使子宫收缩的作用。从 anemarrhena asphodeloides 中分离的呋喃甾烷皂苷 12 能抑制 PAF 引起的血小板凝聚。甾体化合物的部分的生理功能是多种多样的。皂苷类化合物在植物界分布极为广泛,在草本木本中都有分布,A. Hanan 等综述了橡木属果实的植物化学探讨和药用评价,皂苷化合物的母核合成大部分是三萜类的衍生物,三萜类的化合物的合成也是有报道的,Ran Xu 等综述了三萜骨架的多样性的起源。

Gerard J. Bishop 等报道了精炼植物类固醇荷尔蒙生物合成的路径,M. J. P. Ferreira 等报道了基于植物信息的皂苷的骨架的预测,Ying Yan 等报道了闭环 - 孕烷甾体皂苷对其抗烟草花叶病毒的活性作用。

皂苷因为结构与体内的甾体类激素结构有共同之处,所以一般情况下都具有抗炎作用,有的皂苷对激素代谢相关酶类有激动或者拮抗作用。S. Ram 等报道了体外和体内抗炎潜力以及无羟基孕甾酮 - 14 - 醇 - 20 - 酮 - 吡喃葡萄糖苷在大鼠中的分析结果,

H. Tom 等报道了从绞股蓝中鉴定出来的 LXR - 激活剂,Jenny Roy 等报道了 3 - 雄酮衍生物作为 17 - 羟基类固醇脱氢酶型号 3 的抑制剂的作用,

很多皂苷同时具有抗疟原虫的作用,Li Pan 报道了从 Pentalinon andrieuxii 根分离出

来的甾醇抗利士曼原虫作用,有些皂苷具有免疫抑制作用,Chen Fengyang 报道了金子藤茄冬皂苷以及其苷元 Stephanoside E 在体内的免疫抑制作用的对比。

Damjana Cvelbar 等报道了类固醇的毒性以及子囊菌的解毒作用。其中,Jacek W. Morzycki 等报道了皂苷乙酸酯的电解氧化产物,皂苷在动物模型中制造的毒理损害模型中有保护作用,Palanivel Kokilavani 等报道了 commelina benghalensis L. 和 cissus quadrangularis L. 抗氧化剂参与了减轻类固醇生成对抗了喹硫磷诱导的生殖毒性。

从一些镇静类中药中分离出具有镇静作用的皂苷,如大枣(鼠李科)、蛇藤(鼠李科)和人参(五加科)等,从植物仙客来、美类叶升麻(毛茛科)、普洱茶(茶科)和麦蓝菜(石竹科)以及从七叶一枝花中也分离出三萜皂苷,其具有促子宫收缩作用,另外从朱砂根(紫金牛科)中分离出的类固醇类皂苷还有类似雌激素样作用。从柴胡中提取的三萜皂苷和从茄科植物中获得的类固醇类皂苷具有护肝作用。从辽东楤木、欧洲七叶树、山茶(山茶科)和远志等植物中分离的三萜皂苷则具有抑制乙醇吸收作用,从而保护肝脏。蒺疾藜总皂苷对小鼠亚急性衰老模型动物的体重减轻、脾脏及胸腺萎缩有抑制作用,对老年小鼠脾内色素颗粒的沉着和聚积呈明显改善趋势,表现出抗衰老的作用。

3.4.4　皂苷的毒性

1. 溶血作用

皂苷与红细胞中的胆固醇相互作用导致细胞膜去稳定性和渗透性被破坏,细胞崩解所致的毒性作用称为溶血作用。其限制了含皂苷类植物的应用。研究表明,皂苷和胆固醇形成稳定的络合物皂苷水溶液注射入血液,低浓度时即产生溶血作用,毒性较大,但不是所有皂苷都具有溶血性,且溶血性的大小与皂苷的浓度及空间结构相关。

2. 黏膜刺激性

大多数皂苷对黏膜有非特异性的刺激作用,曾从美远志、报春花根、甘草、丝石竹属和常春藤属等中分离出具有祛痰作用的皂苷。近来又从丝瓜(葫芦科)中分离出具有镇咳作用的皂苷,例如 lucyoside A(一种香树脂素皂苷)。许多皂苷因对肾小球黏膜有局部刺激作用而能产生利尿作用,例如黄芪、木通、治疝草、硬毛治疝草、毛果一枝黄花、加拿大一枝黄花、堰麦草、垂枝桦、欧洲桦、问荆、刺芒柄、三色槿和豇豆等。

3. 抗生育作用

Liliaceous 属的植物中分离的 29 个 C_{27} 甾体皂苷,利用 Sander - Cramer 方法进行试管试验,发现有 12 个甾体皂苷都表现出良好的杀灭精子的活性。豆科植物合欢(albizzia julibrissin)中的总苷对大鼠等各种动物宫腔内给药具有显著的抗早孕作用。

3.4.5　新的分离的甾体皂苷举例

皂苷结构的多样性,使得分离得到新的皂苷类化合物的报道层出不穷,Ye Yang综述了中国天然产物化学 2010 年研究进展,报道了很多新型皂苷类化合物以及其生物学作用,Yu Jin qian 报道了徐长卿的根的新的甾体的九种皂苷结构。Alejandro YamPu 等报道了从 pentalinon andrieuxii 根中分离得到的皂苷,Shen Dongyan 报道了分离出来四种新的青阳参黄柏的甾体皂苷。Youngwan Seo 等报道了软珊瑚中分离出来的新型的生物活性物质,Jacek W. Morzycki 报道了螺旋甾烷和呋喃甾烷在溶液和固态中的 NMR 分析,是皂苷在核磁分析中的一个例证。类固醇激素软体动物中的合成也有报道。例如,Denise Fernandes 报道了类固醇在软体动物的合成和代谢。Gamal A. Mohamed 等报道了海绵 Echinoclathria gibbosa 中的新化合物。Lei Hua 报道了高含氧豆甾烷性类固醇化合物来自驱虫斑鸠菊的地上部分。Stefano Dall Acqua 报道了蝴蝶亚仙人掌的甾体皂苷。

参考文献

[1] 唐世蓉,杨如同,潘福生,等. 中国薯蓣属植物中的甾体皂苷及甾体皂苷元[J]. 植物资源与环境学报,2007,16(2):64-72.

[2] 王莹莹,寇永奎,朱建松. 甾体皂苷提取分离及结构研究方法[J]. 华中师范大学研究生学报,2007,14(1):143-147.

[3] 林定齐. 非甾体类抗炎药及解热镇痛药用药情况分析[J]. 当代医学,2012,18(2):132-133.

[4] 高淑怡,李卫民,帅颖,等. 药用植物百合甾体皂苷研究进展[J]. 中国实验方剂学杂志,2012,16:337-343.

[5] 丁怡. 天然甾体皂甙研究进展[J]. 中国新药杂志,2000(8):521-524.

[6] 崔建国,刘亮,甘春芳,等. 芳(杂)环甾体化合物的合成及生理活性研究[J]. 化学进展,2014,26(213):320-333.

[7] 王庆亮,曹君,葛明华. C_{21}甾体苷类化合物的抗肿瘤作用和临床应用进展[J]. 肿瘤学杂志,2014,20(9):762-767.

[8] MISHARIN A Y, MEHTIEV A R, ZHABINSKII V N, et al. Toxicity of (22R, 23R)-22, 23 – dihydroxystigmastane derivatives to cultured cancer cells[J]. Steroids, 2010, 75(3): 287-294.

[9] MIMAKI Y, KAMEYAMA A, KURODA M, et al. Steroidal glycosides from the underground parts of Hosta plantaginea var. japonica and their cytostatic activity on leukaemia HL – 60 cells[J]. phytochemistry, 1997, 44(2): 305-310.

[10] KOKILAVANI P, SURIYAKALAA U, ELUMALAI P, et al. Antioxidant mediated ameliorative steroidogenesis by Commelina benghalensis L. and Cissus quadrangularis L. against quinalphos induced male reproductive toxicity[J]. Pesticide Biochemistry and Physiology, 2014, 109: 18-33.

[11] YE Yang, LI Xiqiang, TANG Chunping, et al. Natural products chemistry research 2010's progress in China[J]. Chinese Journal of Natural Medicines, 2012, 10(1): 1-12.

[12] YAMP A, CHEE G L, ESCALANTE E F, et al. Steroids from the root extract of Pentalinon andrieuxii[J]. Phytochemistry Letters, 2012, 5(1): 45-48.

[13] GUO C, FUCHS P L. The first synthesis of the aglycone of the potent anti – tumor steroidal saponin OSW – 1[J]. Tetrahedron Letters, 1998, 39(10): 1099-1102.

[14] YU Jinqian, DENG Anjun, QIN Hailin. Nine new steroidal glycosides from the roots of Cynanchum stauntonii[J]. Steroids, 2013, 78(1): 79-90.

[15] TOM H, SUN W H, VALENTINA RAZMOVSKI N, et al. A novel LXR – a activator identified from the natural product Gynostemma pentaphyllum[J]. Biochemical Pharmacology, 2005,70:1298-1308.

[16] AL ASHAAL H A, FARGHALY A A, EL AZIZ M M A, et al. Phytochemical investigation and medicinal evaluation of fixed oil of Balanites aegyptiaca fruits (Balantiaceae)[J]. Journal of ethnopharmacology, 2010, 127(2): 495-501.

[17] JENNY R, MICHELLEA F, RENÉ M, et al. In vitro and in vivo evaluation of a 3 β – androsterone derivative asinhibitor of 17 β – hydroxysteroid dehydrogenase type3[J]. Journal of Steroid Biochemistry and Molecular Biology,2014 (141):44-51.

[18] JADHAV R S, AHMED M L, SWAMY P L, et al. In vivo and in vitro anti – inflammatory potential of pentahydroxy – pregn – 14 – ol, 20 – one – β – d – thevetopyranoside in rats[J]. Phytomedicine, 2013, 20(8): 719-722.

[19] LI Pan, CLAUDIO M L D,ANGELICA P,et al. Pentalinon andrieuxii sterols with antileishmanial activity isolated from the roots of pentalinon andrieuxii[J]. Phytochemistry,2012(82):128-135.

[20] MORZYCKI J W, LOPEZ Y, PLOSZYŃSKA J, et al. Electrooxidation of tigogenin acetate[J]. Journal of Electroanalytical Chemistry, 2007, 610(2): 205-210.

[21] YE Yiping, SUN Hongyang, LI Xiaoyu, et al. Four new C – 21 steroidal glycosides from the roots of Stephanotis mucronata and their immunological activities[J]. Steroids, 2005, 70(12): 791-797.

[22] XU R, FAZIO G C, MATSUDA S P T. On the origins of triterpenoid skeletal diversity [J]. Phytochemistry, 2004, 65(3): 261-291.

[23] SEO Y, JUNG J H, RHO J R, et al. Isolation of novel bioactive steroids from the soft coral alcyonium gracillimum[J]. Tetrahedron, 1995, 51(9): 2497-2506.

[24] CHEN Fengyang, NI Yang, YE Yiping,. et al. Comparison of immunosuppressive activity of stephanoside E and its aglycone from stephanotis mucronata in vitro[J]. International Immunopharmacology, 2010, 10(10): 1153-1160.

[25] GUPTA A, KUMAR B S, NEGI A S. Current status on development of steroids as anticancer agents[J]. The Journal of Steroid Biochemistry and Molecular Biology, 2013, 137: 242-270.

[26] QI Lianwen, WANG Chongzhi, YUAN Chunsu. American ginseng: potential structure-function relationship in cancer chemoprevention [J]. Biochemical Pharmacology, 2010, 80(7): 947-954.

[27] MORZYCKI J W, PARADOWSKA K, DABROWSKA B K, et al. 13 C NMR study of spirostanes and furostanes in solution and solid state[J]. Journal of Molecular Structure, 2005, 744: 447-455.

[28] FERNANDES D, LOI B, PORTE C. Biosynthesis and metabolism of steroids in molluscs[J]. The Journal of Steroid Biochemistry and Molecular Biology, 2011, 127(3): 189-195.

[29] CVELBAR D, ŽIST V, KOBAL K, et al. Steroid toxicity and detoxification in ascomycetous fungi[J]. Chemico – biological Interactions, 2013, 202(1): 243-258.

[30] BISHOP G J. Refining the plant steroid hormone biosynthesis pathway[J]. Trends in Plant Science, 2007, 12(9): 377-380.

[31] FERREIRA M J P, ALVARENGA S A V, MACARI P A T, et al. A program for terpenoid skeleton prediction based on botanical information[J]. Biochemical Systematics and Ecology, 2003, 31(1): 25-43.

[32] DALLACQUA S, INNOCENTI G. Steroidal glycosides from Hoodia gordonii[J]. Steroids, 2007, 72(6): 559-568.

[33] MAYER A M S, GUSTAFSON K R. Marine pharmacology in 2005 – 2006: antitumour and cytotoxic compounds[J]. European Journal of Cancer, 2008, 44(16): 2357-2387.

[34] MOHAMED G A, ABD E A E E, HASSANEAN H A, et al. New compounds from the Red Sea marine sponge echinoclathria gibbosa[J]. Phytochemistry Letters, 2014(9): 51-58.

[35] HUA Lei, QI Weiyan, HUSSAIN S H, et al. Highly oxygenated stigmastane – type steroids from the aerial parts of Vernonia anthelmintica Willd[J]. Steroids, 2012, 77(7): 811-818.

[36] CHAN P K. Acylation with diangeloyl groups at C21 – 22 positions in triterpenoid saponins is essential for cytotoxcity towards tumor cells[J]. Biochemical Pharmacology, 2007, 73(3): 341-350.

[37] DENG Jun, LIAO Zhixin, CHEN Daofeng. Marsdenosides A – H, polyoxypregnane glycosides from Marsdenia tenacissima[J]. Phytochemistry, 2005, 66(9): 1040-1051.

第4章 脂肪酸

4.1 概述

脂肪酸是指一端含有一个羧基的长的脂肪族碳氢链，是组成脂肪的基本成分，是由生物体所产生的不溶于水、溶于大部分有机溶剂的物质。植物油、陆产、海产动物等天然油脂，经过水解都可以得到脂肪酸。脂肪酸是所有油质的共同成分，并决定油质的性质。在自然界中，脂肪酸以甘油酯的形式存在，极少数以蜡的形式存在。在动物体内，脂肪酸不仅可形成脂肪组织，还作为生物体膜构成要素的磷脂质成分，参与动物体的新陈代谢。

脂肪酸可以有不同的烷基链长度（通常大于等于10个），含有0~6个碳-碳双键的顺式或反式结构，并且可以在烷基链上连接多种官能团。现在日常生活中经常使用的有20~25种脂肪酸广泛存在于自然界，涵盖从食用油到脂肪以及特殊功能性食品，其余主要用作化学工业生产，诸如肥皂、洗涤剂、个人护理产品、润滑剂、涂料以及生物柴油。大约17种商品脂肪和油是从各种植物和动物中得到，最大的植物油来源是油籽作物（大豆、油菜籽、葵花籽、棉籽），另一个主要的油源是油料树（棕榈、椰子和橄榄）。动物脂肪通常是动物副产品，如脂肪、肉、内脏、骨、血，全球油脂产量在1998年为1.01亿吨，其中14.2%（1 430万吨）被用作基本油脂化学品。在2009年，脂肪和油的全球生产增加至1.375亿吨，用于非食品工业用途21.2%（2 930万吨）。这一增长主要得益于高油价，以及天然或可再生的产品不断增长的需求。

脂肪酸主要分为饱和脂肪酸和不饱和脂肪酸。

（1）饱和脂肪酸。

天然食用油脂中存在的饱和脂肪酸主要是长链（C>14），具有偶数碳原子的直链脂肪酸，但在乳脂中也含有一定数量的短链脂肪酸，而奇数碳原子及支链的饱和脂肪酸则很少见。在生物体内，天然脂肪酸以 C_2 单位合成并受β氧化分解。

（2）不饱和脂肪酸。

脂肪酸都是直链化合物，其中有一对或一对以上的碳原子为双键结合的称为不饱和脂肪酸，通式为 $C_nH_{2n+1}COOH$。在生物体内，不饱和脂肪酸是由饱和脂肪酸脱氢反应合成的，其种类数量及比例因生物的种类不同而不同。天然油脂中，不饱和脂肪酸的含量一般多于饱和脂肪酸的含量。

在不饱和脂肪酸中，其碳氢基对双键来说，有顺式（同一侧的）和反式（两侧的）两种立体异构体。油酸的顺、反式异构体如图4.1和图4.2所示。

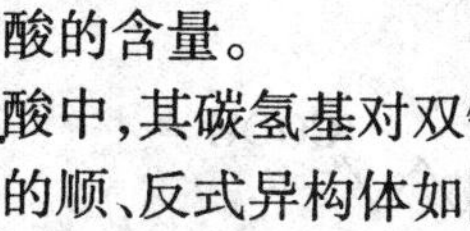

H　　H
C=C
$CH_3(CH_2)_7(CH_2)COOH$

图4.1　顺式油酸

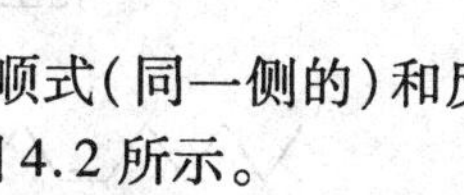

$CH_3(CH_2)_7$　H
C=C
H　　$(CH_2)COOH$

图4.2　反式油酸

天然生成的异构体,几乎都是含有较高的顺式异构体。脂肪酸都是直链化合物,其中有一对或以上的碳原子为双键结合的称为不饱和脂肪酸(unsaturated fatty acid,SFA),通式为 $C_nH_{2n+1}COOH$,根据双键个数的不同,可分为具有一个双键的单不饱和脂肪酸(monounsaturated fatty acid,简称 MUFA)和带有两个和两个以上双键的多不饱和脂肪酸(polyunsaturated fatty acid,简称 PUFA)。单不饱和脂肪酸主要是油酸,现已发现的单不饱和脂肪酸包括:①肉豆蔻油酸($C_{14:1}$,顺 -9),主要存在于黄油、羊脂和鱼油中,但含量不高;②棕榈油酸($C_{16:1}$,顺 -9),许多鱼油中的含量都较多,棕榈油、棉籽油、黄油和猪油中也有少量;③油酸($C_{18:1}$,顺 -9),几乎存在于所有的植物油和动物脂肪中;④反式油酸($C_{18:1}$,反 -9),是油酸的异构体,在动物脂肪中含有少量,在部分氢化油中也有存在;⑤蓖麻油酸($C_{18:1}$,顺 -9),是蓖麻油酸的主要脂肪酸;⑥芥酸($C_{22:1}$,顺 -13),存在于十字花科植物油中;⑦鲸蜡烯酸($C_{22:1}$,顺 -9),存在于鱼油中。

多不饱和脂肪酸有亚油酸、共轭亚油酸(CLA)、亚麻酸、花生四烯酸等。根据双键的位置及功能又将多不饱和脂肪酸分为 ω -3 系列和 ω -6 系列,如图 4.3 和图 4.4 所示。亚油酸、CLA 和花生四烯酸属 ω -6 系列;亚麻酸、二十二碳六烯酸(DAH)、二十碳五烯酸(EPA)属 ω -3 系列。维持人体正常生理活动所必需又不能被人体自身合成的不饱和脂肪酸,属于必需脂肪酸,十八碳三烯酸(GLA)、二十碳四烯酸(AA)、二十碳五烯酸(EPA) 和二十二碳六烯酸(DHA)是其重要组成成分,在人体内具有重要的作用。

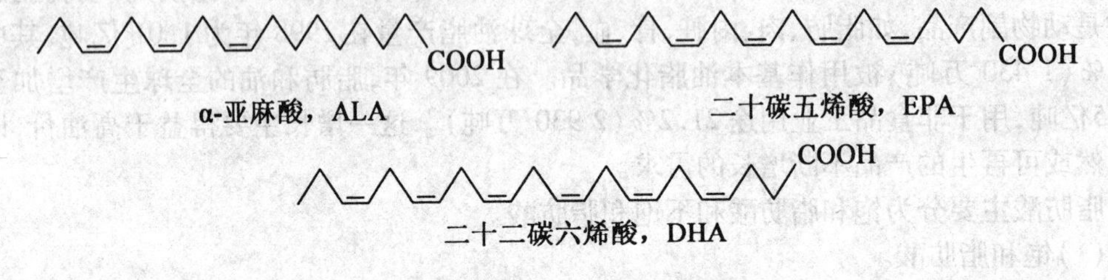

图 4.3　ω -3 系列结构式

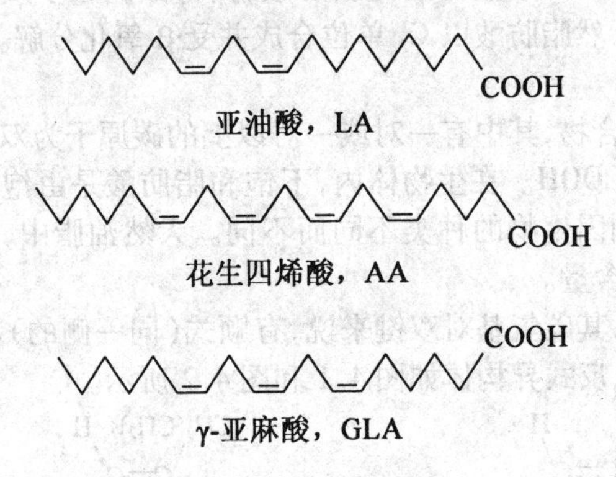

图 4.4　ω -6 系列结构式

(3)特殊脂肪酸。

在自然界还存在着具有支链、羟基、酮基的极性很强的脂肪酸及环状脂肪酸等。它包括支链脂肪酸、含氧脂肪酸、脂环式脂肪酸、炔酸。支链脂肪酸是在羊毛脂中首先发现的对应于末端甲基第二位有支链甲基的、第三位有支链甲基的反式异构酸。在天然脂肪酸中存在着含有羟基、羰基、环氧基等含氧官能团的酸统称为含氧脂肪酸。脂肪酸的组成见表4.1。

表4.1 脂肪酸的组成

	饱和与不饱和长链脂肪酸												
脂肪/油脂	8:0	10:0	12:0	14:0	16:0	18:0	18:1	18:2	18:3	20:0	20:1	22:0	22:1
油菜籽				0.1	4.1	1.8	60.9	21.0		0.7		0.3	
椰子	7.8	6.7	47.5	18.1	8.8	2.6	6.2	1.6		0.1			
棉籽				0.7	21.6	2.6	18.6	54.4	0.7	0.3		0.2	
海甘蓝					1.7	0.8	16.1	8.2	2.9	3.3		2.2	59.5
萼距花(PSR-23)	0.8	81.9	3.2	4.3	3.7	0.3	3.6	2.0	0.3				
棕榈			0.2	1.1	44.0	4.5	39.1	10.1	0.4	0.4			
棕榈仁	3.3	3.4	48.2	16.2	8.4	2.5	15.3	2.3		0.1	0.1		
菜子					2.7	1.1	14.9	10.1	5.1	10.9		0.7	49.8
黄豆			0.1	0.2	10.7	3.9	22.8	50.8	6.8	0.2			
葵花					3.7	5.4	81.3	9.0		0.4			
猪油		0.1	0.1	1.5	26.0	13.5	43.9	9.5	0.4	0.2	0.7		
脂			0.1	3.2	23.4	18.6	42.6	2.6	0.7	0.2	0.3		

4.2 理化性质

4.2.1 物理性质

1.熔点、沸点

在熔点时,脂肪酸的熔化液与固体处于平衡状态。高相对分子质量的脂肪酸冷却的倾向比较强,偶碳数的脂肪酸比相邻奇数碳脂肪酸的熔点高,因此脂肪酸的熔点有交换顺序升高的规律。支链脂肪酸的熔点随碳原子数的增加而增高,随支链的增多而降低。

饱和脂肪酸的沸点随相对分子质量的增加而升高,随压力的减小而降低。不饱和脂肪酸的沸点比相应饱和脂肪酸的沸点低3~5 ℃。支链脂肪酸的沸点较直链的低,且随支链度的增加而降低。

一些脂肪酸的熔点和沸点见表4.2。

表4.2 一些脂肪酸的熔点和沸点(不饱和脂肪酸所有双键均为反式构型)

符号	系统命名	俗名	熔点[a,b] /℃		沸点[c] /(℃·(10 mmHg)$^{-1}$)	
饱和脂肪酸			酸	甲酯	酸	甲酯
10:0	葵酸	葵酸	31.0	-13.5	150	108
12:0	十二烷酸	月桂酸	44.8	4.3	173	133
14:0	十四烷酸	豆蔻酸	54.4	18.1	193	161
16:0	十六烷酸	棕榈酸	62.9	28.5	212	184
18:0	十八烷酸	硬脂酸	70.1	37.7	227	205
20:0	二十烷酸	花生烯酸	76.1	46.4	248[d]	223[d]
22:0	正二十二烷酸	山俞酸	80.0	53.2	263	240
24:0	二十四烷酸	木蜡酸	84.2	58.6	—	198(0.2)[e]
不饱和脂肪酸[f]						
16:1	9-十六碳烯酸	棕榈油酸	0.5	-34.1	180(1)[a]	182
18:1	9-十八碳一烯酸	油酸	16.3	-20.2	223	201
18:2	9,12-十八碳二烯酸	亚油酸	-6.5	-43.1	224	200
18:3	9,12,15-十八碳三烯酸	亚麻酸	-12.8	-52.4	225	202
20:1	二十碳-9-烯酸	鳕油酸	23.0	—	170(0.1)[a]	154(0.1)[e]
20:4	5,8,11,14-二十碳花生四烯酸	花生四烯酸	-49.5	—	163(1)[a]	194(0.7)[a]
22:1	13-芥酸	顺芥子酸	33.5	-3.5	255	242

注 a:Gunstone et al.,2007; b:Knothe and Dunn,2009; c:Budde,1968;d:Farris,1979;e:乙酯;f:所有双键皆为反式构型。

2. 密度、黏度

密度是指一种物质在一定的温度下单位体积所具有的物质质量,液态脂肪酸的密度均小于1 g/cm^3(不包括醋酸),脂肪酸的相对密度随相对分子质量的增大而减少,不饱和脂肪酸的相对密度比相对应的饱和脂肪酸的相对密度大,带有共轭双键的脂肪酸比非共轭双键的脂肪酸相对密度大,相同碳原子数的脂肪酸的相对密度随不饱和度的增大而增大。另外,随着温度的升高,脂肪酸的密度逐渐降低。脂肪酸的黏度随相对相对分子质量的增大而增大,随温度的升高而降低。

3. 折射率、电导率

脂肪酸的折射率与其结构有关,饱和脂肪酸的折射率随相对分子质量的增大而增大,不饱和脂肪酸的折射率比相对应的饱和脂肪酸的折射率大,分子内双键数越少,折射率越大。温度升高,脂肪酸的折射率降低。

脂肪酸的比电导率比油脂类的比电导率小得多,脂肪酸的电导率随着相对分子质量的增加而减少,随着温度的升高而增大。不饱和脂肪酸的比电导率比相应的饱和脂肪酸的比电导率大。

4.2.2　化学性质

1. 自动氧化

脂肪酸及其衍生物三甘脂的自动氧化机理和油脂的自动氧化机理相同,油脂的自动氧化(oxidation)是活化的含烯底物与基态氧发生的游离基反应,在常温下,氧分子对油脂的氧化反应可在很低的活化能下进行。一般认为,油脂的自动氧化是伴随游离基的生成而进行的链式反应,包括链的引发、链传递和链终止三个阶段。

(1)链引发(诱导期)。

$RH \xrightarrow{\text{引发剂}} R\cdot + H\cdot$　　　$RH + O_2 \longrightarrow ROO\cdot + H\cdot$

游离基的引发通常活化能较高,所以反应相对较慢。

(2)链传递。

$R\cdot + O_2 \longrightarrow ROO\cdot$　　　$ROO\cdot + RH \longrightarrow ROOH + R\cdot$

链传递的活化能较低,故此步骤进行很快,并且反应可循环进行,产生大量氢过氧化物。

(3)链终止。

$R\cdot + R\cdot \longrightarrow R—R$　　　$R\cdot + ROO\cdot \longrightarrow ROOR$

$ROO\cdot + ROO\cdot \longrightarrow ROOR + O_2$(R为脂肪酸的烷基)

自动氧化的影响因素包括:

(1)脂肪酸及其甘油酯的组成。

脂肪酸的自动氧化速率与脂肪酸的不饱和度、双键位置、顺反构型有关。室温下饱和脂肪酸的链引发反应较难发生,当不饱和脂肪酸开始酸败时,饱和脂肪酸仍可保持原状,而且顺式异构体比反式异构体更容易发生氧化,共轭双键结构比非共轭双键结构易氧化,游离的脂肪酸比甘油酯的氧化速率略高。

(2)金属的影响。

脂肪酸能与生产及储存用的金属设备作用,生成微量的金属盐,一些具有合适氧化还原电位的二价或多价过渡金属是有效的助催化剂,它能够促进氢过氧化物分解,直接与未氧化物质作用,还能使氧分子活化,产生单线态氧和过氧游离基。所以在选择生产脂肪酸的设备时,其对脂肪酸的稳定性影响很大,务必充分注意。

(3)温度、水分的影响。

随着温度的升高,脂肪酸的自动氧化速率会加快,因为高温条件会促进游离基的产生,还能促进氢过氧化物的分解和聚合。但随着温度的上升,氧的溶解度会有所下降。

当水分达到临界值时,脂肪酸自动氧化初期生成的氢过氧化物或过氧化物会以氢键形式与水相结合,从而来提高其稳定性。另外,水对金属催化剂还起着溶剂的作用。

(4)光和射线。

光和射线不仅能促进氢过氧化物分解,还能引发游离基。紫外光、γ射线均能促进氧化。

2. 热分解

在没有空气或氧的情况下,受热所发生的热变化叫作热分解。饱和脂肪酸和不饱和脂肪酸在高温下都会发生热分解反应。

(1)脂肪酸脱水生成酸酐。

许多一元羧酸进行高温加热时,会发生脱水反应生成相应的酸酐。

$$2RCOOH \rightarrow (RCO_2)O + H_2O$$

(2)金属存在下的热分解。

在有金属存在的情况下,脂肪酸加热时会发生热分解反应,生成酮和烷烃。

3. 异构化

(1)酯交换反应。

酯交换反应是工业上重要的异构化反应之一,天然的油脂中脂肪酸的分布模式赋予了油脂特定的物理性质,如结晶特性、熔点等,但有时这种特性限制了它们在工业上的应用,因此我们可以采用酯交换的化学改性的方法来改变脂肪酸的分布模式,以适应特定的需要。

(2)几何异构体和位置异构体。

不饱和脂肪酸的酰基链会发生异构化,生成几何异构体和位置异构体,由于双键位置不同,不饱和脂肪酸还存在着位置异构体。天然不饱和脂肪酸大部分双键是顺式结构,其双键位置比较固定。一般情况下,顺式结构比反式结构反应性强,反式异构体比顺式异构体熔点高,溶解度低。这种异构化在加氢反应中有重要的意义。

4.3 生理功能

4.3.1 单不饱和脂肪酸的生理功能

1. 降血糖作用

含高单不饱和脂肪酸的特殊类型肠内营养制剂(clucema)能够降低Ⅱ型糖尿病患者的血糖水平,尤其对餐后血糖水平的降低更加明显,在临床上比标准配方的营养制剂更能适合于糖尿病患者的营养需求。

2. 调节血脂作用

减少膳食胆固醇和饱和脂肪酸摄入,适当增加单不饱和脂肪酸的摄入能有效减少高胆固醇血症及心血管疾病的发生。

3. 降胆固醇作用

研究表明,单不饱和脂肪酸(油酸)降低血清总胆固醇和低密度脂蛋白胆固醇的效果与亚油酸等多烯酸相当。若降低饮食中饱和脂肪酸的摄入量,代之以单不饱和脂肪或多不饱和脂肪酸型脂肪,可有效降低血浆中血清总胆固醇和低密度脂蛋白胆固醇的含量。

4. 防止记忆下降

高单不饱和脂肪酸膳食能防止人们随着年龄增长所带来记忆和认知功能下降、这是因为单不饱和脂肪酸是神经元细胞膜组成成分，它能维持神经元细胞膜的完整性。

4.3.2　多不饱和脂肪酸(PUFA)的生理功能

多不饱和脂肪酸的研究范围从原来的基础药理和临床研究，逐步扩大到作为医药品、高级营养品的应用研究。

1. 抑制肥胖

PUFA 可以通过调节脂肪分配和活化，抑制脂肪酸合成酶 FAS 活性和表达，影响肥胖基因 Leptin(瘦素)的表达及机体对 Leptin 的敏感性等，是预防和治疗肥胖症的有效保健药品。

2. 促进神经系统的发育

DHA(ω-3 PUFA)能促进胎儿和婴幼儿的生长发育，防止后代的智力发育不健全，防止视力受损。ω-3 PUFA 是突触体膜中磷脂酰乙醇胺的主要成分，在人脑的灰质、白质和神经组织中大量存在，是大脑细胞形成、发育及运动不可缺少的物质基础，人的记忆力和思维功能都有赖于 DHA 来维持和提高，牛磺酸作为神经调节因子，调节突触形成的电活动，促进突触形成。ω-3 PUFA 可促进神经细胞对牛磺酸的摄取，从而具有健脑益智作用，可以防止老年痴呆，可以保护视力。研究表明，大部分神经性疾病的患者不能够正常分解脂肪酸，利用其合成神经细胞膜。因此，PUFA ω-3 对神经系统的作用主要通过调节中枢神经信号通路或者影响二十碳烷酸产物。

DHA 是视网膜的重要组成部分，占 40%~50%。补充足够的 DHA 对活化衰落的视网膜细胞有帮助，对用眼过度引起的疲倦、老年性眼花、视力模糊、青光眼、白内障等疾病有治疗作用。一般的研究认为，DHA 在脑与视网膜中的作用在于它能提供一个高度流动性的膜环境，然而脂肪酸在脑中的特定分布表明这些结构除提供流体性膜环境，还具有其他功能活性。

3. 胆固醇的代谢

EPA 和 DHA 在体内能促进中性或酸性胆固醇排出体外，PUFA ω-3 不仅可以抑制葡萄糖-6-磷酸脱氢酶、乙酰辅酶 A-羧化酶、磷脂酰磷酸羟化酶和二酰甘油乙酰转移酶的活性，显著降低血浆中游离胆固醇、胆固醇酯、三酰甘油的浓度，还可刺激过氧化物酶，加强线粒体中的 β-氧化，使肝脏中酮体水平增加。抑制肝内脂质及脂蛋白合成，能降低血浆中胆固醇、甘油三酯、低密度脂蛋白，增加高密度脂蛋白，从而达到降血脂的作用。因此可以改善高血脂症状、降血压、预防和治疗动脉粥样硬化。

4. 预防血栓

ω-3 参与花生四烯酸(eicosatetraeonic acid)代谢。生成前列腺素类化合物 PGI3 及 TXA3。花生四烯酸的代谢物为前列环素(PGI2)和血栓素(TXA2)；PGI2 可舒张血管及抗血小板聚集、防止血栓形成；TXA2 则可使血管痉挛、促进血小板聚集和血栓形成。PGI3 的作用与 PGI2 相同；但 TXA3 却不具 TXA2 的作用。因此，EPA 和 DHA 具有舒张血管、抗血小板聚集和抗血栓作用，因而可以扩张血管、增强血管弹性，可用于高脂蛋白血症、动脉粥样硬化、冠心病，预防心脑血管病的发生。

5. 预防动脉粥样硬化(AS)

A2 亚麻酸及其代谢产物 EPA 和 DHA 可以减少白三烯 B4(LTB4)生成,进而减少中性粒细胞、单核细胞、巨噬细胞以及人类多形核白细胞与血管内皮细胞的黏附和聚集,达到减少损伤内皮的炎症反应的效果,阻抗 AS 的发生和发展。n－3 PUFA 还可以抑制血小板源性生长因子(PDGF),促进内皮源性松弛因子(EDGF)的生成。PDGF 生成减少可抑制动脉壁平滑肌细胞的迁移和增殖以及巨噬细胞的纤维化。EDGF 通过松弛血管平滑肌以及抑制血小板聚集率而具有抑制血栓形成和 AS 作用。

6. 降压

补充 n－3 PUFA 可以降低临界性高血压和原发性高血压,机制如下:①食物中亚油酸含量与尿 Na^+ 排量正相关,亚油酸缺少时可抑制肾花生四烯酸环氧化酶代谢,使急性盐负荷时肾排钠能力下降从而升高血压。②亚油酸合成前列腺素(PGS)(PGS 前体花生四烯酸在食物中主要来源为亚油酸),前列腺素 E (PGE)、磷酸甘油酸(PGA)可使血管平滑肌舒张,降低外周阻力,引起血压下降,而花生四烯酸可能通过 PGS 参与肾素和缓激肽系统而调节血压水平。③缓激肽可抑制胶原生成,减少细胞间质增生,改善血管弹性,同时可促进内皮细胞 NO 的合成,促进血管舒张,降低血管阻力。④细胞膜脂质中较多的 n－3 PUFA 则可使 Ca^{2+} 摄入减少,减弱对血管平滑肌刺激而起到降压作用。

7. 预防糖尿病及并发症

ω－3 系列脂肪酸由于具有较多的双键,尤其 DHA 是最不饱和脂肪酸,活性较强,能增强细胞膜胰岛素受体的数量,增强机体对胰岛素的敏感度,从而降低人体对外源胰岛素的依赖。

8. 抗癌作用

ω－3 脂肪酸能够增加一些抗癌药物作用。ω－3 脂肪酸联合 5－氟尿嘧啶可以增加其抑制结肠癌细胞系生长的作用。EPA 和 DHA 可以增加肿瘤对放射治疗的敏感性,减少放疗导致的黏膜和上皮损伤。体内试验结果表明,ω－3 脂肪酸比 ω－6 脂肪酸有更显著的抑癌作用。补充 EPA,DHA 可以增强机体免疫力,提高自身免疫系统战胜癌细胞的能力。日本的研究发现,鱼油中的 DHA 能诱导癌细胞“自杀”。另据有关资料报道,鱼油对预防和抑制乳腺癌等作用十分显著。

9. 抑制心律失常

摄入 n－3 PUFA 会增加细胞膜和游离 n－3 PUFA 的水平,高水平 n－3 PUFA 通过改变离子通道功能而改变心脏动作电位,降低室颤阈值。在细胞培养研究中,A2 亚麻酸可使分离神经的大鼠心肌细胞跳动减慢。n－3 PUFA 预防致命性心律失常的机制为抑制快速电压依赖性钠通道和 L 型钙通道,稳定心肌细胞的电活动;其次,血栓素(TXA)可诱导心律失常的发生,前列环素(PGI)则具有保护作用,而摄入鱼油后,PGI/TXA 比值增高,从而使心律失常不易发生。

10. 其他作用

PUFA 对动物的产仔率和幼仔的成活率也有很好的促进作用,实验证明 PUFA 能促进卵巢的成熟。PUFA 对细胞免疫的影响主要是通过调节免疫细胞膜上受体和分子的表达,影响细胞的免疫反应来实现的。另外,PUFA 还能影响到与免疫有关的一些细胞因子,进而影响免疫系统的功能。ω-3脂肪酸可减少关节僵硬和关节疼痛。它还能促进抗炎药物的疗效,缓解抑郁症状,提高骨骼密度。在英国、美国和一些发达国家中,深海鱼油还被用来辅助治疗糖尿病、牛皮癣、类风湿性关节炎及系统性红斑狼疮等疾病。深海鱼油还对过敏性疾病、局限性肠胃炎和皮肤病患有特殊疗效。

4.4 分离提取方法

对含有甘油三酸酯的油是从含油的种子通过机械冲压或通过用溶剂萃取法(正己烷)中提取的。含油量高的通常首选机械提取法,通常能提取60%的含油量,然后再采用溶剂提取法。

4.4.1 油脂的提取

脂肪酸主要存在于油脚和皂脚中。油脂的提取主要根据提取原料与目标采用不同的方法,采用最多的方法为溶剂提取法和压榨法,先对样品进行细胞破碎,常用的破碎方法为超声波破碎、酶溶法破碎、高压匀浆破碎和研磨破碎。常见索氏提取法,常用的提取有机溶剂有乙醚、石油醚、乙醚-石油醚和氯仿-甲醇(Folch 试剂)等。为了防止不饱和脂肪酸特别是多不饱和脂肪酸氧化变质,可在提取过程中氮气保护或者添加抗氧化剂等。溶剂萃取法具有产量大,蛋白质不变性的优点,但是产品中的溶剂残留较难控制,并且萃取的纯度不高;压榨法出油质良好,色泽浅,但是产量低,蛋白质易变性。还可以以超声波辅助萃取、超临界 CO_2 流体萃取等技术手段提高萃取率。此外,还有微波辅助索氏萃取方法(MIS)、酸自水解提取系统(AHE)、溶剂加压提取(PLE)法、水蒸气蒸馏法(SD)、超临界流体萃取法(SFE)等方法。需要注意的是,不同的基质、不同的方法提取率和提取物成分都不同,因此对于不同的样品需要确定最佳的提取工艺。李植峰等报道对比索氏提取法、超临界 CO_2 萃取法、酸热法和有机溶剂法提取雅致枝霉、拉曼被孢霉、少根根霉、畸雌辅酶和橙黄红酵母的油脂,并从五个方面对这四种方法进行综合评价。

存在于皂脚中的脂肪酸主要有两种形式:碱金属皂和中性油。皂脚中肥皂含量为25%~30%,中性油含量为12%~25%,总脂肪酸含量为40%~45%。用油脚和皂脚为原料生产混合脂肪酸的原理及工艺基本相同,皂脚脂肪酸的生产原理主要是基于在强酸存在下,皂脚发生分解生成相应的脂肪酸和盐;中性油发生水解生成相应的脂肪酸和甘油。脂肪酸的制取过程一般分为混合脂肪酸的制取和混合脂肪酸的分离两部分。混合脂肪酸的制取方法有皂化酸解法、酸化水解法、溶解皂化法;混合脂肪酸的分离方法有冷冻压榨法、表面活性剂离心法、精馏法、溶剂分离法、尿素分离法等方法。目前应用最多的皂脚脂肪酸生成工艺有两种,皂化酸解冷冻压榨分离法和酸化水解冷冻压榨分离法。皂脚经过皂化酸解或酸化水解后制得的脂肪酸半成品工业上称为黑脂肪酸或粗脂肪酸。

4.4.2 脂肪酸的制备

在脂肪酸生产的第一个步骤是脂肪和油在水存在下三酸甘油酯分子的分裂或水解,以产生甘油(10%产率)和脂肪酸(96%产率)的混合物,如图4.5所示。

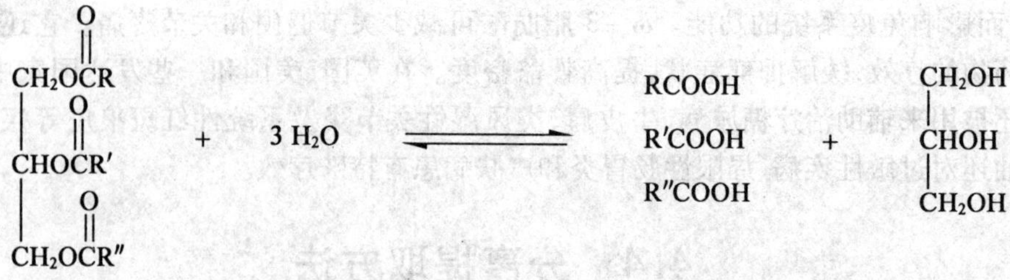

$$\begin{array}{l}CH_2OCOR \\ | \\ CHOCOR' \\ | \\ CH_2OCOR''\end{array} + 3\,H_2O \rightleftharpoons \begin{array}{l}RCOOH \\ R'COOH \\ R''COOH\end{array} + \begin{array}{l}CH_2OH \\ | \\ CHOH \\ | \\ CH_2OH\end{array}$$

甘油三酯　　水　　脂肪酸　　甘油

图 4.5　甘油三酯水解为脂肪酸和甘油

具体的常见方法有皂化酸解法和酸化水解法。油脂的水解方法可以是连续水解,也可以是间歇水解。

1. 皂化酸解

(1)皂化。

皂化过程发现于 1823 年,该方法至今也未有太多变化,对大多数天然油脂其皂化方法为 100 份(质量)的脂肪和 30 份氢氧化钾在 500 份醇(质量分数为 95% ~100%)的溶液中,在回流下煮沸 3 h,接着蒸馏法除去大部分的醇。R. Henriques 于 1895 年报道,脂肪可以在室温下进行皂化,通过在 250 mL 水中溶解 260 g 的氢氧化钾,几分钟后,加入 1 L 的油,而后加入乙醇(10 mL)。这个方法适用于含有高不饱和共轭脂肪酸的脂肪。

(2)分离。

金属盐分离法是最古老和最广泛使用的方法,原理是铅盐或脂肪酸皂在乙醚中的溶解度存在差异。饱和及不饱和脂肪酸与金属离子形成的盐,在水和有机溶剂中的溶解度随着金属离子的性质、链长、不饱和度和酸根的其他特性而变化,由此可以将其分离出来。这个方法由 C. A. Gusserow 于 1828 年提出,由 F. Varrentrapp 进一步优化,后经 Twitchell 提出用乙醇替代乙醚。分离得到的不溶物用稀盐酸煮后,得到一些固体或饱和脂肪酸。冷却后,将固体酸滤饼分离,用乙醚萃取水层。此种方法无法完全分离饱和脂肪酸和不饱和脂肪酸,尤其无法分离 C_{18} 以上的不饱和脂肪酸和 C_{14} 以下的饱和脂肪酸。也就是说,该方法适用于植物油,但不适用于棕榈科、快速干燥油、十字花科油、蓖麻油、鱼油和含有反式脂肪酸的油脂。

低温结晶法是 1930 年后期开发的在低温条件下从溶剂中结晶酸和酯的方法,同时分馏法也得到了发展,广泛地应用于脂肪酸、单酯、甘油酯和其他脂类物质的分离。1955 年,J. B. Brown 等首次报道了采用低温结晶法分离脂肪酸,现在这种方法作为金属盐分离法的替代方法,用来制备浓缩不饱和脂肪酸。

现代实验中采用以下方法:

(1)加热皂化。

油脂样品中加入氢氧化钾乙醇溶液,氢氧化钾的量略高于该油样的皂化值,一般不超过油样质量的 30%,氮气保护加热回流 1 h。冷却后加约两倍量的蒸馏水。先用乙醚振摇除去不皂化物,再用 6 mol/L 盐酸酸化,用乙醚提取混合脂肪酸。用适量水振摇醚层,醚层用无水硫酸钠干燥,挥去乙醚,即得到脂肪酸。

(2)常温皂化。

当分析含有易氧化的脂肪酸(多烯酸、共扼烯酸、炔烯酸等)的样品时,一般采用常温下皂化。不回流加热,而是在室温下放置皂化24~48 h,至溶液均匀,无油滴。皂化后的处理步骤与热皂化法相同。

在工业生产中将皂脚先用碱液补充皂化,使其中的中性油转化为肥皂和甘油;然后将所得皂脚用硫酸进行酸解,使肥皂转变脂肪酸。该方法的优点是设备简单,操作方便,生产周期短,水蒸气消耗少;缺点是酸、碱消耗多,生产成本较大。皂脚酸解工艺流程如图4.6所示。

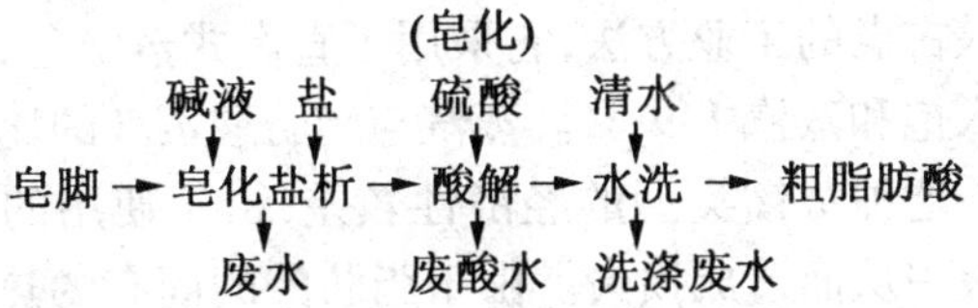

(皂化)
碱液 盐 → 皂化盐析;硫酸 → 酸解;清水 → 水洗

皂脚 → 皂化盐析 → 酸解 → 水洗 → 粗脂肪酸

皂化盐析 → 废水;酸解 → 废酸水;水洗 → 洗涤废水

图4.6 皂脚酸解工艺流程图

①补充皂化及盐析

该步骤的目的是皂化中性油,使其转变成肥皂和甘油,并排出蛋白质、色素及磷脂等其他杂质,一般要求皂化率为97%左右,皂脚pH值为10~11,皂化4~6 h。

②酸解

酸解工艺条件:使肥皂转变为黑脂肪酸→加料重40%的清水煮沸→加入质量分数为95%~98%的浓硫酸使结块渐渐消失,pH值控制在2~3,酸解后静止分层,放出下层废酸液。此步骤产生的废酸液,需用石灰水中和后,排入废水处理系统。

③水洗干燥

用质量分数为2%盐水多次洗涤残存的硫酸和杂质,使下层水相pH接近中性,然后在130 ℃搅拌蒸发水分。水洗干燥后产物经蒸馏纯化得到液体脂肪酸,之后冷冻压榨,即得到固体脂肪酸。

2. 酸化水解生产原理

酸化水解法是将皂脚中的肥皂先经硫酸分解,得到脂肪酸与中性油的混合物,这种混合物通常称为酸化油,然后再水解其中的中性油得到粗脂肪酸,如图4.7所示。

$$2RCOONa + H_2SO_4 \longrightarrow 2RCOOH + Na_2SO_4$$

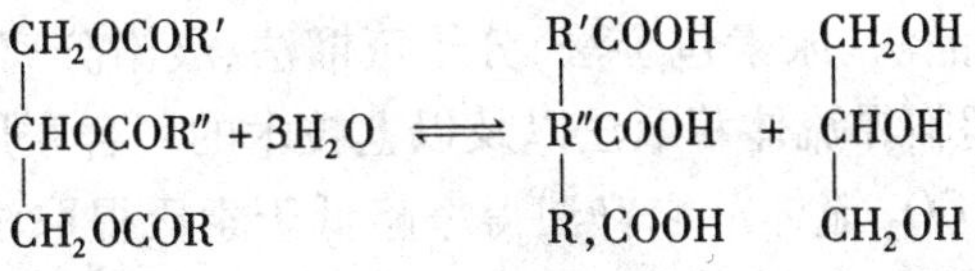

$$\begin{array}{l} CH_2OCOR' \\ | \\ CHOCOR'' \\ | \\ CH_2OCOR \end{array} + 3H_2O \rightleftharpoons \begin{array}{l} R'COOH \\ | \\ R''COOH \\ | \\ R,COOH \end{array} + \begin{array}{l} CH_2OH \\ | \\ CHOH \\ | \\ CH_2OH \end{array}$$

图4.7 酸化水解

工艺流程:皂脚→酸化→(水洗)→水解→水洗→粗脂肪酸。

根据水解过程中是否加压,是否采用催化剂等,又可以分为多种方法,其中连续非催化高压逆流水解法是当代脂肪酸工业生产中最先进的水解技术。与皂化酸解法相比,酸化水解法不用烧碱和食盐,硫酸耗量减少30%左右,并且便于从水解废水中回收甘油。酸化水解法得到的产物经蒸馏-冷冻离心分离后即可得到纯化后的脂肪酸。

4.4.3 脂肪酸的精制

脂肪酸蒸馏净化已经使用了一百多年，目前仍然是生产高纯度的脂肪酸最常见和最有效的手段。蒸馏能去除低和高沸点杂质，以及气味物质。脂肪酸的蒸馏可以是间歇或连续过程，可以是常压或减压过程，它可以是混合脂肪酸（黑脂肪酸）的简单蒸馏，根据链长分离脂肪酸的同时达到纯化的目的，产物为颜色较浅、杂质含量较少的混合脂肪酸，而沸点较高的不皂化物成为黑脚而被排除。工业脂肪酸的分离技术的目的是使产品在性能上更具专一性，主要产品为硬脂酸和油酸。

常压间歇蒸馏是最古老的工业方法，它采用了直燃式蒸馏釜，壶中加入脂肪酸，并加热至 260 ~ 316 ℃，通入饱和蒸汽 149 ℃。蒸汽与脂肪酸蒸气的比率通常为 5:1。蒸汽和脂肪酸蒸气分别冷凝。这种蒸馏类型的经济性较差，由于使用的大量蒸汽，脂肪酸也大量地夹带在蒸汽冷凝液中从而造成损失。由于脂肪酸的固有的热不稳定性，长时间高温加热蒸馏使得蒸汽成分越来越复杂，从而造成脂肪酸聚合脱羧产生大量的黏性残留物和沥青。这种方式得到的脂肪酸约 95% 水解，其中 15% 至 20% 的脂肪酸被夹带，产生 10% 至 15% 的残留物。重新分离残余物和蒸馏产物，得到低品质的脂肪酸和 5% 至 8% 的沥青残留物。随后，对人们生产工艺进行了改进，降低蒸气压（5 ~ 50 毫米汞柱）和降低注入蒸汽的量，从而减少夹带，并抑制聚合脱羧反应。1927 年开始采用连续蒸馏法分离脂肪酸，1952 年分馏法应用于脂肪酸的分离纯化。

冷冻压榨：混合脂肪酸含有 50% ~ 55% 的凝固点较低的不饱和脂肪酸，其余为凝固点稍高的饱和脂肪酸，在 10 ~ 14 ℃，经过 20 ~ 30 h 的冷冻，饱和脂肪酸凝固为固体，而不饱和脂肪酸仍为液体，通过压榨可以使两种产品分离。

近年来，分子蒸馏法开始应用于脂肪酸的分离纯化。分子蒸馏工业上用来分离不稳定的或易氧化的脂肪、油类和它们的衍生物，至少有以下两种类型：刮膜分子蒸馏装置（图 4.8）和离心式分子蒸馏装置（图 4.9）。分子蒸馏是在真空条件下进行，因而相比于传统的蒸馏技术，其蒸馏温度大大降低，从而降低了氧化性损伤的风险，以质量分离油分使得产品中污染物含量远远低于工业标准。目前工业应用范围包括化妆品、浓缩 ω - 3 脂肪酸（EPA 和 DHA）和相应的酯、鱼油。此外，分子蒸馏技术也应用于维生素 E、维生素 A、可可脂、二聚酸、环氧树脂、润滑剂、单酸甘油酯、杀虫剂、药物、香料和调味剂、精油以及许多其他天然和草药产品。

此外还有：低温结晶法、尿素包合法、分子蒸馏法、吸附分离法，硝酸银络合法、膜分离法、脂肪酶浓缩法、超临界流体萃取法以及以上技术的复合联用法。据文献报导，与索氏提取法相比，超临界 CO_2 流体萃取籽油得率略低于索氏提取法，但亚油酸含量略高于索氏提取法，并且萃取效率高，无溶剂污染，提取产品质量高不易变质，相对安全。以油脂和虾青素的提取率为衡量指标，对虾废弃物中油脂的不同提取方法进行了比较，其中酶促超临界 CO_2 萃取法对油脂的提取率最高，为 7.88%。

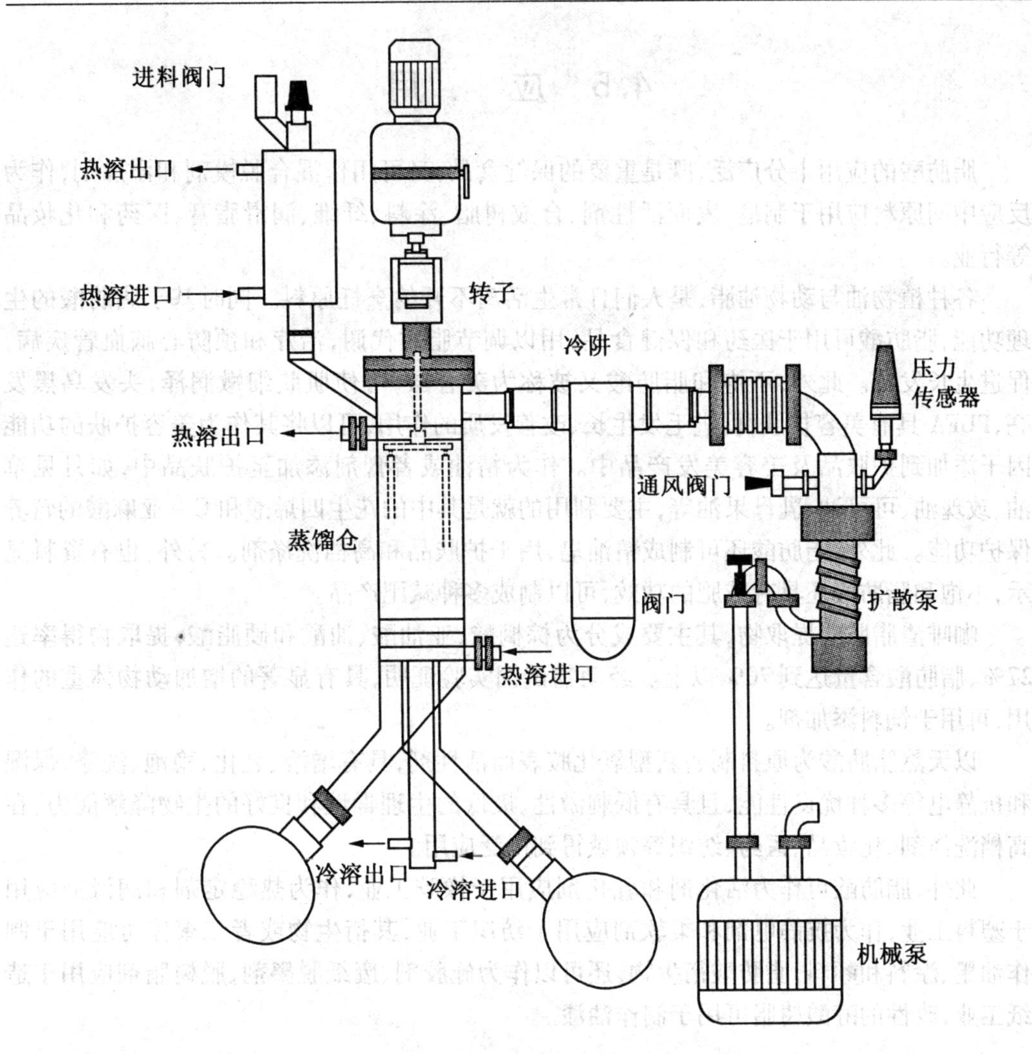

图 4.8　刮模式分子蒸馏装置

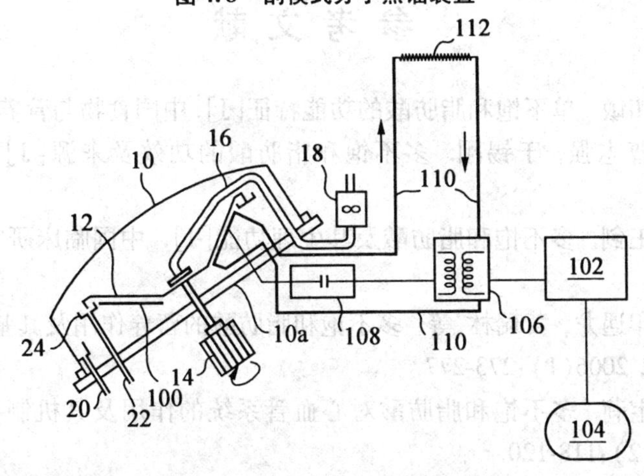

图 4.9　离心膜分子蒸馏装置

4.5 应 用

脂肪酸的应用十分广泛,既是重要的保健食品,又可用作混合脱模剂和添加剂,作为反应中间原料应用于制皂、表面活性剂、合成树脂、涂料、纤维、润滑脂膏、医药和化妆品等行业。

各种植物油与动物油脂,是人们日常生活离不开的烹饪原料。同时基于脂肪酸的生理功能,脂肪酸可用于医药和保健食品,用以调节脂质代谢,治疗和预防心脑血管疾病,促进生长发育。此外,不饱和脂肪酸又被称为美容酸,可使肌肤细嫩润泽,头发乌黑发亮,PUFA 具有美容护肤,促进毛发生长、改善发质的作用,可以将其作为美容护肤的功能因子添加到护肤品及美容美发产品中。作为精油或者膏剂添加至护肤品中,如月见草油、玫瑰油、可可油、乳母果油等,主要利用的就是其中的花生四烯酸和 C－亚麻酸的营养保护功能。此外,脂肪酸还可制成精油皂,用于护肤品和高档洗涤剂。另外,也有资料显示,不饱和脂肪酸还具有减肥的功效,可以制成多种减肥产品。

咖啡渣脂肪酸提取物,其主要成分为棕榈酸、亚油酸、油酸和硬脂酸,提取物得率达27%,脂肪酸含量达到70%以上。经动物试饲实验证明,具有显著的增加动物体重的作用,可用于饲料添加剂。

以天然脂肪酸为原料制备新型氧化胺表面活性剂,具有增溶、乳化、稳泡、洗涤、保湿和抗静电等多种优良性能,且具有低刺激性、极低的生理毒性和良好的生物降解能力,在高档洗涤剂、化妆品、医药、纺织等领域得到广泛应用。

此外,脂肪酸可作为活化剂和乳化剂应用于橡胶工业,作为热稳定剂和润滑剂应用于塑料工业,作为抗静电剂和柔软剂应用于纺织工业,其衍生物或者二聚体可应用于制作油墨、涂料和颜料,脂肪酸衍生物,还可以作为施胶剂、废纸脱墨剂、脱树脂剂应用于造纸工业,改性的醇酸树脂可用于制作油漆。

参 考 文 献

[1] 王炜, 张伟敏. 单不饱和脂肪酸的功能特征[J]. 中国食物与营养 2005(4):44-46.

[2] 宿艳萍, 曹志强, 于锡刚. 多不饱和脂肪酸的功效及来源[J]. 人参研究, 2001(4):7-9.

[3] 韩宏毅, 王剑. 多不饱和脂肪酸及其生理功能[J]. 中国临床研究, 2010(6):523-525.

[4] 张永刚, 印遇龙, 黄瑞林, 等. 多不饱和脂肪酸的营养作用及其基因表达调控[J]. 食品科学, 2006(1):273-277.

[5] 胡锐, 李宝莉. 多不饱和脂肪酸对心血管系统的作用及其机制[J]. 西北药学杂志, 2008(2):118-120.

[6] 金波, 龚春晖. 高新分离技术在天然多不饱和脂肪酸功能食品开发中的应用[J]. 中国食品添加剂, 1996(2):10-15.

[7] 王宝贵，张晖，丁学伟，等. ω－3多不饱和脂肪酸对胃癌细胞系生长抑制作用及其机制的研究[J]. 中华肿瘤防治杂志，2011(5):336-338.

[8] 施万英，徐甲芬，蔺淑贤. 高单不饱和脂肪酸型肠内营养制剂(Clucema)用2型糖尿病[J]. 中国临床营养杂志，2004，12(1):39-42.

[9] 肖颖，王军波. 富含单不饱和脂肪酸的坚果对高脂血症患者血脂水平的影响[J]. 中国公共卫生，2002，18(8):931-932.

[10] 张伟敏，钟耕，王炜. 单不饱和脂肪酸营养及生理功能研究概况[J]. 粮食与油脂，2005(3):13-15.

[11] 邱蓉，陈庶来，陈钧. 银离子络合法分离鱼油中 EPA 和 DHA[J]. 江苏理工大学学报，1998，19(4):23.

[12] 李京民，王静萍. 植物油脂中脂肪酸的分离与鉴定方法[J]，中国油脂，1994，19(2):32-37.

[13] 李植峰，张玲，沈晓京，等. 四种真菌油脂提取方法的比较研究[J]. 微生物学通报，2001，28(6):72-75.

[14] ROBINSON J E, SINGH R, KAYS S E. Evaluation of an automated hydrolysis and extraction method for quantification of total fat, lipid classes and trans fat in cereal products[J]. Food Chemistry, 2008, 107(3): 1144-1150.

[15] ABRHA Y, RAGHAVAN D. Polychlorinated biphenyl (PCB) recovery from spiked organic matrix using accelerated solvent extraction (ASE) and soxhlet extraction[J]. Journal of Hazardous Materials, 2000, 80(1－3):147-157.

[16] BJORKLUND E, NILSSON T, BØWADT S. Pressurised liquid extraction of persistent organic pollutants in environmental analysis[J]. TrAC Trends in Analytical Chemistry, 2000, 19(7);434-445.

[17] 李永辉，谭银丰，张俊清，等. 一种咖啡渣脂肪酸提取物的制备方法及其在饲料添加剂中的应用:中国，103232896A[P]. 2013-10-17.

[18] 韩宏毅，王剑. 多不饱和脂肪酸及其生理功能[J]. 中国临床研究，2010，23(6):523－525.

[19] ALEXANDER L, KANG J X, XIAO Yonyfu, et al. Clinical prevention of sudden cardiac death by n－3 polyunsaturated fatty acids and mechanism of prevention of arrhythmias by n23 fish oils[J]. Circulation, 2003, 107(21): 2646-2652.

[20] XIAO Yongfu, WRIGHT S N, WANG G K, et al. Coexpression with beta(1)－sub－unitmodifies the kinetics and fatty acid block of hH1 (alpha) Na(＋) channels[J]. Am J Physiol Heart Circ Physiol, 2000, 279 (1):35-46.

[21] XIAO Yongfu, GOMEZ A M, MORGAN J P, et al. Supp ression of voltage－gated L－type Ca^{2+} currents by polyunsaturated fatty acids in adult and neonatal rat ventricular myocytes[J]. Proc Natl Acad Sci USA, 1997, 94(8):4182-4187.

[22] 孙艺红，胡大一. n－3多聚不饱和脂肪酸与心脏性猝死[J]. 中国心血管病研究杂志，2003，1(1):9-12.

[23] PRISCO D, PANICCIA R, BANDINELLI B, et al. Effect of medium – term supple – mentation with a moderate dose of n – 3 polyunsaturated fatty acids on blood pressure in mild hypertensive patients[J]. Thromb Res, 1998, 91(3):105-112.

[24] BELLENGER G S, POISSON J P, NARCE M. Antihypertensive effects of a dietary unsaturated FA mixture in spontaneously hypertensive rats[J]. Lip Ids, 2002, 37(6): 561-567.

[25] 董晓雁, 郭莉英, 朱毅. 卡托普利对高血压患者颈动脉粥样硬化的消退作用[J]. 临床心血管病杂志, 2006, 22(5):291-294.

[26] 安忠梅, 刘程惠, 胡文忠, 等. 超临界 CO_2 流体萃取打瓜籽油的工艺研究[J]. 2014, 39(2):10-13.

[27] HASSANALI Z, AMETAJ B N, FIELD C J, et al. Dietary supplementation of n – 3 PUFA reduces weight gain and improves postprandial lipaemia and the associated inflammatory response in the obese JCR: LA – cp rat [J]. Diabetes, Obesity and Metabolism, 2010, 12(2):139-147.

[28] 陈银基, 周光宏, 徐幸莲. n – 3 多不饱和脂肪酸对疾病的预防与治疗作用[J]. 中国油脂, 2006 (9):31-34.

[29] HILL K. Fats and oils as oleochemical raw materials[J]. Pure Appl. Chem, 2000, 72: 1255-1264.

[30] EVANGELISTA R L, CERMAK S C. Full – press oil extraction of Cuphea (PSR23) seeds[J]. J. Am. Oil Chem. Soc., 2007, 84:1169-1175

[31] KNOTHE G, DUNN R O. A comprehensive evaluation of the melting points of fatty acids and esters determined by differential scanning calorimetry[J]. J. Am. Oil Chem. Soc., 2009, 86:843-856.

[32] MARTTINELLO M A, LEONE I, PRAMPARO M. Simulation of deacidification process by molecular distillation of deodorizer distillate[J]. Lat. Am. Appl. Res., 2008, 38: 299-304.

第5章 生 物 碱

5.1 概 念

生物碱(alkaloids)指存在于生物体(主要是植物体)的一类(除蛋白质、肽类、氨基酸及含氮维生素以外)含氮碱基有机化合物的总称,多数具有碱性且能与酸结合生成盐;结构复杂,大部分为杂环化合物且氮原子结合在杂环内;多数具有显著的生理活性。1819年,W. Weissner把植物中的碱性化合物统称为生物碱(alkaloids)或类碱(alkali-like),"生物碱"一名沿用至今。

5.2 理化性质

5.2.1 性状

生物碱多为结晶形固体,具有一定的结晶性状,部分生物碱为非晶形粉末,有熔点,少数具有升华性,少数生物碱在常温下为液体,多不含氧,若含氧则多为酯键。大多数生物碱为无色或白色的化合物,只有少数有颜色,主要是因为它们结构中存在共轭体系。生物碱多数有苦味,有些味极苦且辛辣。多数生物碱无挥发性,少数具挥发性如麻黄碱、烟碱、咖啡因等,可用水蒸气蒸馏提取。

5.2.2 旋光性

多数生物碱具有手性碳原子,有光学活性,且多为左旋光性。少数无不对称碳原子,因而无旋光性。旋光性可因溶剂、pH值的改变而改变,在条件发生改变时,有的生物碱产生变旋现象。如菸碱在酸性条件下呈右旋光性;在中性条件下呈左旋光性。生物碱的生理活性与其旋光性有密切关系,一般左旋体具有较显著的生理活性,而右旋体则没有甚至极弱,如去甲乌药碱左旋体具有强心作用,而右旋体则没有。

5.2.3 酸碱性

由于生物碱结构中含有一个或一个以上的氮原子,且具有孤对电子,对质子有吸引力,所以除酰胺生物碱呈中性外,多数生物碱呈碱性,与酸结合成盐。碱性的强弱与其分子结构,尤其是氮原子的杂化状态和其化学环境有很大的关系,一般碱性的强弱顺序为:胍 > 季铵碱 > 仲胺碱 > 伯胺碱 > 叔胺碱 > 芳胺碱 > 酰胺碱。

若氮原子与羧酸缩合形成酰胺,则碱性可能会完全消失。凡是分子中具有酰胺结构的生物碱如秋水仙碱,基本上没有碱性,近于中性。另外,含有酚羟基或羧基的生物碱,能溶于碱水溶液,具有酸碱两性,既能与碱反应,也能与酸反应。

5.2.4 溶解性

生物碱及其盐类的溶解度与其结构中氮原子的存在形式、极性基团的有无及数目、溶剂种类等密切有关。

(1)游离生物碱包括亲脂性生物碱、亲水性生物碱和具有特殊官能团的生物碱。大多数叔胺碱和仲胺碱为亲脂性生物碱,大多不溶于水或难溶于水,一般能溶于酸水或氯仿、乙醚、酒精、丙酮、苯等有机溶剂,尤其易溶于亲脂性有机溶剂,如苯、乙醚、卤代烷类(二氯甲烷、氯仿、四氯化碳),特别易溶于氯仿;亲水性生物碱主要包括季铵碱和含氮-氧化物的生物碱。这些生物碱可溶于水、甲醇、乙醇,难溶于亲脂性有机溶剂;有些生物碱有一定程度的亲水性,可溶于水、醇类,也可溶于亲脂性有机溶剂,如麻黄碱、东莨菪碱、烟碱等,此外还有一些具有酚羟基或羧基的生物碱成为两性生物碱(常常将具有酚羟基的生物碱称为酚性生物碱),如吗啡、小檗胺、槟郎次碱等,这些生物碱既可溶于酸水溶液,也可溶于碱水溶液,在 pH 值为 8~9 时溶解性最差,易产生沉淀。

(2)生物碱盐类的极性较大,大多溶于水,可溶于醇类,难溶于亲脂性有机溶剂,但也有例外,如麻黄碱可溶于水,也可溶于有机溶剂。多数苷类生物碱水溶性较大。含酸性基团的生物碱具有两性,所以可溶于酸水或碱水中,难溶于一般有机溶剂中。

5.2.5 沉淀反应

沉淀反应是将生物碱在酸性条件下与某种或数种生物碱沉淀试剂反应生成沉淀。利用生物碱的这个反应可以预试植物中是否含有生物碱,也可以检查生物碱的提取是否完全,或用于生物碱的精制。沉淀的颜色、形态等的不同有助于鉴别生物碱。

多数生物碱遇到酸类、重金属类及一些碘化钾的复盐时生成难溶性的沉淀,因此可以把这些化合物作为生物碱的沉淀试剂。有些沉淀试剂与生物碱反应形成难溶性的盐或分子复合物,可以根据沉淀的颜色、熔点、晶体的性状来鉴定某些生物碱及其含量。但少数生物碱不与沉淀试剂发生沉淀反应,而某些非生物碱却与沉淀试剂发生沉淀反应,因此在用沉淀反应的时候应去除这些干扰物。

生物碱的沉淀试剂较多,常用以下几种。

①碘化汞钾试剂(K_2HgI_4),与生物碱反应生成类白色的沉淀,若试剂过量,沉淀又可被溶解。

②碘化铋钾试剂($KBiI_4$),与生物碱反应生成橘红色或黄色无定形沉淀。

③碘-碘化钾试剂($KI-I_2$),与生物碱反应生成红棕色或褐色无定形沉淀。

④硅钨酸试剂($12WO_3 \cdot SiO_2$),与生物碱反应生成淡黄色或灰白色无定形沉淀。

⑤磷钼酸试剂($H_3PO_4 \cdot 12MoO_3$),与生物碱反应生成棕黄色沉淀。

5.2.6 显色反应

生物碱与某些试剂反应产生特殊的颜色,可用来鉴别生物碱,这种能使生物碱显色的试剂称为生物碱显色试剂。但是进行显色反应时,生物碱只有达到一定纯度才能有较好的效果。常用的显色剂有以下几种。

①Frohde 或 Roehdo 试剂(含质量分数为1%钼酸钠或质量分数为5%钼酸铵的浓硫酸溶液),与多种生物碱反应显色,与乌头碱显黄棕色,与吗啡显紫色至棕色,与利血平显黄色转蓝色,与黄连素显棕绿色,与蛋白质也有显色反应,应注意。

②Mandelin 试剂(含质量分数为1%钒酸铵的浓硫酸溶液),与吗啡反应显棕色,与可待因显蓝色,与莨菪碱显红色,与士的宁显紫蓝色。

③Marquis 试剂(含0.2 mL 质量分数为30%甲醛溶液与10 mL 浓硫酸混合溶液),与吗啡显橙色至紫色,与可待因显红色至黄棕色。

5.3 生理功能

5.3.1 抗肿瘤活性

许多生物碱具有抗癌活性,而且部分已经用于临床并取得了较好的疗效。如长春花总生物碱对小鼠艾氏腹水瘤细胞和腹水型肝癌均有明显的抑制肿瘤细胞生长的作用,对大鼠腹水型吉田肉瘤有较好的治疗效果,此外该类生物碱对淋巴肉瘤、黑色素瘤、卵巢癌、白血病等肿瘤细胞有较好的抑制作用。喜树碱对白血病和胃癌具有一定的疗效,目前已有半合成或全合成的喜树碱衍生物正在进行临床试验,小檗碱的细胞毒作用在体外试验中显示能明显抑制多种肿瘤细胞,如结肠癌、鼻咽癌等。龙葵生物碱提取物对人肺癌 A_{549} 细胞株的增殖具有显著抑制作用。

5.3.2 对神经系统作用及解痉挛活性

目前典型的镇痛药如吗啡、海洛因、杜冷丁、美沙酮等阿片生物碱类及其合成品,反复使用使人上瘾,因此归入毒品的范围。除此之外,其他生物碱也具有较好的镇痛作用,如从胡椒中分离出来的胡椒碱,在临床上称为抗痛灵;从延胡索中分离出10多种止痛生物碱;苦参碱、乌头碱等也显示具有显著的镇痛和镇静效果。此外,钩藤生物碱对心血管系统、中枢神经系统和血液系统等均具有比较广泛的药理活性,临床上主要用于治疗高血压、焦虑等疾病。现代中药药理研究表明,钩藤对中枢神经系统的药理作用主要表现为镇静、抗癫痫、抗惊厥和对神经元的保护等,其中对神经元的保护作用与多种神经递质相关。

一些生物碱具有松弛平滑肌解痉挛的作用,如罂粟碱和小山橘碱在这方面的作用尤其明显,黄皮属植物中的咔唑类生物碱具有解痉的作用,蝙蝠葛中的奥甲烷衍生物具有肌肉松弛的作用,n-甲基麻黄碱在临床上用于治疗支气管哮喘痉挛,百部生物碱对组胺所致的离体豚鼠支气管平滑肌痉挛有松弛作用,其作用缓和而持久;同时也能降低动物呼吸中枢的兴奋性,抑制咳嗽反射。作用强度与氨茶碱相当,但较缓和而持久。附子生物碱也有较强的镇痛作用,苦参碱类生物碱具有镇静镇痛、解热降温等中枢抑制性作用,能明显抑制小鼠的自主活动,蛇足石杉所含生物碱——石杉碱甲和石杉碱乙具有很强的抑制胆碱酯酶活性,临床试验石杉碱甲对治疗重症肌无力和阿尔茨海默症有显著疗效,已被国际上列为第二代的乙酰胆碱酯酶抑制剂之一。

5.3.3　心血管系统方面的活性

生物碱具有一定的降血压、降血糖、改善心绞痛、抗心律失常等活性。如钩藤中所含的生物碱有降压的作用;小檗碱和小檗胺都能有效地降低血糖,山莨菪碱的降血糖活性已得到了临床的验证;从小叶杨中分离出的环常绿黄杨碱对改善心绞痛、降低胆固醇、降高血压都有较好的疗效;苦参碱类化合物具有显著的抗心律失常的活性。此外,苦参总碱对兔、大鼠等动物的心脏有明显的抑制作用,可使心肌收缩力减弱、心输出量减少等。从茜草科钩藤植物滇钩藤中分离得到的四氢鸭木碱具有舒张血管平滑肌的作用,其对兔胸主动脉平滑肌收缩的抑制率达53%以上。

5.3.4　抗菌、抗病毒活性

研究人员发现,槐定碱、苦参碱、氧化苦参碱、氧化槐果碱、苦豆子总碱对大肠杆菌、金黄色葡萄球菌、枯草芽孢杆菌三种真菌,以及番茄早疫、番茄灰霉和辣椒炭疽三种细菌均具有显著的抗菌活性。此外,从苦豆子中分离得到的生物碱对治疗菌痢和肠炎具有显著的疗效,黄藤所含的生物碱对念珠菌有明显的抑菌作用。石蒜碱通过在病毒生长的早期阶段,抑制维生素 C 的合成,从而阻止病毒的合成而具有很强的抗病毒活性及抗菌作用。贝母碱对卡他球菌、金黄色葡萄球菌、大肠杆菌、克雷佰氏肺炎杆菌有抑制作用,去氢贝母碱和鄂贝定碱对卡他球菌、金黄色葡萄球菌有菌活性。黄连小檗碱可用于治疗流行性脑脊髓炎、大叶肺炎、肺脓肿、滴虫性阴道炎、皮肤感染性炎症等。聂毅等采用微量量热法研究证实,川乌生物碱液和石斛生物碱液对金黄色葡萄球菌的代谢活动均有抑制作用,随药物浓度的增加生长速率常数线性降低,说明两种萜类生物碱的结构与它们的生物活性有着一定的联系。乌生物碱液对金黄色葡萄球菌代谢作用的最佳用药质量浓度为 0.334 mg/mL,石斛生物碱液对金黄色葡萄球菌代谢作用的最佳用药质量浓度为 7.237 mg/mL,川乌生物碱对金黄色葡萄球菌的抑制效果优于石斛生物碱。

5.3.5　对消化系统的作用

一些生物碱具有较好的抗溃疡、利胆和利尿的功效。茶叶中的生物碱能利尿平喘、促进胃液分泌,茶叶中的肌醇、氨基酸、卵磷脂、胆碱等协同调节脂肪代谢,加上茶叶中多种芳香族化合物的脂溶性,可以帮助消化肉类和油类食物。此外,芸香科植物中的白鲜皮碱对几种实验性胃溃疡的形成均有明显的抑制作用;川芎嗪具有抗应激性胃溃疡的功效;罂粟碱能增加胆汁和胆红素胆盐的含量而起到利胆的作用,此外小檗碱能增加胆汁的分泌,改善肠道微循环。

5.3.6　其他作用

昆明山海棠所含的总碱能治疗类风湿性关节炎。从菊叶三七中分离得到的菊三七碱具有抗疾作用。苦参生物碱具有较好的抗过敏作用,对过敏性鼻炎、皮炎、湿疹、荨麻疹等具有明显疗效。

5.4 提取分离方法

生物碱的提取分离方法较多，按照提取所用试剂或提取条件的不同，可分为以下几类。

5.4.1 按照提取溶剂的不同分类

1. 水提取法

以水作为提取溶剂，此法操作简便，成本较低，缺点为所需提取次数较多，水用量较大。

2. 酸水提取法

酸水提取法是采用偏酸性的水溶液，使生物碱与酸作用生成盐而得到提取。本法可用于提取碱性弱不能溶于水的生物碱，故常用质量分数为0.5%~1%的乙酸、盐酸、硫酸等为溶剂，通过酸与生物碱成盐增加溶解性而达到提取目的。博落回生物碱的提取可采用质量分数为1.5%盐酸，回流提取，合并多次提取液，加浓氨水至pH值为9~10，静置，滤集沉淀，即得博落回粗碱。韩立炜等采用酸水提取、等体积二氯甲烷萃取母等方法对浙贝母总生物碱进行提取，发现该提取分离工艺可使浙贝母总生物碱含量达到50%以上。

3. 有机溶剂提取法

游离生物碱及其盐类一般都能溶于甲醇和乙醇，因此常将其作为生物碱的提取溶剂，甲醇极性比乙醇极性大，对生物碱的溶解性能比乙醇好，它的沸点也比乙醇低，但其毒性很大，实验室常用甲醇为生物碱提取溶剂，有时也用稀乙醇（质量分数为60%~80%）作为溶剂，通常采用酸水—碱化—亲脂性溶剂萃取的方法反复进行。澄广花茎皮中的生物碱用甲醇为溶剂提取，粗提物加盐酸超声波萃取1 h，过滤，酸水液用氨水碱化，最后二氯甲烷萃取得到澄广花总生物碱。此外，由于大多数生物碱为脂溶性的，所以可以采用亲脂性有机溶剂进行提取。常用溶剂有氯仿、二氯甲烷、苯、丙酮、己烷等。如麻绞叶中的咔唑类生物碱采用丙酮在室温下提取。

5.4.2 按照提取方法的不同分类

1. 连续回流提取法

该法为通过回流提取法改进而来，具有溶剂用量少、操作简便、提取效率高等特点。

2. 浸渍法

将原料置于适当容器中，用水或者稀醇浸渍药材一定时间，反复数次，合并浸渍液，减压浓缩即可。该提取过程不用加热，适用于挥发性或受热易变性以及含淀粉或黏液质较多的成分，但是提取时间长，提取效率较低。

3. 渗漉法

该法为浸渍法的发展，此法在提取过程中随时保持浓度差，故提取效率高于浸渍法。例如，采用质量分数为75%的乙醇渗漉提取槟榔中生物碱，使槟榔碱及槟榔次碱均提取较完全,大大提高了提取效率。

4. 超声提取法

超声波为一种高频机械波,超声波可增大物质分子运动频率和速度,增加溶剂的穿透力,从而提高提取效率,缩短提取时间。但超声波提取法一般作为生物碱的辅助提取法,单一采用超声波提取法较少,李慧等采用超声波辅助浸提北草乌生物碱,大大提高生物碱的提取收率,缩短浸提时间,并且能很好地保持生物碱的生理活性。

5. 微波萃取法

该法通过微波加热与样品接触的溶剂,从而将生物碱从样品中分离出来。与常规煎煮方法相比,微波法提取得到麻黄碱明显高于煎煮法。此外,通过微波萃取法提取黄连中小檗碱,结果表明在单位时间内微波处理较回流提取效率更高。

6. 酶提取法

酶工程技术为近年来发展起来的用于天然产物化学成分提取的一种有效手段,选用适当的酶,通过酶反应较温和地将植物组织分解,较大幅度提高提取效率,将杂质分解除去。李永生等通过比较酶法、酸水渗漉及大孔树脂提取川乌中生物碱,结果与现有提取方法相比,酶提取法大大提高了乌头碱、乌头总碱产量。

5.4.3 生物碱的分离纯化方法

生物碱的分离方法很多,比如溶剂萃取法、蒸馏法、沉淀法、盐析法、结晶法等,也有较为先进的分离方法如大孔树脂吸附色谱法、硅胶柱色谱、氧化铝柱色谱、凝胶柱色谱、离子交换树脂等,一般为分离得到较高纯度的生物碱,往往需要同时应用几种方法。主要包括大孔树脂吸附色谱法、硅胶柱色谱分离法、氧化铝柱层析、膜分离技术、高效逆流色谱分离法、超临界萃取法等。

1. 大孔树脂吸附色谱法

大孔树脂是一类有机高聚物吸附剂,为一种非凝胶型,注有致孔剂,不含交换基团,有含空隙结构的“纯聚合物”。其平均孔径在 30 ~ 100 Å(1 Å = 10^{-13} m),具有比表面积大,吸附容量大,选择性好,再生处理方便,吸附速度快等特点,特别适合于从水溶液中分离化合物,它的吸附作用与表面吸附、表面电性或形成氢键等有关。它可以通过物理吸附有选择地吸附有机物质而达到分离的目的。近年来,大孔吸附树脂在对植物有效成分的分离纯化方面起到了巨大的作用。采用大孔树脂对生物碱进行分离,通过去除了提取物中的大部分杂质,从而得到了植物中的总生物碱。邓立东等通过采用大孔树脂吸附色谱法对白饭树总生物碱进行分离纯化,表明该法分离效果良好。秦学功等开发了一种高效实用的提取分离苦豆子生物碱技术,即用大孔树脂直接从苦豆杆浸取液中吸附分离生物碱,经实验证明此方法吸附快、解吸易、液体流动性好、树脂寿命长,具有良好的工业化前景。

2. 硅胶柱色谱分离法

硅胶是偏酸性的无色颗粒,性质稳定,硅胶柱色谱适用范围广,绝大多数生物碱均可采用该法进行分离。通过硅胶柱色谱、反相 ODS 柱层析以及高效液相色谱对天然产物化学成分中生物碱进行分离,既能用于非极性生物碱也能用于极性生物碱,且成本低,操作方便,为生物碱的常见分离纯化方法。如灵芝子实体经质量分数为95%乙醇提取过滤浓缩后,依次用石油醚、氯仿、乙酸乙酯萃取,乙酸乙酯部位进行硅胶住层析,以石油醚-丙酮(体积比5:1~1:1)梯度洗脱,经过反复硅胶柱层析,得到sinensine。总生物碱经过硅胶柱层析,氯仿-甲醇梯度洗脱并反复柱层析,得到两个新的生物碱,9β,2′-dihydroxy-4″,5″-dimethoxylythran-12-one和2S,4S,10R-4-(3-羟基-4-甲氧基-苯基)-喹诺里西啶-2-乙酸盐以及7个已知生物碱,即千屈菜碱、脱氢德考定碱、千屈菜定碱、敌克冬种碱、heimidine、lyfoline和epilyfoline。

3. 氧化铝柱层析

氧化铝柱层析分为碱性氧化铝柱层析、中性氧化铝柱层析和酸性氧化铝柱层析三种。其中,生物碱的分离主要用的是碱性氧化铝,这是由于许多生物碱极性较小,氧化铝对它们吸附较小,而杂质常被吸附。例如,采用pH梯度萃取法将长春花总生物碱分为单吲哚生物碱部分(含有文多灵和长春质碱)和双吲哚生物碱部分(含有长春碱),然后采用碱性氧化铝柱层析对单吲哚生物碱部分进行分离。pH梯度萃取后得到的单吲哚生物碱部分中文多灵和长春质碱的含量分别为18.12%和11.44%,收率分别为80.86%和88.91%;经碱性氧化铝柱层析分离后,得到文多灵和长春质碱含量分别为85.56%和76.73%,收率分别为85.23%和86.34%。重结晶后文多灵和长春质碱纯度分别达到95.22%和98.46%,收率分别为92.15%和98.24%。

4. 膜分离技术

膜分离技术是20世纪60年代后一项新兴的高效分离技术,其分离过程以选择透过性膜作为分离介质,通过在膜两侧施加某种推动力(如压力差、化学位差、电位差等),使原料液中各组分选择性通过膜。根据各组分透过膜的迁移率不同对样品进行分离纯化。例如以压力差为推动力的膜分离过程包括微滤、超滤、纳滤、反渗透。该技术在常温下操作,适用于热敏性物质,该分离方法为物理过程,不发生相的变化、不需加入化学试剂,并且选择性好,有着传统法无可比拟的优势。近年来。膜分离技术在生物碱的分离与纯化过程中的应用研究十分活跃。梁锋等用W/O型乳状液膜分离技术从荷叶粗提物中成功分离出三种生物碱:荷叶碱、N-去甲基荷叶碱、O-去甲基荷叶碱,萃取率分别达到了95.6%,100%和97.9%,金万勤等采用Al_2O_3陶瓷微滤膜澄清枳实、苦参水提液,并以有效成分的得率及固形物的含量与醇沉淀法进行对比研究。研究表明,微滤的澄清除杂效果和有效成分的保留率与醇沉淀法基本相近,但微滤操作简单,膜的清洗方便,可在常温下进行,生产周期短,省去了大量乙醇试剂及浓缩蒸发生产环节,微滤法可替代传统的醇沉淀法澄清枳实水煎液。此外,与有机高分子膜相比,由于无机陶瓷膜具有耐高温、耐酸碱及有机溶剂,采用陶瓷膜对天然产物水煎液进行澄清处理时,煎煮液无需冷却可直接进行过滤,减少了一些生产环节。充分显示出了该技术良好的应用前景。此外,虽然膜技术优势明显,但在存在使用过程中,膜抗污染能力弱、膜阻力影响因素多、使用寿命短等问题。

5. 高效逆流色谱分离法

高效逆流色谱分离法是一种新的分离技术,它对生物碱的分离和制备具有很大的优势,特别是对进样量较大的样品具有独特的优点,具有广阔的应用前景。目前,运用高效逆流色谱分离法来分离提纯生物碱的报道越来越多,如采用高效逆流色谱分离雷公藤中的生物碱,通过将最初的乙醇提取物采用中压液相色谱粗分为七个组分。其中经一次HPCCC分离纯化得到了雷公藤内酯和peritassine A,再经过一次HPCCC分离纯化得到了雷公藤晋碱和雷公藤次碱,高效液相色谱测定纯度分别为97%,93.6%,95.0%和94.4%;例如,张天佑等以氯仿-甲醇-磷酸二氢钠缓冲液(23 mmol/L,pH=5.6)(体积比4:3:2)为溶剂系统,上相为固定相,下相为移动相,从茶叶的总生物碱中分离得到了咖啡碱和茶碱。

6. 超临界萃取法

超临界萃取法为20世纪80年代发展起来的一项新的提取分离技术。利用超临界流体为萃取剂,从液体或固体中萃取出待测组分。利用超临界流体是介于气体和液体之间的流体,同时具有气体和液体的双重特性。利用其在临界点附近体系温度和压力的微小变化,使物质溶解度发生几个数量级的突变特性,从而实现其对物质的提取分离。通过改变压力或温度来改变超临界萃取的性质,进而达到选择性地提取不同性质化合物的目的。繁多的超临界萃取法种类中以超临界 CO_2 最为常用,超临界 CO_2 具有超临界温度低,可在常温下操作,对大部分物质呈化学惰性,有效地防止热敏性和高温不稳定性引起的化学成分被破坏和被氧化;无色、无味、无毒,不残留于萃取物上,无溶剂污染,价廉易得,且易制成高纯度气体,不易燃烧,使用安全;从提取到分离可一步完成,操作费用低;选择性好,通过调节温度和压力,可有针对性地萃取有效成分等特点。如采用超临界 CO_2 萃取技术提取亚东乌头总生物碱表明超临界 CO_2 萃取在收率和含量上都比传统方法高,因而超临界 CO_2 技术在天然产物有效成分的超临界流体萃取中应用较多。

超临界 CO_2 极性小,适用于非极性或极性小的化合物的提取,但对极性物质的溶解度很低,常常需要加入夹带剂,使其在改善或维持选择性的同时提高待萃取成分的溶解度,从而提高萃取效果,常用的夹带剂大多数为甲醇、乙醇、丙酮、氯仿等有机试剂,此外水、有机酸、有机碱等也可用作夹带剂,夹带剂的加入方式包括静态加入和动态加入两种,Janicot等以 $CO_2-CH_3OH-H_2O$(质量比70:24:6)为夹带剂,在20 MPa,45 ℃的条件下,20 min后就可从罂粟茎中提取出可卡因、吗啡、蒂巴因等五种生物碱。Kevin等在萃取士的宁时,采用两种方式相结合,先以甲醇为夹带剂静态萃取,然后动态加入夹带剂氯仿进行萃取,萃取效率高于单独使用甲醇或氯仿为夹带剂进行萃取,与常规溶剂法相比,效率相当,但有机溶剂法会产生大量的有害物氯甲烷,而SFE法更为方便、安全,并且基本无有害物质产生,夹带剂的使用提高了有效成分在溶剂中的溶解度,扩展了萃取范围,提高了萃取效率,所以在超临界 CO_2 流体(CO_2SFE)系统中加入适量的有机溶剂作为夹带剂,从而增加 CO_2 的溶解力也为一种理想的萃取方法。

5.5 应　用

生物碱为自然界广泛存在的一类化合物,生物碱为以植物体为来源提取的有效成分,由于生物碱属于天然产物,所以它具有低毒、无污染、安全性能高等特点,并且生物碱具有广泛的药理活性,包括抗肿瘤、抗病毒、抗菌、心血管作用等诸多方面,近年来发现越来越多的生理活性,并取得了较好的效果,随着对生物碱的深入研究,新的生物碱将不断被分离得到并应用于临床中,为疾病的治疗提供新的药物来源,因此对生物碱提取与分离技术的研究具有重要意义,它将对天然产物的开发研究产生巨大推动作用,并为生物碱类的工业生产提供技术保证。

参考文献

[1] 徐怀德. 天然产物提取工艺学[M]. 北京:中国轻工业出版社,2008.

[2] 刘成梅,游海. 天然产物有效成分的分离与应用[M]. 北京:化学工业出版社,2003.

[3] 孙中武. 植物化学[M]. 哈尔滨:东北林业大学出版社,2001.

[4] MA Wenyan, LU Yanbin, HU Ruilin. Application of ionic liquids based microwave - assisted extraction of three alkaloids N - nornuciferine, O - nornuciferine and nuciferine from lotus leaf[J]. Talanta, 2010 (80):1292-1297.

[5] 黄华,丁伯平. 钩藤生物碱对中枢神经系统的药理作用研究进展[J]. 现代药物与临床,2013,28(5):259-262.

[6] 刘军锋,丁泽,欧阳艳,等. 苦豆子生物碱抗菌活性的测定[J]. 北京化工大学学报:自然科学版,2011,38(2):84-88.

[7] 柏云娇,于淼,赵思伟,等. 生物碱的药理作用及机制研究[J]. 哈尔滨商业大学学报,2013,29(1):8-11.

[8] 马忠武. 钩吻生物碱的提取分离及结构鉴定[J]. 黑龙江医药,2009,22(3):324-326.

[9] 李永生,林强. 酶法、酸水渗漉及大孔吸附树脂提取川乌的比较研究[J]. 食品科技,2009,34(9):197-201.

[10] 秦贻强,邓俊刚,邓立东,等. 白饭树总生物碱的提取分离与鉴定[J]. 亚太传统医药,2012,7(8):32-33.

[11] 胡凯文,安超,韩立炜,等. 浙贝母总生物碱的提取分离工艺研究[J]. 世界中西医结合杂志,2013,2(8):140-143.

[12] 赵强,余四九,王廷璞,等. 响应面法优化秃疮花中生物碱提取工艺及抑菌活性研究[J]. 草业学报,2012(4):206-214.

[13] 李杨,左国营. 生物碱类化合物抗菌活性研究进展[J]. 中草药,2010(6):1006-1014.

[14] 张德华,黄仁术,左露,等. 生物碱的提取方法研究进展[J]. 中国野生植物资源,2010(5):15-20.

[15] 喻朝阳,王晓琳. 生物碱提取与纯化技术应用进展[J]. 化工进展,2006(3):259-263.

[16] 祖元刚,罗猛,牟璠松,等. 长春花生物碱成分及其药理作用研究进展[J]. 天然产物研究与开发,2006(2):325-329,294.

[17] 周贤春，何春霞，苏力坦·阿巴白克力. 生物碱的研究进展[J]. 生物技术通信，2006(3):476-479.

[18] 唐中华，于景华，杨逢建，等. 植物生物碱代谢生物学研究进展[J]. 植物学通报，2003(6):696-702.

[19] 褚克丹，陈立典，倪峰，等. 雷公藤总生物碱的药效实验研究[J]. 中药药理与临床，2011(1):33-36.

[20] YANG Lei, WANG Han, ZU Yuangang, et al. Ultrasound – assisted extraction of the three terpenoid indole alkaloids vindoline, catharanthine and vinblastine from Catharanthus roseus using ionic liquid aqueous solutions[J]. Chemical Engineering Journal, 2011, 172(2): 705-712.

[21] TENG H, CHOI Y H. Optimization of ultrasonic – assisted extraction of bioactive alkaloid compounds from rhizoma coptidis (coptis chinensis franch.) using response surface methodology[J]. Food Chemistry, 2014, 142: 299-305.

[22] SIM H J, YOON S, KIM M S, et al. Identification of alkaloid constituents from Fangchi species using pH control liquid – liquid extraction and liquid chromatography coupled to quadrupole time of flight mass spectrometry[J]. Rapid Commun. Mass Spectrom, 2015, 29: 1-18.

第6章 多　　糖

糖类的生命科学几乎与蛋白质的生命科学同时诞生，早在100年前，德国著名科学家Fischer就开始对糖进行研究。由于人们致力于对包括膜的化学功能、免疫物质的研究以及对新药物资源的寻找等相关研究，并发现多糖类在生物体中不仅作为能量或结构材料，更重要的是它参与生命中细胞的各种活动，具有多种多样的生物学功能。越来越多的研究发现，人的生命过程几乎都与糖链有关：如细胞间通信，识别和相互作用；细胞的运动和黏附；病原与宿主细胞的作用等，这是因为糖链携带着生物信息，它在细胞表面的分子识别过程中起着决定性作用。

到目前为止，已有近300种的多糖类化合物从天然产物中被分离提取出来。尤其从中草药中提取的水溶性多糖最为重要。这些活性多糖的生理活性、化学结构以及构效关系成为多糖研究的前沿阵地，取得了很大的进展。由于其结构的复杂性和研究手段的局限性，使糖的研究远滞后于蛋白质和核酸，主要反映在多糖的结构与功能的关系还不清楚、多糖在体内的作用机理大多未知。1995年，Hirabayashi提出“类似于基因密码，可能也存在多糖密码”的论点。

6.1　多糖的概念、分类及结构

多聚糖(polysacchrides)简称多糖，是由糖苷键结合的糖链，至少要超过10个的单糖组成的聚合糖高分子碳水化合物，是所有生命有机体的重要组成部分，并与维持生命所需的多种生理功能有关。

6.1.1　分类

多糖广泛存在于高等植物、动物细胞膜、微生物(细菌和真菌)细胞壁中。根据其单糖分子的组成可分为均一多糖(又叫同多糖)和不均一多糖(又叫杂多糖)。均一多糖是由一种单糖分子缩合而成的多糖，如淀粉、糖原、纤维素等；不均一多糖是由不同的单糖分子缩合而成的多糖，如透明质酸、硫酸软骨素等。

按多糖在生物体内的功能也可分为两类：一类为非水溶性的，形成生物体的支持组织，如植物的纤维素，蟹、虾等甲壳类动物、昆虫及其他无脊柱动物外壳的甲壳素等；另一类为可溶于热水的、经酶或酸碱水解后能形成寡糖或单糖可以供应能量的物质。

按来源不同，多糖可分为五大类：真菌多糖、高等植物多糖、藻类地衣多糖、动物多糖和细菌类多糖。

细菌中的各种荚膜多糖研究得较早也是最多的，在医药上主要用于疫苗；1984年，前苏联人在荷兰召开的第十二次国际碳水化合物讨论会上报道了用全合成特定结构的荚膜多糖作为疫苗,引起与会者的极大兴趣;真菌多糖的研究既深又广,如酵母菌多糖、食用菌多糖等,食用菌多糖的报道频率是相当高,其中以香菇多糖研究得较清楚;植物多糖的开发也备受人们的青睐,由于我国是中药的起源之地,而糖类是中药材中普遍存在的成分,在对各种中药材的化学成分研究的过程中,人们都少不了对其中多糖的关注。植物多糖研究比较深入的是稻草多糖、麦秸多糖、竹多糖、黄芪多糖、刺五加多糖;海藻多糖虽然研究得不多,但其潜在的研究价值很大。

6.1.2 化学结构

多糖是由二十多个到上万个单糖组成的大分子,组成多糖的单糖主要有D型的葡萄糖、甘露糖、半乳糖、木糖和L型的阿拉伯糖等。自然界中植物、动物、微生物都含有多糖,生物体内多糖除以游离状态存在外,也以结合的方式存在。结合型多糖有与蛋白质结合在一起的蛋白多糖和与脂质结合在一起的脂多糖等。有些多糖的长链是线形,有些多糖含有支链。各种多糖的差别在于所含单糖单位的性质、链的长度和分支的程度。

单糖是糖类的组成单元,单糖之间脱水形成糖苷键,并以糖苷键线性或分支连接成寡糖和多糖。复合糖化物中常见的单糖成分有:D－葡萄糖、D－半乳糖、D－甘露糖、I－阿拉伯糖、D－木糖、L－岩藻糖、L－鼠李糖、D－葡萄糖醛酸、L－艾杜醛糖酸、2－酮－3－脱氧－D－甘露辛酮糖、N－乙酸－D－胞壁酸、N－乙酸－D－葡萄糖胺等十多种。一般将少于20个糖基的糖链称为寡糖(低聚糖),多于20个糖基的糖链称为多糖。糖的结构分类沿用了对蛋白质和核酸的分类方法,寡糖和多糖的结构也可分为一级、二级、三级和四级结构。

1. 一级结构

多糖的一级结构包括糖基的组成、糖基排列顺序、相邻糖基的连接方式、异头物构型以及糖链有无分支、分支的位置与长短等。与蛋白质和核酸相比,糖的一级结构非常复杂。

2. 二级结构

多糖的二级结构指多糖骨架链间以氢键结合所形成的各种聚合体,只关系到多糖分子中主链的构象,不涉及侧链的空间排布。在多糖链中,糖环的几何形状几乎是硬性的,各个单糖残基绕糖苷键旋转而相对定位,可决定多糖的整体构象。多糖分子内的糖苷键有较强的旋转性,决定了多糖的二级结构。

3. 三级和四级结构

多糖链一级结构的重复顺序,由于糖单位的羟基、羧基、氨基以及硫酸基之间的非共价相互作用,导致有序的二级结构空间有规则而粗大的构象,即是多糖链的三级结构。氢键、范德华力、色散力和疏水性等非共价作用,决定了多糖的三级结构。

多糖的四级结构指多聚链间非共价链结合形成的聚集体。多糖链的聚集作用可在相同的分子间进行(如纤维素链间的氢键相互作用),也可在不同的多糖链间进行(如黄杆菌聚糖的多糖链与半乳甘露聚糖骨架中未取代区域之间的相互作用)。

多糖的结构又具有四种类型,即可拉伸带状、卷曲螺旋状、皱纹状及不规则卷曲状。多糖的结构单位是单糖,多糖相对分子质量从几万到几千万。结构单位之间以苷键相连接，常见的苷键有α-1,4-、β-1,4-、α-1,6-苷键。结构单位可以连成直链，也可以形成支链，直链一般以α-1,4-苷键（如淀粉）和β-1,4-苷键（如纤维素）连成；支链中链与链的连接点常是α-1,6-苷键。由上可知，多糖的结构形态是各个单糖残基在空间相对定位的综合。解析这些定位，对于理解多糖的生物学功能有极深刻的意义。

6.2　多糖的理化性质

多糖一般由10个以上的一种或多种单糖通过糖键连接而成的大分子化合物，结构复杂，其性质与单糖大不相同。多糖一般没有精确的相对分子质量，其中的单糖单位可因细胞的代谢需要增加或减少。绝大多数多糖呈现如下性质：①无甜味；②还原性消失；③无定形化合物，没有固定的熔点；④相对分子质量较大且分布在一定范围；⑤水中的溶解度随相对分子质量增大而降低；⑥不溶于有机溶剂；⑦黏度随相对分子质量增大而增加（浓度相同时）。

6.3　多糖的生理功能

多糖在自然界分布很广，其功能是多种多样的。有些多糖是单糖的储存形式，最重要的储存多糖是淀粉和糖原；许多多糖是单细胞微生物、高等植物细胞壁和动物细胞外部表面的结构单元；另一些多糖是脊椎动物结缔组织和节肢动物外骨骼的组分。但是细胞膜和细胞壁的多糖成分不仅是支持物质，而且还直接参与细胞的分裂过程，在许多情况下成为细胞和细胞、细胞和病毒、细胞和抗体等相互识别结构的活性部位。另一方面，在分解过程中，有对糖链的糖排列次序和键的性质有特异性的多种糖苷酶参与。除了储存能量和支持结构外，多糖还是一类重要的信息分子，在生物体内起着信息传递的功能，如不均一多糖通过共价键与蛋白质构成蛋白聚糖发挥生物学功能，可作为机体润滑剂、识别外来组织的细胞、血型物质的基本成分等。

多糖在保健食品中多作为一类非特异性免疫增强剂，用于增强体质、抗缺氧、抗疲劳、延缓衰老等。不同的多糖具有不同的生理活性，如降血糖、降血脂、抗血凝等，部分多聚糖还具有显著的抗癌活性，例如从香菇分离出的香菇多糖，从灵芝子实体中分离出的灵芝多糖等。随着研究的深入，多糖在医疗上的价值越来越重要，新的用途不断被发现。

6.3.1　抗氧化作用

超氧自由基是生物体内有氧代谢过程中产生的重要自由基之一，它能够直接和间接地引起生物大分子的氧化破坏，诱发膜脂质过氧化，降低膜脂流动性，是生物体衰老和许多疾病产生的重要原因。有研究表明，平菇两种多糖对超氧自由基平均抑制率可达36%～60%，在较低质量浓度下（<300 mg/L）时仍具有一定清除作用，而在较高浓度下（>300 mg/L）则作用不明显。这可能是由于在有自由基诱导剂存在的条件下，像单糖那样，多糖也可以自动氧化产生新的有机自由基，使多糖本身产生的有机自由基与它清除的自由基达到平衡，而在低浓度下，减少了多糖分子与自由基诱导剂的反应概率，表现为多糖清除超氧自由基作用。

6.3.2 多糖的免疫活性

多糖在机体免疫反应中相当于抗原,免疫细胞可识别多糖并迅速被多糖诱导激活产生免疫反应,因此多糖具有肯定的调节机体免疫功能的作用,其作用是多途径、多环节、多靶点。它能激活免疫受体,提高机体的免疫功能,从而在抗肿瘤、抗病毒以及抗衰老等的防治上具有独特的功效,在用于癌症的辅助治疗中,具有毒副作用小、安全性高、抑瘤效果好等优点。目前对多糖的免疫药理及构效关系研究已进入了分子和受体水平,但总体上对多糖的结构及其生物活性的作用机理研究尚不十分清楚,对多糖的认识深度也远不及蛋白质和核酸。这主要是由于多糖的结构十分复杂,目前尚没有较成熟有效的检测手段,尤其对于多糖的晶体结构研究仍属于空白。另外值得注意的是,在研究植物多糖的药理活性时,应避免受细菌脂多糖的感染,在选材上应注意材料的来源,因此在对多糖的研究方法和研究思路上,仍需要广大的化学及生物工作者做进一步探索。

1. 对巨噬细胞(MCP)功能的影响

作为一种多潜能细胞,巨噬细胞不仅参与机体的特异性免疫反应和非特异性免疫反应,而且是两种免疫反应联系的“桥梁细胞”。其通过以下方式来实现免疫调节:①通过调理机体来加强吞噬作用,即经抗体依赖的细胞介导的细胞毒作用来发挥作用;②通过非特异性膜受体,直接与肿瘤细胞结合,发生溶细胞作用;③通过巨噬细胞分泌的一些细胞因子来抑制肿瘤组织的生长。例如,银耳多糖对小鼠单核吞噬细胞系统有明显的激活作用,并随剂量增大而增强,其吞噬指数(K 值)和吞噬系数(A 值)均显著升高。增强巨噬细胞功能的多糖还有牛膝多糖、甘草多糖及黄芪多糖等。发现 β - Glucan 与免疫细胞(单细胞、巨噬细胞、中性粒细胞、自然杀伤细胞)发生特异性结合,活化信号传导途径,调节细胞因子释放。

2. 对 T 细胞免疫功能的增强作用

T 细胞既是免疫应答的效应细胞,也参与免疫应答的调节,抗原刺激在体内发生的体液免疫或细胞免疫都是由抗原递呈细胞和 T 辅助细胞(Th 细胞)相互作用开始的。例如,中药枸杞多糖(LBP)对 T 淋巴细胞介导的免疫反应有明显的选择促进作用,对胸腺 T 淋巴细胞增殖效应最强,对脾 T 淋巴细胞亦有促进作用,是一种 T 淋巴细胞免疫佐剂;香菇多糖是一种典型的 T 细胞激活剂,具有调节细胞免疫功能的作用。

3. 对 B 细胞及其产生抗体的增强作用

B 细胞是抗体产生细胞,B 细胞接受抗原刺激后增殖分化为浆细胞产生抗体,发生抗体依赖或抗体介导的免疫应答,近年证明 B 细胞本身也是一种抗原递呈细胞,将捕捉的抗原信息递呈给 Th 细胞,使抗原聚集,利于免疫应答的发生。例如,灵芝多糖能提高小鼠的 B 细胞产生特异性抗体,并显示高、中、低三个剂量组中,小剂量组小鼠抗体生成细胞增加,作用比较明显,并在两周内喂养和对照组比较有显著性差异。

4. 激活自然杀伤细胞(NK)和淋巴因子激活的杀伤细胞(LAK)

NK 细胞是生物体内天然存在的非特异的免疫杀伤细胞,它在宿主的免疫监视功能中与 MCP 一起有着重要的作用。有研究证明,黄芪多糖具有不同程度的提高存活 LAK

细胞的体密度,减少坏死,尤其是减少凋亡细胞的体密度的作用。

5. 对树突状细胞(DC)的影响

DC细胞是目前发现的功能最强的抗原递呈细胞(APC),它能摄取各类抗原,在机体细胞免疫和体液免疫调控中均起着重要作用。有研究分析得出,枸杞多糖、香菇多糖、云芝多糖等多种中药多糖(主要由1,3-糖苷键为主链的葡聚糖或杂聚糖组成)可增加淋巴细胞培养上清液中的DC前体细胞数量,诱导体内产生的多种细胞因子均有促进DC分化和成熟的作用,多糖可提高T细胞的增殖功能和血清抗体水平,增强细胞毒细胞(CTL),NK细胞的杀伤功能。多糖的这些作用有可能部分就是通过促进DC细胞的功能成熟来实现的。

6. 激活网状内皮系统

生物体中的网状内皮系统具有吞噬、排除老化细胞和异物及病原体的作用。例如,从三七根中提取的多糖可显著增强网状内皮系统在碳廓清试验中的活性,并增强小鼠绵羊红细胞抗体的生成,恢复由环磷酰胺延迟的过敏反应。此外,甘草多糖、杜仲多糖、雷丸多糖、刺五加多糖及虫草多糖也都能激活网状内皮系统。

7. 对补体系统的作用

补体是血液中一组具有酶源活性的蛋白质系列,是机体非特异性免疫系统的重要组成部分,在宿主防御机制中起重要作用。不同多糖对补体有不同的作用,大部分多糖能活化补体系统的经典途径及变更途径。如酵母多糖、当归多糖、茯苓多糖是通过替代通路激活补体的,圆锥绣球多糖是通过经典途径实现的。

8. 对细胞因子的影响

植物多糖能促进白细胞介素(IL)、干扰素(IFN)和肿瘤坏死因子(TNF)等细胞因子的生成。例如,灰树花多糖具有较明显的抗流行性感冒病毒和单纯疱疹病毒的作用,其抗病毒作用与其促进IFN的产生有关。此外,黄芪多糖、人参多糖、柴胡多糖、刺五加多糖、银耳多糖及当归多糖等均能诱生IFN。

6.3.3 多糖的抗病毒、抗肿瘤活性

多糖作为抗病毒药物具有良好的活性,即能提高免疫力,又有低毒、低耐药性等特点,已引起医药界的重视,显示了广阔的药用前景。硫酸多糖是抗病毒多糖中研究最多的一类多糖。硫酸葡聚糖和其他聚阴离子物质可干扰反转录病毒及其他病毒的吸附和侵入,有些表现出对各种反转录病毒的逆转录酶的抑制活性。香菇多糖本身只有抗肿瘤活性,硫酸化后具有抗HIV活性,能抑制HIV-1产生的细胞病变。这种作用不仅与浓度呈量效关系,而且与分子中硫酸盐含量有关,含量越高,抗HIV的作用越强。一般每个糖单位的SO_4^{2-}含量低于2个则仍无抗HIV-1的活性,而2~3个SO_4^{2-}才能获得最佳抗HIV-1活性。

多糖的分子结构、给药剂量、给药途径、给药时间、联合应用等是影响多糖抗肿瘤作用的重要因素。另外,多糖抗肿瘤活性与其分子组成、相对分子质量、溶解度与黏度有关,但主要与其立体构型有关。多糖的抗肿瘤作用与单糖间糖苷键的结合方式有关。水溶性D-葡聚糖有抗肿瘤作用,尤其是直链、无过长支链、不易被体内D-葡聚糖酶水解

的多糖具有明确的抗肿瘤活性。目前认为,以(1→3)β-D-葡聚糖和以(1→4)β-D-葡聚糖占优势的多糖具有明显的抗肿瘤活性。

6.3.4　多糖的抗衰老作用

免疫系统与机体的衰老有密切的关系,随年龄增大,免疫功能下降或紊乱,结果胸腺萎缩,T细胞损耗,从而导致机体衰老,寿命缩短。多糖能从整体上提高机体免疫功能,从一定程度延缓衰老,防治老年病。

6.3.5　多糖的抗凝血作用

多糖硫酸化后具有抗凝血作用,含硫量为5.15%,具有强的类似肝素的阻凝作用;含硫量达17%时,呈现显著的抗凝血作用。例如,壳聚糖经硫酸化后有较高的抗凝血作用,效果与相对分子质量大小、脱乙酰度、硫酸酯化度有密切的关系。

6.3.6　多糖的抗溃疡作用

由白芨葡萄糖甘露聚糖组成的白芨胶被口服后,在胃肠道中能迅速与胃肠液作用形成胶浆,在胃肠黏膜及其溃疡面上形成保护膜,阻止胃酸、胃蛋白酶、胆汁及幽门螺旋菌与其接触,迅速促进溃疡面的愈合。

6.3.7　多糖的降血糖、降血脂作用

糖尿病是一种常见的内分泌代谢疾病,若得不到满意的治疗,极易发生并发症,如冠心病、脑血管病、肾病变等,成为威胁患者生命的主要原因,因而开展糖尿病及其并发症的防治成为医学界研究的热点。从人参、从桑、灵芝、乌头、紫草、双蕙黄麻、苍术中提得的各种多糖给正常小鼠注射,可产生随剂量加大而增强的明显降血糖的作用。近年来,从天然产物中发现许多具有降血糖功能的活性成分,如多糖、黄酮、生物碱、多肽与氨基酸、不饱和脂肪酸等,其中,多糖的品种多、作用强,具有开发前景。现已发现具有降血糖的真菌多糖有木耳多糖、银耳多糖、灵芝多糖、云芝多糖、猴头菌多糖等。

在世界各国疾病的发病率和死亡率的统计中,心血管系统疾病占第一位,中国每年约有100万死于心血管疾病。研究发现,高脂膳食、高胆固醇和高甘油三酯是心血管疾病的主要危险因素,而血脂异常是心血管疾病的重要危险因子之一,降脂疗法是预防和治疗的有效手段之一。对调节血脂的研究一直是研究的热点,开发能够降低血脂水平或有效预防高血脂形成的功能性食品具有相当重要的意义。香菇多糖可促进胆固醇代谢而降低其在血清中的含量。银耳多糖、灵芝多糖等也具有降血脂的作用。

6.3.8　其他方面

多糖因其具有抗氧化、免疫调节、对受损DNA的修复和抗辐射作用日益受到人们的重视。经研究发现,灰树花发酵液多糖、黄芩水提物、黄蘑多糖和沙参多糖等,对小鼠具有辐射保护作用。多糖在其他方面也具有一定的生理功能:从灵芝提取的多糖具有抗血栓、抗凝血作用和一定的预防乙醇性肝损伤作用;灰树花多糖和云芝多糖有保肝趋势;香

菇蛋白多糖有抗疲劳作用。

6.4 多糖构效关系

多糖构效关系的研究是寻找高活性多糖及深入研究多糖作用机制的基础。人们普遍认为，多糖的生物活性取决于其分子结构，包括单糖组成、糖苷键的连接、取代度、支化度、糖成分和主链的构象等。因此，越来越多的研究人员更多地关注于多糖分子修饰和构效关系，而改性后多糖由于具有很强的抗氧化活性日益成为天然辐射防护剂研发的重要方向。

6.4.1 溶解度、黏度对多糖生理活性的影响

多糖溶于水是其发挥生物学活性的首要条件，多糖生物功能的基础，在很大程度上依赖于分子内和分子间的相互作用。Tao Yongzhen 等认为超支化香菇多糖在水溶液中具有一个球形链构象，而香菇多糖硫酸化衍生物的球形链似乎比香菇多糖要稍微扩展，由于其具有良好的水溶解性，香菇多糖及其硫酸化衍生物均具有体内和体外抗肿瘤活性。此外，与香菇多糖相比，其硫酸化衍生物具有较高的 HepG2 细胞体外抑制活性。可见，香菇多糖抗肿瘤作用与其在水中的溶解度和链构象紧密相关。多糖的黏度主要是由于多糖分子间的氢键相互作用产生，如果黏度过高，则不利于多糖药物的扩散与吸收，会进一步导致多糖生理活性的发挥。Mamoudou H. Dicko 研究了产自西非的一些植物可以作为多糖降解酶的新来源，及其在降低多糖黏度等方面的应用。

6.4.2 相对分子质量对多糖生理活性的影响

多糖的构效关系中，相对分子质量也是最重要的影响因素之一。由于多糖相对分子质量高，表观黏度高，水溶性差，难以通过组织上的障碍，并进入细胞内部，达到作用靶点，从而限制了它们的生物活性更好发挥。因此，有望通过将多糖降解成低相对分子质量的低聚糖，来改善其生物活性。

多糖的活性与聚合度和相对分子质量有关，筛选适宜的多糖相对分子质量在药物研究和应用领域是非常重要的，具有抗肿瘤活性的 β-(1,3)-D 葡聚糖的相对分子质量范围为 10 万 ~200 万，高于或低于此相对分子质量的多糖一般无活性。Ryoji Takata 等发现经过酶解得到平均相对分子质量接近 20 000 的黑穗醋栗多糖可以提高其抗肿瘤活性。于鹏展等制备不同相对分子质量的孔石莼藻类多糖并研究其生物活性，结果表明对于多糖与过氧化氢最适宜的降解质量分数分别为 2.5%(*W/V*)和 8.0%(*V/V*)，多糖的相对分子质量范围主要取决于反应的温度和时间，35 ℃是得到低降解样品的最佳温度，而 50 ℃是加速得到高降解反应产物的最适宜温度，制备了 A,B,C,D 四种不同相对分子质量的孔石莼藻类多糖，由相对黏度作为评价指标。

6.4.3 某些特定基团对多糖生理活性的影响

近年来，关于化学修饰能相对提高多糖生物活性已有许多报道，如对硫酸化、羧甲基

化、乙酰化和高碘酸钠氧化等化学修饰，对于制备的多糖衍生物的生物活性已进行了研究，具有理想的功能。引入离子基团与适当的取代度可以在一定程度上影响多糖的生物活性。此外，一些研究表明，硫酸酯化和羧甲基化修饰的多糖，由于扩展链的构象，具有较高的生物活性。

灵芝多糖硫酸衍生物（S－GL）和羧甲基衍生物（CM－GL），在体外和体内均具有良好的抗氧化活性，S－GL 的抗氧化活性优于 CM－GL。同时，S－GL 和 CM－GL 可以消除传统抗癌药物的免疫抑制作用，增加小鼠胸腺和脾指数，并提高小鼠的免疫力。它们可以同时有效地提高小鼠体内的 SOD 活力和 GSH 含量，抑制自由基损伤脾脏和胸腺器官。化学修饰会使多糖产生有关物理、化学性质的变化，对于桦褐孔菌多糖硫酸酯化、乙酰化和羧甲基化三种衍生物，乙酰化多糖则具有更低的相对分子质量分布、较低的特性黏度的超支化的链构象，从而表现出对三价铁离子显著的还原能力及较强的抑制脂质过氧化作用。黑木耳粗多糖经羧甲基化修饰后，清除 DPPH 自由基和 ABTS 自由基的抗氧化活性与未经修饰的黑木耳粗多糖相比提高了一倍。

6.4.4　空间构象对多糖生理活性的影响

多糖链构象主要与链结构、分子内和分子间作用力及溶剂有关，多糖分子作用力主要包括氢键、偶极相互作用、疏水力和静电力等非共价作用力。当氢键作用力被破坏时，如碱性条件、多糖的构象稳定性高对于其发挥生物活性至关重要。例如，链坚度高，三螺旋构象的（1→3）－β－D－葡聚糖被认为对于其细胞因子刺激作用至关重要。多糖主要以球形链、无规则线团、半柔顺链、单一和双螺旋、三螺旋链构象存在溶液中，其中单螺旋链构象较少见，但是在一些双螺旋或者三螺旋构象转变中观察到单螺旋链构象中间体存在。多糖的活性与其初级和高级结构特别是三维空间构象密切相关。

多糖糖单元上的羟基被硫酸基取代后，糖环构象可能发生扭曲或转变，且硫酸基间的排斥作用导致卷曲构象呈伸展和刚性状态（图 6.1）。硫酸基团的引入会改变它的物理化学特征以及链结构，现在的研究认为，硫酸基团会导致多糖在水相溶液中有一个相对伸展并且稳定的半刚性链构象，硫酸化多糖相对高的链坚度和很好的水溶性对于提高其抗肿瘤活性有益。Mueller 等研究表明，具有三螺旋和单螺旋构象的 β－葡聚糖可以结合葡聚糖受体，并认为三重螺旋构象能够更好地识别细胞受体。

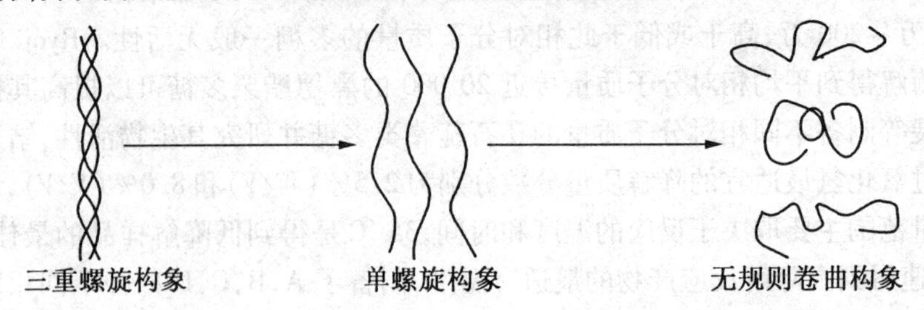

图 6.1　多糖不同构象

多糖的化学平面结构测定比较困难，特别是含有几种糖残基的杂多糖，至于决定多糖活性的高级结构（三维结构）测定更难。因为多糖是水溶性胶状物质，不能结晶，这样限制了用通常X-衍射方法去测定立体结构。多糖在分子水平下与蛋白质、核酸等其他分子相互作用的认识还不清楚。由于目前有关多糖的药理研究主要局限于观察多糖在体外或体内的生物效应，要达到分子水平，细胞水平还需大量研究。

6.5　分离提取方法

对多糖的提取纯化方法应根据不同的动、植物来源采用不同的方法进行提取纯化，提取方法的选择主要基于细胞壁的结构和多糖水溶性不同。动物多糖及微生物细胞内多糖的组织细胞多有脂质包围，一般需进行脱脂；含色素较高的根、茎、叶、果实类则需进行脱色处理，然后用水、盐或稀碱水在不同温度下提取，应避免在酸性条件下提取，以防引起糖苷键的断裂，造成多糖结构破坏。一般植物多糖提取多采用热水浸提法，所得多糖提取液可直接或离心除去不溶物。大多数真菌多糖不溶于冷水，在热水中呈黏液，遇乙醇能沉淀。因此，从真菌中分离、提取较为单一的多糖，并鉴定其纯度极为困难。

Mizuno Taku 等从亚侧菇(hohenbuehelia seroting)的子实体中用草酸铵溶剂提取出高纯度的多糖。Toyomasu Tetsuo 等从可食用的菌类植物中得到了具有间接抗癌活性、能够诱生白细胞介素-12的免疫增强剂。此发明的特别之处在于在用热水进行提取之前，先在菌类如香菇的冻干粉末中加入20倍体积的质量分数为1%十二烷基硫酸钠和含有100 mmol氯化钠的tris-HC1缓冲液，然后再用不同浓度的乙醇进行梯度沉淀，这样就易于除去蛋白质和其他杂质。Kiuchi Akira 等用有机溶剂预先回流的方法从菌丝体中得到了具有高度安全性和抗癌活性的多糖。

近年来，一些新型分离技术如超声波、微波或一些酶进行辅助提取等已开始应用于多糖的提取中。采用酶法(用复合酶与热水浸提相结合的方法)提取真菌多糖，具有条件温和、杂质易除及提取率高等优点。另外，华南理工大学轻工食品学院于淑娟等对真菌多糖的超声波催化酶法提取进行了研究，与传统工艺相比，超声波催化酶法具有操作简单、提取率高，反应过程无物料损失和无副反应发生等优点。不同提取方法的比较见表6.1。

表6.1　不同提取方法的比较

提取方法	提取剂	提取效果
热水提取法	蒸馏水	常用方法，简单方便，不会引起多糖降解；只能提取胞外多糖
稀酸提取法	三氯乙酸	可提取酸溶性多糖；但可引起部分多糖降解
稀碱提取法	氢氧化钠等	可提取碱溶性多糖，热碱提取法提取物中杂质较高，多糖可能被少量降解
稀盐提取法	氯化锌等	可提取盐溶性多糖
加酶提取法	蒸馏水加纤维素酶等	酶解细胞壁，可提取胞内多糖

6.6 多糖的纯化

多糖的工艺研究一般包括提取、除脂、脱色、除蛋白、醇沉、柱分离纯化、透析等基本步骤。多糖的提取纯化是研究多糖的基础,因为多糖的提取及分离纯化直接影响到多糖的纯度,从而影响到多糖类有效部位的筛选,最终影响到多糖的功效。

6.6.1 脱蛋白

多糖经水提时可溶性蛋白也被提取出来,降低了真菌多糖的纯度,因此多糖提取液中除去蛋白质是一个很重要的步骤,常用方法有 sevage 法、三氟三氯乙烷法和三氯醋酸法,前两种方法常用于微生物多糖的分离,后者多用于植物多糖,而上述三法皆不适用于由糖和肽共价结合而成的糖肽类。因为糖肽在处理中也被沉淀出来,因此结合蛋白质的去除常先用蛋白酶破坏蛋白质与糖的结合再去除蛋白,应用此法的有螺旋藻多糖、百合多糖等。

1. sevage 法

根据蛋白质在氯仿等有机溶剂中变性的特点,将提取液与 sevage 试剂(氯仿:正丁醇 = 4:1)以体积比 4:1 混合,剧烈振荡、离心,变性后的蛋白质处于提取液与 sevage 试剂交界处。该法的优点是条件温和,不会引起多糖的变性;缺点是效率低,要经过多次反复才能将蛋白除尽,同时会消耗大量的有机溶剂。

2. 三氯乙酸法

多糖溶液与三氯乙酸溶液混合,溶液中的蛋白质在三氯乙酸的作用下形成胶状,离心去除。该法优点是效率高,操作简单;其缺点是作用过于剧烈,对含呋喃糖残基的活性多糖有破坏作用。

3. 三氟三氯乙烷法

将三氟三氯乙烷与提取液混合,摇动、离心,蛋白质被抽提到溶剂层中,该法效率较高,但溶剂易挥发,不宜大量使用。

4. 鞣酸法

在微沸状态下,向多糖溶液中滴加质量分数为 1% 的鞣酸溶液,直至无沉淀产生为止,鞣酸与蛋白反应生成沉淀,离心取上清液,再滴加质量分数为 1% 的鞣酸溶液,直至无沉淀产生为止。用鞣酸来去除蛋白,其效果与 sevage 法大致相同,使得产品的成本大大降低。

5. 酶法

可以利用蛋白酶可水解蛋白质的特性,在多糖的水提液中加入中性蛋白酶和糜蛋白酶,与 sevage 法结合进行脱蛋白;或将蛋白酶与三氯乙酸法结合除蛋白。有机溶剂与蛋白酶结合的方法效率要高得多,但蛋白酶的加入量要适当,否则会增加除蛋白的难度。

此外,还有用 polyamide 吸附柱层析法,脱蛋白效果较好且损失少,利于多糖的生物活性。李知敏等研究发现,可用 2 mol/L 的盐酸调节多糖提取液的 pH 值,放置过夜,离心去沉淀,得无蛋白的糖溶液。盐酸法的除蛋白率高于三氯醋酸法和 sevage 法,但对所得多糖的活性的影响未见报道。除去蛋白质后,应再透析一次,选用不同规格的超滤膜和透析袋进行超滤和透析,可以将不同分子大小的多糖进行分离和纯化,该法用于除去小分子物质十分实用,同时能满足大生产的需要,具有广阔的应用前景。

6.6.2 除色素

植物组织中色素分为脂溶性、水溶性、多酚类和多酚氧化酶类以及与多糖结合的其他有色物质,因此在选择多糖脱色方法时,首先要了解色素的种类,然后才能选择合适的方法。在多糖提取过程中,色素(游离色素或结合色素)的存在会影响多糖的色谱分析和性质测定。根据其不同性质采取不同的方法。真菌多糖,由于含有酚类化合物,所以呈棕色,这类色素大多是负性离子,使用活性炭等吸附剂无法脱色。而这类物质多含有不饱和双键、羟基、芳香环等,在碱性条件下能与氧化剂反应,从而达到脱色的目的,脱色后再经透析除去氧化后的小分子色素。利用树脂脱色是近年来新发展的一种脱色方法,其脱色效果较好。树脂也是一种吸附性质的脱色剂,在干燥状态下其内部具有较高的孔隙率,表面积较大、交换速度较快、机械强度高、抗污染能力强、热稳定好,在水溶液和非水溶液中都能使用。吸附树脂具有很好的吸附性能,它理化性质稳定,不溶于酸、碱及有机溶剂,对有机物选择性较好,不受无机盐类及强离子低分子化合物存在的影响,可以通过物理吸附从水溶液中有选择地吸附有机物质。

6.6.3 多糖的分级

多糖的分级就是将多糖混合物中的目的单一组分分离出来。多糖的分离纯化是困难的,用一种方法不易得到均一成分。多糖的分离纯化方法很多,一般随多糖的组成的复杂性不同而有所区别。可按分子大小和形状分级,也可按照分子所带基团的性质分级。

1. 分级沉淀法

不同多糖在不同浓度的低级醇或酮中具有不同的溶解度,一般随着聚合度和相对分子质量的增大,在乙醇中的溶解度逐步降低。根据这一性质,在糖的浓水溶液中,逐次按比例由小而大加入这些醇或酮(常见的有甲醇、乙醇、异丙醇、丙醇、丙酮),使浓度渐增,进行分级沉淀。此方法适用于分离各种溶解度相差较大的多糖。沉淀一般在 pH 值为 7 时进行,此时糖性质稳定,但酸性多糖在 pH 值为 7 时是以盐的形式存在的,宜调至 pH 值为 2 ~4 进行。为避免酸性介质中糖苷键水解,应操作迅速,以小量为宜。

分级沉淀的方法除了改变溶剂组成外,也可以利用热的糖溶液逐步冷却,或逐步添加无机盐,如硫酸铵、氯化钠、氯化钾等进行盐析,以及改变酸度的方法而起到分级作用。分级沉淀是根据多糖相对分子质量的不同进行分离的,此法适用于具有不同相对分子质量的多糖混合物的分离。但多糖的相对分子质量范围广,且有共沉现象。因此,只能作粗略的分离作用。需反复进行及综合使用其他方法才能达到糖的组分均一。

2. 酸性乙醇分级

乙醇中加入少量的盐酸或盐类,不仅有利于分子大小排队,还有利于极性分级。

3. 冻融分级

利用温度不同、溶解度不同而分级,相对分子质量大或水溶性差的先析出。

4. 透析、超滤及超速离心

选用不同规格的超滤膜和透析带进行超滤和透析，以及一定条件下的超速离心操作，可按分子大小差异把多糖样品分级。超滤和透析更常用于除去小分子物质。近来发展起来的超滤膜分离技术不需加热和化学物质处理，不仅节约能源、无环境污染，且保留生物活性成分的高效价，因而得到越来越广泛的应用。超滤法不仅用于多糖的分级，还可以完成多糖的脱盐、多糖溶液浓缩、相对分子质量测定等。

5. 季铵盐沉淀法

阳离子型清洁剂如十六烷基三甲铵盐（CTA 盐）、十六烷基吡啶盐（CP 盐）等和酸性多糖阴离子可以形成不溶于水的沉淀，使酸性多糖从水溶液中沉淀出来，中性多糖留在母液中而分离。若再利用硼酸络合物，中性多糖也可沉淀，或在高 pH 值的条件下，增加中性醇羟基的解离度而使之沉淀。

6. 金属离子沉淀法

有些多糖被金属盐沉淀，如铜盐溶液（$CuCl_2$，$CuSO_4$ 等）、费林试剂，有的还能与 $Ca(OH)_2$，$Ba(OH)_2$ 等形成复盐。

7. 区带电泳法

不同多糖在电场的作用下，按其分子大小、形状、电荷性质不同而达到分离的目的。常用的有聚丙烯酰胺凝胶电泳、醋酸纤维塑膜电泳。此法分离效果好，但只适宜于实验室小规模应用。

8. 凝胶过滤法

凝胶过滤法又称凝胶层析法或分子筛析法，主要根据多糖分子的大小和形状不同而达到分离的目的。常用的凝胶介质有葡萄糖凝胶（sephadex）、琼脂糖凝胶（sepharose）以及性能更佳的 sephacryl 等。洗脱液为各种浓度的盐溶液或缓冲溶液，其离子强度应不低于 $0.02\ mol \cdot L^{-1}$，一般不适合黏多糖。此法对于不同聚合度的活性多糖分离特别有效，方法快速、简单、条件温和。缺点是葡萄糖凝胶或琼脂糖凝胶本身也是活性多糖，在洗脱液中难免沾上自凝胶上洗脱下来的糖分。

9. 阳离子交换树脂层析法

阳离子交换树脂可使酸性多糖和中性多糖分离。中性多糖的多羟基结构与硼酸络合成酸性脂后，也可用此法来进行分离。此法效率高，常为一次分离。缺点是洗脱体积太大，处理较麻烦。

10. 纤维素阴离子交换剂柱层析法

阴离子交换纤维素问世以来，许多高分子水溶性成分，如蛋白质、核酸和多糖等都得以分离纯化，效果很好。常用的有 DEAE－纤维素（二乙基氨基乙基纤维素）和 ECTEOLA 纤维素(3－氯－1,2 环氧丙烷三乙醇胺纤维素)。可处理为酸性、碱型和硼砂型三种。洗脱剂可采用不同浓度碱溶液、硼砂溶液以及盐溶液。

目前用 DEAE－纤维素阴离子交换剂柱层析，有效地分离了云芝多糖、针裂蹄多糖及斜顶菌中水溶性多糖等。此法优点是可吸附杂质，纯化多糖，并适用于分离各种酸性、中性多糖和黏多糖。多糖在交换柱上的吸附力与多糖结构有关，一般随酸性基团的增加而增加。对于线状分子，相对分子质量较大的多糖吸附力强，直链多糖较分支多糖易吸附。

检测手段国内仍沿用经典的苯酚－硫酸法，国外用LKB柱层析系统，用比旋度、示差折光及紫外检测器，各组分的峰位自动记录，分离效果好且方便。此外，还有高压液相层析、亲和层析等。

仅用一种纯化方法难以获得组分较单纯的真菌多糖产品，只有将上述两种或多种分离方法有机地结合起来，充分利用每种分离方法的优势，才能达到真菌多糖组分高效的分离纯化。

6.6.4 纯度检测

多糖的纯度不能用通常化合物的纯度标准进行衡量，因为多糖纯品在结构上也不是完全一致，通常所说的多糖纯品实际上是一定相对分子质量范围的均一组分。测定多糖纯度的方法见表6.2，其中HPLC法和高压电泳法较常用，并需用三种或以上的纯度鉴定方法证明才能保证为纯品。

表6.2 不同纯度鉴定方法的比较

纯度鉴定方法	依 据
比旋度法	不同的多糖具有不同的比旋度，在不同浓度的乙醇中具有不同的溶解度。多糖水溶液经不同浓度的乙醇沉淀所得沉淀物，若具有相同比旋度，则证明为均一组分
超离心法	微粒在离心力场中沉降的速度与微粒的密度、大小与形状有关。若某一多糖在离心力场作用下形成单一区带，说明微粒具有相同沉降速度，表明其分子的密度、大小和形状相似
高压电泳法	多糖在电场作用下，按其分子大小、形状及其所带电荷的不同而移动的距离不同
凝胶过滤法	由于凝胶具有一定大小的孔径，不同形状和大小的多糖分子在凝胶层析柱中移动速度不同，其流出液经示差检测仪检测，如只有一个峰，则表明为均一组分
薄层层析/纸层析法	取多糖水溶液点样于薄层板、中速或慢速滤纸上，在室温下展开，显色，进行纯度检测
冻融法	取多糖溶液经过反复冻融，应无沉淀析出。如沙棘果水溶性多糖的纯度检查
光谱扫描法	采用紫外光谱在180～640 nm波长间扫描，在260 nm，280 nm处应无核酸和蛋白质的特征吸收峰
HPLC法	鉴定为单一对称峰

6.6.5 相对相对分子质量测定

由于多糖的活性与相对分子质量等有关，因此应对多糖相对分子质量分布进行研究,测定多糖的相对分子质量有多种方法,如凝胶过滤法、端基法、渗透压法、蒸气压法、光散射法、黏度法、质谱法和超滤法等方法。其中较常用的是凝胶过滤法,即 HPLC 法,先测定已知相对分子质量的标准品各自的保留时间 t_R,以 t_R 为横坐标,lg$M$ 为纵坐标绘制标准曲线。待测样品按上述相同条件测定 t_R,查标准曲线可知样品相对分子质量。在测定过程中要注意标准品的选择,尽量使用与被测多糖结构相似的标准品,因为不同结构的标准品虽然其绝对相对分子质量相同,但在一定的条件下所表现的相对分子质量则有所不同。多糖相对分子质量的测定没有一种绝对的方法,往往用不同的方法会得到不同的相对分子质量。

6.7 多糖结构表征

多糖结构鉴定的常用方法见表 6.3。

表 6.3 多糖结构鉴定的常用方法

解决的问题	常用的方法
单糖组成和分子比例	部分酸水解、完全酸水解、纸色谱、气相色谱、薄层色谱、高效液相色谱
相对分子质量测定	凝胶过滤法、质谱法、蒸气压法、黏度法
吡喃环或呋喃环形式	红外光谱
连接次序	选择性酸水解、糖苷键顺序水解、核磁共振
羟基被取代情况	甲基化反应 - 气相色谱、过碘酸氧化、核磁共振、质谱法
糖链 - 肽链连接方式	单糖与氨基酸组成、稀碱水解法、肼解反应
α - ,β - 异头异构体	糖苷酶水解、核磁共振、红外光谱、拉曼光谱
阐明未知多糖的相似结构	利用免疫化学法,制备对抗未知多糖的抗体

6.7.1 组成单糖的分析

确定多糖的单糖组成和比例是多糖(但对这些性质的研究均需将多糖纯化到一定的纯度,如80%以上)结构鉴定的基本和关键步骤,可将样品经水解(方法有甲醇解、盐酸水解、硫酸水解、甲酸解及三氟醋酸催化的水解等,最常用的是三氟醋酸水解法),将多糖的糖苷键完全断裂,衍生化等处理后,利用纸色谱、薄层色谱、气相色谱、高效液相色谱等进行测定。纸色谱和薄层色谱这两种方法设备简单、操作方便,是快速、微量的分离技术,因此被实验室广泛采用。但气相色谱(GC)和气质联用(GC - MS)法这两种方法要求所测样品具一定的挥发性,因此待测样品多需制备成硅烷化衍生物、乙酰化衍生物等。HPLC 分离速度快、分辨率高、分离效果好、重现性好及不破坏样品。

6.7.2 糖链连接方式

组成多糖的单糖品种繁多,单糖的连接顺序、连接位置的不同以及可能有的侧链多糖结构更具复杂性，其结构鉴定也更困难。目前常用的多糖结构分析方法主要分为三大类，即化学分析法、物理分析法和生物学分析法。酸水解、高碘酸氧化、降解、甲基化分析等化学分析法仍然是多糖结构分析常用的方法。物理方法主要包括紫外、红外、质谱和核磁共振。生物学方法主要是酶学方法，即利用各种特异性糖苷酶水解多糖分子得到寡糖片断，通过分析寡糖片断的结构来推测多糖的结构。

(1)化学方法。

①高碘酸氧化：除可用于测定直链多糖的聚合度、支链多糖的分支数目外，尚可用来确定糖苷键的位置。后者与Smith降解结合进行，即糖链高碘酸氧化生成的双醛型产物，在水解前先用 $NaBH_4$ 把它们还原为稳定的醇，再进行酸解。由水解产物可以推断糖链中糖苷键的连接位点。

②甲基化分析：是确定寡糖和多糖中单糖单位间糖苷键位置的重要手段。它包括所有自由羟基转变为甲醚基，通过水解释放出部分甲基化的单糖，再经 $NaBH_4$ 还原成糖醇，进而乙酰化水解后生成的羟基，得到部分甲基化的糖醇乙酰衍生物混合物，后者用GC(气相色谱)或GC－MS(气谱－质谱联用)进行定性和定量分析，从而确定各单糖连接位置。

③糖链顺序降解：首先用 $NaBH_4$ 将糖链还原端还原为糖醇，再用四醋酸铅(－73 ℃)处理，在糖苷键附近引入一个羰基，然后与肼反应切断糖苷键，检测从还原端切下的衍生物，便可推断被降解的那一单糖结构。

(2)酶学方法。

糖苷酶是研究糖链结构的一种有力工具。糖苷酶除用于从糖蛋白上断裂完整的聚糖链外，还能通过顺序降解，阐明糖链的一级结构，并能确定组成单糖的异头构型。糖苷酶可分为两类：外切糖苷酶，它们只能从糖链的非还原末端逐个切下单糖，并且对糖基组成和糖苷键类型有专一性要求，因此它降解糖链，可以提供有关单糖残基组成、排列顺序和糖苷键的α或β构型的信息；内切糖苷酶，它们水解糖链内部的糖苷键，释放糖链片段，包括从肽链上释放完整的聚糖链。将糖苷酶用于糖链结构研究时，必须了解糖苷酶对底物的专一性要求，特别是对糖苷配基一侧的要求。

(3)仪器测定法。

近年来糖结构研究中，红外光谱(IR)、激光拉曼光谱(laser Raman spectroscopy)、质谱(MS)和核磁共振(NMR)等技术有了很大发展。

①紫外分光光度计法：根据在280 nm和260 nm处有无吸收峰来判断样品中是否含有蛋白质和核酸；在620 nm处有无吸收峰来判断有无色素；在206 nm处有无吸收峰来判断是否有多糖。

②红外光谱和拉曼光谱：二者都属于分子的振动和转动光谱。但红外光谱是吸收光谱，在红外波段拉曼光谱是散射光谱。中红外光谱区一般是指波长(λ) 2.5×10^{-4} cm ~ 2.5×10^{-3} cm或波数4 000 cm^{-1} ~400 cm^{-1}范围。当这样的红外光通过样品时，测量在各λ透过样品的光强度(透光率)，由仪器记录下来的曲线称红外光谱。用激光作激发光的拉曼光谱波长范围与红外光谱(IR)相似，但激光拉曼光谱的灵敏度和分辨率比后者高。它们能够提供有关糖环上取代基和异头碳构型的信息。

③质谱法(MS):MS的基本原理是使待测样品在质谱仪的离子源中通过一定方式发生电离,形成带电的分子或分子碎片,再借助电场或磁场的作用使这些粒子依质核比(m/z)的不同获得分离,并按质核比大小为序冲击检测器,在记录仪图纸横坐标上相应m/z处以峰或线的形式出现,峰高反映给定m/z的离子数目,以纵坐标相对的强度表示。质谱技术如联动扫描、MS/MS方法、不同衍生化处理、同位素标记方法、GC/MS和LC/MS以及各软电离技术的配合使用,使质谱法在糖的序列分析和结构鉴定研究中正起着重要作用。

④核磁共振(NMR)光谱法:主要用于确定多糖结构糖苷键的构型以及重复结构中单糖的数目。一般^{1}H-NMR用于测定简单的多糖,因它的化学位移范围比较小,^{13}C-NMR图的化学位移较宽,用于测定复杂的多糖。

⑤毛细管电泳法(CE):是20世纪80年代后期迅速发展起来的一种分离分析技术,它以快速、高效和高灵敏度、所需样品少等特点正被广泛应用。一般多糖经酸或酶水解后进行CE,与标准品对照后计算出各单糖的峰面积进而推算出其单糖组成及其比率。定性分析主要通过进行多糖的指纹图谱来确定糖组成结构的特征。定量分析目前只限于多糖中某特定功能团和组成多糖各单糖的定量分析。

⑥X-射线纤维衍射:与计算机模拟技术相结合可以从原子水平对多糖分子结构进行分析。大多数多糖均不能形成单晶,不适用于常规X-射线单晶衍射。而X-射线衍射的另一方式纤维衍射则在这方面展示了越来越大的应用空间,再加上立体化学方面的信息包括键角、键长、构型角和计算机模拟,就可以准确地确定多糖的构型。尽管研究多糖的立体构型有多种方法,如电子衍射、旋光测定、核磁共振等,但X-射线纤维衍射与计算机模拟技术相结合仍不失为当前确定多糖立体构型最为有力的工具。

6.8 多糖的应用

6.8.1 在医药上的应用

多糖具有多种药理作用,现在已经广泛应用于医学临床。据文献报道,多糖具有抑制S-100肉瘤及艾氏腹水瘤等细胞生长的生物学效应,明显促进肝脏蛋白质和核酸合成及骨髓造血功能,促进体细胞免疫和体液免疫功能。如香菇多糖与免疫抑制剂伏福定(UFT)合用用于治疗胃癌。目前除香菇多糖外,经过卫生部门批准的作为抗肿瘤免疫治疗的药物还有云芝多糖、猪苓多糖、紫芝多糖片等。

6.8.2 在食品工业中的应用

1. 在饮料中的应用

从生物体中提取一类具有生物生理活性的多糖类物质(生物活性多糖)是研发保健饮料的重要原料之一,它们大多具有良好的水溶性,可以赋予饮料一定的保健功能及起到一定增稠、稳定和提高口感的作用。如罗望子多糖胶用作果汁饮料等增稠剂和稳定剂,硒酸酯多糖用于饮料生产,既可作为硒营养强化剂,又可作为胶凝剂、增稠剂、悬浮剂和澄清助剂等。

2. 在糕点及面制品中的应用

开发多功能、营养性糕点,提高面制品感官特性一直是食品开发研究的热点,多糖应用为新型糕点及面制品的开发提供方向。多糖具有良好的营养作用,增稠、稳定等一系列独特食品的加工性能,不仅增强糕点及面制品保健功能,还可有效改善食品质感,控制产品水分,延长保质期。在糕点及面团中加入适量菊糖,可以有效控制黏度,柔软性和保质期都有所改善。

3. 在肉制品中的应用

多糖可单独作为营养强化剂直接加入肉制品。如硒酸酯多糖在肉制品中除可作为硒源营养补充剂,生产富硒火腿肠、午餐肉等以外,还可增强肉的持水性,改善制品弹性及切片性能。利用淀粉的增稠性,用于碎牛和羊肉罐头中,可增加制品的黏结性和持水性。卡拉胶用于肉制品可提高口感并能保持水分、风味、质构,起到凝胶、乳化、保水、增强弹性的作用。往肉制品加入质量分数为0.5%～2.0%的琼脂也可起到胶凝作用。利用多糖的生物活性还可开发一些特殊人群如宇航员、高血压和糖尿病患者等食用的肉制品。

4. 在冰淇淋和果冻中的应用

多糖具有稳定性、凝胶性、耐热冷性和保形性,在冰淇淋和果冻生产中可作为良好的品质改良剂。如在冰淇淋中加入α-葡聚糖能抑制冰晶的形成。在果冻中加入果胶,胶凝效果较好。

6.8.3　在水产养殖中的应用

近年来,多糖被成功地应用于鱼、虾等水产动物养殖中,表现出显著的抑菌、抗菌和免疫增强效果。

6.8.4　在化妆品中的应用

由于多糖较强的抗氧化和其他活性可以应用于皮肤科疾病治疗或化妆品中,起到美容、美白作用。国外有研究表明,猕猴桃多糖可以促进人角化细胞和纤维原细胞的增殖及胶原蛋白的合成,石榴多糖表现出较强的抗糖化和酪氨酸酶抑制活性。

6.8.5　多糖涂膜保鲜的应用

多糖涂膜方法可以增强果实表皮的防护作用,适当覆盖表皮开孔,抑制呼吸作用,减少营养损耗;抑制水分蒸发,防止皱缩萎蔫;抑制微生物侵入,防止腐败变质。该技术因其生态环保功能逐渐受到人们的重视,对于推动保鲜技术的进一步发展具有积极作用。用壳聚糖、乙酸、甘油、丙二醇和水,按比例制成涂膜保鲜剂,对香蕉进行浸涂试验发现,壳聚糖对香蕉具有较好的保鲜效果,在储藏期浸涂保鲜剂的香蕉的水分、总酸和维生素C含量均高于对照组,而还原糖含量则低于对照组。双孢蘑菇多糖作为食品防腐保鲜剂具有较好的抑菌保鲜效果,可用于食品的防腐保鲜。

6.8.6 在其他方面的应用

作为食品包装材料,有研究表明,魔芋葡甘聚糖在适当条件下形成的膜除具有与合成塑料膜一样的性能之外,还可以强化食品色、香、味、营养和作为抗氧化物质的载体,与食品一起食用,是一种新型、无毒、无公害的食品包装材料。多糖还大量应用于工业废水处理、清洁用品、纺织上浆、造纸、印刷工业、钻井、选矿、炸药工业等领域。

参考文献

[1] 周鹏,谢明勇,傅博强. 多糖的结构研究[J]. 南昌大学学报:理科版, 2001,25(2):197-204.

[2] 陈惠黎. 糖复合物的结构和功能[M]. 上海:上海医科大学出版社, 1997.

[3] 马宝瑕,陈新,邓军娥. 中药多糖研究进展[J]. 中国医院药学杂志,2003, 23(6):360-362.

[4] 王健,龚兴国. 多糖的抗肿瘤及免疫调节研究进展[J]. 中国生化药物杂志,2001, 22(1):52-54.

[5] 郑尧,何景华,高建华,等. 甘草多糖对小鼠巨噬细胞吞噬功能的影响[J]. 中医药学刊,2003, 21(2):254-255.

[6] 何彦丽,苏俊芳. 中药多糖抗肿瘤免疫药理研究的新思路——对树突状细胞的影响[J]. 中国中西医结合杂志,2003, 23(1):73-76.

[7] ROUT S, BANERJEE R. Free radical scavenging, anti - glycation and tyrosinase inhibition properties of a polysaccharide. fraction isolated from the rind from punica granatum [J]. Bioresource Technol, 2007, 98(16):3159-3163.

[8] 黄芳,蒙义文. 活性多糖的研究进展[J]. 天然产物研究与开发,1999,11(5):90-98.

[9] DETERS A M, SCHRODER K R, HENSEL A. Kiwi fruit (*Ac - tinidia chinensis* L.) polysaccharides exert stimulating effectson cell proliferation via enhanced growth factor receptors, energy production, and collagen synthesis of human keratinocytes, fibroblasts, and skin equivalents[J]. Journal of Cellular Physiology, 2005, 202(3):717-722.

[10] 袁霖,吴肖. 生物活性多糖及其在食品中的应用前景[J]. 食品工业科技, 2004, 25(7):136-137.

[11] 毛宇奇,张建鹏. 植物多糖抗衰老作用的研究进展[J]. 生物技术通信,2014(4):588-590.

[12] 薛丹,黄豆豆,黄光辉,等. 植物多糖提取分离纯化的研究进展[J]. 中药材,2014, 37(1):157-161.

[13] 王强,刘红芝,钟葵. 多糖分子链构象变化与生物活性关系研究进展[J]. 生物技术进展,2011, 1(5):318-326.

[14] 谢好贵,陈美珍,张玉强. 多糖抗肿瘤构效关系及其机制研究进展[J]. 食品科学, 2011, 32(11): 329-333.

[15] 贾亮亮,袁丁,何毓敏,等. 多糖提取分离及含量测定的研究进展[J]. 食品研究与开发,2011,32(3): 189-192.

[16] 林俊,李萍,陈靠山. 近5年多糖抗肿瘤活性研究进展[J]. 中国中药杂志,2013, 38(8): 1116-1125.

第7章 氨基酸、蛋白类

蛋白质是复杂的有机物，其主要的元素组成为碳、氢、氧、氮、硫，有的还含有磷或金属元素(如铁、铜、锌、钼)等。通常，根据蛋白质的组成可将其分为简单蛋白质和结合蛋白质两大类。简单蛋白质的基本组成单位是氨基酸；结合蛋白质除具有蛋白质基本组成外，还结合有其他成分，如核酸、糖类、脂类、磷酸、色素和金属离子等，它们一般是与氨基酸的侧链基团以共价键或配位键结合。对于具有功能性的蛋白质分子而言，其特定空间结构形式实际上是氨基酸单位上各种基团相互作用的结果。因此，学习蛋白质化学首先要了解氨基酸的性质。

7.1 氨 基 酸

7.1.1 氨基酸的概念

氨基酸(amino acid)是生物功能大分子蛋白质的基本组成单位，是构成动物营养所需蛋白质的基本物质，是含有一个碱性氨基和一个酸性羧基的有机化合物，氨基一般连在α-碳上。在蛋白质分子中，除脯氨酸以外，全部氨基酸在α-碳原子上都有一个游离的羧基和一个游离的氨基。组成蛋白质的氨基酸都是α-氨基酸(脯氨酸为α-型亚氨基酸)，各蛋白质的差别在于氨基酸特殊的侧链基团(R基团)结构的不同，其结构如图7.1所示。

7.1.2 分类及化学结构

从各种生物体中发现的氨基酸已有180多种，但是参与蛋白质组成的常见氨基酸或称基本氨基酸只有20种。此外，在某些蛋白质中还存在若干种不常见的氨基酸，他们都是在已合成的肽链上由常见的氨基酸经专一酶催化的化学修饰转化而来的。参与蛋白质组成的20种氨基酸成为蛋白质氨基酸。按此原则可分为非必需氨基酸和必需氨基酸。

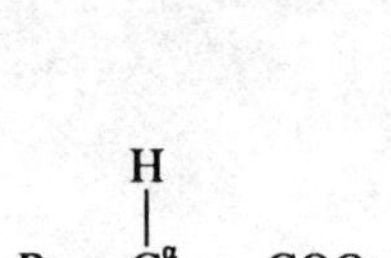

H

R — C^{α} — COO^-

NH_3^+

图7.1 氨基酸结构式

另外，还有按酸碱性分类的，可分为酸性氨基酸、碱性氨基酸、中性氨基酸；按R基的化学结构可分为：脂肪族氨基酸、芳香族氨基酸、杂环氨基酸；按R基的极性性质可分为：非极性R基氨基酸、不带电荷的极性R基氨基酸、带正电荷的R基氨基酸、带负电的R基氨基酸。

7.1.3 理化性质

1. 物理性质

(1)溶解性。

氨基酸都是无色结晶。氨基酸多数易溶于水，且溶解度随温度升高而显著增加(酪氨酸微溶于水，胱氨酸难溶于水)；多数氨基酸难溶于有机溶剂(乙醚、乙醇等)，少数溶于有机溶剂(脯氨酸和羟脯氨酸)；全部氨基酸均能溶于强酸和强碱中。

(2)味感。

不同的氨基酸具有不同的口味。

鲜味：谷氨酸、谷氨酸盐等。

甜味：甘氨酸、丙氨酸、丝氨酸、苏氨酸等。

酸味：天冬氨酸等。

苦味：亮氨酸等。

咸味：天冬酰胺等。

(3)结构。

除甘氨酸外，所有氨基酸按其结构均可分为L-氨基酸和D-氨基酸，二者互为旋光异构体。存在于蛋白质中的氨基酸均为L-氨基酸，是高等动物的有效氨基酸来源。

(4)熔点。

氨基酸是一类有机物，其熔点与其他有机物一样均高于200 ℃，绝大多数熔点为250~260 ℃，少数几种在300 ℃左右。如丙氨酸为297 ℃，苯丙氨酸为284 ℃，缬氨酸为315 ℃，酪氨酸为324 ℃。将其加热至熔点以上时，即开始熔融且开始分解。

2. 化学性质

(1)氨基酸的立体化学性质

结构不对称的物质具有旋光活性，如果起偏镜和检偏镜先是正交，视野里成暗相，插入旋光性物质之后，检偏镜需顺时针方向旋转视场才能复原者，可称为右旋(正旋，用“+”表示)，反之成为左旋(负旋，用“-”表示)。所谓旋光性，是旋光物质旋转偏振光平面的能力，可用比旋光度来表示。旋光性随溶液浓度、pH值、温度、离子强度、入射波长、溶剂以及旋光管长度等条件而变化。比旋光度是一种物质在特定条件下特性常数，用$[\alpha]_D^{25}$来表示：

$$[\alpha]_D^{25}=\alpha\times100/Lc$$

式中 $[\alpha]_D^{25}$——在测量温度为25、使用钠光的D线(波长为589.3 mm)条件下的比旋光度；

α——在相应条件下所观测到的旋光度，以度(°)表示；

L——旋光管长度，dm；

c——浓度，100 mL溶液中溶质的质量，g/100 mL。

氨基酸的光学性质有以下几点：

①氨基酸在等电点状态下左旋光性最强(一种氨基酸的比旋光度与R基团结构有关)。

②蛋白质中存在20种氨基酸都为L-型氨基酸(除甘氨酸之外)。

③在强碱中水解蛋白质,会产生外消旋化现象。

④对于只含一个不对称碳原子的分子来讲,L-氨基酸在其酸溶液中的比旋光度值比在水溶液中的要高一些;而D-氨基酸在其酸溶液中的比旋光度值比在水溶液中的要低一些。

⑤虽然蛋白质中存在20种氨基酸都可以在可见光范围内没有光的吸收,但酪氨酸、色氨酸和苯丙氨酸却没有明显的紫外吸收。因为大多数蛋白质含有酪氨酸残基,所以可通过测定280 nm处光吸收来测定溶液中蛋白质的含量,这是一种快速、间接的测定方法。另外,全部氨基酸在远紫外线区(波长<220 nm)有光吸收。

(2)氨基酸的酸碱化学。

氨基酸其晶体状态具有较高的熔点或分解点,一般在200 ℃以上;它在水中的溶解度比在非极性溶剂中的溶解度要大得多。由此可以推断,它在溶液中以兼性或偶极离子形式存在,而不是以分子状态(非电离状态)存在。

①氨基酸的电离

依据Bronsted-lowery的酸碱定义,酸是质子的供体,碱是质子的受体,所以氨基酸既是酸又是碱。酸碱的相互关系如下:

$$HA \Leftrightarrow A^- + H^+$$

这里原始的酸(HA)和生成的碱(A^-)成为共轭酸-碱对。酸和碱有同一性,互为存在条件;在一定条件下,会向与自己相反的方面转化;这一理论是符合辩证法的。

根据这一理论,氨基酸在水中的偶极离子既起酸的作用,也起碱的作用,因此是一类两性电解质。氨基酸完全质子化的时候,可以看成是多元酸,侧链不解离的中性氨基酸可看作二元酸,酸性氨基酸和碱性氨基酸可视为三元酸。现以甘氨酸为例,说明解离情况。甘氨酸盐酸盐是完全质子化的氨基酸,实质上是一个二元酸。它的分部解离如下:

$$CH_3CH(NH_3)+COOH \xrightarrow{K_{a_1}} CH_3CH(NH_3)+COO^- \xrightarrow{K_{a_2}} CH_3CH(NH_2)COO^-$$

酸性范围:pH<pI　　　　pH=pI　　　　碱性范围:pH>pI

$K_{a_1}=[A^0][H^+]/[A^+]$

$K_{a_2}=[A^-][H^+]/[A^0]$

解离的最终产物(A^-)相当于甘氨酸钠盐。

又因为$K_{a_1}\times K_{a_2}=[H^+]^2([A^-]/[A^+])$

当在等电点时,得到$[A^-]=[A^+]$,则$[H^+]^2=K_{a_1}\times K_{a_2}$

所以可得:$pH=pI=(pK_{a_1}+pK_{a_2})/2$

由上式可得,氨基酸的等电点是:$pI=(pK_{a_1}+pK_{a_2})/2$

一个氨基酸分子,在酸性的溶液中成正离子状态,在碱性的溶液中则成负离子状态。可以找到一个适中的pH值,这时氨基酸分子则成兼性状态(等离子状态),则该pH值就为等离子点。在等离子点时,如果没有其他因素干扰,氨基酸分子在直流电场中不向任何方向移动,这时的pH值可称为氨基酸分子的等电点(pI)。

由以上讨论可知,等电点可以根据各个基团的解离常数的方程式来计算。显然,正离子浓度和负离子浓度相等使得 pH 值就是等电点。由此很容易导出,对中性氨基酸和酸性氨基酸,其等电点计算公式为:$pH = pI = (pK_{a_1} + pK_{a_2})/2$;对碱性氨基酸,其等电点计算公式为:$pH = pI = (pK_{a_2} + pK_{a_3})/2$。氨基酸的解离常数和等电点见表 7.1。

表 7.1　氨基酸的解离常数和等电点

氨基酸名称	pK_1(—COOH)	pK_2($—NH^{3+}$或其他)	pK_2	pI
甘氨酸	2.34	9.60		5.79
丙氨酸	2.34	9.69		6.02
缬氨酸	2.32	9.62		5.97
亮氨酸	2.36	9.60		5.98
异亮氨酸	2.36	9.68		6.02
丝氨酸	2.21	9.15		5.68
脯氨酸	1.99	10.60		6.30
苯丙氨酸	1.83	9.13		5.48
色氨酸	2.38	9.39		5.89
甲硫氨酸	2.28	9.21		5.74
苏氨酸	2.63	9.00		6.53
酪氨酸	2.20	9.11	10.00(—OH)	5.66
半胱氨酸	1.96	8.33($—NH^{3+}$)	10.28(—SH)	5.02
天冬氨酸	2.09	9.82($—NH^{3+}$)	3.86(—COOH)	2.77
谷氨酸	2.19	9.67($—NH^{3+}$)	4.25(—COOH)	3.22
组氨酸	1.82	9.17($—NH^{3+}$)	6.00(咪唑基)	7.59
精氨酸	2.17	9.04($—NH^{3+}$)	12.48(胍基)	10.76
赖氨酸	2.18	8.95($—NH^{3+}$)	10.53	9.74

当用电泳法来分离氨基酸时,在碱性溶液($pH > pI$)中,氨基酸带负电荷,因此向正极移动;在酸性溶液($pH < pI$)中,氨基酸带正电荷,因此向负极移动;在一定 pH 值范围内,氨基酸溶液的 pH 值离等电点越远,该氨基酸所携带的静电荷越大,该带电颗粒移动速度越快。当溶液 $pH = pI$ 时,溶液中该氨基酸以偶极离子形式存在,该颗粒呈现静止状态。

7.1.4　生理功能

氨基酸的生理功能主要有:①促进机体生长发育,修补组织细胞的作用;②为肌体提供营养作用;③对肌体内各种酶、激素的分泌起调节作用;④提高肌体的免疫抵抗能力作用;⑤运输其他营养物质和解毒作用;⑥治疗作用。有些氨基酸除了在体内同其他氨基酸组成新的蛋白质外,还有一些其他特殊的生理功能。

1. 同型半胱氨酸的生理功能

同型半胱氨酸不是我们常见的二十几种氨基酸的一种。但它可以通过胱氨酸进行互变。如果同型半胱氨酸在血液中的浓度升高会增加堵塞血管的危险,其危险性比胆固醇高三倍。由于同型半胱氨酸可对血管内皮细胞造成损害,增加体内血小板血栓的产生,导致动脉硬化及栓塞,脑梗塞患者血浆中游离的半胱氨酸及同型半胱氨酸水平比正常人高。因此,对高危人群,如高血压、糖尿病等病人可以通过检测半胱氨酸的含量,发现浓度升高者,应提高警惕并予以预防。近期研究表明,有大量证据支持血液同型半胱氨酸水平是冠心病的独立危险因素。也就是说,同型半胱氨酸的水平与冠心病的发生有密切关系。这种氨基酸比胆固醇容易消除,一方面我们可以减少含硫多的氨基酸食物的摄入;另一方面可多食蔬菜、水果、鱼类,增加体内叶绿素、维生素 B_6、B_{12} 的摄入量,使半胱氨酸、胱氨酸转变为蛋氨酸,从而降低胱氨酸的水平,减少对血管的损伤,同时减少冠心病的发生。

2. 支链氨基酸的生理功能

支链氨基酸包括亮氨酸、异亮氨酸、缬氨酸,这三种氨基酸都是必需氨基酸。在结构上这三种氨基酸都有相同的分支侧链,故称为支链氨基酸。支链氨基酸是唯一在肝外代谢的氨基酸,主要在骨骼肌,约占骨骸肌蛋白质的必需氨基酸的35%,是体内主要供能的氨基酸。

(1)节省肌肉消耗,减少负氮平衡。

由于支链氨基酸主要在骨骼肌中进行分解代谢,当机体受到创伤、严重感染、烧伤等疾病时,体内代谢处于高分解状态,特别是肌肉蛋白质大量分解产生支链氨基酸作为维持机体能量的主要来源而被大量消耗。血浆出现支链氨基酸水平下降,人体逐渐消瘦,这种现象被人们称作"自我食人肉"现象。因此,对类似上述高分解代谢的疾病要在给予高能量的同时,注意支链氨基酸的补充。

(2)支链氨基酸在肝性脑病的治疗中起重要作用。

肝硬化或肝性脑病的病人在氨基酸代谢方面的特点是血浆支链氨基酸含量下降,芳香族氨基酸(苯丙氨酸、酪氨酸)含量升高。芳香族氨基酸进入脑组织后能释放一种抑制性神经递质,这种神经递质抑制大脑皮层而出现肝性脑病的肝昏迷。而恰恰是支链氨基酸和芳香族氨基酸是由一个载体转运通过血脑屏障,二者竞相与载体结合,当支链氨基酸浓度高时,抑制芳香族氨基酸进入脑组织。因此,临床上用支链氨基酸治疗肝昏迷。那么如何衡量支链氨基酸与芳香族氨基酸的多少呢?人们常常用支链氨基酸与芳香族氨基酸的比值来衡量,正常人的比值是 3.0~3.5,而肝硬化伴肝昏迷患者常常降低到 1.5 以下,在给予病人支链氨基酸后,肝昏迷很快缓解,这是其他抗昏迷药物不可能办到的。

3. 3-甲基组氨酸的生理功能

3-甲基组氨酸是肌肉中肌动蛋白、肌球蛋白分解时,组氨酸经甲基化形成的物质。体内 3-甲基组氨酸全部存在于骨骼肌的肌动蛋白和肌球蛋白中,一旦分解释放出来就不再被利用,而从尿中排出,临床上把它作为评价蛋白质营养状态及骨骼肌分解代谢情况的指标。营养不良儿童 3-甲基组氨酸尿排出量降低,营养得到补充后则可升高。长期饥饿或减肥者 3-甲基组氨酸尿排出量下降。

4. 天门冬氨酸的生理功能

天门冬氨酸是一种非必需氨基酸。前面已说过,非必需氨基酸并不是身体不需要,而是它不一定非从饮食供给,而可以在体内用其他物质合成。天门冬氨酸就是这样的氨基酸,在体内亦有着重要的生理功能。天门冬氨酸对细胞有较强的亲合力,特别是对线粒体内的能量代谢、氮代谢起着重要作用。另外,在中枢神经系统和脊索某些部位有兴奋神经递质作用,临床广泛用于以下方面。

天门冬氨酸可用于治疗肝炎、肝硬化、肝昏迷。天门冬氨酸与鸟氨酸生成的盐在体内尿素循环中起重要作用。因此,它可以延缓氨中毒,改善肝功能,其退黄、降酶作用均较显著,并能促进酒精代谢,减少酒精对肝脏的损伤。

天门冬氨酸可用于治疗缺铁性贫血。天门冬氨酸可与铁形成螯合物,能增加胃肠道对铁的吸收。天门冬氨酸钾盐对于手术前后使用降压利尿剂、甾体激素、胰岛素等出现的低血钾症状有较好的治疗效果。天门冬氨酸还用于洋地黄中毒所引起的心律不齐、心肌炎后遗症、慢性心功能不全及冠心病的辅助治疗。

5. 蛋氨酸的生理功能

蛋氨酸是一个含硫的必需氨基酸,又称甲硫氨酸。在人体代谢中,可合成胆碱和肌酸。胆碱是一种抗脂肪肝的物质,对由砷剂、巴比妥类药物、四氯化碳等有机物质引起的中毒性肝炎,蛋氨酸有治疗和保护肝功能的作用。

6. 色氨酸的生理功能

色氨酸是一种必需氨基酸。它在体内能转变为许多生理上重要的活性物质,如5-羟色胺及烟酸的前体,5-羟色胺是人体重要的神经递质。在临床上,色氨酸可用于治疗支气管哮喘,尤其对已确定抗原的青少年哮喘效果较好,对无感染型哮喘也有一定效果。色氨酸还可以抗过敏,对于季节性鼻炎、急慢性过敏性结膜炎及春季角膜结膜炎、过敏性湿疹以及食物引起的肠道过敏反应都有较好的疗效。

7. 赖氨酸的生理功能

赖氨酸是人体必需氨基酸之一。前面已提到,赖氨酸在谷类中含量低,是第一限制氨基酸。赖氨酸在人体有重要的生理功能。它是合成大脑神经再生性细胞和核蛋白以及血红蛋白等重要蛋白质的必需氨基酸,也是目前应用比较广泛的氨基酸,特别是对婴幼儿、孕妇的补充有很重要的意义。

处在发育期的婴幼儿,由于各个器官均处于生长发育阶段,对于蛋白质的营养要求较高,特别是对质量要求较高,如果赖氨酸缺乏,就会造成蛋白质的严重缺乏,影响婴幼儿的生长发育,甚至引起智力发育障碍以及极易感染各种疾病。避免赖氨酸缺乏的最好办法就是前面提到的蛋白质互补的办法,提倡食品多样化,特别是与豆类、动物类食品互补。当然,适当吃些强化赖氨酸的食品也可以。

综上所述,各种氨基酸对临床疾病的特殊疗效已越来越受到医学界的重视,随着科学的进步,应用氨基酸治疗疾病将会进一步发展。

7.1.5 分离提取方法

几乎所有的氨基酸分离纯化工艺均利用了氨基酸在不同的pH值时荷电不同这一特性。氨基酸的分离纯化方法主要有:沉淀法、离子交换法、萃取法和膜分离法等几种。

(1)沉淀法。

沉淀法分离氨基酸主要包括特殊试剂沉淀法和等电点沉淀法。

①特殊试剂沉淀法

某些氨基酸可以与一些有机或无机化合物结合,形成结晶性衍生物沉淀,利用这种性质向混合氨基酸溶液中加入特定的沉淀剂，使目标氨基酸与沉淀剂沉淀下来，从而与其他氨基酸分离。

精氨酸与苯甲醛在碱性和低温条件下，可缩合成解度很小的苯亚甲基精氨酸，分离沉淀，并用盐酸除去苯甲醛，即可得到精氨酸盐酸盐；亮氨酸与邻－二甲苯－4－磺酸反应，生产亮氨酸的磺酸盐，后者与氨水反应得到亮氨酸；组氨酸与氯化汞作用，生成组氨酸汞盐的沉淀，再经硫化氢的处理就可得组氨酸。殊沉淀法虽然操作简单、选择性强，但是沉淀剂回收困难，废液排放污染加剧，残留沉淀剂的“毒性”较大，食品级和医药级的氨基酸不能采用此法提取。

②等电点沉淀法

等电点沉淀法是根据氨基酸的等电点不同，在等电点处，氨基酸分子的净电荷为零，便于氨基酸彼此吸引形成结晶沉淀下来。目前，国内味精厂都采用等电点沉淀法使谷氨酸从发酵液中粗结晶出来。采用这种方法可以从生产半胱氨酸的废母液中回收胱氨酸。

(2)离子交换法。

离子交换法仅仅是利用各种氨基酸等电点的差异，因此只有当混合氨基酸之间的等电点相差较大时才能较好地分开。现有的离子交换剂主要有离子交换树脂和离子交换纤维两大类。

离子交换树脂研究较为成熟，提取氨基酸处理量大，成本低，操作条件容易控制。目前，离子交换法在工业应用中已经有很多成功的实例，例如谷氨酸的分离提取。日本味之素公司研究的氨基酸提纯技术采用逆流连续多级交换，大大减少树脂用量和洗涤树脂的用水量。

离子交换纤维是近些年才兴起的一项技术，它和离子交换树脂一样，含有固定离子，并有与固定离子带电相反的活动离子。和离子交换树脂相比，它的特点是比表面积较大、交换与洗脱速度快、容易再生，可以短纤维、无纺布、网、织物等多种形式应用。由于离子交换纤维价格较高，目前还未见将其用于氨基酸分离工业化生产的报道。

(3)萃取法。

① 溶剂萃取法

近年来开发出反应萃取法分离提取氨基酸，即选择适当的反应萃取剂，其解离出来的离子与氨基酸解离出来的离子发生反应，生成可以溶于有机相的萃取配合物，从而使氨基酸从水相进入有机相。目前，人们采用了两类不同形式的反应萃取剂，类是在低 pH 下萃取氨基酸阳离子，以酸性磷氧类萃取剂最为典型，如二(2－乙基己基)磷酸(D2EHPA)、十二烷基磷酸等；另一类是在高 pH 值下萃取氨基酸阴离子的季铵盐，如甲基三辛基氯化铵(TOMAC)。

此外，利用氨基酸在水中溶解度小而易溶于液氨的性质，发展了液氨萃取技术。应用这种技术，在蒸发了氨后，可以获得氨基酸的极好结晶。可以分离戊二酸、谷氨酸、天门冬氨酸和雅安二醋酸等。氨基酸荷电中性分子的萃取分离途径主要有三个：质子转移反应、混合型离子溶剂萃取和可逆螯合反应。

溶剂萃取法与离子交换法相似，只有当混合氨基酸之间的等电点相差足够大时才能被萃取分离开。近年来，采用溶剂萃取法分离氨基酸的研究报道很多，但大多数是提出了专利申请或处于研究阶段，未见工业报道。要推广到工业化，还要在两个方面有所改进，其一是无毒或低毒萃取剂的选择及萃取剂残留物对产品质量的影响；其二是萃取过程中的乳化问题。

(2)反胶团萃取法。

反胶团萃取法分离氨基酸是从20世纪80年代末兴起的。反向微胶团是在非极性溶剂中，双亲物质的亲水基相互靠拢，以亲油基朝向溶剂而形成的聚集体。用于萃取氨基酸的反胶团主要为以下两类：一类是以AOT[二(2-乙基己基)琥珀酸酯磺酸钠]为代表的磺酸盐形成的反胶团；一类是有机胺盐表面活性剂形成的反胶团。这两类反胶团只能应用于从无机盐浓度较低的料液如发酵液中萃取分离氨基酸，而无法应用于像胱氨酸母液含大量无机盐的氨基酸料液。反胶团萃取氨基酸的机理是：氨基酸是以带电离子状态被反胶团萃取的，不同带电状态下被萃取的程度不同；萃取后的氨基酸可能分布于两种环境下，即反胶团的"水池"中和反胶团的表面活性剂单分子膜中。氨基酸分子的亲水性越强，其在"水池"中的分配比越高；具有较强的亲油基团的氨基酸主要聚集在球粒的界面上。pH对氨基酸的萃取的影响是通过影响氨基酸在水中的不同离子的浓度而影响氨基酸的总分配比的，离子强度以及盐的浓度和类型对氨基酸的分配系数均有影响。尽管反胶团萃取氨基酸的机理有了明确的论断，但是到目前为止大多数研究只适用于低盐浓度的氨基酸料液如发酵液，对于同时含有多种氨基酸、盐浓度高的料液则不能适用。

(3)液膜萃取。

液膜萃取兼有萃取和膜渗透两项技术的特点，按其结构可分为乳化液膜(emulsion liquid membrane)和支撑液膜(supported liquid membrane)两大类。乳状液膜是用第三相(膜相)将能够互溶的内外两相隔离开，利用液膜的选择性迁移作用，使外相料液中被分离组分能够逆浓度梯度转移到内相中的富集。在乳状液膜的外相和内相界面上，溶质的萃取和反萃取同时完成。由于乳状液膜分离过程通常在较温和的条件下进行，而且单位体积设备的表面积可达到1 000~3 000 m^2/m^3，因此具有活性损失小、传质速率高、分离和浓缩一步完成、能从低浓度的溶液中有效地回收溶质等优点。

乳化液膜法存在的最大问题是液膜的稳定性。实验表明，加入稳定剂可以减小油水界面的表面张力，防止液膜破裂。常用于氨基酸分离的表面活性剂有Span80，Paranox100和CR-500。但是要想将该技术推广到工业应用中，还需要解决寻找选择性更高且无毒或低毒的流动载体、工艺的放大和连续操作的问题等。

支撑液膜法是将起分离作用的液相借助毛细作用固定在多孔高分子膜中，由载体、有机溶剂和多孔高分子膜三个组分组成，其体系由料液、支撑液膜和反萃取液三个联系相组成，支撑液膜可以使萃取与反萃取在液膜的两侧同时进行，从而避免载体负荷的限制、减少了有机相的使用量，解决了乳化液膜的乳化液稳定条件及破乳等问题。

4. 膜分离法

膜过滤法实现混合溶液的分离是因为在膜和溶液的界面处存在以下机理：由于亲水性等原因所引起的选择性透过；分子体积大小的筛分效应；带电分子与荷电膜之间的电荷效应(Donnan效应)。具有高选择性的纳滤膜分离技术对分离相对分子质量相近、性质相似、电性不同的氨基有一定的优势，但是在分离过程中由于浓差极化现象及氨基酸与膜的疏水或静电吸附作用，膜在使用一段时间后常出现传质阻力升高，膜通量下降，截留率、操作压力升高等现象。这些都将给工业生产带来不利影响，并严重制约纳滤膜分离技术在相关工业领域中的应用。

7.1.6 应用

1. 在食品行业的应用

谷氨酸钠是人类应用的第一个氨基酸，也是世界上应用范围最广、产销量最大的一种氨基酸。后来人们已陆续发现甘氨酸、丙氨酸、脯氨酸、天冬氨酸也具有调味作用，并将其应用于食品行业。

赖氨酸是人体必需氨基酸之一，具有增强胃液分泌和造血机能。人体缺乏赖氨酸，就会发生蛋白质代谢障碍。我国已把赖氨酸列入食品营养强化剂使用卫生标准，并开发出多种赖氨酸食品、饮料等。天门冬氨酸与苯丙氨酸、甘氨酸与赖氨酸合成的甜味二肽（俗称蛋白糖），甜度为蔗糖的150倍左右，甜味纯正、热值低，其分解产物能被人体吸收利用，故多用于汽水、咖啡、乳制品等的生产。

甘氨酸可用作食品添加剂、调味剂、氨基酸营养强化剂及保鲜剂；甘氨酸与纯碱中和产出的甘氨酸钠，可用作营养添加剂；甘氨酸溶液与碱式碳酸钠的反应产物可用于治疗缺乏症等。

此外，氨基酸在食品行业的功能还有：赖氨酸可作为食品除臭剂；甘氨酸可用抗菌剂；赖氨酸聚合物可作为食品防腐剂；甘氨酸、L－谷氨酸等可作为食品香料；赖氨酸、精氨酸可作为食品发色剂；甘氨酸可作为膨化食品添加剂等。

2. 在医药工业的应用

氨基酸是合成人体蛋白质、激素、酶及抗体的原料，在人体内参与正常的代谢和生理活动。用氨基酸及其衍生物可治疗各种疾病，可作为营养剂、代谢改良剂，具有抗溃疡、防辐射、抗菌、治癌、催眠、镇痛及为特殊病人配制特殊膳食的功效。如氨基酸的混合液可供病人注射用，氨基酸的混合粉可作为宇航员、飞行员的补品。又如，精氨酸药物用于治疗由氨中毒造成的脑昏迷；丝氨酸药物用作疲劳恢复剂；蛋氨酸、半胱氨酸用于治疗脂肪肝；甘氨酸、谷氨酸用于调节胃液；L－谷氨酸与L－谷氨酰胺用于治疗脑出血后的记忆力障碍等。

3. 在饲料添加剂行业的应用

在饲料添加剂行业用的氨基酸主要有蛋氨酸和赖氨酸。其功效主要是：促进动物生长发育；改善肉质，提高畜禽生产能力，增加产量；提高饲料利用率，节省蛋白质饲料；降低成本。如蛋氨酸主要用于鸡饲料，亦可用于猪、牛的混合饲料。又如，赖氨酸具有增强畜禽食欲，提高抗病能力，促进外伤治愈的作用。

4. 在化妆品行业的应用

氨基酸及其衍生物易被皮肤吸收，使老化和硬化的表皮恢复弹性，延缓皮肤衰老。如氨基酸和高级脂肪酸制成的表面活性剂、抗菌剂，已成为最高效的添加剂而被广泛应用；精氨酸、甘氨酸、苯丙氨酸、缬氨酸的碳酸盐、聚天门冬氨酸等制成的护发剂、染发剂，发展成为时兴商品供应市场。

5. 在农业上的应用

一些氨基酸在体外并无杀菌功能，但它们能干扰植物与病原菌之间的生化关系，使植物的代谢及抗病能力发生变化，从而达到杀菌的目的。例如，苯丙氨酸和丙氨酸可用于治疗苹果疮痂病。又如，美国一家公司用甘氨酸制成了除草剂，这类农药易被微生物分解，不易造成环境污染。

6. 在其他行业的应用

在生物工程方面，半胱氨酸等正被开发成新的保护剂；亮氨酸、胱氨酸等正作为发酵工业中多种氨基酸生产菌的添加剂而被应用。在轻工业方面，聚谷氨酸和聚丙氨酸用于具有良好保温性和透气性的人造皮革和高级人造纤维的生产。在重金属提取和电镀工业方面，天门冬氨酸、组氨酸、丝氨酸有重要的应用；谷氨酸等可用于电镀工业的电解溶液，半胱氨酸可用于铜矿探测，氨基酸烷基酯可用于海上流油回收等。

7.2 蛋　白　质

7.2.1 概念

蛋白质（proteins）是以氨基酸为单元、由一条或多条多肽链组成的大分子化合物，相对相对分子质量常在 10^3 ~ 10^5 Da 范围内，有时甚至可达到 10^6 Da，是典型的大分子有机物。从化学组成来看，蛋白质通常是由碳、氢、氧、氮、硫、磷以及一些金属元素如锌、铁等元素组成的有机物。生物体中蛋白质元素的组成含量见表 7.2。

表 7.2　生物体中蛋白质元素的组成含量

元素种类	碳	氢	氧	氮	硫
该元素含量/%	50 ~ 55	6 ~ 7	20 ~ 23	15 ~ 17	0.3 ~ 2.5

7.2.2 蛋白质的结构

1952 年，丹麦生物化学家 Linderstrom Lang 第一次提出蛋白质三级结构的概念，使得蛋白质结构的研究走上了正确的轨道。1958 年，英国晶体学家 Bernal 在研究蛋白质晶体时发现有些蛋白质有更复杂的结构，即由几个蛋白质的亚基结合形成几何状排列，称其为蛋白质的四级结构。现在国际生物化学与分子生物学协会（IUBMB）的生化命名委员会已经将蛋白质的一级、二级、三级、四级结构作为正式定义。

1. 一级结构

一级结构是指由共价键结合在一起的氨基酸残基的排列顺序，在蛋白质多肽链中带有游离氨基的一端称作 N – 端，而带有游离羧基的一端称作 C – 端。许多蛋白质的一级结构已经明确了，如胰岛素、血红蛋白、细胞血素 C 等。

一级结构是蛋白质化学结构中最重要的内容，但完整的蛋白质化学结构，一般还包括：①多肽链的数目；②链间和链内的二硫键数目和位置；③与蛋白质分子共价结合的其他成分。

例如,牛胰岛素有51个氨基酸形成两条肽链构成的。一条是由21个氨基酸组成的A链,另一条是由30个氨基酸组成的B链,A和B两肽链通过两个—S—S—键连接,如图7.2所示。

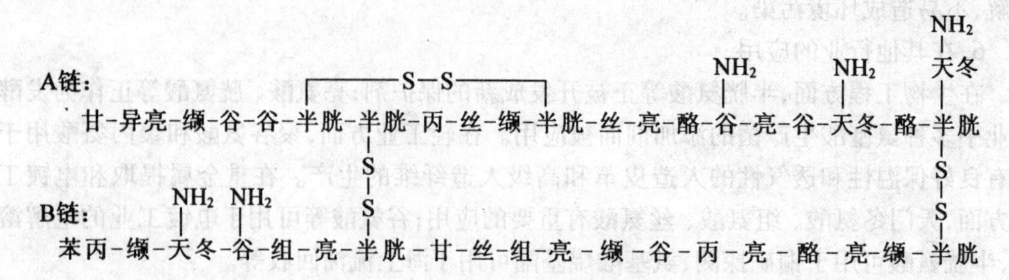

图 7.2 部分牛胰岛素结构图

2. 二级结构

在蛋白质多肽链的主链骨架上含有羧基(>C═O)和亚氨基(>N—H),二者可以形成氢键。二级结构指多肽链借助氢键作用排列成为沿一个方向,具有周期性结构的构象,主要的构象是螺旋结构(α-螺旋最为常见)和β-结构(β-折叠、β-转角),另外还有一种没有对称轴或对称面的无规则卷曲结构。

天然蛋白质的α-螺旋绝大多数是右螺旋,同时α-螺旋是一种有序而且稳定的构象,每圈螺旋有3.6个氨基酸残基,螺旋直径0.6 nm,螺旋间的距离为0.54 nm,故此相邻的两个氨基酸残基的垂直距离为0.15 nm。

在β-折叠结构中,伸展的肽链通过分子间的氢键连接在一起,肽链的排布分为平行式(N-端在同一侧)和反平行式(N-端按照顺-反-顺-反地排列),而氨基酸残基在折叠面的上面或下面。如图7.3所示。

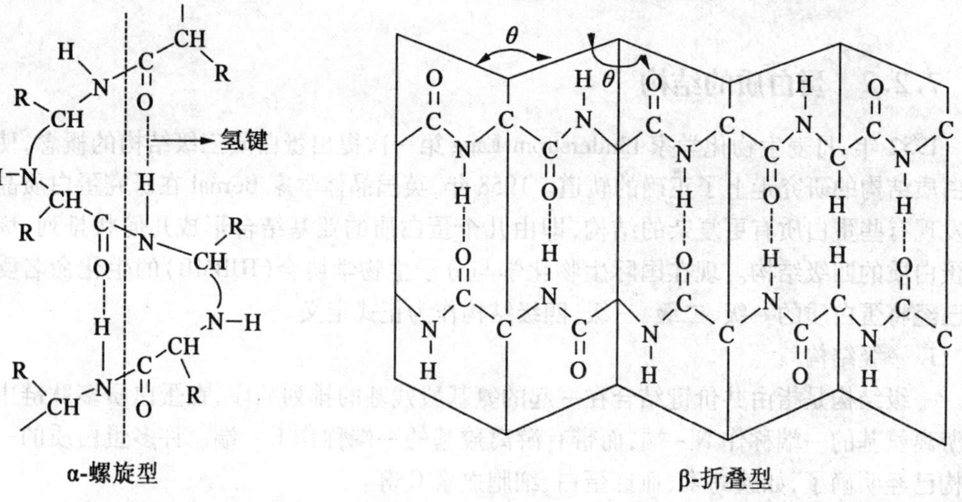

α-螺旋型　　β-折叠型

图 7.3 二级结构图

3. 三级结构

三级结构是指一条多肽链在二级结构的基础上进一步盘曲或折叠，形成包括主链、侧链在内的专一性的空间排布。

三级结构是由 J. Kendrew 和 M. Perutz 先后测肌红蛋白和血红蛋白得到的。肌红蛋白有 153 个氨基酸残基和血红素辅基，有 77% 呈螺旋型结构，在拐角处螺体受到破坏而出现松散肽链，三级结构也是紧密结实排列。如图 7.4 所示。

4. 四级结构

有些蛋白质分子由两条或是多条肽链组成，这些肽链可以通过次级键相互结合而形成有序排列的空间结构，称为四级结构，其中每条肽链都有独自的一级、二级、三级结构，这些肽链也成为亚基。

胰岛素的四级结构可由相对分子质量 6 000 或 12 000 两个以上亚基聚合而成。血红蛋白是由两条 α－链和两条 β－链构成的四聚体。如图 7.5 所示。

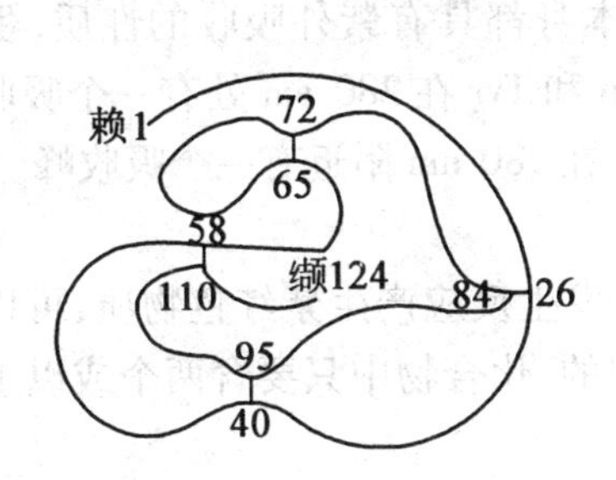

图 7.4　核糖核酸酶的三级结构图

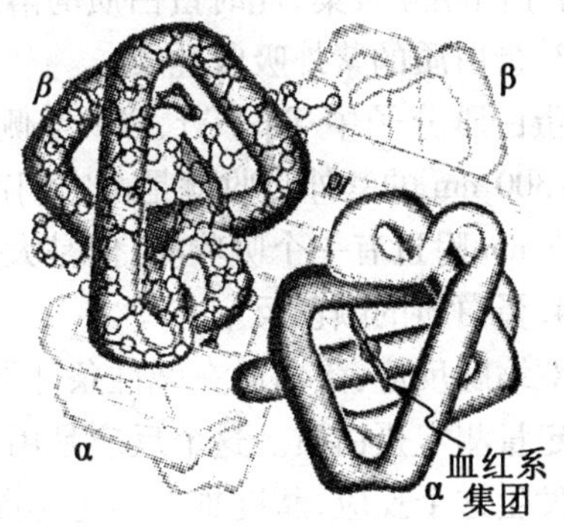

图 7.5　血红素的四级结构图

7.2.3　蛋白质的分类

1. 根据蛋白质溶解性和化学组成分类

根据蛋白质溶解性和化学组成，可将蛋白质分为三类：简单蛋白质（simple protein）、结合蛋白质（conjugated protein）和衍生蛋白质。

简单蛋白质中包括：白蛋白、球蛋白、谷蛋白、醇溶蛋白、硬蛋白、组蛋白、精蛋白。

结合蛋白质中包括：核蛋白、磷蛋白、色素蛋白、糖蛋白。

衍生蛋白质中包括：一次衍生物、二次衍生物。

2. 根据蛋白质功能分类

根据蛋白质功能可分为活性蛋白（active protein）和非活性蛋白（passive protein）。大多数蛋白质属于活性蛋白，其中包括：酶、激素蛋白、运输和储存蛋白、运动蛋白、防御蛋白、毒蛋白、受体蛋白、膜蛋白等；非活性蛋白包括：胶原、角蛋白、弹性蛋白等。

7.2.4　蛋白质的性质

1. 胶体性质

蛋白质的分量很大，在水中形成胶体溶液，具有布朗运动、光散射现象、电泳现象等特征。蛋白质表面的亲水基团如—NH_2、—COOH、—OH、—$CONH_2$ 等在水溶液中能与水分子发生水化作用,在蛋白质分子表面形成一层水膜。

蛋白质的亲水胶体性质具有十分重要的生物学意义,少量的蛋白质胶体与大量的水构成的均一性胶体溶液,生命活动和代谢反应都在这个胶体溶液中进行,同时蛋白质的亲水胶体性质还是其分离纯化的基础,是蛋白质盐析、有机溶剂沉淀法的基础原理。

2. 蛋白质的酸碱性质

蛋白质同氨基酸一样也是两性电解质,具有可解离的基团主要是来自构成蛋白质的氨基酸侧链残基—R 基和肽链末端 α - 羧基和 α - 氨基。对某一蛋白质来说,在一定 pH 值的溶液中,它所带正电荷与负电荷数恰好相等,这时溶液的 pH 值称为该蛋白质的等电点(pI)。在 $pH < pI$ 的介质中,蛋白质作为阴离子在电场中可向阳极移动;在 $pH > pI$ 的介质中,蛋白质作为阳离子在电场中可向阴极移动;在 $pH = pI$ 的介质中,颗粒相互吸引、分子间相互聚集,此时蛋白质的溶解度最小,渗透压、电导性等也都最小。

3. 蛋白质的紫外吸收性质

蛋白质分子中 Trp、Tyr、Phe 等侧链及肽键本身都具有紫外吸收的性质,蛋白质在 260 ~ 300 nm 的紫外吸收就是由它们产生的。Trp 和 Tyr 在 280 nm 处有一个吸收峰;Phe 在 257 nm 附近有一个吸收峰,但是大多数蛋白都在 280 nm 附近有一个吸收峰。

4. 蛋白质的颜色反应

双缩脲反应:蛋白质在碱性条件下可与 Cu^{2+} 发生反应产生紫红色物质,可以用来定性或定量测定蛋白质。这个反应是用于测定肽键的,化合物中只要含两个或以上肽键就可以发生这个反应,肽键越多颜色越深。

茚三酮反应:在 pH 值为 5 ~ 7 的条件下,蛋白质与茚三酮丙酮溶液在加热条件下可产生蓝紫色物质,一般该方法不作为蛋白质的检测方法,因为随着蛋白质分子增大灵敏度下降。

除上述两种方法外,还有与米隆、酚试剂、醋酸铅等反应。

5. 蛋白质的疏水性

理论上,蛋白质由氨基酸组成,所以可以根据各氨基酸的疏水性来测定蛋白质的,即各氨基酸的疏水性加和后与总氨基酸数的比值。蛋白质的表面疏水性与蛋白质的空间结构、蛋白质所呈现的表面性质和脂肪结合能力等有重要的关系。测定表面疏水性的方法有很多,但是原理大多相似,有分配法、HPLC 法、结合法、荧光探针法等。

7.2.5　蛋白质的生理功能

1. 蛋白质是人体内的主要组成成分

人体蛋白质含量约占人体总固体含量的 45%,一切组织都由蛋白质组成,人的大脑、神经、皮肤、内脏甚至指甲都以蛋白质为主要成分构成,同时许多具有重要生理作用的物质如果没有蛋白质的参与都不能起作用,所以蛋白质是生命存在的形式,也是生命的物质基础。

2. 蛋白质参与细胞的新陈代谢

蛋白质分解成氨基酸后经血液循环到身体各组织组成新的蛋白质,人体的组织细胞在不断地进行新陈代谢,蛋白质在不断地分解合成,但蛋白质总量能维持动态平衡,也称为氮平衡，一般蛋白质含氮16%，因此氮和蛋白质之间的换算系数为6.25，即6.25 g蛋白质含1 g氮。

3. 调节渗透压

正常人血浆中与组织液之间的水分不停地进行交换，保持平衡，有赖于血浆中电解质总量和胶体蛋白质的浓度。在组织液与血浆的电解质浓度相等时，两者间水分的分布就取决于血浆中白蛋白的浓度。若膳食中长期缺乏蛋白质，血浆蛋白的含量便降低，血液内的水分便过多地渗入周围组织，就造成营养不良性水肿。

4. 维持体液的酸碱平衡

蛋白质中有基本等量的游离氨基和游离羧基。当酸度较高时，靠游离氨基结合氢离子，使pH值升高。当pH值过高时，靠游离羧基电离出氢离子，平衡过多的氢氧根，使pH值降低。

5. 构成酶和一些激素的成分

人体有许多具有重要生理作用的物质，也是以蛋白质为主要组成成分或蛋白质提供必需的原料，如对代谢过程具有催化和调节作用的酶和激素，承担氧运输的血红蛋白，进行肌肉收缩的肌纤凝蛋白和构成机体支架的胶原蛋白都主要由蛋白质构成，另外神经传导、信息传递及思维活动都与蛋白质有关。

6. 增强机体抵抗力，构成抗体

机体抵抗力的强弱，决定于抵抗疾病的抗体多少。抗体的生成，与蛋白质有密切关系。近年被誉为抑制病毒的法宝和抗癌生力军的干扰素，也是一种糖和蛋白质的复合物。

7. 供给热能

总热量的10% ~15%是由蛋白质产生的，机体一般不用蛋白质产热，只有当碳水化合物、脂肪摄入量不足时由蛋白质来产热。如果我们只吃肉类而不吃主食，也就是说，蛋白质的摄入量虽很高，但是因为缺少主食造成热量不足而用蛋白质来产热，这是一种浪费，同时对人体还有害，所以我们应该倡导平衡的膳食。

7.2.6　分离提取方法

1. 根据配体特异性的分离方法——亲和色谱法

亲和层析法是分离蛋白质的一种极为有效的方法，它经常只需经过一步处理即可使某种待提纯的蛋白质从很复杂的蛋白质混合物中分离出来，而且纯度很高。这种方法是根据某些蛋白质与另一种称为配体的分子能特异而非共价地结合。其基本原理：蛋白质在组织或细胞中是以复杂的混合物形式存在，每种类型的细胞都含有上千种不同的蛋白质，因此蛋白质的分离、提纯和鉴定是生物化学中的重要的一部分，至今还没有单独或一套现成的方法能够把任何一种蛋白质从复杂的混合蛋白质中提取出来，因此往往采取几种方法联合使用。

2. 根据蛋白质分子大小的差别的分离方法

(1)透析与超滤。

透析法是利用半透膜将分子大小不同的蛋白质分开。

超滤法是利用高压力或离心力，使水和其他小的溶质分子通过半透膜，而蛋白质留在膜上，可选择不同孔径的滤膜截留不同相对分子质量的蛋白质。

(2)凝胶过滤法。

凝胶过滤法也称分子排阻层析或分子筛层析，这是根据分子大小分离蛋白质混合物最有效的方法之一。柱中最常用的填充材料是葡萄糖凝胶和琼脂糖凝胶。

3. 根据蛋白质带电性质进行分离

蛋白质在不同 pH 值环境中带电性质和电荷数量不同，可将其分开。

(1)电泳法。

各种蛋白质在同一 pH 值条件下，因相对分子质量和电荷数量不同而在电场中的迁移率不同而得以分开。值得重视的是等电聚焦电泳，这是利用一种两性电解质作为载体，电泳时两性电解质形成一个由正极到负极逐渐增加的 pH 梯度，当带一定电荷的蛋白质在其中泳动时，到达各自等电点的 pH 值位置就停止，此法可用于分析和制备各种蛋白质。

(2)离子交换层析法。

离子交换剂有阳离子交换剂(如羧甲基纤维素，CM－纤维素)和阴离子交换剂(如二乙氨基乙基纤维素，DEAE)，当被分离的蛋白质溶液流经离子交换层析柱时，带有与离子交换剂相反电荷的蛋白质被吸附在离子交换剂上，随后用改变 pH 或离子强度办法将吸附的蛋白质洗脱下来。

4. 根据蛋白质溶解度不同的分离方法

(1)蛋白质的盐析。

中性盐对蛋白质的溶解度有显著影响，一般在低盐浓度下随着盐浓度升高，蛋白质的溶解度增加，此称盐溶；当盐浓度继续升高时，蛋白质的溶解度不同程度下降并先后析出，这种现象称盐析，将大量盐加到蛋白质溶液中，高浓度的盐离子(如硫酸铵的 SO_4^{2-} 和 NH_4^+)有很强的水化力，可夺取蛋白质分子的水化层，使之“失水”，于是蛋白质胶粒凝结并沉淀析出。盐析时若溶液 pH 值在蛋白质等电点则效果更好。由于各种蛋白质分子颗粒大小、亲水程度不同，故盐析所需的盐浓度也不一样，因此调节混合蛋白质溶液中的中性盐浓度可使各种蛋白质分段沉淀。

影响盐析的因素如下。

①温度：除对温度敏感的蛋白质在低温(4 ℃)操作外，一般可在室温中进行。一般温度低蛋白质溶解度降低。但有的蛋白质(如血红蛋白、肌红蛋白、清蛋白)在较高的温度(25 ℃)比 0 ℃时溶解度低，更容易盐析。

②pH 值：大多数蛋白质在等电点时在浓盐溶液中的溶解度最低。

③蛋白质浓度：蛋白质浓度高时，欲分离的蛋白质常常夹杂着其他蛋白质一起沉淀出来(共沉现象)。因此在盐析前血清要加等量生理盐水稀释，使蛋白质含量在 2.5%～3.0%。

蛋白质盐析常用的中性盐主要有硫酸铵、硫酸镁、硫酸钠、氯化钠、磷酸钠等。其中应用最多的硫酸铵，它的优点是温度系数小而溶解度大，在这一溶解度范围内，许多蛋白质和酶都可以盐析出来；另外硫酸铵分段盐析效果也比其他盐好，不易引起蛋白质变性。

硫酸铵溶液的pH值常在4.5～5.5，当用其他pH值进行盐析时，需用硫酸或氨水调节。

蛋白质在用盐析沉淀分离后，需要将蛋白质中的盐除去，常用的办法是透析，即把蛋白质溶液装入透析袋内（常用的是玻璃纸），用缓冲液进行透析，并不断地更换缓冲液，因透析所需时间较长，所以最好在低温中进行。此外也可用葡萄糖凝胶G－25或G－50过柱的办法除盐，所用的时间就比较短。

（2）等电点沉淀法。

蛋白质在静电状态时颗粒之间的静电斥力最小，因而溶解度也最小，各种蛋白质的等电点有差别，可利用调节溶液的pH达到某一蛋白质的等电点使之沉淀，但此法很少单独使用，可与盐析法结合使用。

（3）低温有机溶剂沉淀法。

用与水可混溶的有机溶剂（甲醇、乙醇或丙酮），可使多数蛋白质溶解度降低并析出，此法分辨力比盐析高，但蛋白质较易变性，应在低温下进行。

7.2.7　应用

1.在食品行业的应用

植物蛋白饮料以植物果仁、果肉为主要原料，含有丰富的蛋白质必需氨基酸、维生素、矿物质等，是一种营养、健康的饮品。例如，豆乳饮料和花生乳饮料就具有蛋白质含量高且容易吸收、胆固醇低等优点；核桃饮料因富含磷脂具有健脑作用。许多植物籽仁还具有预防慢性疾病的作用，如杏仁露饮料是以杏仁为原料，经浸泡磨碎等工艺制得的浆液中加入水糖液等调制而成的制品，具有润肺、降血脂和预防动脉粥样硬化的功能。豌豆中含有15%～25%的蛋白质，制得的豌豆蛋白具有较好的溶解性，相当高的保水性和吸油性，非常好的乳化性和发泡性，广泛用于食品加工业中，既增加了制品的营养价值，又改善了产品风味。棉籽蛋白经蛋白酶水解后，发泡性能得到明显改善，可用来生产棉籽蛋白发泡粉，用此发泡粉取代鸡蛋或明胶做原料制作裱花、蛋糕、冰淇淋等相当成功，产品质地疏松、粒度均匀、泡沫细致、口感丰富。

2.在医药工业的应用

含有木瓜酶的药物，能起到抗癌、肿瘤、淋巴性白血病、原菌和寄生虫、结核杆菌等作用，可消炎、利胆、止痛、助消化。治疗妇科病、青光眼、骨质增生、枪刀伤口、血型鉴别、昆虫叮咬等。

3.在饲料行业的应用

蛋白质是动物饲料中最重要的营养组分，是动物维持机体基本生理活动和生长的必需营养品。近年来，由于水产养殖迅速发展，渔业资源衰减，环境破坏等因素导致鱼粉需求量急剧上升，价格激增。此时，植物蛋白源以其相对低廉的价格和稳定的供应，日渐成为动物配合饲料业关注的热点。Hansen等用大豆蛋白、玉米面筋蛋白和小麦面筋蛋白等的混合物掺于鳕鱼饲料中，饲喂该混合饲料显著提高了鳕鱼的生长速率，对饲料效率有明显的影响。

4.在化妆品中的应用

胶原蛋白和弹性蛋白均产生于皮肤真皮纤维母细胞，主要是真皮细胞。与其他蛋白质结合形成一个框架，有助于结构、强度、弹性和耐久性。胶原蛋白是动物体内含量最丰富的蛋白质，占人体皮肤蛋白质的71.2%。人的皮肤出现老化，就是因为随着年龄增长，胶原蛋白的结构将发生变化，纤维细胞的合成能力下降，皮肤的胶原蛋白含量每年平均将以约1%的速度递减。因此，对皮肤保养尤为重要，使用化妆品要以营养为主，符合皮肤生理代谢需要，从外补充胶原可介导或加强细胞与胶原的作用，引起细胞形态及生理和生化发生显著改变，达到美容效果。

由于胶原蛋白对水具有高度的约束性，胶原有利于促进肌肤的润泽度，并加速皮肤舒缓，具有使皮肤细腻与保湿的性能。其优良的平滑性和润泽性已在头发和皮肤护理方面得到应用。

参考文献

[1] 阎隆飞，孙之荣. 蛋白质分子结构[M]. 北京：清华大学出版社，1999.

[2] 管斌，林洪，王广策. 食品蛋白质化学[M]. 北京：化学工业出版社，2005.

[3] 阚建全. 食品化学[M]. 北京：中国计量出版社，2006.

[4] 赵凤霞，高相彬，王正平，等. 蛋白质组学技术在烟草研究中的应用进展[J]. 中国烟草学报，2014(1)：103-110.

[5] 毕华，史新昌，饶春明. 氨基酸分析在重组蛋白类生物制品质量控制中的应用[J]. 中国生物制品学杂志，2013，26(12)：1856-1858.

[6] 胡苗苗，杨海霞，曹炜，等. 植物蛋白质资源的开发利用[J]. 食品与发酵工业，2012，38(8)：137-140.

[7] 张霞，王峰. 植物蛋白质的特性及应用价值分析[J]. 现代农业科技，2014 (1)：289-291.

[8] 刘志新. 氨基酸的应用与发展前景[J]. 生物学教学，2008 (6)：57-58.

[9] 白云峰，丁玉，张海燕. 氨基酸分离纯化的研究进展[J]. 食品研究与开发，2007，28(2)：175-178.

[10] 苏海玲，韩涛. 多肽生物活性与其结构的关系[J]. 中国食物与营养，2012，18(6)：21-25.

[11] LATIF S，ANWAR F. Aqueous enzymatic sesame oil and protein extraction[J]. Food Chemistry，2011，125(2)：679-684.

[12] CAMPOS A，PUERTO M，PRIETO A，et al. Protein extraction and two - dimensional gel electrophoresis of proteins in the marine mussel mytilus galloprovincialis：an important tool for protein expression studies，food quality and safety assessment[J]. Journal of the Science of Food and Agriculture，2013，93(7)：1779-1787.

[13] HANSEN S H，STENSBALLE A，NIELSEN P H，et al. Metaproteomics：evaluation of protein extraction from activated sludge[J]. Proteomics，2014，14(21-22)：2535-2539.

[14] WOLFF C，SCHOTT C，PORSCHEWSKI P，et al. Successful protein extraction from

over - fixed and long - term stored formalin - fixed tissues[J]. PLos One, 2011, 6 (1): e16353.

[15] SZYMANSKI E P, KERSCHER O. Budding yeast protein extraction and purification for the study of function, interactions, and post - translational modifications [J]. Journal of Visualized Experiments, 2013 (80): e50921-e50921.

[16] HAYAT M, KHAN A. Predicting membrane protein types by fusing composite protein sequence features into pseudo amino acid composition[J]. Journal of Theoretical Biology, 2011, 271(1): 10-17.

[17] CHALAMAIAH M, HEMALATHA R, JYOTHIRMAYI T. Fish protein hydrolysates: proximate composition, amino acid composition, antioxidant activities and applications: a review[J]. Food Chemistry, 2012, 135(4): 3020-3038.

[18] MUTIHAC L, LEE J H, KIM J S, et al. Recognition of amino acids by functionalized calixarenes[J]. Chem. Soc. Rev., 2011, 40(5): 2777-2796.

第8章 核 酸

8.1 概 述

核酸是以核苷酸为基本单位组成的体内重要的生物大分子类物质。由于最初是从细胞核中分离出来,而且呈酸性,故称为核酸。核酸分为脱氧核糖核酸(DNA)和核糖核酸(RNA)两大类。DNA 是遗传信息的储存和携带者,在原核细胞中主要集中于核区,在真核细胞中分布于细胞核内组成染色体,也分布在线粒体、叶绿体和质粒等细胞器中;RNA 普遍存在于动植物、微生物及某些病毒和噬菌体内,主要分布在细胞质中,参与遗传信息表达的各个过程,也可作为遗传信息的载体。

8.1.1 核酸的化学组成

核酸是一种线性多聚核苷酸,基本结构是核苷酸。核苷酸由核苷和一个或更多个磷酸通过酯键缩合构成,核苷由糖(主要是戊糖)和含氮碱基缩合而成。含氮碱基是嘧啶或嘌呤的衍生物,戊糖包括 D－核糖和 D－2′－脱氧核糖(图 8.1)。正是根据戊糖的不同,核酸被分为核糖核酸(RNA)及脱氧核糖核酸(DNA)。

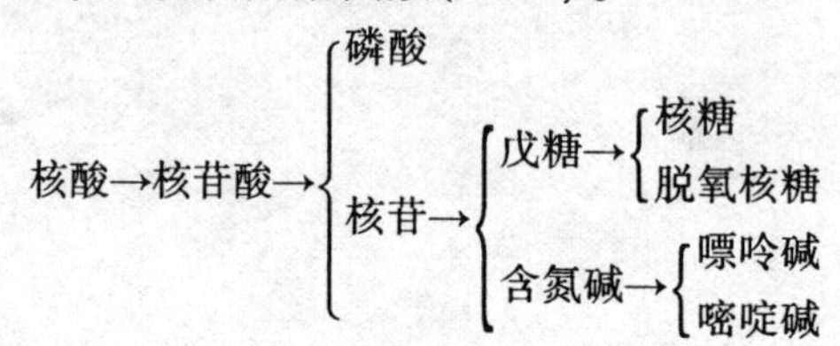

图 8.1 核酸的化学组成

DNA 中所含戊糖为 D－2－脱氧核糖,RNA 中所含戊糖为 D－核糖。DNA 和 RNA 所含碱基也不相同,DNA 主要含有的四种碱基是腺嘌呤(adenine,A)、鸟嘌呤(guanine,G)、胞嘧啶(cytosine,C)和胸腺嘧啶(thymine,T),而 RNA 主要含的四种碱基是腺嘌呤(A)、鸟嘌呤(G)、胞嘧啶(C)和尿嘧啶(U)。

8.1.2 核酸的分子结构

1. DNA 结构

(1)一级结构。

核酸就是由许多核苷酸单位通过 3′,5′－磷酸二酯键连接起来形成的不含侧链的长链状化合物。其中,多核苷酸链一端称为 5′－端,另一端称为 3′－端(图 8.2)。在这个庞大的分子中,各个核苷酸的唯一不同之处仅在于碱基的不同,因此核苷酸的排列次序也称碱基排列次序。

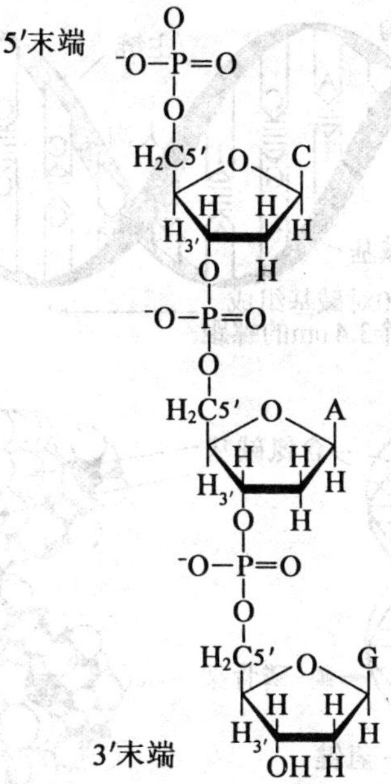

图 8.2 核酸的一级结构

(2)DNA 的二级结构——双螺旋结构模式。

DNA 双螺旋结构是 DNA 二级结构的一种重要形式(图 8.3),它是 Watson 和 Crick 两位科学家于 1953 年提出来的一种结构模型。

双螺旋模型的要点如下:①DNA 分子由两条长度相同、相互平行但方向相反的脱氧核苷酸链组成,两链均为右手螺旋方式绕同一中心轴形成的双股螺旋结构。脱氧核糖和磷酸形成的骨架作为主链位于螺旋外侧,而碱基朝向内侧并按“碱基互补规律”以氢键相连(即腺嘌呤与胸腺嘧啶以 2 个氢键相连,鸟嘌呤与胞嘧啶以 3 个氢链相连)。②螺旋直径为 2 nm,形成大沟及小沟相间。③螺旋一圈螺距 3.4 nm,螺旋每一周包含 10 对碱基,相邻碱基平面距离 0.34 nm。④维持 DNA 双螺旋结构稳定的主要作用力包括:互补碱基之间的氢键,碱基堆积力以及磷酸基的负电荷与介质中阳离子正电荷之间的离子键。

(3)DNA 三级结构。

绝大多数原核生物的 DNA 都是共价封闭的环状双螺旋分子,它往往是裸露的而不与蛋白质结合。这种环状 DNA 进一步扭曲、折叠,形成超螺旋的三级结构容纳于细胞内(图 8.4)。

在真核生物中,双螺旋的 DNA 分子围绕组蛋白质八聚体进行盘旋,从而形成特殊的串珠状结构,称为核小体。核小体结构属于 DNA 的三级结构(图 8.5)。

核小体是染色质的基本结构单位。核小体的形成仅仅是 DNA 在细胞核内紧密压缩的第一步。然后 6 个核小体为单位盘绕成直径为 30 nm 的螺线筒结构,组成染色质纤维。在形成染色单体时,螺旋筒再进一步卷曲、折叠,形成纤维状及襻状结构,最后形成棒状的染色体。其结果,使长度近 1 m 的 DNA 双螺旋被压缩 8 000 多倍,成功地容纳在直径仅数微米的细胞核中。

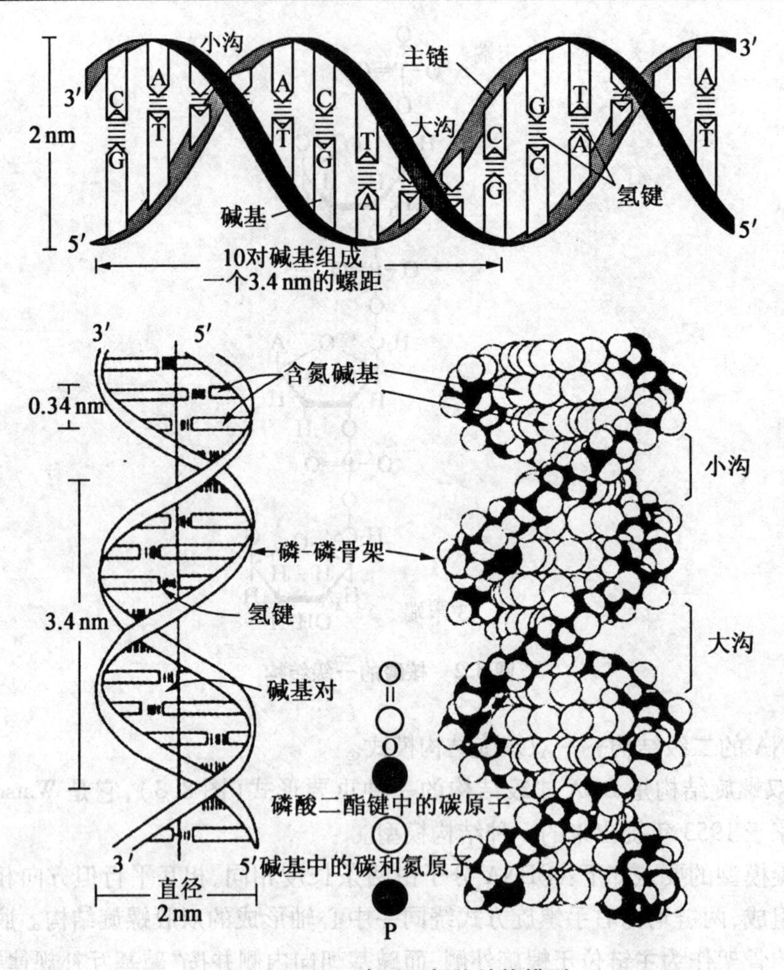

图 8.3　DNA 右手双螺旋结构模型

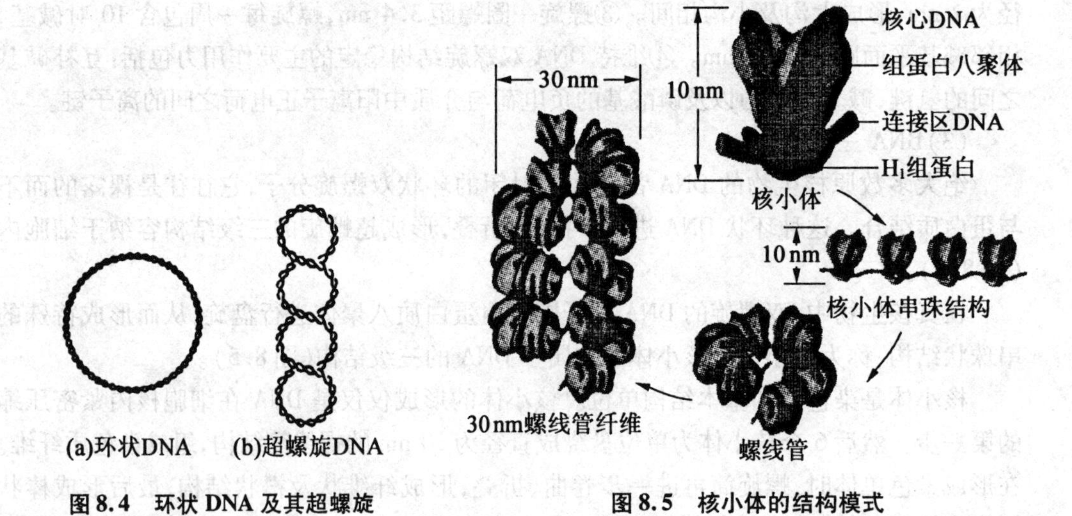

图 8.4　环状 DNA 及其超螺旋

图 8.5　核小体的结构模式

2. RNA 的种类和分子结构

真核生物 RNA 在核中合成，分布在胞浆中，通常以线状单链形式存在，但局部区域仍可卷曲进行碱基互补配对，形成双链螺旋结构，或称发夹结构。发夹结构是 RNA 中最普通的二级结构形式，二级结构进一步折叠形成三级结构，RNA 只有在具有三级结构时才能成为有活性的分子。RNA 也能与蛋白质形成核蛋白复合物，RNA 的四级结构就是 RNA 与蛋白质的相互作用。

RNA 根据其作用与结构的不同，可分为下列三种。

(1) 信使 RNA(mRNA)。

mRNA 从 DNA 转录获得遗传信息后作为指导蛋白质合成的模板，它相当于传递信息的信使。mRNA 占细胞内 RNA 总量的 2% ~5%。mRNA 分子的长短决定了由它翻译出的蛋白质相对分子质量的大小，而其本身的大小是由其转录的模板 DNA 区段即基因的大小和种类所决定的。在各种 RNA 分子中，mRNA 的代谢活跃，更新迅速，半衰期最短，由几分钟到数小时不等，这是细胞内蛋白质合成速度的调控点之一。

(2) 转运 RNA(tRNA)。

tRNA 占细胞中 RNA 总量的 10% ~15%，是在蛋白质合成过程中携带特定氨基酸，按照 mRNA 上的遗传密码的顺序将该特定的氨基酸运载到核糖体进行蛋白质的合成。tRNA 是单链分子，含 73 ~93 个核苷酸，10% 的稀有碱基(如二氢尿嘧啶、核糖胸腺嘧啶和假尿苷等)。

tRNA 二级结构为三叶草型。配对碱基形成局部双螺旋而构成臂，而非互补区则形成环状。三叶草型结构由四臂四环组成。

tRNA 的三级结构大多呈现倒“L”形。在倒“L”形结构中，氨基酸臂和 T_{Ψ} 环组成一个双螺旋，DHU 环和反密码环形成另一个近似联系的双螺旋，这两个双螺旋构成倒“L”的形状。连接氨基酸的 3′-末端远离与 mRNA 配对的反密码子，这个结构特点与它们在蛋白质合成中的作用相适应。

(3) 核糖体 RNA(rRNA)。

rRNA 可与多种蛋白质结合共同组成核糖体或称核蛋白体，作为体内蛋白质合成的具体场所，起了“装配台”的作用。

rRNA 约占 RNA 总量的 80%，是含量最多的一类 RNA。rRNA 分子为单链，局部有双螺旋区域，具有复杂的空间结构。所有生物体的核蛋白体均由易于解聚的大、小两个亚基组成。平时两个亚基分别游离存在于细胞质中，在进行蛋白质合成时聚合成为核糖体，蛋白质合成结束后又重新解聚。2 个亚基所含 rRNA 和蛋白质的数量与种类各不相同。

8.2　核酸的理化性质

核酸是生物大分子，DNA 相对分子质量在 1×10^{6} ~ 10^{10} 范围内。RNA 虽小些，但也在 1×10^{4} 上。

8.2.1　核酸的酸碱性质(解离性质)

核酸分子中含有酸性的磷酸基和碱性的含氮碱基，决定了核酸是两性化合物。因磷酸基酸性相对较强,所以核酸通常表现为酸性。核酸的等电点(pI)较低,酵母 RNA 在游离状态下的 pI 在 pH 值为 2.0 ~ 2.8。在人体正常生理状态下,核酸一般带正电荷,且易与金属离子结合成可溶性的盐。

由于碱基对之间的氢键性质与其解离状态有关,而解离状态又与 pH 有关。所以,溶液的 pH 范围直接影响核酸双螺旋结构中碱基对间的稳定性。对于 DNA 的碱基对,在 pH 值为 4.0 ~ 11.0 最为稳定。超过此范围,DNA 将变性。

8.2.2　核酸的溶解度与黏度

核酸是极性化合物,微溶于水,而不溶于乙醇、乙醚、氯仿等有机溶剂。核苷酸、核苷和碱基都能溶于水,不溶于乙醇等有机溶剂。不过,碱基和核苷在水中的溶解度一般不大,嘌呤衍生物比嘧啶衍生物更小,溶解度顺序是:胞嘧啶 > 尿嘧啶 > 腺嘌呤 > 鸟嘌呤。而核苷酸——特别是它们的钠盐较易溶解于水。这些物质在水溶液中,尤其在中性和弱碱性溶液中一般很稳定,但嘌呤核苷和嘌呤核苷酸在酸性溶液中较易被破坏。

由于是高分子物质,其溶液黏度大。即使是极稀的 DNA 溶液,黏度也很大。而 RNA 分子比 DNA 分子短得多,呈无定形,不像 DNA 分子那样是纤维状,所以 RNA 的黏度较小。当 DNA 被加热或在其他因素作用下,其螺旋结构转为无规则线团结构时,其黏度大为降低。所以黏度变小,可作为 DNA 变性的指标。

8.2.3　核酸的光学吸收

核酸组成中含有嘌呤、嘧啶碱基,因为这些环状结构中带有共轭双键,使核酸在 260 nm附近表现出特征吸收光谱(常以 A_{260} 表示)。利用这一特点,可鉴别核酸中的蛋白质杂质,也可对核酸进行定量测定。

8.2.4　DNA 的变性

在理化因素作用下,破坏 DNA 双螺旋稳定因素,使得两条互补链松散而分开成为单链,DNA 将失去原有空间构象从而导致 DNA 的理化性质及生物学性质发生改变,这种现象称为 DNA 的变性。引起 DNA 变性的常见因素主要有:

1. 酸效应

在强酸和高温条件下,核酸完全水解为碱基,核糖或脱氧核糖和磷酸;在浓度略稀的无机酸环境中,一般为连接嘌呤和核糖的糖苷键被选择性的断裂,从而产生脱嘌呤核酸。

2. 碱效应

在 pH 值 7 ~ 8 环境中,DNA 结构将发生变化。碱效应使碱基的互变异构态发生变化,这种变化影响到特定碱基间的氢键作用,结果导致 DNA 双链的解离,即 DNA 变性。当 pH 较高时,同样的变性发生在 RNA 的螺旋区域中,但通常被 RNA 的碱性水解所掩盖。这是因为 RNA 存在的 2′ - OH 参与到对磷酸酯键中磷酸分子的分子内攻击,从而导致 RNA 的断裂。

3. 化学变性

某些化学物质可以使 DNA/RNA 分子在中性 pH 值下发生变性。核酸二级结构在能量上的稳定性被削弱,则核酸变性。

4. 热变性

加热造成的变性称热变性,这是实验室最常用的 DNA 变性方法。DNA 的热变性是爆发性的,如同结晶的熔解一样,只在很狭窄的温度范围之内完成。通常把加热变性时 DNA 溶液 A_{260} 升高达到最大值一半时的温度称为该 DNA 的熔解温度(melting temperature, T_m), T_m 是研究核酸变性很有用的参数。T_m 一般为 85 ~ 95 ℃, T_m 值与 DNA 分子中 G-C 碱基对含量成正比。

DNA 变性后的性质发生如下改变:①增色效应(即 DNA 变性后对 260 nm 紫外光的光吸收度增加的现象);②旋光性下降;③黏度降低;④生物学功能丧失或改变。

8.2.5 DNA 的复性

变性 DNA 在适当条件下,可使两条分开的单链重新形成双螺旋 DNA 的过程称为复性(renaturation)。当热变性的 DNA 经缓慢冷却后复性称为退火(annealing)。DNA 复性是非常复杂的过程,影响 DNA 复性速度的因素很多:DNA 浓度高,复性快;DNA 分子大复性慢;高温会使 DNA 变性,而温度过低可使误配对不能分离等等。最佳的复性温度为 T_m 减去 25 ℃,一般在 60 ℃左右。离子强度一般在 0.4 mol/L 以上。

8.2.6 核酸的水解

DNA 和 RNA 中的糖苷键与磷酸酯键都能用化学法和酶法水解。在很低 pH 条件下 DNA 和 RNA 都会发生磷酸二酯键水解。并且碱基和核糖之间的糖苷键更易被水解,其中嘌呤碱的糖苷键比嘧啶碱的糖苷键对酸更不稳定。在高 pH 值时,RNA 的磷酸酯键易被水解形成磷酸三酯,最终产生 2′-核苷酸和 3′-核苷酸,而 DNA 的磷酸酯键不易被水解。

8.3 核酸的生理功能

核酸不但是一切生物细胞的基本成分,还对生物体的生长、发育、繁殖、遗传及变异等重大生命现象中扮演重要的角色。

8.3.1 核酸对免疫系统的影响

据报道,核酸在维护免疫应答方面具有重要的作用,它是维持机体正常免疫功能和免疫系统生长代谢的必需营养物质。小鼠体内实验显示,无核酸饮食或低核酸饮食配方饲喂的实验动物,其细胞免疫功能低下,易受条件致病菌的感染。细胞实验也得到相似结果,补充核酸营养可恢复 T 淋巴细胞的发育。

8.3.2 核酸对肝脏系统的影响

肝脏是机体核酸合成的重要器官。它合成及释放的核酸对满足机体需要有着很重要的作用。研究证明,外源核酸有助于肝脏再生和受损伤的小肠恢复功能。它还能够促进肝细胞的生长分化,改善肝脏功能,减少肝纤维化面积。

8.3.3 核酸对肠道系统的影响

据报道,膳食核酸对胃肠道的成长与分化非常重要。如果给小鼠喂养缺乏核苷酸的膳食,其小肠蛋白合成能力会降低;而如果再次补充核苷酸类化合物,可以加速肠道恢复。此外,膳食核酸对于肠道损伤的恢复也是有益的,它可使慢性腹泻后大鼠肠道组织中 DNA 含量增加,提高双糖酶的活性,并且改善组织学及超微结构。

8.3.4 核酸对脑组织的影响

膳食核酸有益于改善大脑系统的功能。一方面提高学习能力,另一方面能够明显地改善大脑的记忆力。美国哈佛大学的研究也表明,老年痴呆患者脑内神经纤维变化多的部位,RNA 和蛋白质合成显著减少,因此发生记忆障碍。

8.3.5 核酸对 DNA 损伤的修复作用

近几年,国内外有研究表明,核酸对机体 DNA 分子具有一定的保护作用。陈文华等研究核酸对铅染毒处理大鼠 DNA 损伤的干预效应,发现核酸能够显著地提高铅诱导肝细胞和淋巴细胞 DNA 氧化损伤的修复能力,减轻细胞 DNA 的氧化损伤程度。Wang LF 还发现膳食核酸能够减轻环磷酰胺诱导的小鼠胸腺细胞 DNA 损伤,进一步证明了饮食核酸可以降低 DNA 损伤程度,从而延缓机体的衰老进程。

除上述作用外,膳食核酸还在许多方面发挥着作用。如可调节机体的造血功能,改善婴儿在子宫内的生长迟缓,抗衰老以及增强机体抗氧化能力等。

尽管核酸具有重要的生理功能,但由其理化性质可知,核酸氧化分解后可生成嘌呤和嘧啶,目前已公认嘌呤是导致人类尿酸增高和痛风的主要原因。因此,核酸并不是越多越好,适量食用,方能发挥最佳功效。

8.4 核酸的分离提取

8.4.1 核酸提取的一般原则

为了保证分离核酸的完整性和纯度,分离纯化核酸应遵循以下原则:①保证一级结构的完整性,完整的一级结构是研究核酸结构和功能的基础。避免化学、物理、生物因素对核酸的降解:尽量简化操作步骤,缩短提取过程;控制 pH 值范围在 4 ~ 10,避免过酸、过碱对磷酸二酯键的破坏;避免机械剪切力以及高温;抑制 DNase 或 RNase 的活性。②排除蛋白质、脂类、糖类等分子的污染。

8.4.2 核酸提取的主要步骤

1. 核酸的释放

正常情况下,无论是 DNA 还是 RNA 均位于细胞内,因此核酸分离与纯化的第一步就是破碎细胞。细胞的破碎方法非常多,包括机械法与非机械法两大类。机械法又可分为液体剪切法与固体剪切法。机械剪切作用的主要危害对象是高相对分子质量的线性DNA分子,因此该类方法不适合于染色体DNA的分离与纯化。而适宜的化学试剂与酶裂解细胞的非机械法因裂解效率高,方法温和,能保证较高的得率,较好地保持核酸的完整性,从而得到了广泛的应用。

2. 核酸的分离与纯化

细胞裂解物是含核酸分子的复杂混合物,要从中分离出一定量的、符合纯度要求的核酸分子,需要利用核酸与其他物质在一个或多个性质上的差异而除去污染物。混合物中非核酸的污染物主要包括非核酸大分子污染物(如蛋白质、多糖和脂类物质)和非需要的核酸分子。核酸制备中常用的蛋白质变性剂有苯酚、氯仿、盐酸胍及DEPC等。

3. 核酸的浓缩、沉淀与洗涤

在核酸提取过程中,由于提取试剂的加入以及核酸样品不可避免的损失,使得核酸的浓度会逐渐下降。为了满足后续研究与应用的需要,核酸提取液需要进一步浓缩。最常用的核酸浓缩方法是沉淀。其优点在于核酸沉淀后,可以很容易地改变溶解缓冲液和调整核酸溶液至所需浓度;另外,核酸沉淀还能去除部分杂质与某些盐离子,具有一定的纯化作用。常用的有机溶剂沉淀剂有乙醇、异丙醇和聚乙二醇。而对于浓度低并且体积较大的核酸样品,可在有机溶剂沉淀前,采用固体的聚乙二醇或丁醇对其进行浓缩处理。核酸沉淀物中往往还含有少量共沉淀的盐,可用70% ~75%的乙醇洗涤去除。

4. 核酸的鉴定

常用测定核酸分子大小的方法有电泳法、离心法。凝胶电泳是当前研究核酸的最常用方法,凝胶电泳有琼脂糖凝胶电泳和聚丙烯酰胺凝胶电泳。另外,随着毛细管电泳与生物芯片技术的飞速发展,有关核酸的分离、纯化与回收的手段日益丰富。

总之,核酸提取的方案,应根据具体生物材料和待提取的核酸分子的特点而定,对于某特定细胞器中富集的核酸分子,事先提取该细胞器,然后提取目的核酸分子的方案,可获得完整性和纯度两方面质量均高的核酸分子。

8.5 核酸的应用

8.5.1 在医药方面的应用

核酸是新一代的生物药物,具有遗传、能量供给及增强免疫力等多种功能。利用核酸可进行新药的开发设计,在制造抗癌、抗病毒、治疗心肌梗塞及预防肝病发生方面具有广阔的应用前途。

8.5.2 在食品方面的应用

食品工业是核酸的另一消费大户。核酸经酶转化可得到5′-肌苷酸二钠和5′-鸟苷酸二钠,二者可作为鲜味剂广泛应用于午餐肉、火腿、咸肉等腌制肉类。核酸经酶转化还可得到胞苷酸二钠和尿苷酸二钠,这两种衍生物主要是补充牛乳中的核酸,以使得产品更接近人乳的成分,增强婴儿的免疫力,促进儿童的生长发育。

8.5.3　在农业方面的应用

核酸水解物腺苷酸可被用作植物的生物激素,是制造天然细胞分裂素、激动素、玉米素等腺嘌呤衍生物的原料,调节植物生长,增加农业产量。

8.5.4　在化妆品方面的应用

由于核酸具有促进蛋白质合成的作用,在化妆品领域广泛应用。添加于化妆品中,能够促进皮肤的新陈代谢,发挥防皱生肌的美容功效。

参 考 文 献

[1] 刘志国. 基因工程原理与技术[M]. 北京:化学工业出版社, 2011.

[2] 周晴日. 生命化学基础[M]. 北京:北京大学出版社, 2011.

[3] 童坦君, 李刚. 生物化学[M]. 北京:北京大学出版社, 2009.

[4] 陈盛. 生物高分子化学简明教程[M]. 厦门:厦门大学出版社, 2011.

[5] CARVER J D, ALLAN W W. The Role of nucleotides in human nutrition[J]. The Journal of Nutritional Biochemistry, 1995, 6(2): 58-72.

[6] SAVAIANO D A, CLIFFORD A J. Adenine, the precursor of nucleic acids inintestinal cells unable to synthesize purines de novo[J]. The Journal of Nutrition, 1981, 111(10): 1816-1822.

[7] MARTINEZ A O, BOZA J J, DELPINO J I, et al. Dietary nucleotides mightiInfluence the humoral immune response against cow's milk proteins in preterm neonates[J]. Neonatology, 2009, 71(4): 215-223.

[8] OLIVER C E, BAUER M L, ARIAS C, et al. Influence of dietary nucleotides on calf health[J]. Journal of Animal Science, 2003, 81(1): 136.

[9] NAGAFUCHI S, KATAYANAGI T, NAKAGAWA E, et al. Effects of dietary nucleotides on serum antibody and splenic cytokine production in mice[J]. Nutrition Research, 1997, 17(7): 1163-1174.

[10] 刘煜, 宋煜, 颜天华, 等. 混合核苷酸对小鼠急性化学性肝损伤的保护作用[J]. 中国药科大学学报, 2001, 32(6): 444-447.

[11] TORRES M I, FERNANDEZ M I, GIL A, et al. Dietary nucleotides have cytoprotective properties in rat liver damaged by thioacetamide[J]. Life Sciences, 1997, 62(1): 13-22.

[12] YAMAMOTO S, WANG M F, ADJEI A A, et al. Role of nucleosides and nucleotides in the immune system, gut reparation after injury, and brain function[J]. Nutrition, 1997, 13(4): 372-374.

[13] SALOBIR J, REZAR V, PAJK T, et al. Effect of nucleotide supplementation on lym-

phocyte DNA damage induced by dietary oxidative stress in pigs[J]. Animal Science-Glasgow then Penicuik, 2005, 81(1): 135-136.

[14] 王兰芳，乐国伟，戴秋萍. 外源核苷酸对受损小鼠胸腺细胞 DNA 修复的影响[J]. 第四军医大学学报, 2007, 28(7): 613-615.

[15] 张艳春，陈文华，潘洪志，等. 核酸营养对铅染毒大鼠淋巴细胞 DNA 损伤的影响[J]. 黑龙江医学, 2006, 30(2): 108-109.

[16] WANG Lanfang, GONG Xia, LE Guowei, et al. Dietary nucleotides protect thymocyte DNA from damage induced by cyclophosphamide in mice[J]. Journal of Animal Physiology and Animal Nutrition, 2008, 92(2): 211-218.

[17] 崔大祥，曾桂英，王枫，等. 外源核酸促核辐射鼠肠腺细胞修复的基因分析[J]. 生物化学与生物物理进展, 2001, 28(3): 353-357.

第 2 部分　分离技术

第9章　离心分离

9.1　概　　述

生物分离的第一步往往是把不溶性的固体从发酵液中除去，这些不溶性固体的浓度和颗粒大小的变化范围很大；浓度可高达每单位体积中含60%的不溶性固体，又可低至每单位体积中仅含0.1%；粒径的变化可以从直径约为1 μm的微生物到直径为1 mm的不溶性物质。在进行固液分离时，有些反应体系可采用沉降和过滤的方式加以分离，有些则需要经过加热、凝聚、絮凝及添加助滤剂等辅助操作才能进行过滤。但对于那些固体颗粒、溶液黏度大的发酵液和细胞培养液或生物材料的大分子抽提液及其过滤难以实现固液分离的，必须采用离心技术方能达到分离的目的。

离心分离是利用惯性离心力和物质的沉降系数、质量、浮力密度的差别进行分离、浓缩和提纯的操作方法。它是近代多种分离和分析方法综合运用的方法之一。离心分离是基于固体颗粒和周围液体密度存在差异，在离心场中使不同密度的固体颗粒加速沉降的分离过程。当静止悬浮液时，密度较大的固体颗粒在重力作用下逐渐下沉，这一过程称为沉降。当颗粒较细、溶液黏度大时，沉降速率较慢，如抗凝血酶需静止一天以上才能达到血细胞与血浆分离的目的。若采用离心技术则可加速颗粒沉降过程，缩短沉降时间，因离心产生的固体浓缩物和过滤产生的浓缩不同，通常情况下离心只能得到一种较为浓缩的悬浮液和浆体，而过滤可获得水分含量较低的滤饼。与过滤设备相比，离心设备的价格昂贵，但当固体颗粒细小而难以过滤时，离心的操作往往显得十分有效，是生物物质固－液分离的重要手段。

离心分离可以分为以下三种形式。

(1)离心沉降。

利用固液两相的相对密度差，在离心机无孔转鼓或离心管中进行悬浮液的分离操作。

(2)离心过滤。

利用离心力并通过过滤介质，在有孔转鼓离心机中分离悬浮液的操作。

(3)离心分离和超离心。

利用不同溶质颗粒在液体中各部分分布的差异，分离不同相对密度液体的操作。超离心技术以处理要求和规模分为制备性超离心和分析性超离心两类。

离心分离技术的历史可追溯到19世纪70年代，那时就有用手摇台式离心机进行食品、血液等分离研究。20世纪初，开始使用低速电动台式离心机，并且Svedberg试制了世界上第一台试验型超速离心机，油透平驱动，转速45 000 r/min。1940年，Svedberg和Pederson出版了《超速离心机》(*The Ultracentrifuge*)一书，总结了此前20年的研究成果，奠定了超速离心技术的基础。随着高速、超速离心机的商品化生产，离心分离技术的普遍应用从20世纪中叶至今才50多年的历史。

9.2 基本原理

离心分离为以离心力进行物料分离之技术，其主要表现为三个方面，分别为离心沉降、离心过滤及超速离心，现分别介绍基本原理如下。

9.2.1 离心沉降

离心沉降是在离心力的作用下，使分散在悬浮液中的固相粒子或乳浊液中的液相粒子沉降的过程。沉降速度与粒子的密度、颗粒直径以及液体的密度和黏度有关，并随着离心力亦即离心加速度的增大而加快。离心加速度值 $a_c = \omega^2 r$ 可随回转角速度 ω 和回转半径 r 的增大而迅速增加。因此，离心沉降操作适用于两相密度差小和粒子速度小的悬浮液或乳浊液的分离。

离心沉降是利用混合物各组分的质量不同，采用离心旋转产生离心力大小的差别，使颗粒下沉而液体上升，达到清洁、分离目的的方法。

组成悬浮系的流体与悬浮物因密度不同，在离心力场中发生相对运动，因而使悬浮系得到分离的沉降操作。当悬浮系作回转运动时，密度大的悬浮物（固体颗粒或液滴）在惯性离心力的作用下，沿回转半径方向向外运动，此时，颗粒或者液滴受到三个径向的作用力分别为：①惯性离心力；②浮力（方向与惯性离心力相反）；③流体对颗粒作绕流运动所产生的曳力。颗粒在此三种力的共同作用下，沿径向向外加速运动。对于符合斯托克斯定律的微小颗粒，径向运动的加速度很小，上述三种力基本平衡。离心沉降同一颗粒在相同介质中分别作离心沉降和重力沉降时，推动粒子运动的惯性离心力 F_c 与重力之比称为离心分离因数 F_r，它是反映离心沉降设备性能的重要参数。现将离心沉降过程中的重要参数介绍如下。

1. 惯性离心力

离心操作是借助于离心机产生的离心力使不同大小、不同密度的物质质点（颗粒）相分离的过程，悬浮在离心管（或转子）的液态非均相物质与转子同步匀速旋转时，密度较大的颗粒所受的合力不足以提供圆周运动所需的向心力，就在径向上与密度较小的介质发生相对运动而逐渐远离轴心，这一运动过程就是离心运动。离心力的大小可以用下式表示：

$$F_c = m\omega^2 r$$

式中，F_c 为离心力；m 为颗粒的质量；ω 为角速度；r 为旋转半径。

可见，离心力的大小与转速的平方成正比，也与旋转半径成正比。在转速一定的条件下，颗粒离轴心越远，其所受的离心力越大。其次，离心力的大小也与某径向距离上颗粒的质量成正比。所以在离心机的使用中，对已装载了被分离物的离心管的平衡提出了严格的要求：①离心管要以旋转中心对称放置，质量要相等；②旋转中心对称位置上两个离心管中的被分离物平均密度要基本一致，以免在离心一段时间后，此两离心管在相同径向位置上由于颗粒密度的较大差异,导致离心力的不同。如果疏忽此两点,都会使转轴扭曲或断裂,产生事故。

2. 沉降系数 S

根据1924年离心法创始人Svedberg对沉降系数下此定义:颗粒在单位离心力场中粒子的移动的速度。沉降系数是以时间表示的。蛋白质、核酸等生物大分子的沉降系数实际上时常在 10^{-13} 秒左右,故把沉降系数的 10^{-13} 秒称作为一个Svedberg单位,简称S,量纲为秒。一般单纯的蛋白质在1~20 S之间,较大核酸分子在4~100 S之间,更大的亚细胞结构在30~500 S之间。

颗粒在离心力场中沉降系数的表达形式为

$$S=\frac{\ln r_2-\ln r_1}{\omega^2(t_2-t_1)}$$

式中,t_2-t_1 为离心时间;r_2,r_1 为 t_2 和 t_1 时,运动颗粒到离心机轴心的距离。

分析型超速离心机就是基于此原理来测定物质的沉降系数,它利用某种光源透过分析性转子的光学检测窗口,测定在一定转速下正在离心的某颗粒经(t_2-t_1)时间、从 r_1 运动到 r_2 光学特性的改变计算出较精确的运动距离而求得沉降系数。

3. 匀速沉降速率

固体的沉降是离心沉降的基础,当固体粒子在无限连续流体中沉降时,受到两种力的作用,一种是连续流体对它的浮力,另一种是流体对运动粒子的黏滞力(曳力)。当这两种力达到平衡时,固体粒子将保持匀速运动。此时,粒子最终匀速沉降速率为

$$u=\frac{d^2}{18\mu}(\sigma-\rho)g$$

式中,u 为粒子的运动速度;d 为粒子直径;μ 为连续流体的黏度;σ 和 ρ 为粒子和液体的密度;g 为重力加速度。

由上式可知,最终沉降速率与粒子直径的平方成正比,与粒子和流体的密度差成正比,而与流体的黏度成反比。也就是说,粒子的沉降速度仅仅是液体性质及粒子本身特性的函数。

如果粒子在离心力场中沉降,则重力加速度 g 应换成离心加速度 $\omega^2 r$,即

$$u=\frac{d^2}{18\mu}(\sigma-\rho)\omega^2 r$$

该式为离心沉降的基本公式,从式中可知沉降速度与角速度的平方成正比,因此只要根据要求改变或提高 ω,使粒子做快速旋转,就可获得比重力沉降或过滤时高得多的分离效果,这样就使得很多颗粒直径极小、密度极低的生物体组分能用离心技术中较为先进的设备和方法在数小时或最多数十小时内被分离纯化。

4. 离心分离因数

颗粒在离心力场中受到的离心力与它在重力场中受到的重力之比,称为离心分离因数(又称相对离心力或离心力强度),用公式表示为

$$F_r=\omega^2 r/g$$

式中,F_r 为相对离心力;g 为重力加速度。可用离心分离因数 F_r 来定量评价,F_r 越大,越

有利于分离。在实践中，常按 F_r 的大小，对离心机分类：①$F_r < 3\ 000$，为常速离心机；②$F_r = 3\ 000 \sim 50\ 000$，为中速离心机；③$F_r \geq 50\ 000$，为高速离心机；④$F_r = 2 \times 10^4 \sim 10^6$，为超速离心机。

5. 离心时间

在离心分离时，除了确定离心力以外，为了达到预期的分离效果，还需确定离心时间。离心时间的概念，依据离心方法的不同而有所差别。对于差速离心来说，是指某种颗粒完全沉降到离心管底部的时间。对差速一区带离心而言，离心时间是指形成界限分明的区带的时间；而等密度离心所需的时间是指颗粒完全达到等密度点的平衡时间。对差速一区带离心和等密度离心所需的平衡时间，影响因数很复杂，可通过试验后确定。

悬浮在离心管中的液态非均相物质也是一种分散体系。分散体系是指一种或几种物质以一定分散度分散在另一种物质中形成的体系。以颗粒分散状态存在的不连续相称为分散相，而连续相则称为分散介质。它稳定存在的时间的长短取决于分散相颗粒的沉降和扩散性质。由于分散体系中的分散相与分散介质的性质不可完全相同，所以当体系处于某一力场中时，分散相粒子就会向分散介质发生相对运动。颗粒密度与介质密度不同，颗粒在重力场或离心力场中就会发生沉降或上浮等。

在离心力场中，沉降系数、扩散系数与分子质量间有一定的对应关系。以理想的单分散体系为例，在超速离心机中，利用光学方法逐次记录不同时间及测定由于分子或质点沉积而产生的界面位移，通过测出某种颗粒的沉降系数，可计算出其分子质量。这种方法特别适用于对生物大分子，如蛋白质、核酸等的研究。

9.2.2　离心过滤

利用离心力场有孔的转鼓将送入的料液进行离心过滤的过程，离心力作为推动力完成过滤，兼有离心和过滤的双重作用，随半径的增加，过滤面积和离心力相应增大。以间歇离心过滤为例，料液首先进入装有过滤介质（滤网或有孔套筒）的转鼓中，然后被加速至旋转速度，形成附着在鼓壁上的液环。与沉降式离心机一样，粒子受离心力沉积，过滤介质则阻止粒子的通过，形成滤饼。当悬浮液的固体粒子沉积时，滤饼表面生成澄清液，该澄清液透过滤饼层和过滤介质向外排出。在过滤后期，由于施加在滤饼上的部分载荷的作用，相互接触的固体粒子经接触面传递粒子应力，滤饼开始压缩。所以离心过滤一般分滤饼形成、滤饼压紧和滤饼压干三个阶段。

9.2.3　超速离心

1. 超速离心原理

从超离心分离的角度来看，就是在液体介质中把不同的颗粒分别沉降分离出来。颗粒在这里是指细胞、亚细胞器、小组织及生物大分子等的总称。颗粒在沉降过程中将会受到两种外力的作用：一是地心引力场的重力加速度 g；二是借助离心机产生的离心加速度 G。前者的作用力较小只能使较大的颗粒产生自然沉降，后者的作用力大可以使小颗粒、大分子在一定条件下产生人为的加速沉降。

某种介质中，使一种球形粒子从液体的弯月面沉降到离心管某部（如底部）所需的时

间为

$$t=\frac{18\mu}{\omega^2 d^2(\sigma-\rho)}\ln\frac{r_2}{r_1}$$

式中，t 为沉降时间；μ 为悬浮介质的黏度；d 为粒子直径；σ 为粒子密度；ρ 为介质密度；r_1 为从旋转轴中心到液体弯月面的距离；r_2 为从旋转轴中心到离心管底部的距离。该式不适用于非球形粒子，并且只适用于符合牛顿流体的稀的固体悬浮物，不适用于浓度较高的悬浮液。

由上式可知，在某一转速时，沉降一组均匀的球形颗粒所需要的时间与它们直径的平方以及它们的密度和悬浮介质的密度之差成反比，而与介质的黏度成正比。也就是说，当粒子直径 d 和密度 σ 不同时，移动同样距离所需的时间不同，在同样的沉降时间，其沉降的位置也不同。利用它可以从组织匀浆中分离细胞器。

自然沉降是一个缓慢的过程，并且也只能沉降一些重型的大颗粒，而对那些微小的颗粒如病毒、生物大分子等，则要求在一个实用的离心力场中进行加速沉降。离心分离是在液体介质中进行的，由于不同溶质颗粒的质量与溶媒之间的密度差不同，在离心力场的作用下将加速产生沉积，形成密度梯度界面。界面随着时间的变化将沿着离心力场的方向移动，这种现象称为沉降。界面在单位时间内所移动的距离叫作沉降速度。不同物质的相对分子质量、密度以及结构形状是一定的，所以都具有特有的沉降常数（S 值）。

2. 超速离心的应用

超速离心分离在应用技术上可分成制备超速离心与分析型超速离心两大类。本节将着重叙述制备型超速离心技术的应用原理。制备性分离是浓集与纯化各种颗粒的最常用方法，依据被沉降颗粒的内因 S 值与 ρ 值的特性不同。

超速离心在生物化学、分子生物学以及细胞生物学的发展中起着非常重要的作用。应用超离心技术中的差速离心、等密度梯度离心等方法，已经成功地分离制取各种亚细胞物质，如线粒体、微粒体、溶酶体、肿瘤病毒等。制备型超速离心的主要目的是最大限度地从样品中分离高纯度目标组分，进行深入的生物化学研究。制备型超速离心分离和纯化生物样品一般用两种方法：差速离心法、密度梯度区带离心法。

（1）差速离心法。

差速离心法一般用于分离沉降系数较大的组分，主要用来分离培养液、细胞器和病毒等。此法是依据各种颗粒的质量、形状、大小等不同，即 S 值不同，在同一离心加速度作用下，沉降速度上存在着快慢差异而得到分离的。它适用于纯化颗粒间 S 值相远、沉降率差异较大的那些颗粒。可先用普通低速离心机与高速离心机除去 S 值大、沉降快的颗粒，再用高速或超速离心得到沉降率较小的颗粒，如此逐级分离。离心力过大或离心时间过长，容易导致大部分或全部颗粒沉降，达不到分级沉降的要求，同时颗粒易被挤压损伤。

例如，分离某种组织匀浆通过逐级增加离心加速度和离心时间，使各种不同的颗粒依次沉降。沉降顺序首先是整个细胞和组织碎片，其次是核、线粒体、溶酶体、微粒体，最后是核蛋白体及某些大分子。

此方法应用时要注意以下内容：根据不同的实验目的（如保存形态还是保存活性），

选择适宜的裂解方法,才有利于各种成分的纯化分离;要根据所需的转数的不同,分级使用离心机,低速能解决的问题不要用高速和超速离心机去处理,这样既能保证效果又能节约时间;要认真掌握离心速度和离心时间,否则时间过长或转数过高会使不该沉降的颗粒也沉降下来,而达不到分离纯化的目的。

(2)密度梯度区带离心法。

此类方法主要依据颗粒与介质间的密度差不同进行分离。适于那些沉降率相差不大而密度值却有明显差别的颗粒。也就是那些 S 值相近而 ρ 值相远的颗粒。具体方法还可以再分成以下两种。

①差速—区带离心法:差速—区带离心法是一种沉降速度法。当不同的颗粒间存在沉降速度差时,在一定离心力作用下,颗粒各自以一定速度沉降,在密度梯度的不同区域上形成区带的方法称为差速—区带离心法。该方法仅用于分离有一定沉降系数差的颗粒,与其密度无关。大小相同、密度不同的颗粒不能用该法分离。差速—区带离心法常用的梯度介质有 Ficoll(Ficoll * 400 为商品名,是蔗糖用环氧氧丙烷交联聚合的高聚物,相对分子质量为 400 000)、Percoll(Percoll 为商品名,是 SiO_2 与聚乙烯基吡咯烷酮(PVP)的聚合物)及蔗糖等。

②等密度离心法(isopycnic centrifugation):在离心力场作用下,当不同颗粒存在浮力密度差时,颗粒或向下沉降,或向上浮起,一直沿梯度移动到它们密度恰好相等的位置上,即等密度点 $\sigma=\rho$,形成区带,称为等密度离心法。等密度离心法是一种沉降平衡法,位于等密度点上的粒子没有运动,区带的形状和位置都不受离心时间的影响,体系处于动态平衡。等密度离心的有效分离取决于颗粒的浮力密度差,密度差越大,分离效果越好。尽管与颗粒的大小和形状无关,但它们决定着达到平衡的速率、时间和区带的宽度。颗粒的浮力密度不是恒定不变的,还与其原来密度、水化程度及梯度溶质的通透性或溶质与颗粒的结合等因素有关。等密度离心法常常用来分离大小相似而密度有差异的颗粒。由于大多数蛋白质有相似的密度,所以通常不用这种方法分离蛋白质。但利用含有大量磷酸盐或脂质的蛋白质与一般蛋白质在密度上明显的不同,可以用等密度离心法将它们分离。根据梯度产生的方式,可分为预形成梯度(pre-formed gradient)和自形成梯度(self-formed gradient)的等密度离心,后者又称平衡等密度离心。

9.3 工艺流程及设备参数

离心机基本属于后处理设备,主要用于脱水、浓缩、分离、澄清、净化及固体颗粒分级等工艺过程,它是随着各工业部门的发展而相应发展起来的。18 世纪产业革命后,随着纺织业的迅速发展,离心机的结构、品种机器应用等方面也相继迅速发展起来。完成离心操作的主要设备是离心机,包括转子(或称转头、转鼓)、离心管和附件。

9.3.1 离心机

1. 种类

离心机是利用离心力分离液态非均相混合物的机械。它可按用途、转速、分离形式、操作方式、结构特点等方面进行分类。一般地,把离心机分为两大类:工业用离心机和实验用离心机。工业用离心机主要用于化工、制药、食品等行业的制备分离用离心机,要求有较大的处理能力并可进行连续操作,所使用的离心机及其附件为中、大型工业生产设备,转速在每分钟数千转到几万转。实验用离心机主要是在生物学、医学、化学、农业、食品及制药等实验室研究或涉及小批量生产中所使用的离心机,目的在于分离、纯化和鉴别样品。这一类离心机的转速从每分钟数千转到每分钟十多万转。

工业用离心机根据离心分离形式又可分为离心沉降设备、离心过滤设备及超离心设备。沉降式离心机,包括实验室用瓶式离心机和工业用无孔转鼓离心机,其中无孔转鼓离心机又有管式、多室式、碟片式以及卧螺式(decanter)等几种型式。

2. 设备结构及工艺流程

(1)离心沉降设备。

①瓶式离心机:这是一类结构最简单的实验室常用的低、中速离心机,转速一般在3 000 ~6 000 r. p. m.,其转子常为角式。操作一般在室温下进行,也有配备冷却装置的冷冻离心机。

②管式离心机:分为液-液分离的连续式管式离心机和液-固分离的间歇式管式离心机,它结构简单,仅是一根直管形的转筒,其直径较小,长度较大,转速很高,可达到50 000 r. p. m.,从而产生强大的离心力,除此之外它还可以冷却,这有利于蛋白质的分离。操作时,悬浮液或乳浊液从管底加入,被转筒的纵向肋板带动与转筒同速旋转,上清液在顶部排出,固体粒子沉降到筒壁上形成沉渣和黏稠的浆状物。运转一段时间后,当出口液体中固体含量达到规定的最高水平,澄清度不符合要求时,需停机清除沉渣后才能重新使用,因此操作是间歇式的。管式离心机转筒一般直径为40 ~150 mm,长径比为4 ~8,离心力强度可达15 000 ~65 000,处理能力为0.1 ~0.4 m^3/h,适合的固体粒子粒径为0.011 00 μm,固液密度差大于0.01 g/cm^3,体积浓度小于1%的难分离悬浮液,常用于微生物菌体和蛋白质的分离等。

$$Q = u_g\left[\frac{2\pi HR^2\omega^2}{g}\right] = u_g[\Sigma]$$

上式表明最大流量 Q 取决于系统的性质 u_g(它包括料液的黏度、密度,固体粒子的大小及密度等)和离心机的特性$[\Sigma]$(它包括离心机的高度 H、转速 ω 及半径 R 等)。这给离心机的设计、放大以及操作带来了方便,可以在固定一种性质的情况,考虑另一种特性变化的影响,反之亦然。

③碟片式离心机:这是一种应用最为广泛的离心机,它有一密封的转鼓,内装十至上百个锥顶角为60° ~100°的锥形碟片,悬浮液由中心进料管进入转鼓,从碟片外缘进入碟片间隙向碟片内缘流动。由于碟片间隙很小,形成薄层分离,固体颗粒的沉降距离极短,分离效果较好。颗粒沉降到碟片内表面上后向碟片外缘滑动,最后沉积到鼓壁上。已澄清的液体经溢流口或由向心泵排出。碟片式离心机的离心力强度可达3 000 ~10 000,由于碟片数多并且间隙小,从而增大了沉降面积,缩短了沉降距离,所以分离效果较好。碟片间距离一般为0.5 ~2.5 mm,与被处理物料的性质有关。锥顶角的大小应大于固体颗粒与碟片表面的摩擦角。根据卸渣方式,碟片离心机可分为人工排渣型、喷嘴排渣型、活

门(活塞)排渣型碟片离心机三种类型。

$$Q = \mu_g\left[\frac{2\pi n\omega^2}{3g}(R_0^3 - R_1^3)\cos\theta\right] = u_g[\Sigma]$$

式中,Q 就是捕获这些粒子的最大流量,取决于 u_g 和[Σ];u_g 是系统性质的函数,与离心机本身的性能无关;[Σ]反映了离心机特性,与系统的性质无关。

④螺旋卸料沉降离心机:螺旋卸料沉降离心机有立式和卧式两种,后者又称卧螺机,是用得较多的形式。悬浮液经加料孔进入螺旋内筒后由内筒的进料孔进入转鼓,沉降到鼓壁的沉渣由螺旋输送至转鼓小端的排渣孔排出。螺旋与转鼓在一定的转速差下,同向回转,分离液经转鼓大端的溢流孔排出。

卧螺机是一种全速旋转、连续进料、分离和卸料的离心机,其最大离心力强度可达6 000,操作温度可达300 ℃,操作压力一般为常压(密闭型可从真空到0.98 MPa),处理能力范围0.4 ~60 m^3/h,适于处理颗粒粒度为2 μm ~5 mm、固相浓度为1% ~50%、固液密度差大于0.05 g/cm^3 的悬浮液,常用于胰岛素、细胞色素、胰酶的分离和淀粉精制及废水处理等。

$$Q = u_g\left[\frac{\pi l\omega^2(R_0^2 + 3R_0R_1 + R_1^2)}{4g}\right] = u_g[\Sigma] \quad \text{(圆锥形转鼓)}$$

$$Q = u_g\,\frac{\pi l_1\omega^2(3R_1^2 + R_0^2)}{2g} + \frac{\pi l_2\omega^2(R_0^2 + 3R_0R_1 + 4R_1^2)}{4g} = u_g[\Sigma] \quad \text{(锥柱形转鼓)}$$

式中,Q 为料液流量;u_g 为粒子的自由沉降速度;[Σ]为当量沉降面积,与离心机的结构性能有关,按转鼓的不同,其当量沉降面积也不同;l_1 为圆柱部分料液轴向长度;l_2 为圆锥部分料液轴向长度。

(2)离心过滤设备。

离心过滤机设有一个开孔转鼓,可以分离固体密度大于或小于液体密度的悬浮液。它可分连续式和间歇式。间歇式离心机通常在减速的情况下由刮刀卸料,或停机抽出转鼓套筒或滤布进行卸料。连续式离心机则用活塞推料和振动卸料两种方法:①活塞推料离心机借助活塞的往复运动带动推料盘而进行脉动卸料,另有多级活塞推料离心机,它是活塞推料离心机的改进型式,其网孔转鼓为多级阶梯结构;②振动卸料离心机为立式结构,其网孔转鼓为锥形,物料由小端进入,转鼓的轴向振动和固体粒子的重力产生指向大端方向的总推动力,该推动力克服了粒子与转鼓间的摩擦力,使粒子从转鼓小端移向大端,达到卸料的目的。

(3)超离心设备。

①制备用超离心机:制备用超离心机的结构装置比较复杂,一般由四个主要部分组成:转子、传动和速度控制系统、温度控制系统和真空系统。

②分析用超离心机:最早的超速离心机主要用于分析蛋白质的纯度,该机主要由一个圆形的转头组成,转头上装有透明小孔,以观察离心时粒子的分布,该转头通过一根柔性轴连接到一个高速的驱动装置上,转头在真空冷冻腔中旋转,转头能容纳两个小室——分析室和配衡室,离心机中还装有一个光学系统,可在预定的时间里拍摄沉降物质的照片,或通过紫外光的吸收或折射率上的不同,对沉降物进行监视。目前,这类离心

机又分为专用的分析用超离心机和制备－分析两用机组。

利用实验室小试数据估算大规模离心设备所需的分离能力，在放大时首先要注意两点：①离心机是高速旋转的机械，有高强度要求，转鼓大小及其转速受强度限制；②实验室小型设备试验与工业规模离心过程存在着很大的差异。常用的放大方法有等价时间法（离心因素和时间的乘积）和 Σ 因子法（选择的离心机，应该具有所需的 Σ 值，并符合过程对 u_g 和 Q 的要求）。一般生产上需用的离心机性能好坏以选用为主。经验方法可帮助有效地选择最佳离心机。离心机的操作性能是选择离心机的主要因素，此外离心机的选择还常常取决于进料中粒子的直径大小和浓度。

9.3.2 转子

1. 转子的种类

转子是离心机的主要工作部件。一般由高强度的铝合金或钛合金制成。由于转子在高速旋转时受到强大的内应力，在长期使用中又会有积累塑性变形或产生内部显微缺陷，为了避免爆炸事故和保持较长的使用寿命，对转子材料的选用、热处理、精机加工、表面处理、动平衡等有很高的要求。除此，在各种转子的试制过程中还要进行超速爆炸试验及满速寿命试验等，这样就使得转子的研制和生产费用很高，商品化的转子价格很贵，是需要加以特别保护的贵重仪器配件。对于超速离心机在转子未受腐蚀的情况下，对各种转子的使用时间和次数规定了严格的限额，应按说明书规定使用和保养。在制备型离心机上常用的转子有角式转子（angle rotor）、水平转子（swing rotor）、垂直转子（vertical rotor）和区带转子（zonal rotor）（主要用于大量样品的分离纯化）。有些机种还配备了可以大容量离心的连续流转子（continuous flow rotor）（用于从大量的组织匀浆中分离亚细胞组织、培养液中收集细胞、纯化病毒等）。在分析型离心机上使用专门的分析转子（analytical rotor）。下面主要介绍几种常用转子的结构和性能。

2. 转子的材质及选择

为了适应不同的使用需求，装载于转轴上的转子是可替换的，生产超速和高速离心机的厂家都有系列化的转子供应。用户可根据需要选购。在实际使用时，转子的选择可结合分离的目的、要求和方法，从转子最大额定转速、形状、容量、转子所配离心管、离心机配置的附属设备等方面来选用转子。

（1）角式转子。

各类离心机使用的基本转子是角式转子，也是转速最高的转子，管孔中心线和旋转轴夹角通常为15°～45°。角式转子的强度高、重心低、运转平稳、使用方便、寿命较长。样品先顺离心力方向沉降，碰到距旋转轴远处一侧的离心管内壁后滑向管底。颗粒穿过溶剂层的距离短（略大于离心管直径），离心所需时间就短。但也正是由于这种运动特点，在离心管离旋转轴远处一侧的内壁附近形成了强烈的对流和漩涡，影响了分离纯度，因此，它对于分离沉降特性差异较大的颗粒效果较好，常用于差速离心。

（2）水平转子。

水平转子在转子体上悬吊着3～6个自由活动的吊桶（离心管套），装载样品的离心管安放于吊桶内，在加速过程中，离心管中心线从与旋转中心线平行而逐渐变为与它垂直,即被甩到水平位置。样品沉降过程中穿过溶剂层的长度略小于试管长度,离心所需时间较长。它主要用于密度梯度区带离心,样品的不同组分物质沉降到离心管的不同区域,呈现与离心管横截面保持水平的带状,且离心后区带不必重新定位。由于颗粒在离心力场中沿离心力方向散射地运动,而不是按平行线沉降,只有处于样品区带中心的颗粒才直接向管底沉降,其他颗粒则撞向管的两侧,颗粒也受振动和变速扰乱,但对流现象要小得多。

(3)垂直转子。

垂直转子的离心管垂直放置。样品沉降行程特别短(小于试管直径),由碰撞和温差引起的对流不显著。垂直转子与角式转子和水平转子相比,如果它们的最大旋转半径一样,那么垂直转子的最小旋转半径比角式转子和水平转子都大。在同样的离心速度下,在垂直转子中的样品受到的最小离心力要大于角式转子和水平转子,离心所需时间较角式及水平转子短,同样离心所需时间只及角式转子的1/3～1/2,水平转子的1/5～1/3。

样品是在垂直转子的离心管纵向削面上沿离心力方向沉降,其纵向剖面积大于水平转子离心管的横向截面积或角式转子离心管的斜向截面积,所以离心沉降时纯样品区带的容量较大,在没有沉淀附着或沉淀附着很紧密的条件下分离纯度高,样品加载量也较大,流体静压力很小,不会因静压过高而使生物颗粒受到扭伤。而角式转子或水平转子由于绝大部分颗粒所处位置的旋转半径与转子最小旋转半径之差比垂直转子大,流体静压力就较大,颗粒容易受挤压或损伤。

垂直转子可用于差速离心和区带离心。由于在相同转速时垂直转子平均离心力远远大于水平转子,以及颗粒沉降行程短等特点,使得某些本来必须在超速离心机上用水平转子进行的区带离心的操作可以在高速离心机上用垂直转子来替代,从而获得相似的分离效果。

在加速过程中垂直转子中的密度梯度层有自水平到垂直的过程,而在减速过程中密度梯度层有自垂直到水平的过程。为了使这种梯度转换在加速及减速过程中能顺利进行而不产生涡流及不同密度层之间的对流,使用垂直转子的离心机必须有慢加速及慢减速功能,并能与正常程序之间进行自动切换。

(4)分析转子。

分析转子用于分析型超速离心机或带分析附件的制备型超速离心机,一般用铝合金或钛合金制成,转速从18 000～72 000 r/min。有二孔型(其中一个孔为平衡、参考孔)或多孔型,多孔型可用于三种以上样品的一次性连续扫描分析。转子孔上下开通,离心池垂直放置于其中,各类光学系统透过上下石英窗来探测样品的沉降过程。离心池的安装和样品的加载要求比较高。离心池的材料多选用铝合金或塑料,其种类较多,如单孔标准池、单孔倾斜窗型池、双孔扇形池、固定型和移动型分隔池,以及合成界面单孔池、双孔池、多孔池、微型池等,分别可被选择用于各种不同目的、不同光学系统的离心分析。

9.3.3　离心管

1. 种类与材质

离心管一般由管盖(帽)、管体两部分组成。管体有光口、螺口之分,大多数型号的管体都配有管盖。

管盖起着防止样品外泄和挥发、支撑管体防止变形的作用。管盖分为较简单的速压盖、螺旋盖,也有较复杂的盖组件。盖组件由盖体、密封圈、螺母、螺钉等部件组成,盖体材质有塑料、铝合金、不锈钢等。盖组件要组装正确和密封性良好,避免腐蚀。

管体通常由玻璃、塑料或金属制成,玻璃管透明度最好,适于高温灭菌,不能耐受较大的应力,一般在低速离心时使用。塑料管的透明度取决于玻璃管,易变形,寿命短,但能耐受较大的应力,硬度小,适于穿刺取样,也有较好的耐热特性。制造塑料离心管的主要材质有:聚乙烯(polyethylene,简称PE)、聚丙烯(polypropylene,简称PP)、聚异质(polyallomer,简称PA)、聚碳酸酯(polycarbonate,简称PC)等。金属离心管大多由不锈钢制造,具有不易变形、耐热、寿命长等优点,但由于不透明,在加样或取样时不易观察。

用于超速离心机上的管体和盖组件要求较高,如果盖组件密封变差或管体有轻微变形就要弃用。

2. 如何选择

离心管的选用主要从容量、强度、离心转速、耐热耐蚀特性、离心介质等方面考虑。选择离心管的规格可查阅有关产品说明书,不同材质离心管的耐化学腐蚀性可查阅制造商提供的资料。由于离心管材质的不同,能承受的应力就有很大的不同,使用时不能超过离心管所能承受的最高转速。否则,离心管要变形或开裂。严禁使用变形、损伤或老化的离心管。

9.3.4 附件

目前,较为先进的分析用超速离心机机型,装有完善的柱面透镜光学系统、干涉光系统、紫外吸收扫描光学系统以及数据处理微机系统等附件。制备用超速离心机附属设备可选配分析用光学装置、密度梯度形成——收集仪、用于区带转子操作的特种加样或取样器、密度梯度泵、积分分析仪和切管器等。此外,离心机现代完善的一个服务特色是提供故障自我诊断与显示,为排除故障提供依据,另一个特色是在显示屏上提供各种实用菜单。

9.4 离心分离技术的应用

9.4.1 离心分离技术在食品加工领域的应用

各种类型的沉降离心机在食品工业中的应用占主导地位。例如,可用于牛奶澄清与稳定化处理、食油精制、干酪及酸奶酪的生产、乳糖、酪蛋白、黄油、葡萄酒、各种果汁、啤酒、咖啡、果冻、制糖、糖蜜、酵母及酵母提取物、淀粉棕榈油、卵磷脂、植物油脂、动物原脂、明胶、血清、血粉、鱼粉、鱼油、柠檬酸、味精、水藻、大豆蛋白、单细胞蛋白、速冻蔬菜、人参蜂皇浆、皂料、橄榄油、发酵肉汤、速溶饮料、维生素、谷朊、肉类加工等。

各类过滤离心机的应用亦十分广泛,用于食糖、味精、淀粉、蛋白回收、酵母、葡萄糖、柠檬酸及各类水果和各种植物中分离原汁及冷冻浓缩等操作中。食品加工工艺流程中需要采用离心分离技术的情况，在逐渐增多。

9.4.2　离心分离技术在生物工程领域的应用

在生物工程领域的生产和实验研究中，微生物发酵液、动植物细胞培养液、酶反应液或各种提取液，常常是由固相（固形物）与液相组成的悬浮液，这种悬浮液的液－固分离是生物化工产品生产过程中的重要操作之一，离心分离技术是其中一种非常有效的分离方法。其中，冷冻离心具有可调的低温工作条件，特别适宜于具有生物活性的生物大分子和不稳定细胞器的分离和提纯。

1. 测定生物大分子的分子质量

分析型超离心技术主要用于研究纯的或基本上是纯的大分子或粒子（如核蛋白体）。它只需要很少量的物质，并配备有光学分析系统，如光吸收、折射、干扰等来连续地监测物质在离心力场中的行为，从这样的研究中得到的资料可以推断物质的纯度、相对分子质量和构象的变化。分析型超速离心机配以专门的离心池和转子，主要做两类实验：沉降速度离心实验和沉降平衡离心实验，常用这两种技术解决一些特定的问题。在一定的转速下，使得任意分布的粒子通过溶剂从旋转中心辐射地向外移动，在移去了粒子的那部分溶剂和尚含有沉降物的那部分溶剂之间形成一个明显的界面，该界面随时间的移动而移动，这就是粒子沉降速度的一个指标，经光学系统记录后，可求出粒子的沉降系数。

2. 应用于研究 DNA 制剂、病毒和蛋白质的纯度估计

用沉降速度的技术来分析沉降界面是测定制剂均质性的最常用方法之一，出现单一清晰的界面一般认为是均质的，如有杂质则在主峰的一侧或两侧出现小峰。

3. 检测大分子构象的变化

例如 DNA 可能以单股或双股出现，其中每一股在本质上可能是线性的，也可能是环状的，如果遇到某种因素（温度或有机溶剂），DNA 分子可能发生一些构象上的变化，这些变化也许可逆、也许不可逆，这些构象上的变化可以通过检查样品在沉降速度上的差异来证实。

4. 牛生长激素（BGH）的分离提取

来自发酵罐的菌体经过离心法除去培养液后再加入缓冲液，通入高压匀浆机中反复破碎三次，匀浆液经过离心和水洗除去细胞碎片，再添加溶菌酶、EDTA 和促溶剂以除去脂蛋白和未破碎的细胞。包含体经离心沉淀和水洗后进行变性溶解，溶解剂为6 mol/L的盐酸胍。溶解的同时通入空气氧化以打断错误连接的双硫键。离心除去沉淀，含变性蛋白质的上清液经超滤浓缩后通过凝胶柱除去杂蛋白，再加入复性缓冲液进行透析复性。复性过程中产生的絮凝沉淀也用离心除去。整个流程中多次采用离心法将包含体与细胞碎片及可溶性蛋白质分开，使后继的分离纯化简单化。

5. 细菌中分离糖原

培养细菌细胞至对数生长期，用核酸酶和脱氧核酸酶处理细胞，在相对离心力为3 000 g的条件下，离心 15 min，除去未破碎的细胞。用 SDS 处理，然后在 20 ℃的条件下，40 000 g 离心 1 h，用蒸馏水悬浮沉淀再次离心，这样重复 6 次。加入厚壳桂碱，并把沉淀部分溶解在4 ℃的水中，静置一夜，次日于6 000 g 的条件下离心 15 min，糖原溶于上清液

中，呈现特有的乳白色。再将上清液于40 000 g的条件下离心60 min，经差速离心法，糖原粒子凝结沉淀。

6. 载脂蛋白分离

1.2 g冷冻的日本松针瘿蚊越冬老熟幼虫在4 ℃预冷的10 min抽提液（PBS，pH值为7.0，内含NaCl，EDTA，还原型谷胱甘肽，叠氮钠，苯脎胇和一定量的蛋白酶抑制剂）中匀浆，匀浆转速为13 500 r/min，时间为1.5 min。匀浆液在4 ℃、18 000 r/min离心30 min。收集上清液，不要搅动离心管顶端上浮的脂层。蛋白上清液在4 ℃、80%硫酸铵沉淀，离心（按上述同样的条件）所得到的沉淀重新溶解于2倍体积的抽提液中。然后进行载脂蛋白的KBr密度梯度超离心。按5 mL抽提液加入2 mg KBr的比例，调节其密度为1.31 g/mL，将上述溶液（19.5 mL）置于39 mL离心管内，再在其上覆盖等体积、密度为1.007 g/mL新配制的缓冲液（50 mmoL/L PBS，pH值为7.0）。将上述密封的离心管超速离心，采用垂直转子，在8 ℃，50 000 r/min离心5 h。在离心过程中，采用缓慢加速和减速的方式。超速离心后，可清晰地看到浅黄色的载脂蛋白带，收集该带于透析袋中，对双蒸水进行透析24 h。所得到的成分按上述同样方法进行第二次超速离心。纯化的载脂蛋白密度的测定采用质量分析法。

7. 肝炎病毒分离

肝炎病毒（甲型）持续感染传代细胞培养两周后弃去培养液，用胰酶/EDTA消化细胞，低速离心收集细胞沉淀，加入裂解液裂解细胞膜，离心去除细胞核和细胞残渣，加入总浓度为2%的SDS，以进一步裂解剩余少量细胞残余物。用带细长针头的注射器往12 mL离心管中由管底依次缓慢加入1.8 mL 100 g/L的蔗糖（含1% SDS）、1.8 mL 200 g/L的蔗糖、1.8 mL 300 g/L的蔗糖、0.5 mL体积分数为80%的甘油，然后在离心管上部加入5.3 mL粗制甲型肝炎病毒悬液，离心管放入水平转子中，37 000 r/min（170 000 g）、18 ℃离心6 h，经非连续密度梯度区带离心法最后获得管底高纯度病毒液体。

参考文献

[1] 张剑鸣. 离心分离设备技术现状与发展趋势[J]. 过滤与分离. 2014(2)：1-4.

[2] 刘小平. 中药分离工程[M]. 北京：化学工业出版社，2005.

[3] 蒋飞华，王胜良，郑景荣. 碟式分离机在NaY滤液处理中的工业应用[J]. 广州化工，2013(1)：68-70.

[4] 李从军. 生物产品分离纯化技术[M]. 武汉：华中师范大学出版社，2009.

[5] 李振虎，郭锴，郑冲，等. 旋转填充床中径向传质强度分布的研究[J]. 石油化工，2011，40(8)：856-859.

[6] 卢银平，林雨霖，姚学军，等. 甲型肝炎病毒结构蛋白的分离纯化及鉴定[J]. 中国病毒学，1999，14(3)：210-216.

[7] 李毅平，龚和，朴镐用. 越冬松针瘿蚊幼虫整体携脂蛋白的分离和纯化[J]. 昆虫学报(增刊)，2000，43：77-84.

[8] COLE J L, HANSEN J C. Analytical ultracentrifugation as a contemporary biomolecular

research tool[J]. Journal of Biomolecular Techniques, 1999, 10(4):163-167.

[9] KIM K Y, CHO J Y, SEO K H. Efficiency in the extraction of pure silicon from Al – Si alloy melts by a combined process of solvent refining and centrifugation for solar silicon feedstock[C]//Advanced Materials Research, 2013, 652: 1153-1156.

[10] KOUZAYHA A, Al ISKANDARANI M, MOKH S, et al. Optimization of a solid – phase extraction method using centrifugation for the determination of 16 polycyclic aromatic hydrocarbons in water[J]. Journal of Agricultural and Food Chemistry, 2011, 59(14): 7592-7600.

[11] JODEIT, H. Investigations into particle filtration with technical filter media[J]. 1986, 46(2): 55-56.

[12] SOCAS R B, ASENSIO R M, HERNáNDEZ B J, et al. Chromatographic analysis of natural and synthetic estrogens in milk and dairy products[J]. TrAC Trends in Analytical Chemistry, 2013, 44: 58-77.

第10章　超声波萃取

10.1　概　　述

超声波萃取(ultrasound extraction,简称UE),亦称为超声波辅助萃取、超声波提取,是基于超声波技术发展起来的近几十年来经常采用的样品前处理方法。利用超声波辐射压强产生的强烈空化效应、扰动效应、高加速度、击碎和搅拌作用等多级效应,增大物质分子运动频率和速度,增加溶剂穿透力,从而加速目标成分进入溶剂,促进提取的进行。

10.1.1　超声波简介

自从1880年Curie发现了压电现象、1893年Galton发现了超声波以后,超声波的研究开始引起人们的关注。经过短期的发展,1912—1917年,超声波有了实际的应用,即将超声反射技术应用于测定德国的水下潜艇。1939年和1945年,英国人和美国人分别将超声波技术应用于流体系统的研究中,之后超声波在各个领域的应用研究迅速展开。1986年,英国皇家化学会在Warmick大学召开了第一次声振化学(sonochemistry)会议,反映了本领域的研究进展,引起了学术界的兴趣。声振化学的发展已经能够与光化学、激光化学、热化学和高压化学相提并论。

超声波属于声波中的一种,通常把频率为$20\sim10^{6}$ kHz的声波称为超声波。各种频段的声波及其特点见表10.1。

表10.1　超声波的种类与特点

声波种类	频率/Hz	特点
次声波	<20	人耳听不到,传播衰减很小,传播距离很远
可闻声	$20\sim2\times10^{4}$	人耳可听到
超声波	$2\times10^{4}\sim1\times10^{9}$	传播频率较高,传播方向性较强,介质震动强度大,在流体中传播可产生空化现象
特超声	$1\times10^{9}\sim1\times10^{12}$	传播衰减很大,波长短,频段大致与微波相对应

由表10.1可见,超声波的频率范围很宽,占据声学全部频率范围的二分之一以上。超声波的传播遵循声波传播的基本规律,但也有一些突出的特点:①超声波频率可以很高,因而传播的方向性较强,设备的几何尺寸较小;②超声波传播过程中,介质质点振动加速度非常大;③在液体介质中,当超声波的强度达到一定值后会产生空化现象。

超声波的发生主要由三种方式来实现:①通过机械装置产生谐振形成的超声波,一般频率较低(20 ~ 30 kHz);②利用磁性材料磁致伸缩现象,再经电 - 声转换发出的声波,频率为几千赫兹至百万赫兹;③利用压电或电致伸缩效应材料,加上高频电压,产生的超声波,频率为 100 MHz 至 GHz 数量级。

应用在植物样品提取中的超声波,一般是由磁性材料经转换器产生的,有效频率一般为 20 ~ 50 kHz,可以加速样品提取的速率。

10.1.2 超声波萃取的分类

1. 静态法

静态超声波溶剂提取技术广泛地应用于固体样品,包括植物、土壤、沉积物等的提取实验中。与振动提取比较,由于空化作用,该方法能显著地加快提取的速度,因而受到人们的青睐。与索氏提取、微波提取、超临界提取等技术比较,该方法简单、需要的费用低。对日常分析而言,简单而节省费用的技术总是首选的方法。从原理上说,静态法仅仅应用了超声波的空化作用。通过强烈的超声空化作用,缩短了目标物到达分配平衡的时间。

2. 动态法

动态提取是最近才提出的一种崭新的概念。这种技术是基于流动的提取溶液连续地通过固体基质将目标物质提取出来。当提取液连续地通过基质时,降低了提取相中目标分子的浓度,因而促进了目标分子向提取相的转移。再加上超声波能量的辅助作用,能够在有限的时间内将目标分子"完全"提取。动态提取最早应用于沉积物和土壤样品中重金属的提取。至 2000 年,Ericsson 等将动态提取应用于沉积物中多环芳烃(PAH)的提取,以微波作为辅助能量,能增加提取的效率。无论是重金属还是 PAH,性质很稳定,不易分解,因此不需要考虑能量施加到提取系统中可能会引起目标物质的分解或修饰。2003 年,Caballo Lopez 等将连续提取技术应用于氨基甲酸酯的提取中,通过条件的优化,得到了 77% ~ 95% 的回收率。

10.2 原 理

10.2.1 基本原理

1. 热力学机理

超声波是一种机械波,和其他形式的能一样,超声能也会转化为热能。生成热能的多少取决于介质对超声波的吸收。所吸收的能量大部分或全部转化为热能,导致系统温度的升高。当震动频率固定,超声波产生的热量在单位时间内是恒定的,可导致体系温度升高。实验证明,用 10 W 声功率处理 50 mL 的水,在绝热状态下,理论上 2 min 可使水温升高 5.7 ℃。所以超声波作用到样品提取系统中,可以使体系介质内部温度迅速升高,加快固体样品中化合物质的扩散速度,改变目标物质在固 - 液两相中的分配常数。在实际样品提取时,欲维持体系温度恒定,必须将超声波本身所产生的热量有效地释放至体系外。

2. 机械机制

超声波的机械作用主要是辐射压强和超声压强引起的。辐射压强可能引起两种效应:其一是简单的骚动效应;其二是在溶剂和固体之间出现摩擦。辐射压强沿声波方向传播时,对物料有很强的破坏作用,可以使样品细胞组织表面变形。超声压强将给予溶剂和样品固体以不同的加速度,使溶剂分子运动的速度远大于样品固体的速度,在它们之间产生摩擦,这种能量相当大,甚至能打开两个碳原子之间的化学键,导致大分子物质分解或解聚。

3. 空化效应

富含能量的超声波作用于提取体系内,液体内部可能被撕裂成很多小的孔穴,当这些孔穴瞬间闭合时,产生瞬间的高压,即称之为空化效应。在液体中,当声波的功率相当大,液体受到的负压力足够强时,媒质分子间的平均距离就会增大并超过极限距离,从而将液体拉断形成空穴,在空化泡或空化的空腔激烈收缩与崩溃的瞬间,泡内可以产生局部的高压以及高温,从而形成超声空化现象。空化现象包括气泡的形成、成长和崩溃过程。可见空化现象是超声化学的主要动力,使粒子的运动速度加快,破坏粒子的力的形成,使许多物理化学和化学过程急剧加速,对分散、萃取等过程有很大的促进作用。对植物样品提取而言,空化效应有利于加速待测物中有效成分进入溶剂,缩短体系到达平衡的时间。

10.2.2　技术特点

与常规的萃取技术相比,超声波萃取技术快速、价廉、高效。在某些情况下,甚至比超临界流体萃取(supercritical fluid extraction,简称 SFE)和(microuaue assisted extraction,简称 MAE)还好。与索氏萃取相比,其主要优点有:①成穴作用增强了系统的极性,这些都会提高萃取效率,使之达到或超过索氏萃取的效率;②超声波萃取允许添加共萃取剂,以进一步增大液相的极性;③适合不耐热的目标成分的萃取;④操作时间比索氏萃取短。在以下两个方面,超声波萃取优于 SFE:①仪器设备简单,萃取成本低得多;②可提取很多化合物,无论其极性如何,因为超声波萃取可用任何一种溶剂。SFE 事实上只能用 CO_2 作为萃取剂,因此仅适合非极性物质的萃取。超声波萃取优于微波辅助萃取体现在:①在某些情况下,比微波辅助萃取速度快;②酸消解中,超声波萃取比常规微波辅助萃取安全;③更多数情况下,超声波萃取操作步骤少,萃取过程简单,不易对萃取物造成污染。

10.2.3　动力学研究

粉末状的植物样品提取过程中,与超声波直接作用的主要是粉末粒子表面上的植物细胞。当这些细胞破碎后,目标物质可以很快地释放出来。但是粉末粒子内部的大量细胞在超声波的作用下,目标物质必须经过颗粒内部的扩散才能到达颗粒表面,进而进入到液相主体内。植物颗粒在提取前,具有比较完整的由多个细胞组成的结构,当被充分分散到提取溶液时,颗粒中的细胞结构开始溶涨,表面被破坏的细胞中的有效成分被提取到溶液中,出现空壳,形成一个核 - 壳结构,这个颗粒中的细胞结构仍然比较完整。当颗粒在超声波作用下,核 - 壳结构中的核不断缩小,壳厚度增加,且其中的细胞结构被破坏变形(图10.1)。

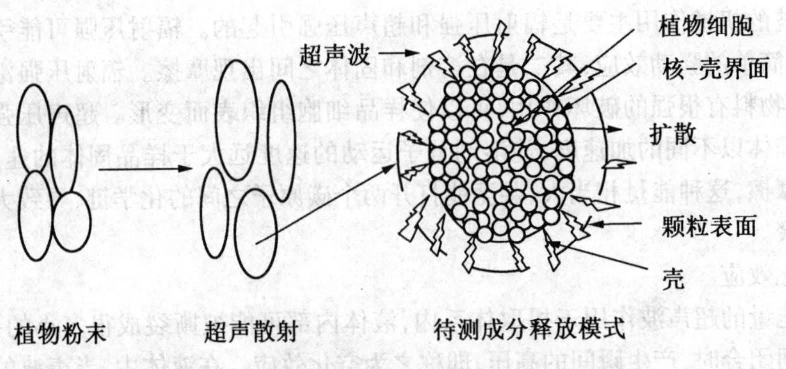

图10.1　植物粉末待测成分超声波提取过程示意图

基于上述分析,进一步提出假设模型:①从颗粒表面到有效成分核-壳界面的细胞被超声波破坏击穿后形成的壳体是一种多孔介质,对有效成分的向外扩散不存在阻力;②有效成分核在超声波作用下沿半径方向以同等的速度缩小,整个提取过程中颗粒几乎保持原形;③超声波穿过多孔的壳体主要与有效成分核界面相互作用,通过击穿核界面层细胞而逐渐提取有效成分;④在超声波与有效成分核界面层细胞作用时,核内部细胞受超声波作用比界面上的作用小得多,并不被超声波击穿,不提取出有效成分,即在整个提取过程中有效成分核的密度和有效成分含量几乎不变。由于随着超声波作用时间的延长,含有有效成分核半径逐渐缩小,由此建立的模型称为无扩散阻力的有效成分核收缩模型(简称缩核模型)。

假如整个提取过程总的提取速率主要由有效成分核界面层细胞的破坏速率决定,即提取控制步骤是核-壳界面上细胞的破碎过程,而细胞破坏速率又取决于超声波可以直接作用的有效成分核界面面积,并与之成正比。于是颗粒中有效成分的提取速率有:

$$-\frac{\mathrm{d}w}{\mathrm{d}t}=kS \tag{10.1}$$

式中,w 为颗粒中有效成分在 t 时刻的质量;S 为颗粒中有效成分核的界面面积;t 为超声波输入对提取体系的作用时间;k 为有效成分提取速率常数。

对一个球形颗粒而言,则有:

$$S=4\pi r^2$$

$$w=\frac{4}{3}\pi r^2\rho x_0$$

式中,r 为颗粒中有效成分核在 t 时的半径;x_0 为植物粉末颗粒中有效成分的百分含量;ρ 为植物粉末的颗粒密度。将 $S=4\pi r^2$ 和 $w=4/3\pi r^2\rho x_0$ 一并积分。代入得

$$-4\pi r^2\rho x_0\frac{\mathrm{d}r}{\mathrm{d}t}=4\pi r^2 k$$

$$-\int_{r_0}^{r}\mathrm{d}r=\frac{k}{\rho x_0}\int_0^t\mathrm{d}t$$

$$r_0-r=\frac{k}{\rho x_0}t$$

$$r_0 - r = \frac{k}{\rho x_0}t + \delta \tag{10.2}$$

设 r_0 为植物粉末颗粒原始半径，r_0' 为超声波开始输入时（$t=0$）提取体系颗粒有效成分核的半径，为超声波开始输入时有效成分核沿颗粒半径方向收缩的距离。则 $r_0 - r_0' = \sigma$，σ' 为超声波开始输入时有效成分核收缩率，即 $\sigma' = \sigma / r_0$。由于颗粒 r_0 和有效成分核半径 r_0' 不易测量，用有效成分提取百分率 η 来表示与 r 的关系。当超声波开始输入提取体系即 $t=0$ 时，植物粉末已经与溶剂充分接触，颗粒表面细胞中有效成分已经被溶剂提取出来，即 $\sigma \neq 0, \eta \neq 0$。

由 $\eta = \frac{w_0 - w}{w_0} = 1 - \frac{r^3}{r_0^3}$，$r = r_0(1-\eta)^{\frac{1}{3}}$，将其代入式（10.2）可得

$$1 - (1-\eta)^{\frac{1}{3}} = \frac{k}{\rho r_0 x_0}t + \delta$$

若将上式右边的常数合并，则得到整个提取过程有效成分受细胞破碎控制情况下的动力学方程式：

$$1 - (1-\eta)^{\frac{1}{3}} = k't + \sigma' \tag{10.3}$$

若超声波提取植物粉末颗粒有效成分符合缩核模型，由式（10.3）可见 $y = 1-(1-\eta)^{\frac{1}{3}}$ 与 k' 成正相关关系。其中，k' 为细胞破碎控制时的动力学速率常数，η 为有效成分提取的百分率。显然，η 与提取溶液的性质有关，目标成分与提取溶液的互溶性越好，η 值越大，则 y 值越大，单位时间内动力学速率常数与 y 值正相关。因此，提取某一特定的目标成分时，提取溶液的选择是关键，不仅影响到提取的百分率，还会影响到提取的速率。

10.3　工艺流程及参数因素

超声波提取植物有效成分的效果主要取决于超声波的强度、频率和时间，因此考虑的参数主要有电振动频率和功率、样品颗粒的大小、溶剂的性质、频率、强度和提取时间等。在超声提取实验中发现，提取不同植物的有效成分，选择不同的参数会出现不同的结果；即使是提取同一植物的有效成分，也会因参数的不同而得到不同的实验结果。因此在超声提取植物有效成分时，找到适宜的参数是提高提取率的关键，只有选择合理的参数，使液体达到最大的空化状态，才能获得良好的提取效果。

10.3.1　超声频率

超声波的热效应、机械作用、空化效应是相互关联的。通过控制超声波的频率与强度，可以突出其中某个作用，减小或避免另一个作用，以达到提高有效成分提取率的目的。超声波作用于生物体所产生的热效应受超声波频率影响显著。一般来说，超声频率越低，产生的空化效应、粉碎、破壁等作用越强。强烈空化效应影响下使溶剂中瞬时产生的空化泡迅速崩溃，促使植物组织中的细胞破裂，溶剂渗透到植物细胞内部，使细胞中的有效成分进入溶剂，加速相互渗透、溶解。故在超声作用下，不需加热也可增加有效成分的提取率。

超声波可分为检测超声和功率超声。当把超声波看成一种波动形式用于信息载体

时，超声波只是一种检测工具，射入媒质后，再设法接收其回波或透射波，从接收的幅度、位相等变化来获取有关声媒质造成的影响或破坏，应尽量使用小振幅的声波。当超声波作为一种能量形式作用、影响或改变媒质，如使媒质的状态、组分、功能或结构等发生变化，常常需要使用大振幅的所谓功率超声。功率超声就是利用超声振动能量来改变物质组织结构、状态、功能或加速这些改变的过程。

在植物样品提取时，超声波是作为一种能量的形式作用于媒质，同时还不能对媒质和待测物造成破坏，所以对频率有所选择。大致使用 20 ~ 100 kHz 的超声波作为能量作用，在物质介质中形成介质粒子的机械震动，能够加速提取的进程。超声波的频率改变影响提取的各个参数变化的关系见表 10.2。

表 10.2　高强度超声波辐射液体，频率增加各参数的变化趋势

20 kHz—频率增加—1 000 kHz		
分子位移振幅	减	$A = \sqrt{2I/w^2 \rho C}$
分子加速度	增	$\Gamma = w \sqrt{2l/\rho C}$
空化泡最小临界半径	减	$R^3 + \frac{2\delta}{P} R_\eta^3 - \frac{32\delta^2}{27P(P - P_m)} = 0$
空化泡最大临界半径	减	$R = 0.302$
空化激波最大压力	减	$P_{max} = \frac{P}{3.16}(\frac{R_m}{R})^3$
空化泡崩溃的最大压力		$P_{max} = Q(\frac{R_m}{R}) d_r$
空化泡内最大温度(绝热压缩)		$T = T_0(V - 1)(\frac{Q}{P})^{\frac{1}{r}}$

10.3.2　超声强度

超声波是声波中的一种，频率高于 20 kHz，对液体而言上限可高至 500 MHz。超声波在介质中的传播和衰减服从指数规律：

压力　　$P = P_0 \exp(-\alpha_P x)$

强度　　$I = I_0 \exp(-\alpha_I x)$

$$\alpha_I = 2\alpha_P = \frac{2\pi^2 f^2}{\rho C^3}[\eta_b + \frac{4}{3}\eta_\delta + \frac{(r-1)K'}{C_P}]$$

式中，衰减常数 α_P 和 α_I 分别为声波的压力衰减常数和强度衰减常数；f 为声波频率；ρ 为密度；C 为传播速度；η_b 为本体黏度；η_δ 为剪切黏度；K' 为传热系数；C_P 为恒压热容。

而超声波的强度与超声仪的功率有关。并非所有实验室的超声仪都有足够的功率适用于样品提取。必须有足够强大的超声波以确保其在穿过提取容器壁之后仍可在液体内引发空化作用，才有助于目标物质解吸出来。检查有空化现象存在的常用方法是取一小片铝箔置入容器中的提取液中，大约 30 s 后，若铝箔上呈现微孔，则表明该设备能发射足够的声场以引发空化。最大功率1 500 W、可调振动频率为20～40 kHz的超声仪，能够引发足够强的空化作用，适合于植物样品的提取。

10.3.3　样品颗粒的大小

样品颗粒的大小影响到提取的速率。颗粒小，比表面积大，与溶剂接触的面积大，有利于目标成分的扩散，在较短的时间内可以到达固－液分配平衡。同时，颗粒减小，比表面积增大，表面张力增加，因而增加了物理吸附，进而影响目标分子在固体界面上的活度，可能对热力学平衡常数产生影响。一般粉碎的植物样品要求过60～100目筛(0.25～0.149 mm)后，再进行提取实验。这样既增加了提取的速率，又有利于植物样品均匀混合，并且保证称取的样品具有代表性。

10.3.4　提取溶剂的性质

超声提取植物有效成分时，溶剂种类及其浓度也是影响提取得率的关键。超声提取时无需加热，因此在选择提取用的溶剂时，最好能结合植物有效成分的理化性质进行筛选，如在提取皂苷、多糖类成分时，可利用它们的水溶性特性选择水作为溶剂；在提取生物碱类成分时，可利用其与酸反应成盐的性质而采用酸浸提方法等。一般混合溶剂具有较宽的提取能力，因此在超声波辅助提取的多目标化合物分析中，如多酚一般采用互溶两种或两种以上的溶剂提取，但也降低了对目标分子提取的选择性。

10.3.5　超声时间与提取率

超声提取法最大的优点是收率高，不用加热，还能大大缩短提取时间。用超声提取大黄中大黄蒽醌10 min比用煎煮法提取3 h的提取率还高。对于黄芩苷，10 min超声提取率比煎煮法提取3 h还高。中药槐米中提取芦丁，用超声提取10 min比热碱提取50 min的提取率高。超声提取芦丁40 min，其芦丁收率是目前大生产收率的1.7～2倍，可节约原药材30%～40%。

10.3.6　溶剂浸渍时间

采用超声技术将植物中的有效成分大部分提出，往往需要用一定溶剂将药材浸渍一段时间，再进行超声处理，这样可以增加有效成分在溶剂中的溶解度，提高提取率。

10.4　应用与展望

早在20世纪50年代，人们就把超声波用于提取花生油和啤酒花中的苦味素、鱼组织中的鱼油等。目前，超声波萃取技术已广泛用于食品、药物、工业原材料、农业环境等样品中有机组分或无机组分的分离和提取。

10.4.1　食品工业中的应用

在食品工业中，超声波萃取技术是一项边缘、交叉的学科技术，已引起很多国家科技工作者的广泛关注。

1. 油脂浸取

超声场强化提取油脂可使浸取效率显著提高，还可以改善油脂品质，节约原料，增加油的提取量。

毕红卫对比了匀浆法和超声波萃取 γ－亚麻酸，结果表明，超声波萃取得到的油量多，比匀浆法增加 12.8%，并节省人力。从花生中提取花生油，可使花生油的产量增加 2.76倍。

Gorodenrd 等用超声波萃取技术提取葵花籽中的油脂，使产量提高 27% ~28%。在棉籽量相同时，用乙醇提取棉籽油，若使用强度为 1.39 W/cm^2 超声波处理，1 h 内提取的油量，比用超声波时提高了 8.3 倍。目前，鱼肝油的提取主要采用溶出法，出油率低，且高温使维生素遭到破坏。超声波也可用于动物油的加工提取，如鳕鱼肝油的提取等。前苏联学者分别用 300 kHz，600 kHz，800 kHz，1 500 kHz 的超声波提取鳕鱼肝油，在 2 ~5 min 内能使组织内油脂几乎全部提取出来，所含维生素未遭到破坏，油脂品质优于传统方法。

超声场不仅可以强化常规流体对物质的浸取过程，而且还可以强化超临界状态下物质的萃取过程。陈钧等对超声波强化超临界 CO_2 流体萃取过程进行了试验研究，从麦芽胚中提取麦胚油，超临界流体萃取附加超声场后，麦胚油的提取率提高 10% 左右，且未引起麦胚油的降解。超声波萃取在提取油脂方面的研究与应用十分活跃，已开展的试验和应用涉及八角油、扁桃油、丁香油、紫苏油、月见草油等的提取。

2. 蛋白质提取

超声波提取蛋白质方面也有显著效果，如用常规搅拌法从处理过的脱脂大豆料胚中提取大豆蛋白质，很少能达到蛋白质总含量的 30%，又很难提取出热不稳定的 7S 蛋白成分，但用超声波既能将上述料胚在水中将其蛋白质粉碎，也叫将 80% 的蛋白质液化，还可提取热能性不稳定的 7S 蛋白成分。梁汉华等通过对不同浓度大豆浆体、磨前经热处理大豆浆体及其分离出的豆渣进行超声波处理等一系列的试验，结果表明，经超声波处理过的大豆浆体与不经处理的比较，其豆奶中蛋白质含量均有显著的提高，提高的幅度在 12% ~20%，这说明超声波处理确实有提高蛋白质萃取率的作用。超声波处理还可提高浆体的分离温度，降低浆体黏度，可用于直接生产高浓度（高蛋白）的豆奶产品。

3. 多糖提取

黄海云等以白芨块茎为原料提取白芨粗多糖，比较多种提取方法表明，室温下超声波处理是最理想的提取方法。对金针菇子实体多糖的提取，用超声波强化，可使多糖提取率提高 76.22%。靳胜英等利用超声波热水浸提银耳多糖，提取率比酶法高出 5%，浸提时间大大缩短。于淑娟等对超声波催化酶法提取灵芝多糖的机理、优化方案及降解产品的组分和结构进行了系统的研究，同时也对虫草多糖、香菇多糖、猴头多糖的提取进行了研究，与传统工艺相比，超声波强化提取操作简单，提取率高，反应过程无物料损失和无副反应发生。

赵兵等对循环气升式超声破碎鼠尾藻提取海藻多糖研究发现，超声波在室温下作用 20 min，即可达到 100 ℃搅拌 4 h 的多糖提取率，明显高于 80 ℃搅拌 4 h 的多糖提取率。

通过比较用超声波和不用超声波提取 *Salvia officinalis* L. 中的多糖研究也证实了超声波提取是有效的强化提取方法。

4. 天然香料提取

Sethuraman 等用超声波强化超临界流体萃取(SSFE)辣椒中的辣椒素，取得了很好的效果。杨海燕等用超声波萃取宽叶缬草天然香料，在试验中，他们将用超声波萃取与不用超声波萃取的结果进行了对比，结果表明采用超声波萃取的滤液吸光度比不用超声波萃取的滤液吸光度高12% ~40%，说明超声波对萃取率有明显的影响。有文献报道，从橘皮中萃取橘皮精油，以二氯甲烷为溶剂，用20 kHz 超声波萃取 10 min 的精油提取率比水蒸气蒸馏 2 h，索氏提取 2 h 的提取率高 2 倍以上。

5. 食品分析中的应用

超声波萃取也用于食品样品的预处理。测定午餐肉脂肪含量的国家标准酸水解法，操作费时繁琐，人为因素影响较大，不易掌握。彭爱红利用超声波对酸水解测定午餐肉中脂肪含量的方法进行了改进，超声波提取样品不需加热，缩短了样品消化时间，可对大批量样品的脂肪含量同时测定。白艳玲等利用超声波提取食品中的甜蜜素，一次可以处理几份样品，操作简便，精密度及准确度符合要求。郝征红等结合大豆异黄酮的超声波提取试验条件，采用 HPLC 法对样品进行测定，缩短了 HPLC 法测定大豆异黄酮的前处理时间，提高了大豆异黄酮的提取率，建立了较完善的 HPLC 法测定大豆异黄酮的前处理与色谱分析条件。

10.4.2　天然植物和药物活性成分提取中的应用

超声波萃取技术的萃取速度和萃取产物的质量使得该技术成为天然产物和生物活性成分提取的有力工具。特别是生物活性成分的提取，例如动物组织浆液的毒质，饲料中的维生素 A、维生素 D 和维生素 E 等的提取。

由于天然产物和活性成分常用的提取方法存在有效成分损失大、周期长、提取率不高等缺点，而超声波提取可缩短提取时间，提高有效成分的提取率和药材的利用率，并可以避免高温对提取成分的影响。印度、美国、前苏联等国已对植物胡椒叶金鸡纳等药用植物进行了超声波提取的研究，并取得了良好效果。近年来，国内在这方面的工作取得了显著的进展。郭孝武和王昌利等分别概述了超声波萃取技术在中草药有效成分提取、工艺选定、含量控制方面的应用。超声波提取槐米中的芦丁及黄连中的黄连素，与传统的热碱沸腾提取法比较，提取率由12% ~14%增至16% ~22%，且成分稳定，不被破坏。李颖等利用超声波技术用甲醇、乙醚、己烷混合溶剂冰浴提取银州柴胡全草、根、茎及叶中挥发性活性成分，并进行高分辨 GC - MS 分析，鉴定出 116 种成分。陈艳莉应用超声波提取了绞股蓝皂甙。

王振宇等分别探讨了超声波真空冻干提取工艺和常规提取工艺，并对两种工艺提取的美国库拉索芦荟(aloe vera)中所含的活性物质进行了分析比较。超声波提取配合冻干干燥工艺制得的芦荟凝胶制剂纯度高、活性强，经测定，其过氧化物酶、蛋白质、有机酸高于常规工艺，保留了芦荟凝胶中的大部分活性成分。

此外，应用超声波提取的活性物质还包括：千金子脂肪油，元宝枫叶总黄酮，紫薯中的花青素色素，苦楝中的苦楝醇、苦楝酮和苦楝二醇等，杜仲叶中的有效成分，密蒙花黄色素，苦杏仁油，豚草茎中的绿原酸等。这些进一步证明了超声波提取技术的先进性、科学性，可用于多种有效物质的提取，为食品工业应用超声波萃取技术提供了有益的借鉴。

参考文献

[1]　罗登林，丘泰球，卢群. 超声波技术及应用[J]. 日用化学工业，2005，35(5):323-325.

[2]　张永林，杜先锋. 超声波及其在粮食食品工业中的应用[J]. 西部粮油科技，1999，24(2):14-16.

[3]　ZUO Yuegang，CHEN Hao，DENG Yiwei. Simultaneous determination of catechins，caffeine and gallic acids in green，oolong，black and pu－erh teas using HPLC with a photodiode array detector[J]. Talanta，2002，57(2):307-316.

[4]　ZDUNCZYK Z，FREJNAGELL S，WROBLEWSKA M，et al. Biological activity of polyphenol extracts from different plant sources[J]. Food Research International，2002，35(2－3):183-186.

[5]　WANG Huafu，HELLIWELL K. Determination of flavonols in green and black tea leaves and green tea infusions by high－performance liquid chromatography[J]. Food Research International，2001，34:223-227.

[6]　BREITBACH M，BATHEN D. Influence of ultrasound on adsorption processes[J]. Ultrasonics Sonochemistry，2001，8(3):277-283.

[7]　靳胜英，李久长. 银耳多糖提取工艺的研究[J]. 山西食品工业 1995(3):23-25.

[8]　杨海燕，贾贵汝，李保国. 超声萃取植物香料的试验研究[J]. 包装与食品机械，1999，17(1):4-7.

[9]　王铮敏. 超声波在植物有效成分提取中的应用[J]. 三明高等专科学校学报，2002，19(4):45-53.

[10]　彭爱红. 超声波提取法测定午餐肉中脂肪含量[J]. 食品工业科技，2003，24(9):82-85.

[11]　白艳玲，王丽玲. 超声提取气相色谱法快速测定食品中甜蜜素含量的研究[J]. 中国热带医学，2004，4(2):190-191.

[12]　郝征红，岳晖，邓立刚. 大豆异黄酮高效液相色谱法测定的研究[J]. 粮油食品科技，2003，11(3):6-7.

[13]　郭孝武. 一种提取中草药化学成分的方法——超声提取法[J]. 天然产物研究与开发，1999，11(3):37-40.

[14]　王昌利，张振光，杨景亮. 超声提高薯蓣皂苷得率的实验研究[J]. 中成药，1994，16(4):7-8.

[15]　郭孝武. 超声和热碱提取对芦丁成分影响的比较[J]. 中草药，1997，28(2):88－89.

[16]　李颖，彭建和，宙卫莉，等. 银州柴胡的化学成分研究[J]. 中国野生植物资源，1995(4):1－6.

[17]　陈艳莉. 超声法提取绞股蓝皂苷[J]. 中国现代应用药学，1994，11(6):11.

[18]　王振宇，杨春瑜，金钟跃. 超声波提取芦荟凝胶的工艺[J]. 东北林业大学学报，2002，30(4):71-72.

[19]　顾红梅，张新申，蒋小萍. 紫薯中花青素的超声波提取工艺[J]. 化学研究与应用，2004，16(3):404-405，408.

[20]　马玉翔，赵淑英，王梦媛，等. 苦楝的提取及其抑菌活性研究[J]. 山东科学，2004，17(1):32-35.

[21]　刘晓轩，张小曼，马银海，等. 超声波提取杜仲叶中有效成分工艺研究[J]. 西北林学院学报，2003，18(3):66-68.

[22]　赵文斌，刘金荣，但建明，等. 均匀设计法优化苦杏仁油超声波提取工艺[J]. 粮食与油脂，2001(11):4-5.

[23]　PRIEGO L E，LUQUE D C M D. Ultrasound－assisted extraction of nitropolycyclic aromatic hydrocarbons from soil prior to gas chromatography－mass detection[J]. Journal of Chromatography A，2003，1018:1-6.

[24]　MARTíNEZ K，BARCELó D. Determination of antifouling pesticides and their degradation products in marine sediments by means of ultrasonic extraction and HPLC－APCI－MS[J]. Fresenius Journal of Analytical Chemistry，2001，370:940-945.

[25]　MARTENS D，GFRERER M，WENZL T，et al. Comparison of different extraction techniques for the determination of polychlorinated organic compounds in sediment[J]. Analytical and Bioanalytical Chemistry，2002，372:562-568.

[26]　LáZARO F，LUQUE D C M D，VACáRCEL M. Direct introduction of solid samples into continuous－flow systems by use of ultrasonic irradiation[J]. Analytica Chimica Acta，1991，242:283-289.

[27]　ERICSSON M，COLMSJO A. Dynamic microwave－assisted extraction[J]. Journal of Chromatography A，2000，877:141-151.

第11章 微波萃取

11.1 概 述

11.1.1 概念

微波是指频率为300 MHz～300 GHz(或波长为0.1～100 cm)的电磁波,位于电磁波谱的红外光波和无线电波之间。在一般情况下,微波可以穿透某些材料,如玻璃、陶瓷、某些塑料(如聚四氟乙烯)等,微波也可以被一些介质如水、碳、极性有机溶剂、木材等吸收而产生热效应。微波辅助提取(microwave-assisted extraction,简称MAE)是利用微波能加热与固态样品接触的溶剂,使所需要的化合物从样品中分配到溶剂里的提取过程。提取在密闭或敞开的微波－透明容器中进行,提取溶剂和样品混合在里面接收到微波能。微波能是一种能量形式,它在传输过程中能对许多由极性分子组成的物质产生作用,微波电磁场可使物质的分子产生瞬时极化。当我们用频率为2 450 MHz的微波能做萃取时,溶质或溶剂的分子以24.5亿次/秒的速度做极性变换运动,从而产生分子之间的相互摩擦、碰撞,促进分子活性部分(极性部分)更好的接触和反应,同时迅速生成大量的热能,促使细胞破裂,使细胞液溢出来并扩散到溶剂中。通过进一步过滤和分离,便获得提取物料。

11.1.2 发展简史与进展

虽然微波能量可以快速的加热物质,但是将微波加热应用于实验室的科学研究中却是近年来才开始的事。1975年,Abu Samra等首先使用家用微波炉从生物样品中提取金属元素。从此以后,微波消解法出现并不断发展,并应用到环境、生物、土壤、煤及金属样品中,在一定范围内,逐渐取代了常规的加热消解技术。

从那时起,微波技术也开始在分析化学中得到应用,比如样品的干燥、湿度测试等。1986年,Ganzle等首次使用微波助提技术从食物和土壤中提取脂肪和杀虫剂。他们用与索氏提取相同的溶剂用量,使用家用微波炉提取5 min,回收率与常规法相似。后来,他们又使用微波萃取法从土豆种子中提取吡啶糖苷,从老鼠组织中提取毒物等。1990年,Pare等将微波辅助萃取技术用来从生物材料中提取化合物,并将这种分析规模的微波助提扩展到工业应用。1991年,他们将MAP技术应用到从植物产品中提取精油。1993年,Onuska等使用微波助提法从泥土中提取杀虫剂,研究了溶剂类型、样品潮度及提取时间对提取效率的影响,发现使用微波助提法大大提高了提取效率。

在食品领域,Greenway和Kometa从食品中微波助提维生素。Lopez－Avila研究组进行了大量的工作,他们利用微波助提法从土壤和泥土中提取了多种有机化合物,如多环芳烃(polycyclic aromatic hydrocarbons,简称 PAHs)、有机氯杀虫剂和酚类物质。从那以后,微波加热助提取技术广泛被用于从各种土壤样品、沉积物和大气样品中提取有机污染物,如多环芳烃、多氯联苯、杀虫剂、酚类化合物和金属等。直到今天,微波助萃取法已经成为一个比较成熟的方法,主要用于从土壤基体中提取有机化合物。

11.2 微波提取的基本原理

11.2.1 基本原理

微波提取是利用微波能来提高提取率的一种最新发展起来的新技术。它的原理在学术界有许多不同的描述,其最基本的理论还是以微波穿透性加热的原理为基础,即微波对物料为立体加热,而常规方法大多为平面加热。微波场中,各种物料吸收微波能力的差异使得基体物质的某些区域或萃取体系中的某些组分被选择性加热,从而使得物质内部产生能量差,被萃取物质得到足够的动力从基体或体系中分离。微波萃取具有设备简单、适用范围广、萃取效率高、重现性好、节省时间、节省溶媒、污染小,生产线整体造价和运行成本低等特点。目前微波提取大多应用于水提、醇提的项目。微波提取成套生产线工艺组成流程有粉碎、预处理、微波提取、料液分离、浓缩系统等五个环节。粉碎机将原料加工成饮片状、颗粒状或粉状,加溶媒搅拌或浸泡预处理后送至微波提取设备,通常微波设备可以在极短的时间内一次完成天然植物有效提取,微波提取后将料液分离,溶液送浓缩系统处理。对于植物中易挥发有效成分,可以通过微波提取设备设置的接口连接常规的冷凝装置进行收集。

11.2.2 技术特点

由于传统的萃取过程中能量累积和渗透过程以无规则的方式发生,萃取的选择性很差。有限的选择性只能通过改变溶剂的性质或延长溶剂萃取时间来获得,前者由于同时受溶解能力和扩散系数的限制,选择面很窄;后者则大大降低了萃取效率和速率。微波萃取由于能对萃取体系中的不同组分进行选择性加热,因而成为至今唯一能使目标组分直接从基体分离的萃取过程,具有较好的选择性;另一方面,微波萃取由于受溶剂亲和力的限制较小,可供选择的溶剂较多;此外,热传导、热辐射造成的热量损失使得一般加热过程的热效率较低,而微波加热则利用分子极化或离子导电效应直接对物质进行加热,因此热效率高,升温快速、均匀,大大缩短了萃取时间,提高了萃取效率。

由于微波萃取是一种新方法,许多研究将其与 Soxhlet 萃取、搅拌萃取、超声波萃取或超临界流体萃取等方法进行了比较。周谨等在银杏提取黄酮苷时,微波水提法的平均提取率比常规水提法高出 40%,而时间缩短一半;陈翠莲等在萃取预混合饲料中的维生素 A,D 和 E 时,比较了磁力搅拌萃取、超声波萃取和微波萃取三种萃取方法,结果表明,虽然回收率均在 90% ~110%,但微波萃取的回收率最好(100% ~104%),萃取时间最短,仅需 5 min,而磁力搅拌萃取需 150 min,超声波萃取需 60 min。

由比较可知,传统的 Soxhlet 萃取、搅拌萃取和超声波萃取等方法费时、费试剂、效率低、重现性差，而且所用的试剂通常有毒，易对环境和操作人员造成危害；超临界萃取虽然具有节省试剂、无污染等优点，但是回收率较差，为了获得超临界条件，设备的一次性投资较大，运行成本高，而且难于萃取强极性和大分子质量的物质。微波萃取则克服了上述方法的缺点，具有以下提取优点。

(1)传统热萃取是以热传导、热辐射等方式由外向里进行，而微波辅助提取是里外同时加热。没有高温热源，消除了热梯度，从而使提取质量大大提高，有效地保护食品、药品以及其他化工物料中的功能成分。

(2)由于微波可以穿透式加热，提取的时间大大节省。根据大量的现场数据可知，常规的多功能萃取罐 8 h 完成的工作，用同样大小的微波动态提取设备只需几十分钟便可完成，节省时间达 90%。

(3)微波能有超常的提取能力，同样的原料用常规方法需 2～3 次提净，在微波场下可一次提净，大大简化了工艺流程。

(4)微波提取没有热惯性，易控制，所有参数均可数据化，与制药现代化接轨。

(5)微波提取物纯度高，可水提、醇提、脂提，适用广泛。

(6)提取温度低，不易糊化，分离容易，后处理方便，节省能源。

(7)溶剂用量少(可较常规方法少 50%～90%)。

(8)微波设备是由用电设备控制，不需配备锅炉，无污染、安全，属于绿色工程。

(9)生产线组成简单，节省投资，目前已经开发出来的微波提取设备完全适应于我国各类大、中、小制药企业与食品企业。

11.3 微波提取动力学模型

微波是一种电磁能。通过离子迁移和偶极子转动引起分子运动，但不引起分子结构改变和非离子化的辐射能。微波通常是指波长从 1 mm 到 1 m(频率 300～300 000 MHz)的电磁波，介于红外与无线电波之间，而最常用的加热频率是 2 450 MHz。微波在传输过程中遇到不同物料时，会产生反射、吸收和穿透现象，这主要取决于物料的介电常数 ε'、介质损失因子 ε''、比热和形状等。大多数良导体能够反射微波基本上不吸收，绝缘体可穿透并部分反射微波，通常对微波吸收较少，而介质如水、极性溶剂、被处理的物料等，则具有吸收、穿透和反射微波的性质，统称为有耗介质。

微波场中介质的加热主要取决于介质的耗散因子($\tan\delta$)及穿透深度。耗散因子表达式为

$$\tan\delta = \varepsilon''/\varepsilon' \tag{11.1}$$

穿透深度(depth of penetration)常用给定频率下从介质表面到内部功率衰减到 1/e 时离截面的距离来表示：

$$D_p \approx \lambda_0 \varepsilon'/2\pi\varepsilon'' = \lambda_0/2\pi\tan\delta \tag{11.2}$$

式中，λ_0 是微波辐射的波长。

由式(11.2)可见，介质的耗散因子越大，一定频率下介质的穿透深度越小，对反射微波材料(如金属等)，穿透深度为零。

一般来说,介质在微波场中的加热有两种机理,即离子传导和偶极子转动。在微波加热实际应用中,两种机理的微波能耗散同时存在。

11.3.1 离子传导机理

离子传导是电磁场中可离解离子的导电移动,离子移动形成电流且由于介质对离子流的阻碍而以 $Q=I^2R$ 产生热效应。溶液中所有的离子均起导电作用,但作用大小与介质中离子的浓度和迁移率有关。因此,离子迁移产生的微波能量损失依赖于离子的大小、电荷量和导电性,并受离子与溶剂分子之间的相互作用的影响。

11.3.2 偶极子转动机理

介质是由许多一端带正电,一端带负电的分子(或偶极子)组成。如果将介质放在两块金属板之间,介质内的偶极子做杂乱运动,当直流电压加到金属平板上,两极之间存在一直流电场,介质内部的偶极子重排,形成有一定取向的有规则排列的极化分子。若将直流换成一定频率的交流电,两极之间的电场就会以同样频率交替改变,介质中的偶极子也相应快速摆动,在2 450 MHz的电场中,偶极子就以 4.9×10^9 次/秒的速度快速摆动。由于分子的热运动和相邻分子的相互作用,使偶极子随外加电场方向的改变而做规则摆动时受到干扰和阻碍,就产生了类似摩擦的作用,使杂乱无章运动的分子获得能量,以热的形式表现出来,介质的温度也随之升高。

偶极子转动加热的效率与介质弛豫时间 τ、介质的温度和黏度有关。当 $\omega=1/\tau$($\omega=2\pi f$, f 为微波频率)时,因偶极子转动引起有效耗散的物质在每一周期中出现能量转换的最大值。当非电离的极性介质的 $1/\tau$ 与微波能的角频率接近时,介质的耗散因子较大,微波加热作用显著。

很大程度上讲,温度决定了两种能量转换机理对加热的相对贡献。对小分子而言,如水和其他溶剂,随介质温度升高,因偶极子转动引起的介质有效损耗降低。相反,因离子传导引起的介质有效损耗增大。因此,对离子型物料,微波开始加热时,介质的耗散因子主要由偶极子转动支配,随温度升高则由离子传导机理支配。两种加热机理对介质加热的贡献还取决于介质离子的迁移率、浓度以及介质的弛豫时间等。如果介质离子的迁移率和浓度较低,介质的加热主要由偶极子转动加热机理控制。相反,微波加热将由离子传导加热机理控制,升温速度不受溶液弛豫时间的影响。

介质在微波场中的升温速度为

$$\delta T/\delta t = K\varepsilon'' f E_{rms}^2/\rho C_p \tag{11.3}$$

式中,K 是常数;E_{rms} 是电场强度;ρ 是介质的密度;C_p 是介质的热容。

由式(11.3)可见,为提高升温速度,可提高电场强度或提高工作频率,但电场强度的提高有一定的限度,因为电场强度过高,电极间将会出现击穿现象。若过高地加大微波频率,由式(11.2)可知介质的穿透深度下降,不能有效地加热物料。在频率一定的情况下,升温速度主要与介质的损失因子及介质的热容、密度有关。同时,介质的形状、大小等亦影响介质的加热。

传统的加热方式中,容器壁大多由热的不良导体做成,热由器壁传导到溶液内部需要时间。另外,因液体表面的汽化,对流传热形成内外的温度梯度,仅一小部分液体与外界温度相当。相反,微波加热是一个内部加热过程,它不同于普通的外加热方式将热量由物料外部传递到内部,而是同时直接作用于介质分子,使整个物料同时被加热,此即所谓的"体积加热"过程。因此,升温速度快,溶液很快沸腾,并易出现局部过热现象。

由式(11.3)可以看出,如果物料的损失因子较低,则它在微波场中不能被加热或加热较慢,而有的物料具有较高的损失因子,它们在微波场中得以快速加热。微波辅助提取技术就是利用微波加热的特性来对物料中目标成分进行选择性提取的方法。通过调节微波加热的参数,可有效加热目标成分,以利于目标成分的提取与分离。它的许多优点可以取代目前许多既耗能源、时间、造成环境污染,又无法进行最有效提取的技术,可以说是一项符合"可持续发展"对环境友好的前瞻性"绿色技术"。

11.4 工艺流程及设备

11.4.1 设备种类

绝大部分利用微波技术进行的提取都是在家用微波炉内完成的。这种微波炉造价低、体积小,适合于在实验室应用,但很难进行回流提取,反应容器只能采取封闭或敞口放置两种方法。经过改造的微波装置可以进行回流操作,使得常压溶剂提取非常安全。专门用于微波试样制备的商品化设备已问世,有功率选择、控温、控压和控时装置。一般由 PTFE 材料制成专用密闭容器作为萃取罐,萃取罐能允许微波自由透过,耐高温、高压且不与溶剂反应。由于每个系统可容纳 9 ~ 12 个萃取罐。因此试样的批量处理量大大提高。新型系列微波辅助萃取设备, 功率为 700 W ~ 100 kW,容积为 2 ~ 3 000 L,萃取温度可以从 30 ~ 100 ℃任意设定。萃取溶剂可以是水、醇、油。根据不同物料与工艺也可以使用弱极性溶剂。还可根据需要配备回流、冷凝装置。根据微波工程的特征,生产型微波提取设备有两种类型。

1. 管道式微波提取设备

由微波源、微波作用腔、输送管道以及两个储料罐组成。在一个储料罐内将粉状物料与溶媒混合用泵送入微波工程材料制造的管路中,微波工程材料对微波是透明的,物料与溶媒流过微波作用腔时被微波直接加热、萃取,使得有效成分转移,提取完成送至另一储料罐。管道形式有单管型、阵列型、螺旋形。国外微波萃取设备用螺旋管方式较为普遍。由于微波穿透深度有限,2 450 MHz 频率的微波系统采用管道直径均为 3 ~ 6 cm。此类型微波提取设备结构简单,制造成本低、提取时间短、适应连续作业,可控性强。不足之处是只适用粉状物料提取,大型微波提取设备的管道过长,容易发生堵塞,能量转换效率一般,压力可变性差,不适应多种工艺参数调整。

2. 罐式微波提取设备

与常规动态提取罐结构相仿,不同之处是将蒸汽夹套加热改为微波腔加热,将平面加热改为立体加热,热源由蒸汽夹套壁改为料液本身发热。罐式微波提取设备可以适用对块状、片状、颗粒状、粉状物料提取,可以保温、恒温、常压、正压、负压提取,可满足不同中草药提取的工艺参数要求,适用广泛,装机微波功率容量可从数百瓦到数百千瓦,罐体容积可从几十毫升到数立方米。现场实践证实一台1立方微波提取设备处理能力相当5~8立方常规动态提取罐处理能力。缺点是微波提取生产线微波装机功率较大、制造难度高,提取生产线只能分批次作业,加料、进液、出液、出渣等辅助时间较长,降低了整机利用率。需要指出的是微波穿透深度有限,微波提取设备必须配备搅拌器,实现动态提取。罐式微波提取设备应用广泛,大专院校、研究单位的实验室几乎都采用此种方法。

微波萃取设备内置搅拌桨的型式有锚式、锚框式、涡轮推进式、螺杆螺带式等搅拌加热形式。与物料接触部位均采用304或316不锈钢耐酸碱板制成,确保原料的化学性能及反应分离釜体的使用寿命。

11.4.2　容器设计和材料

组成微波溶剂提取密闭容器的材料应该能使EM射线透过并且不受溶剂腐蚀。如果必须使用与溶剂不相容的材料,则设计容器时尽量不使溶剂与这些材料接触。如CEM标准提取控制容器,它由PFA内垫、密封盖、通气装置、套环、螺母和通气管组成。容器主体和盖都由Ultem组成,它是一种多醚胺。控制容器的盖可以移动,以便连接压力传感管和监测容器内部压力和温度的温度探针。即使在微波室中对所有容器加热,这些容器也必须与微波设备具有热相容性以保证控制的进行。控制是由多个容器共同完成,它们在360°振荡的振荡器中旋转。

由于许多有机溶剂具有易燃的性质,所以必须对这些溶剂在微波场中加热时可能引发的燃烧和爆炸给予高度重视。当极性有机溶剂或极性与非极性溶剂的混合物在密闭容器中被加热到超过其正常沸点100 ℃时,压力通常会超过100 Pa,发生事故的可能性大大增加。每种微波溶剂提取设备应有多种安全特性,每种可作为其他的补充,以防止微波室中发生任何可能的燃烧或爆炸。设计装置时,必须考虑到消除加热室内的点火源,保存溶剂,消除溶剂可能的泄露。而且,设备必须能够监测和控制提取容器内的温度和压力,以免容器过热或压力过大。为实现这一保护措施,可安装与容器匹配的、带仪器软件的温度压力监测器(传感器)。温度压力控制提取系统保证溶剂准确加热,从而确保提取条件的再现性并保护热稳定性较差的分析物。这一微波系统已用于工业生产。

11.5　影响分离的工艺参数因素

对于微波设备来讲,提取效果主要取决于以下因素:微波场强密度、溶媒与物料投放比、提取温度、作用时间、温升速率、物料粉碎程度、溶剂类型、浓度差、样品性能及含水量等。要得到较高的提取率,不同的物质提取工艺也有所不同,可以在实验室用微波提取实验设备摸索出工艺,再进行工程放大设计、制造。微波应用工程系统采用的微波频率为915~2 450 MHz,目前国内用于微波提取的微波频率大多为2 450 MHz,其波长为12 cm,对水的穿透加热深度为2~3 cm。

11.5.1　破碎度

和传统提取一样,被提取物经过适当破碎,可以增大接触面积,有利于提取的进行。

但传统提取通常不把物料破碎得很小,因为这样一来可能使杂质增加,增加了提取物中的无效成分,也给后道过滤带来困难;同时,将近 100 ℃的提取温度,会使物料中淀粉成分糊化,使提取液变得黏稠,这也增加了后段过滤的难度。微波提取中,通常根据物料的特性将其破碎为 2 ~10 mm 的颗粒,粒径相对不是太细小,后段可以方便过滤。同时提取温度比较低,没有达到淀粉的糊化温度,不会给过滤带来困难。

11.5.2 溶剂的选择

微波提取要求被提取的成分是微波自热物质,有一定的极性。微波提取所选用的溶剂必须对微波透明或半透明,介电常数为 8 ~28。物料中的含水量对微波能的吸收关系很大。若物料不含水分,选用部分吸收微波能的萃取介质。由此介质浸渍物料,置于微波场进行辐射的同时发生提取作用。当然也可采取物料再湿的方法,使其具有足够的水分,便于有效地吸收所需要的微波能。提取物料中不稳定的或挥发性的成分,宜选用对微波射线高度透明的萃取剂作为提取介质,如正已烷。

11.5.3 极性

溶剂偶极矩的强度是有机溶剂与微波加热有关的特性的主要因素。偶极矩越大,溶剂分子在微波场振动越强烈。极性溶剂如乙醇、酮和酯能强烈地结合(吸收)微波能。苯、甲苯和直链脂肪烃则是非极性的,它们不与微波场作用,不会被加热。丙酮的偶极矩为 2.69,乙晴的偶极矩为 3.44,当它们暴露在改变的微波能电场中时容易旋转。这些振动导致与周围分子碰撞从而传递能量,实现加热。为了使微波溶剂提取更有效,必须是热溶液或热样品接触微波能。所以,选择一种溶剂或混合溶剂用于微波提取前必须考虑一定的标准。

11.5.4 温度

提高溶剂温度可提高目标分析物在提取溶剂中的溶解度,增加其从基质中脱吸的速率。升高温度可使传质加速,从而影响微波加热提取的速率。微波加热的主要优势在于能量传递到有机溶剂中的速度和效率。高温高压下,在密闭容器中工作也是一个优势,因为这样可保留挥发的分析物。

11.5.5 微波功率和辐射时间

在一般的敞开体系中,溶剂的沸点受大气压的影响,而微波萃取一般在密闭的聚四氟乙烯罐中进行,溶剂吸收微波能后所允许达到的最高温度主要受材料耐压性的限制,因此,在微波萃取中必须通过控制密闭罐内的压力来控制溶剂温度。在选定萃取溶剂和萃取压力的前提下,控制萃取功率和萃取时间的主要目的是为了选择最佳萃取温度,使目标成分即能保持原来的形态,又能获得最大的萃取产率。功率越高,提取的效率越高。但如果超过一定限度,则会使提取体系压力升高到开容器安全阀的程度,溶液溅出,导致误差。提取时间与被测物样品量、物料中含水量、溶剂体积和加热功率有关。由于水可有效地吸收微波能,较干的物料需要较长的辐照时间。

11.6　微波萃取技术在生物工程领域的应用实例

微波萃取技术是一个急需应用到工业生产中的高新技术,是生物工程领域值得大力推广的项目。由于微波萃取设备工业化的关键生产技术近两年才得以完全解决,目前有待于被广大的相关行业认识和采用。

11.6.1　萃取天然产物

把MAE应用于天然色素的提取,既能降低生产时间、能源、溶剂的消耗以及废物的产生,也能提高生产率和萃取物的纯度,是一种具有良好发展前途的新工艺。陈猛等利用MAE法萃取干辣椒中辣椒色素,单因素实验得出了萃取功率、萃取时间、萃取溶剂浓度、萃取压力对辣椒色素萃取率的影响。匈牙利学者A. Gergely等也研究了利用MAE法从辣椒粉中提取辣椒色素,实验结果表明,用此法萃取辣椒色素萃取混合溶剂的介电常数对萃取率有重要的影响。张卫强等研究了MAE提取了番茄红素的工艺条件,确定了最佳工艺条件,最终番茄红素的萃取率为97.56%。林棋等以花生壳为原料萃取了天然黄色素,确定了其MAE的最佳提取工艺条件。

1986年,Ganzler及其同事首次发表三篇论文探讨了来自土壤、生物、植物的各种化合物在色谱分析前利用微波能提取的方法。将甲醇:水为1:1的混合物用微波能辐照,间隔30 s,从豆中提取巢菜碱抗营养素,提取量比Soxhlet提取样品约多30%,分析物没有损失。用甲醇:水为1:1的混合剂从棉种提取另一种抗营养素棉酚,效果相当。用同样的溶剂体系从酵母、羽扇豆、玉米、棉种和肉粉中提取粗脂肪。

Ganzler等还用甲醇:乙酸和甲醇:氨的混合剂分别从羽扇豆种和兔的粪便中提取羽扇豆生物碱和药物代谢物,提率比Soxhlet高20%。微波提取抗营养素、粗脂肪、杀虫剂和药物代谢物是在开口的容器中进行,温度低于溶剂的大气压沸点。较高的微波提取效率是与良好的溶剂、微波加热系统和溶剂溶解待测物的能力有关。

用微波能从生物材料提取物质,如从已加工食品中提取脂肪或从薄荷叶中提取薄荷油,液-固提取于溶剂与目标分析物的相容性。起初从植物和杀虫剂中提取精油,从动物组织中提取油,从过滤器中提取有机物选择的溶剂不能吸收微波能,所以不与基质中固有的或加入的水分竞争。与传统的Soxhlet或蒸馏法相比,这些提取得到的产量高,组织危害小,并且时间少。观察薄荷叶的电子显微照片,发现细胞的破坏程度要比同样的Soxhlet提取小。从固体中可提取到优质的香精,因为只有目标分析物和胞内与胞外水对微波辐射敏感。将这一步骤与Dauerman和Windgasse的蒸汽蒸馏结合起来,可用作含有毒废物的湿土壤的微波辐射修复。本技术广泛应用于从土壤、动物组织和加工食品以及溶液中提取各种物质。

Bichi等在微波密闭容器中,用甲醇将双吡咯烷类生物碱从干燥植物Senecio palvadwsos和Senecio cordatus中提取出来,这些提取与Soxhlet相当,并且所用时间更少,分别耗时20 min和30 min。每次在相同的温度下提取,得到的提取产物组成相同,纯度相当。这些提取物的定性和定量GC分析,每次是相同的,色谱分析表明,微波提取物在质量和数量上与 Soxhlet 提取物质相同。

采用微波提取技术联合响应面优化实验或者单因素分析影响微波萃取效率的实验研究也是举不胜举。Li Ming 等优化脉冲超声以及微波辅助萃取姜黄素采用响应面以及动力学研究。Antonietta Baiano 等进行了单独和交互作用过程变量在微波辅助萃取以及传统萃取蔬菜和固体废物中的抗氧化剂研究。Maria Isabel Beser 等多溴联苯醚的测定以及设计实验用于优化微波提取过程以及串联质朴分析。Chan Chunghung 等基于吸收的微波功率和能量优化微波辅助萃取过程。Marwa Brahim 等在水相介质中优化葡萄皮残渣的多酚的提取研究。Fu Dongbao 等从木质素中提取多酚是在微波高温分解油中使用可以转换的亲水溶剂进行。Wang Peng 等实验催化甾体皂苷转化为薯蓣皂苷元的过程是催化水解使用酸化的离子液体以及微波辐射进行的。

11.6.2 特殊环境中的应用

微波加热溶剂提取已用作 Soxhlet 型提取近 10 年,但从 1970 起,微波能已用于更广泛的领域。例如,Bosisio 等用微波能从 Athabasca 沙中提取 86% 的总沥青和原油,未使用溶剂。相反,对石油化合物直接加热,并将粗馏分收集到冷接受器中。Mahan 等用一系列的提取步骤对金属如土壤颗粒中的铅的结合性质进行评估。根据提取所用的溶液和 pH 值对金属进行分类。按照不同的金属结合特性,分有 6 组。采用微波加热时,几乎所有组都可被快速、有效的提取,结果可与传统的方法相比。Tessier 从污水塘中提取钙、铜、铁和锰,各组金属的浓度结果类似。采用微波加热比传统加热的提取速度更快,特别是用氯化镁代替乙酸铵时。1988 年,Dauerman 及其工作组开始用微波能处理危害性废物。微波能辐照可将有机污染物从土壤中除掉,因为土壤中普遍含有水分,微波处理能产生蒸汽蒸馏效应。

在环境化学研究中也有报道,如 Christine Berndmeyer 等进行了海洋沉积物的分析,测试微波、超声和布莱尔 - 戴尔提取方法提取海洋沉积物实验中,他们定量提取细菌藿多醇。

微波与其他提取技术进行对比的实验研究以及微波提取动力学分析也有报道:Dong Zhizhe 等从香草中对比四种提取技术以及微波辅助提取香草酸的动力学研究,Chan Chunghung 等进行了批次溶剂萃取和传统萃取的模型以及动力学研究。

这些是属于萃取 - 分析鉴定连用的方法。同时微波技术欧联其他分析鉴定检测方法也有报道,例如 Liang Xiao 等迅速测定马齿苋中八种生物活性生物碱,该实验是通过优化微波辅助提取联合阳 - 阴转换反应检测器进行的,

在生物能源领域的应用也很多。Dai YongMing 等采用了微波提取脂类对微藻类生产生物柴油的过程进行研究。Lin YuanChung 等对微波分解大米秸秆产生氢气进行了研究。Suzana Wahidin 等使用微波辐射迅速提取微藻生产的生物柴油。Cheng Jun 等通过水热液化微波辐射微藻产生生物原油,并对在潮湿环境中微藻产生脂类的生物柴油进行了研究。在微波萃取过程中会对微波作用的物料产生转化分解作用,在联合超声、加热等作用时会有很多不同的变化。

11.6.3　食品分析中的应用

虽然现代分析手段有着很大的进步,但食品分析中样品预处理方法的发展还是有些缓慢,因此探索快速、简便、有效、自动化的样品预处理方法,应是食品化学工作者的重要课题和研究方向之一。目前 MAE 在食品分析上主要应用于食品中农药残留分析。杨云等建立了 MAE - GC - MS 联用法测定了蔬菜中二嗪磷、对硫磷、水胺硫磷的分析方法,研究了四种萃取试剂的萃取效率,最后选用二氯甲烷为萃取溶剂,正交实验优化了萃取溶剂体积和萃取时间。与传统的机械振荡萃取法相比,MAE 不仅萃取效率高,而且还具有省时、省溶剂的优点。此外,他们还采用该方法分析测定了蔬菜中的扑草净,正交实验对萃取溶剂体积、微波辐射时间、微波功率进行了优化。罗建波等采用了 MAE - GC 联用技术测定了果蔬中农药残留量,包括有机氯和有机磷残留量,选用石油醚为萃取溶剂,实验结果表明,整个分析过程仅需 20 min 的提取时间,萃取溶剂消耗量为 15 mL,回收率为 85% ~90% ,比国标法回收率高 80% 。

目前,专业工业微波设备生产厂家设备出厂泄漏标准控制在 1 MW/cm^2 以下,其能量级别与手机发射功率相当,不论管道式或者罐式微波提取设备,封闭性较强,其微波泄漏量可以控制在几十微瓦以内,是国家有关微波作业场辐射安全卫生标准的百分之一,不会造成环境的电磁波污染,不会危害操作者的身体健康。

微波提取技术目前还属于起始阶段,实验室内已经获得大量成果,证实了微波提取技术的良好实用价值,许多研究单位已经着手对微波提取物的药理研究、临床研究,并从单方提取研究扩展到复方提取研究。在我国今后几年中,微波提取技术和逆流提取技术、超声波提取技术、真空低温提取技术结合将推出许多新一代提取设备。微波提取技术是一个急需转化为生产力的高新技术,是提取技术现代化值得大力推广的项目。由于微波提取设备工业化关键生产技术近几年才完全解决,目前有待于被认识和采用。

参考文献

[1] YANG Zhendong, ZHAI Weiwei. Optimization of microwave - assisted extraction of anthocyanins from purple corn (*Zea mays* L.) cob and identification with HPLC - MS [J]. Innovative Food Science and Emerging Technologies, 2010,11: 470-476.

[2] DAI Yongming, CHEN Kungtung, CHEN Chingchang. Study of the microwave lipid extraction from microalgae for biodiesel production [J]. Chemical Engineering Journal, 2014,250: 267-273.

[3] JIANG Z J, LIU F, JENNIFER J L G, et al. Determination of senkirkine and senecionine in tussilago farfarausing microwave - assisted extraction and pressurized hot water extraction with liquid chromatography tandem mass spectrometry[J]. Talanta, 2009, 19: 539-546.

[4] BERNDMEYER C, THIEL V, BLUMENBERG M. Test of microwave, ultrasound and Bligh and Dyer extraction for quantitative extraction of bacteriohopanepolyols (BHPs)

from marine sediments[J]. Organic Geochemistry, 2014,68: 90-94.
[5] ZHOU Guisheng, YAO Xin, TANG Yuping, et al. An optimized ultrasound – assisted extraction and simultaneous quantification of 26 characteristic components with four structure types in functional foods from ginkgo seeds[J]. Food Chemistry, 2014,158: 177-185.
[6] FU D B, FARAG S, JAMAL C K, et al. Extraction of phenols from lignin microwave – pyrolysis oil using a switchable hydrophilicity solvent [J]. Bioresource Technology, 2014,154: 101-108.
[7] DONG Zhihe, GU Fenglin, Xu Fei, et al. Comparison of four kinds of extraction techniques and kinetics of microwave – assisted extraction of vanillin fromVanilla planifolia andrews[J]. Food Chemistry, 2014,149: 54-61.
[8] WANG Peng, Ma Chaoyang, CHEN Shangwei, et al. Conversion of steroid saponins into diosgenin by catalytic hydrolysis using acid – functionalized ionic liquid under microwave irradiation[J]. Journal of Cleaner Production, 2014,79: 265-270.
[9] LIN Y C, WU T Y, LIU W Y, et al. Production of hydrogen from rice straw using microwave – induced pyrolysis[J]. Fuel, 2014,119: 21-26.
[10] BAIANO A, BEVILACQUA L, TERRACONE C, et al. Nobile single and interactive effects of process variables on microwave – assisted and conventional extractions of antioxidants from vegetable solid wastes[J]. Journal of Food Engineering, 2014,120: 135-145.
[11] BESER M I, BELTRáN J, YUSá V. Design of experiment approach for the optimization of polybrominated diphenyl ethers determination in fine airborne particulate matter by microwave – assisted extraction and gas chromatography coupled to tandem mass spectrometry[J]. Journal of Chromatography A, 2014,1323: 1-10.
[12] CHAN C H, YUSOFF R, NGOH G C. Optimization of microwave – assisted extraction based on absorbed microwave power and energy[J]. Chemical Engineering Science, 2014,111: 41-47.
[13] DESGROUSAS C, BAGHDIKIAN B, MABROUKI F, et al. Rapid and green extraction, assisted by microwave and ultrasound of cepharanthine fromStephania rotundaLour [J]. Separation and Purification Technology, 2014,123: 9-14.
[14] BRAHIM M, GAMBIER F, BROSSE N. Optimization of polyphenols extraction from grape residues in water medium[J]. Industrial Crops and Products, 2014,52: 18-22.
[15] HIRANVARACHAT B, DEVAHASTIN S. Enhancement of microwave – assisted extraction via intermittent radiation: extraction of carotenoids from carrot peels[J]. Journal of Food Engineering, 2014,126: 17-26.
[16] Wang Ziming, LAN Ding, LI Tiechun, et al. Improved solvent – free microwave extraction of essential oil from dried Cuminum cyminum L. and zanthoxylum bungeanum-maxim[J]. Journal of Chromatography A, 2006,1102: 11-17.

[17] WDITH M G, GUDE V G, MONDALA A, et al. Microwave and ultrasound enhanced extractive – transesterification of algal lipids [J]. Applied Energy, 2014,129: 354-356.
[18] CHAN C H, YUSOFF R, NGOH G G. Modeling and kinetics study of conventional and assisted batch solvent extraction[J]. Chemical Engineering Research and Design, 2014,92: 1169-1186.
[19] FAN S P, JIANG L Q, CHIN C H, et al. High yield production of sugars from deproteinated palm kernel cake under microwave irradiation via dilute sulfuric acid hydrolysis[J]. Bioresource Technology, 2014,153: 69-78.
[20] EDITH M G, GUDE V G, MONDALA A, et al. Extractive – transesterification of algal lipids under microwave irradiation with hexane as solvent[J]. Bioresource Technology, 2014,156: 240-247.
[21] CHENG J, HUANG R, YU T, et al. Biodiesel production from lipids in wet microalgae with microwave irradiation and bio – crude production from algal residue through hydrothermal liquefaction[J]. Bioresource Technology, 2014,151: 415- 418.
[22] JIAO Jiao, LI Zhugang, GAI Qingyan, et al. Microwave – assisted aqueous enzymatic extraction of oil from pumpkin seeds and evaluation of its physicochemical properties, fatty acid compositions and antioxidant activities[J]. Food Chemistry, 2014,147: 17-24.
[23] COELHO E, ANGéLICA M, JORGE R, et al. Microwave superheated water and dilute alkali extraction of brewers' spent grain arabinoxylans and arabinoxylo – oligosaccharides [J]. Carbohydrate Polymers, 2014,99: 415-422.
[24] XIAO Liang, TIAN Jinlong, LI Lingzhi, et al. Rapid determination of eight bioactive alkaloids in *Portulaca oleracea* L. by the optimal microwave extraction combined with positive – negative conversion multiple reaction monitor (+/ – MRM) technology. [J]. Talanta, 2014,120: 167-172.
[25] RAHIM A A, NOFRIZAL S,SAAD B. Rapid tea catechins and caffeine determination by HPLC using microwave – assisted extraction and silica monolithic column[J]. Food Chemistry, 2014,147: 262-268.
[26] 陈猛，袁东星，许鹏翔. 微波萃取法研究进展 [J]. 分析测试学报,1999,18(2): 82-86.
[27] 潘学军，刘会洲，徐永源. 微波辅助提取(MAE)研究进展[J]. 化学通报, 1999(5): 7-14.
[28] 陈翠莲，袁东星，陈猛. 预混合饲料中维生素 A、D、E 的微波萃取法[J]. 分析科学学报, 1999, 15(1):36-38.
[29] 梅成. 微波萃取技术的应用[J]. 中成药, 2002, 24(2): 134-135.
[30] 刘钟栋. 微波技术在食品中的应用[M]. 北京:中国轻工业出版社, 1999.
[31] 孙美琴，彭超英. 微波萃取技术[J]. 广州食品工业科技, 2003, 19(2): 96-97.

[32] 骆健美，卢学英，张敏卿. 微波萃取技术及其应用[J]. 化工进展，2001(12)：46-49.
[33] 邓宇，张卫强. 番茄红素提取方法的研究[J]. 现代化工，2002，22(2)：25-28.
[34] 杨云，张卓，李攻科，等. 微波辅助萃取/气相色谱－质谱联用分析蔬菜中的有机磷农药[J]. 色谱，2002，20(5)：390-393.
[35] 罗建波，黄伟雄. 微波萃取气相色谱法测定果蔬中农药残留的研究[J]. 中国公共卫生，2002，18(3)：6-8.

第12章　超临界流体萃取

12.1　概　　述

12.1.1　概念

超临界流体萃取(supercritical fluid extraction,简称SCFE)是一种新型的提取分离技术,它利用流体(溶剂)在临界点附近某区域(超临界区)内,与待分离混合物中的溶质具有异常相平衡行为和传递性能,且对溶质的溶解能力随压力和温度的改变而在相当宽的范围内变动,这种流体可以是单一的,也可以是复合的,添加适当的夹带剂可以大大增加其溶解性和选择性。利用这种超临界流体(SCF)作为溶剂,可以从多种液态或固态混合物中萃取出待分离的组分。

12.1.2　分类

1. 动态法

此法简单、方便、快速,特别适合于萃取在超临界流体萃取剂中溶解度很大的物质,而且样品基体又很容易被超临界流体渗透的场合。

2. 静态法

此法适合于萃取与样品基体较难分离或在萃取剂流体内溶解度下大的物质,也适合于样品基体较为致密,超临界流体不易渗透的场合,但萃取速度较慢。

12.1.3　发展简史与进展

早在1822年,Cagniard La Tour就观察到了超临界现象,他指出温度超过某一值时,气液界面就会消失。1869年,Andrew对二氧化碳和氮气所组成的二元系做了进一步的研究。1879—1880年,Hannay和Hogarth发现无机盐在高压乙醇中的溶解度异常现象。此后,不少学者如Villard,Prins和Pilat等研究了固体溶质在其他SCF中的溶解度。1962年,Zosel在长链醇制备中提出了超临界流体可用于分离混合物的结论,奠定了超临界萃取过程开发的基础。

到了20世纪70年代后期和20世纪80年代,人们对超临界流体有了充分的重视,众多学者在SCF的热力学性质及实际应用方面做了大量的研究工作,推动了SCF的基础研究和工业应用。随着超临界流体相图、溶解度等基础数据的加强,超临界流体技术作为一项新兴的分离技术已经为人们所公认。

在德国、日本、美国等发达国家,超临界萃取技术的发展极为迅速,取得了不少的研究成果。早在1979年,Vitzthum就申请了超临界萃取法脱出茶叶中的咖啡因的专利。此后人们更是将该技术应用于啤酒花的生产。德国 Hag A G 公司的超临界 CO_2 萃取装置于 1978 年开始运转,有 4 台 40 m^3 的萃取槽,以少量的水为夹带剂去除咖啡中的咖啡因,年处理20 万 t 的原料,申请了许多关于咖啡方面的专利。1982 年,德国的 SKW 公司的世界第一套大规模超临界流体萃取工业化装置问世,其处理量为每年 5 000 t 啤酒花。美国 Kraft General Food 公司于 1992 年在得克萨斯州建成了高 23 m、直径 1. 78 m 的年产 50 000 t 的咖啡因萃取装置。美国花沙公司有 6 个 10 吨萃取釜的装置用于啤酒花的萃取。

我国已将该项技术列为《未来十年中国经济发展关键技术》《国家技术创新工程项目》《当前优先发展的高新技术产业化重点领域》以及《当前国家重点鼓励发展的产业、产品和技术》。同时,国家科技部、国家经贸委、国家医药管理局、轻工总会、化工部、中国食品工业协会等政府与行业主管部门,也已将超临界萃取技术列入"九五""十五""火炬""星火"等重点推广和发展的技术项目。

近年来,我国在超临界萃取的工艺研究方面取得了令人可喜的成绩,其中不乏一些极具代表性的实例:北京华颖实业集团建立了亚洲最大的 SFE 技术基地,采用先进的 SFE 萃取技术生产了肿瘤放化疗专用产品——华颖护生素胶囊。该产品已被列入国家级火炬计划,国家级新产品计划,并已获得美国 FDA 认证。中国科学院广州化学研究所,不直接用超临界 CO_2 抽提鲜花香料,而是使用吸附剂吸附鲜花开放过程中散发出来的香气,然后用超临界 CO_2 抽提被吸附剂所吸附的精油,分离鲜花精油,从而可以降低操作成本,增加鲜花精油产量,并且生产出具有鲜花特有香气的头香精油。该方法已获得专利授权。中国科学院山西煤炭化学研究所,以沙棘籽或沙棘果渣为原料,以 CO_2 抽出溶剂,在超临界状态下抽提,逐级降压,沙棘油与 CO_2 自行分离,CO_2 再循环使用。该法流程短,设备简单,易放大,油收率达 90%,产品无残毒,并已获得专利授权。孙云鹏等采用超临界 CO_2 从银杏中萃取银杏黄酮类和银杏菇内酯类,加入乙醇和水组成的极性改性剂,在超临界状态下进行萃取,再通过现有技术的大孔径树脂浓缩后,萃取物含银杏黄酮类高达 37%,含银杏菇内酯类为 8%,该法流程短,萃取率高达 85%,并已获得专利授权。贵州五倍子发展有限公司,采用超临界 CO_2 流体萃取辣椒碱类化合物,在超临界状态下,从辣椒皮粉或辣椒油树脂中萃取出辣椒碱类化合物的有效成分,再结合溶剂法和结晶法进一步提纯,可精制出无异味、辣椒碱类化合物成分含量高于 96% 的辣椒碱类化合物产品。该方法生产成本低,生产出的成品纯度高,可替代现有的溶剂法生产辣椒碱类化合物产品,并已获得专利授权。遵义古特杜仲开发有限公司,用超临界 CO_2 从杜仲叶中萃取氯原酸、丁香素二糖甙,将杜仲叶粉碎后放入萃取釜中,在超临界状态下获得有效成分,通过控制压力和温度,有针对性地将杜仲叶中的有效成分充分萃取,同时萃取和蒸馏合为一体,不需要回收溶剂,大大提高生产效率、节约能耗,制取的产品纯度高(达 90% 以上),并已获得专利授权。广州市医药工业研究所采用超临界流体萃取法从薯蓣属植物中萃取薯蓣皂素,萃取收率高,可达 5. 39%;纯度高、操作简单、工艺安全、生产周期短,并已获得专利授权。黄云湖等采用超临界流体萃取法从红景天中萃取出对人体皮肤有美容护理作用的天然活性成分——红景天素。按照这种方法萃取的红景天素完全剔除了红景天中对皮肤无用的其他成分,具有抗紫外线辐射、保湿、滋养、收敛、消炎抑菌、抗衰老、美白、祛斑等特殊功效。以红景天素为基础配方制成护肤、护发、美容等系列化妆品，具有天然安全、无副作用等特点。该方法已获得专利授权。

此外，关于超临界 CO_2 萃取的理论研究和用超临界 CO_2 萃取技术进行中药材中的成分分析或质量控制的发展也很快。我国超临界流体研究从20世纪80年代开始，从基础数据、工艺流程和实验设备等方面逐步发展，并于1996年在广州召开了"第一届全国超临界流体技术学术及应用研讨会"，至今已举办四届。从近年发表的论文看，对超临界流体技术的研究主要集中在萃取、精馏、沉析、色谱和反应等，涉及化工、轻工、石油、环保、医药及食品等行业。

12.2　超临界流体萃取基本原理

12.2.1　基本原理

超临界萃取所用的萃取剂为超临界流体，超临界流体是介于气液之间的一种既非气态又非液态的物态，这种物质只能在其温度和压力超过临界点时才能存在。超临界流体的密度较大，与液体相仿，而它的黏度又较接近于气体。因此，超临界流体是一种十分理想的萃取剂。超临界流体的溶剂强度取决于萃取的温度和压力。利用这种特性，只需改变萃取剂流体的压力和温度，就可以把样品中的不同组分按在流体中溶解度的大小先后萃取出来，在低压下弱极性的物质先萃取，随着压力的增加，极性较大和大相对分子质量的物质后萃取出来，所以在程序升压下进行超临界萃取不同萃取组分，同时还可以起到分离的作用。温度的变化体现在影响萃取剂的密度与溶质的蒸气压两个因素，在低温区（仍在临界温度以上），温度升高降低流体密度，而溶质蒸气压增加不多，因此，萃取剂的溶解升温可以使溶质从流体萃取剂中析出，温度进一步升高到高温区时，虽然萃取剂的密度进一步降低，但溶质蒸气压增加，挥发度提高，萃取率不但不会减少反而有增大的趋势。除压力与温度外，在超临界流体中加入少量其他溶剂也可改变它对溶质的溶解能力。其作用机理至今尚未完全清楚。通常加入量不超过10%，且以极性溶剂甲醇、异丙醇等居多，加入少量的极性溶剂，可以使超临界萃取技术的适用范围进一步扩大到极性较大的化合物。

12.2.2　超临界流体 CO_2 萃取的优点

当使用 CO_2 作为超临界流体时，由于其具有无色、无毒、无腐蚀、化学惰性、使用安全、价廉易得、健康无害、临界压力（7.37 MPa）较低且临界温度（31.7 ℃）接近于常温等优点，因而实用价值最大，是首选的清洁型工业萃取剂，应得到广泛的工业化应用，这样会给萃取带来更多的优点。

（1）萃取能力强，萃取率高。由于超临界 CO_2 流体同时具有气体的扩散能力和液体的溶解能力，萃取中药有效成分时，能大大提高产品收率和资源的利用率。

（2）萃取能力的大小取决于流体的密度，最终取决于温度和压力，改变其中之一或同时改变，都可改变溶解能力，可以有选择地进行中药中多种物质的分离，从而可减小杂质,使中药有效成分高度富集。便于减小剂量和质量控制,产品外观大为改善。

(3)超临界 CO_2 萃取操作温度低(30~70 ℃),能较完好地保存中药有效成分不被破坏,不发生次生化。因此,特别适合那些对热敏感性强、容易氧化分解破坏的成分的萃取。

(4)萃取时间快、生产周期短。超临界 CO_2 萃取(动态)循环一开始,分离便开始进行。一般萃取 20 min 便有成分分离析出,2~4 h 便可完全萃取。同时,它没有浓缩步骤,即使加入夹带剂,也可通过分离除去或只是简单浓缩。

(5)超临界 CO_2 萃取,操作参数容易控制,因此有效成分及产品质量稳定。

(6)超临界 CO_2 还可直接从单方或复方中药中萃取不同部位或直接萃取浸膏进行药理筛选,开发新药,大大提高新药筛选速度。同时,可以萃取许多传统法提不出来的物质,且较易从中药中发现新成分,从而发现新的药理药性,开发新药。

(7)超临界 CO_2 还具有抗氧化、灭菌作用,有利于保证和提高产品质量。

(8)超临界流体萃取应用于分析或与 GC,IR,MS,LC 等联用成为一种高效的分析手段。将其用于中药质量分析,能客观地反映中药中有效成分的真实含量。

(9)超临界 CO_2 萃取工艺流程简单,操作方便,节省劳动力和大量有机溶剂,减少三废污染,这无疑为中药现代化提供了一种高新的萃取、分离、制备及浓缩新方法。

12.2.3 工艺流程及设备

1. 超临界萃取的实验装置

超临界流体萃取的实验装置包括:

(1)超临界流体发生源,由萃取剂储瓶、高压泵及其他附属装置组成,其功能是将萃取剂由常温常压态转化为超临界流体;

(2)超临界流体萃取部分,由样品萃取管及附属装置组成,处于超临界态的萃取剂在这里将被萃取的溶质从样品基质中溶解出来,随着流体的流动,使含被萃取溶质的流体与样品基体分开。

(3)溶质减压吸附分离部分,由喷口及吸收管组成,萃取出来的溶质及流体必须由超临界态经喷口减压降温转化成常温常压态,此时流体挥发逸出,而溶质在吸收管内多孔填料表面,用合适溶剂洗吸收管,就可把溶质洗脱收集备用。

2. 超临界流体的萃取流程

超临界流体萃取是以超临界流体为萃取剂,从液体或固体混合物中萃取出溶质并进行分离的技术。它利用溶质在超临界流体中的溶解度随着密度增大而增大的性质,在高压的条件下使超临界流体的密度增加,溶质溶解在其中,然后降低压力或升高温度,使超临界流体的密度下降,溶质因溶解度的降低而与萃取剂分离析出。操作时,先将物料加入萃取器的萃取釜中,流体在压缩机的驱动下,在萃取器和分离器之间循环。在萃取器中溶质溶解在超临界流体中,离开萃取器经过截流阀截流降压后流体进入分离器,溶质析出后自分离器的底部排出,流体则进入压缩机经压缩后循环使用。

12.3　工艺流程图与参数因素

超临界 CO_2 萃取工艺流程如图12.1所示,具体步骤如下:

(1)接通电源,设定萃取釜和各分离釜实验所需要的萃取温度,打开水加热循环系统,使温度达到设定值。

(2)将预先准备好的待萃取物(粉碎到适宜的粒度,干燥至恒重,称重),装入萃取釜中。

(3)关闭阀门1,6,10,12,调节电接点刻度表指针至稍高于实验萃取所需的压力值。

(4)待萃取釜和分离釜的温度均达到设定值后,打开 CO_2 制冷循环系统,并将 CO_2 压缩机的刻度调节到所需要的流体流量。

(5)打开 CO_2 钢瓶的阀门,顺次缓慢打开阀门1,6,10,12,排除管路中的空气,再次关闭阀门6,10,12及17,然后再开启阀门21。

(6)启动 CO_2 压缩机,当萃取釜的压力表的指针达到所需要的萃取压力时,再缓慢打开阀门6,同样当分离釜Ⅰ压力也达到预定值后,顺次再打开阀门10使分离釜Ⅱ也达到需要值,最后打开阀门12,微调阀门6,10及12,使萃取釜与各分离釜的压力保持在所需要的范围内。

(7)调节夹带剂泵刻度值至所需要的剂量,待压力稳定后开启阀门2,启动夹带剂泵,并开始计时。

(8)定时通过各分离釜下面的阀门9和阀门11取样。

(9)待萃取操作完成后,首先关闭 CO_2 压缩机和夹带剂泵,然后关闭阀门1,2及21,稍拧开阀门6,10,12,17排净萃取釜和各分离釜中的 CO_2,同时继续从阀门9和11取样。

(10)取样结束后,关闭 CO_2 钢瓶,关闭制冷循环系统和加热循环系统,关闭电源。

12.3.1　超临界流体的选择

CO_2 是目前用得最多的超临界流体,用于萃取低极性和非极性的化合物,从溶剂强度考虑,超临界氨气是最佳选择,但氨很易与其他物质反应,对设备腐蚀严重,而且日常使用太危险。超临界甲醇也是很好的溶剂,但由于它的临界温度很高,在室温条件下是液体,提取后还需要复杂的浓缩步骤而无法采用,低烃类物质因可燃易爆,也不如 CO_2 使用广泛。

12.3.2　萃取条件的选择

萃取条件的选择有几种情况:一是用同一种流体选择不同的压力来改变提取条件,从而提取出不同类型的化合物;二是根据提取物在不同条件下,在超临界流体中的溶解性来选择合适的提取条件;三是将分析物沉积在吸附剂上,用超临界流体洗脱,以达到分类选择提取的目的;四是对极性较大的组分,可直接将甲醇加入样品中,用超临界 CO_2 提取,或者用另一个泵按一定比例泵入甲醇与超临界 CO_2,达到增加萃取剂强度的目的。

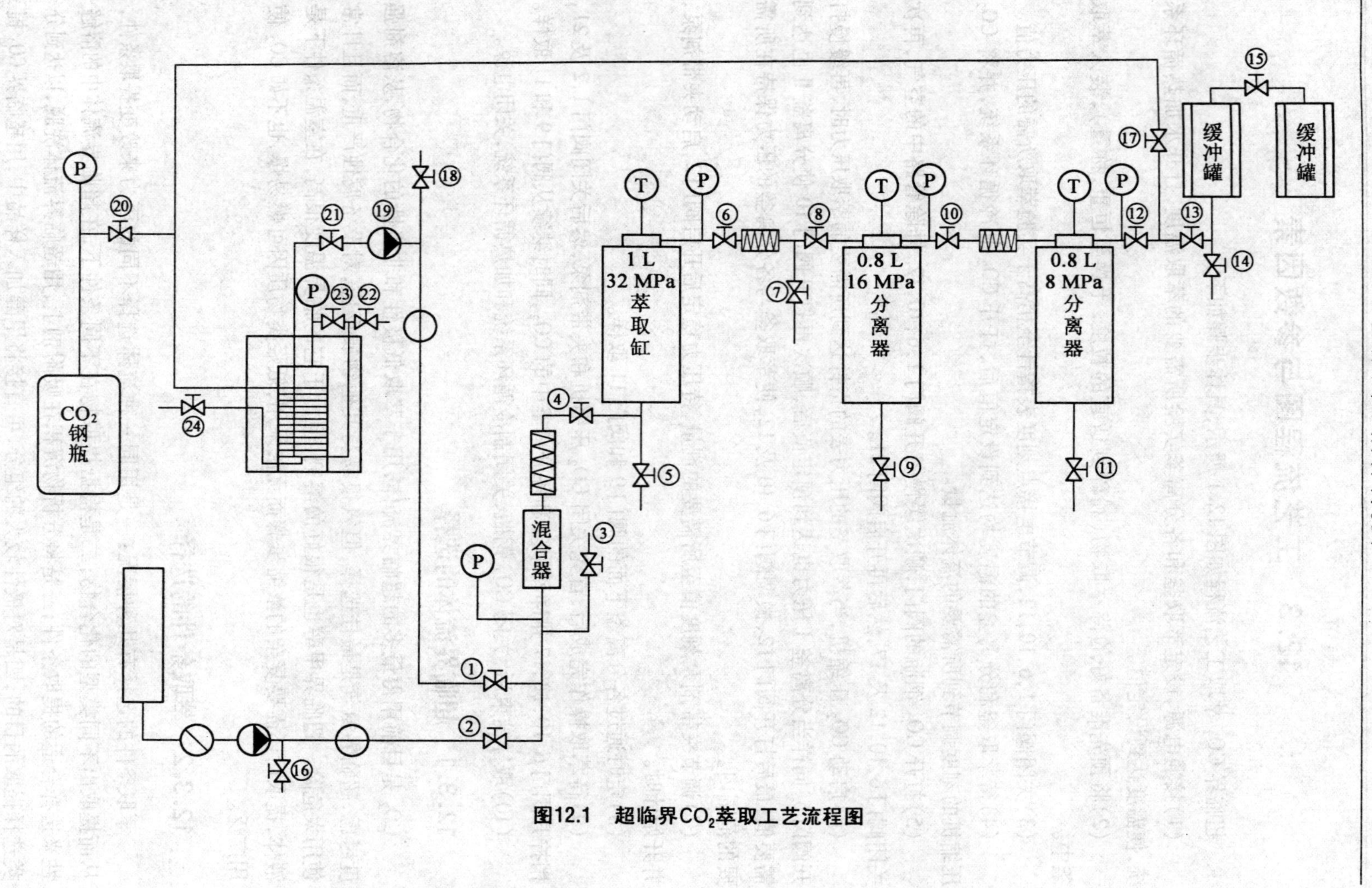

图12.1 超临界CO_2萃取工艺流程图

影响萃取效率的因素除了萃取剂流体的压力、组成、萃取温度外,萃取过程的时间及吸收管的温度也会影响到萃取及收集的效率,萃取时间取决于两个因素:一是被萃取物在流体中的溶解度,溶解度越大,萃取效率越高,速度也越快;二是被萃取物质在基体中的传质速率越大,萃取越完全,效率也越高。收集器或吸收管的温度也会影响到回收率,降低温度有利于提高回收率。

超临界流体减压后,用于收集提取物的方法主要有两类——离线SFE和在线SFE(或联机SFE),离线SFE本身操作简单,只需要了解提取步骤,样品提取物可用其他合适的方法分析。在线SFE不仅需要了解SFE,还要了解色谱条件,而且样品提取物不适用于其他方法分析,其优点主要是消除了提取和色谱分析之间的样品处理过程,并且由于是直接将提取物转移到色谱柱中而有可能达到最大的灵敏度。

12.4　应用与展望

超临界萃取的特点决定了其应用范围十分广阔。如在医药工业中,可用于中草药有效成分的提取,热敏性生物制品药物的精制及脂质类混合物的分离;在食品工业中,啤酒花的提取和色素的提取等;在香料工业中,天然及合成香料的精制;在化妆品行业中,各种精油的提取等;化学工业中混合物的分离等。具体应用可以分为以下几个方面:

(1)从药用植物中萃取生物活性分子,生物碱的萃取和分离;

(2)来自不同微生物的类脂脂类,或用于类脂脂类回收,或从配糖和蛋白质中去除类脂脂类;

(3)从多种植物中萃取抗癌物质,特别是从红豆杉树皮和枝叶中获得紫杉醇防治癌症;

(4)维生素,主要是维生素E的萃取;

(5)对各种活性物质(天然的或合成的)进行提纯,除去不需要分子(比如从蔬菜提取物中除掉杀虫剂)或"渣物"以获得提纯产品;

(6)对各种天然抗菌或抗氧化萃取物的加工,如罗勒、串红、茶树、野胡萝卜籽、百里香、蒜、洋葱、春黄菊、辣椒粉、甘草和茴香子等;

(7)各种天然植物精油的提取,如玫瑰、罗勒、熏衣草、洋甘菊、乳木果等。

12.4.1　食品工业中的应用

传统的食用油提取方法是乙烷萃取法,但此法生产的食用油所含溶剂的量难以满足食品管理法的规定,美国采用超临界CO_2萃取法(SCFE)提取豆油获得成功,与液体溶剂萃取相比,可以更快地完成传质,达到平衡,促进高效分离过程的实现,并且产品质量大幅度提高,且无污染问题。目前,已经可以用超临界CO_2从葵花籽、红花籽、花生、小麦胚芽、棕榈、可可豆中提取油脂,且提出的油脂中含中性脂质,磷含量低,着色度低,无臭味。这种方法比传统的压榨法的回收率高,而且不存在溶剂法的溶剂分离问题。专家们认为,这种方法可以使油脂提取工艺发生革命性的改进。Fullana等还将神经网络方法用于超临界流体萃取植物脂肪油建模和模拟研究,开发了一个以超临界CO_2为溶剂萃取孜然芹种子油的经验动力学模型。

咖啡中含有的咖啡因,多饮对人体有害,因此必须从咖啡中除去。工业上传统的方法是用二氯乙烷来提取,但二氯乙烷不仅提取咖啡因,也提取掉咖啡中的芳香物质,而且残存的二氯乙烷不易除净,影响咖啡质量。德国 Max-plank 煤炭研究所的 Zesst 博士开发的从咖啡豆中用超临界 CO_2 萃取咖啡因的专题技术,已由德国的 Hag 公司实现了工业化生产,并被世界各国普遍采用。这一技术的最大优点是取代了原来在产品中仍残留对人体有害的微量卤代烃溶剂,咖啡因的含量可从原来的 1% 左右降低至 0.02%,而且 CO_2 的良好的选择性可以保留咖啡中的芳香物质。

美国 ADL 公司最近开发了一个用 SCFE 技术提取酒精的方法,还开发了从油腻的快餐食品中除去过多的油脂,而不失其原有色香味及保有其外观和内部组织结构的技术,且已申请专利。

12.4.2 天然产物提取中的应用

利用超临界 CO_2 萃取技术从药用植物中提取有效成分,在 20 世纪 70 年代后期,德国学者应采用此法从春黄菊中萃取出有效成分,产率高于传统溶剂法。日本人也从药用植物蛇床子、黄连、苍术、茵陈蒿、桑白皮、甘草和紫草中萃取有效成分。紫杉醇是来源于红豆杉属树木的治疗卵巢癌的有效药物,用超临界 CO_2 萃取技术加入乙醇为夹带剂,从短叶红豆杉的根皮中萃取紫杉醇,效果优于乙醇萃取法。单猪屎豆碱是一种有抗肿瘤和抗癌活性的生物碱,美国学者利用此法结合阳离子交换树脂,从植物美丽猪屎豆种子,萃取到纯度为 95% 以上的单猪屎豆碱。在国内,我国学者葛发欢等用临界 CO_2 萃取技术从青蒿中提取分离出蒿素、十八醇等成分,提取率比传统工业生产中的溶剂法(汽油和稀乙醇)提高 11% ~59%,提取时间大为缩短,也降低了成本。丹参是一味常用中药,丹参酮ⅡA 是其脂溶性有效成分之一,用超临界 CO_2 从丹参中提取丹参酮ⅡA,可以减少丹参酮ⅡA 的降解,提取率比醇提工艺大大提高,可以达到 90% 以上。将 30.12% 的胆红素粗品用超临界 CO_2 进行萃取精制,产品纯度可以达 90% 以上。紫苏子是目前发现的含 α-亚麻酸最高的植物资源,α-亚麻酸为人体所必需的不饱和脂肪酸,其有抑制癌症发生和转移作用。用超临界 CO_2 萃取技术提取得油率比传统的石油醚萃取法高。中药材姜黄具有很好的降血脂和抗菌作用,其主要有效成分是姜黄油。利用超临界 CO_2 萃取比传统的水蒸气蒸馏法收油率提高 1.4 倍,提取时间缩短。珊瑚姜的挥发油成分对皮肤致病性和细菌有较强抑制作用,用以治疗真菌引起的各种皮肤病。李金华等利用超临界 CO_2 萃取珊瑚姜中的挥发组分,发现该法对不稳定化合物的提取转为优越。银杏叶提取一般采用醇提过树脂柱的工艺,利用超临界 CO_2 法,可使萃取得率高出 2 倍,达 3.4%,有效成分的质量高于国际公认质量标准。当归挥发油具有镇静大脑、兴奋延髓中枢的作用,亦可弛缓子宫肌肉,治疗月经不调,痛经等症,用超临界 CO_2 萃取技术比用水蒸气蒸馏法收油率提高了 4 倍,达 1.5%。超临界 CO_2 流体法萃取茶树菇多酚,萃取率为 17.64%。

在抗生素药品生产中,传统方法常使用丙酮、甲醇等有机溶剂,但要将溶剂完全除去,又不使药物变质非常困难,若采用 SCFE 法则完全可以符合要求。美国 ADL 公司从 7 种植物中萃取出了治疗癌症的有效成分,使其真正应用于临床。许多学者认为摄取鱼油

和 ω-3 脂肪酸有益于健康。这些脂类物质也可以从浮游植物中获得。这种途径获得的脂类物质不含胆固醇，J. K. Polak 等从藻类中萃取脂类物质获得成功，而且叶绿素不会被超临界 CO_2 萃出，因而省去了传统溶剂萃取的漂白过程。另外，用 SCFE 法从银杏叶中提取的银杏黄酮，从鱼的内脏、骨头等提取的多烯不饱和脂肪酸（DHA，EPA），从沙棘籽提取的沙棘油，从蛋黄中提取的卵磷脂等对心脑血管疾病具有独特的疗效。日本学者宫地洋等从药用植物蛇床子、桑白皮、甘草根、紫草、红花、月见草中提取了有效成分。采用超临界流体萃取法（SFE）提取的白术精油比水蒸气蒸馏法（SD）提取的白术精油抗癌效果更好，白术精油乳剂作用于 Leiws 肺癌荷瘤小鼠模型后，肿瘤生长抑制率显著升高，瘤组织见大片坏死，瘤细胞散在分布；荷瘤小鼠血清中、瘤组织中 caspase-3 表达量升高。白术精油含药血清作用于人肺癌 A 549 细胞株后，细胞生存率明显降低，细胞周期受阻滞于 G0/G1 期；细胞中 caspase-3 表达量升高，与模型组相比差异显著（$P<0.05$）。

中药萜类化合物具有多种生物活性，根据理化性质及化学性质有多种提取方法。水蒸气蒸馏法可用于提取单萜与倍半萜成分。溶剂提取法可用于二萜类物质的提取。超声提取法和超临界流体萃取法可用于提取三萜类成分。利用超临界 CO_2 萃取的方法可以提取灵芝子实体和茯苓皮中三萜类成分，还可有效萃取白花蛇舌草、猕猴桃根、灵芝孢子粉中的三萜类成分。超临界—回流—微波协同提取山楂总三萜：确定山楂中存在三萜类、酯类、黄酮类、烃类、甾体类物质，其中角鲨烯和熊果酸为三萜类化合物，首次在山楂中检测到角鲨烯。此外，超临界 CO_2 萃取率和甲醇提取率相当，提取物的组成也基本相似。因此，利用超临界萃取法得到的三萜类提取物能够直接加入到各类食品、饮料和保健品等制品中，具有良好的开发应用前景和经济效益。

用 SCFE 法萃取香料不仅可以有效地提取芳香组分，而且还可以提高产品纯度，能保持其天然香味，如从桂花、茉莉花、菊花、梅花、米兰花、玫瑰花中提取花香精，从胡椒、肉桂、薄荷提取香辛料，从芹菜籽、生姜，莞荽籽、茴香、砂仁、八角、孜然等原料中提取精油，不仅可以用作调味香料，而且一些精油还具有较高的药用价值。啤酒花是啤酒酿造中不可缺少的添加物，具有独特的香气、清爽度和苦味。传统方法生产的啤酒花浸膏不含或仅含少量的香精油，破坏了啤酒的风味，而且残存的有机溶剂对人体有害。超临界萃取技术为酒花浸膏的生产开辟了广阔的前景。美国 SKW 公司从啤酒花中萃取啤酒花油，已形成生产规模。

目前国际上对天然色素的需求量逐年增加，主要用于食品加工、医药和化妆品，不少发达国家已经规定了不许使用合成色素的最后期限，在我国合成色素的禁用也势在必行。溶剂法生产的色素纯度差、有异味和溶剂残留，无法满足国际市场对高品质色素的需求。超临界萃取技术克服了以上这些缺点，目前用 SCFE 法提取天然色素（辣椒红色素）的技术已经成熟并达到国际先进水平。酶促超临界法萃取所获得样品中虾青素含量为 47.76 μg/g，明显高于其他方法。

12.4.3　化工中的应用

在美国超临界技术还用来制备液体燃料。以甲苯为萃取剂，在 $P_c=1.013\ 25\times10^7$ Pa，T_c 为 400 ~ 440 ℃条件下进行萃取，在 SCF 溶剂分子的扩散作用下，促进煤有机质发生深度的热分解,能使三分之一的有机质转化为液体产物。此外,从煤炭中还可以萃取硫等化工产品。

美国最近研制成功用超临界 CO_2 既做反应剂又做萃取剂的新型乙酸制造工艺。俄罗斯、德国还把 SCFE 法用于油料脱沥青技术。

12.4.4 生物工程中的应用

近年来的研究发现,超临界条件下的酶催化反应可用于某些化合物的合成和拆分。另外,在超临界或亚临界条件下的水可作为一种酸催化剂,对纤维素的转化起催化作用,使其迅速转化为葡萄糖。

1988 年,Bio-Eng. Inc. 开发了超临界流体细胞破碎技术(CFD)。用超临界 CO_2 做介质,高压 CO_2 易于渗透到细胞内,突然降压,细胞内因胞内外较大的压差而急剧膨胀发生破裂。超临界流体还被用于物质结晶和超细颗粒的制备当中。

12.4.5 日化用品中的应用

由于天然成分的精油具有润肤、镇静、愉悦心情、抑菌、消炎、防腐等作用,在日化用品中,占有的市场份额越来越大。以玫瑰精油为例,不仅是高级香精,还具有通便、利尿、镇定,以及抗组织胺和抗菌,对神经紧张还有抚慰和松弛的功效,可抗焦虑并有镇痛和调节女性内分泌的功效。传统的水蒸气蒸馏法提取温度较高,玫瑰精油中的芳香成分容易受到破坏,且易产生蒸煮等不适气味,从而导致精油品质下降,而提油后的花渣一般都被废弃,提油后的废水中含有大量的有机物,玫瑰废渣、废水的排放也容易造成环境污染。有机溶剂提取法虽然提取率比水蒸气蒸馏法高,提油率可达到 0.3% 左右,但存在操作步骤繁琐、耗时长、设备要求高、所得精油易有溶剂残留等缺点;有机溶剂的使用还容易在生产操作过程中产生安全问题,并可能带来环境污染等影响。采用超临界 CO_2 提取技术,不仅玫瑰精油的提取率是传统方法的 3 倍,而且提油后花渣中可以提取玫瑰色素,剩余的玫瑰花渣富含膳食纤维,并且其黄酮、多糖、维生素、氨基酸等功能成分可以得到保持,可以制成玫瑰花饼,减少废渣排放,使原料得到综合利用。

尽管超临界流体萃取技术具有很多的优点,但目前我国在这一领域还未得到广泛的工业化应用。主要原因是超临界设备一次性投资较大,而且萃取技术尚不成熟。但是由于超临界流体萃取的种种优点,目前很多厂家正准备或已经投资购买超临界设备。超临界流体萃取技术的研究是今后发展的一个重点。特别是随着人们对功能性天然产物的认识和重视,相信超临界流体萃取将取代传统的溶剂法提取天然产物,生产出高纯度和高品质的产品,以满足使用和出口的需要。

参考文献

[1] 张德权. 食品超临界 CO_2 流体加工技术[M]. 北京:化学工业出版社,2005.

[2] JENNINGS D W, DEATSCH H M, ZALKOW L H. Supercritical extraction of taxol from the bark of Taxus brevifolia[J]. The Journal of Supercritical Fluids, 1992, 5(1):

1-6.

[3] SCHAEFFER S T, ZALKOW L H, TEJA A S. Sxtraction and isolation of chemotherapeutic pyrrolizidine alkaloids from plant substrates – novel process using supercritical fluids[J]. ACS Symposium Series, 1989, 406: 416-433.

[4] SCHAEFFER S T, ZALKOW L H, TEJA A S. Supercritical fluid isolation of monocrotaline from crotalaria – spectabilis using ion – exchange resins[J]. Industrial and Engineering Chemistry Research, 1989, 28(7): 1017-1020.

[5] 葛发欢. 超临界 CO_2 萃取技术在黄花蒿成分研究中的应用[J]. 中药材, 1994, 17(8): 31-32.

[6] 葛发欢, 史庆龙, 谭晓华, 等. 超临界 CO_2 萃取姜黄油的工艺研究[J]. 中药材, 1997, 20(7): 345-349.

[7] 谢秋涛. 超临界 CO_2 提取玫瑰精油工艺优化及副产物综合利用研究[D]. 长沙:中南大学, 2013.

[8] 黄小千. 白术精油对 Lewis 肺癌及人肺癌 A549 细胞株的抑瘤作用及 Caspase – 3、XIAP 机制研究[D]. 济南:山东中医药大学, 2010.

[9] 桂元, 黄文. 超临界 CO_2萃取茯苓皮中三萜类成分[J]. 食品科学, 2012(2): 25-26.

[10] 陆慧, 贾晓斌. 超临界 CO_2萃取白花蛇舌草中三萜类成分的工艺研究[J]. 中成药, 2011(8): 10-12.

[11] 李加兴, 孙金玉. 超临界 CO_2萃取猕猴桃根三萜类化合物工艺优化[J]. 食品科学, 2011(18):6.

[12] 陈燕, 柳正良. 优选超临界 CO_2萃取灵芝孢子粉中总三萜化合物的最佳工艺[J]. 药学服务与研究, 2010(1): 28-30.

[13] 寇云云. 山楂中三萜类化合物提取与成分分析[D]. 秦皇岛: 河北科技师范学院, 2012.

[14] 张广晶, 杨莹莹, 徐雅娟, 等. 中药萜类成分提取方法研究[J]. 长春中医药大学学报, 2014, 30(2): 221-223.

[15] 张俊, 蒋桂华, 敬小莉, 等. 超临界流体萃取技术在天然药物提取中的应用[J]. 时珍国医国药, 2011(8):2020-2022.

[16] 王晶晶, 孙海娟, 冯叙桥. 超临界流体萃取技术在农产品加工业中的应用进展[J]. 食品安全质量检测学报, 2014(2):560-566.

[17] 李少霞, 彭志英, 赵谋明. 超临界流体萃取在食品工业中的应用[J]. 食品工业, 2000(6):39-40.

[18] 葛发欢, 辉国钧, 李菁, 等. 中药现代化与超临界流体萃取的应用[J]. 天然产物研究与开发, 2000(3):88-93.

[19] 王志祥, 刘亚娟, 刘芸. 超临界流体萃取技术及其在中药开发中的应用[J]. 时珍国医国药, 2006(4):651-652.

[20] RUBIO R N, SARA M, BELTRAN S, et al. Supercritical fluid extraction of fish oil

from fish by - products: a comparison with other extraction methods[J]. Journal of Food Engineering, 2012, 109(2): 238-248.

[21] SANTOS S A O, VILLAVERDE J J, SILVA C M, et al. Supercritical fluid extraction of phenolic compounds from eucalyptus globulus labill bark[J]. The Journal of Supercritical Fluids, 2012, 71: 71-79.

[22] MOURA P M, PRADO G H C, MEIRELES M A A, et al. Supercritical fluid extraction from guava (Psidium guajava) leaves: global yield, composition and kinetic data [J]. The Journal of Supercritical Fluids, 2012, 62: 116-122.

[23] ANDRADE K S, GONCALVEZ R T, MARASCHIN M, et al. Supercritical fluid extraction from spent coffee grounds and coffee husks: antioxidant activity and effect of operational variables on extract composition[J]. Talanta, 2012, 88: 544-552.

第13章　反胶束萃取

13.1　概　　述

Hoar等于1943年首次报道了反胶束的存在。1977年，瑞士的Luisi等首次提出用反胶束萃取蛋白质的概念，20世纪80年代，美国的Gokelen和Hatton、荷兰的Van't Riet和Dekker对蛋白质的反胶束萃取进行了研究。随着理论的发展与技术的进一步完善，反胶束萃取法作为一种新型的提取分离方法被广泛地应用于蛋白质的提取分离中，并解决了提取分离过程中的一些技术难题。反胶束萃取技术在分离和纯化蛋白质方面的研究越来越受到人们的广泛关注，反胶束萃取技术已广泛应用于生物、化工、食品、材料、医药等诸多方面，具有广阔的应用前景。

反胶束又称反胶团，是表面活性剂分散于连续有机相中形成的纳米尺度的一种聚集体（10～100 nm），反胶束溶液是透明的（热力学稳定的系统），表面活性剂是由亲水的极性头和疏水的非极性尾两部分组成，当表面活性剂在溶剂中的浓度超过临界胶束浓度时，表面活性剂就聚集形成胶束。在水溶液中形成极性头向外、非极性尾朝内的是正常胶束；在有机溶剂中形成极性头向内、非极性尾朝外的含有水分子内核的聚集体，即反胶束。极性核溶入水后形成"水池"，能够增溶水和亲水分子，包括蛋白质、核酸、短肽、氨基酸、抗生素、生物碱和黄酮类等极性物质。与传统提取分离方法相比，其具有成本低、流程短、处理量大、不易失活、溶剂可以反复利用、萃取率和反萃取率高等优点。由此可见，反胶束萃取技术为蛋白质的提取分离开辟了一条具有工业前景的新道路。

反胶束为透明的热力学稳定系统，为表面活性剂分散于连续有机相中一种自发形成的纳米级的聚集体。表面活性剂是由亲水的极性基团和疏水的非极性基团组成的两性分子，分为阴离子表面活性剂、阳离子表面活性剂和非离子型表面活性剂。常见的反胶束系统见表13.1。

表13.1　常见的反胶束系统

表面活性剂	溶　剂
丁二酸-2-乙基己基酯磺酸钠（AOT）	四氯化碳，异辛烷，环己烷，苯，烷烃（C_8～C_{10}）
十六烷基三甲基溴化铵（CTAB）	乙醇/异辛烷，乙醇/辛烷，氯仿/辛烷
氯化三辛基甲铵（TCMAC）	环己烷
聚氧乙烯醇醚（Brij60）	辛烷
烷基酚聚氧乙烯（Triton X）	乙醇/环己烷

表 13.1(续)

表面活性剂	溶　剂
磷脂酰胆碱(PC)	苯,庚烷
磷脂酰乙醇胺(PTEA)	苯,庚烷

在反胶束溶液中,组成反胶束的表面活性剂,它的非极性尾向外伸入非极性有机溶剂中,而极性头则向内排列形成一个极性核。此极性核能溶解水和大分子(如蛋白质)。当有机溶剂中表面活性剂的浓度超过临界胶束浓度(CMC)时,才能形成反胶束溶液。此为该体系的特性,其与表面活性剂的化学结构、溶剂、温度和压力等因素有关。在非极性溶剂中,CMC 值的浓度范围为 $1\times10^{-4}\sim1\times10^{-3}$ mol/L。

反胶束萃取蛋白时,一般采用阴离子表面活性剂 AOT,结构式如图 13.1 所示。这种表面活性剂容易获得,它具有双链,极性头较小,形成反胶束时不需加助表面活性剂,并且它所形成的反胶束较大,有利于大分子蛋白质进入。当表面活性剂为 AOT 时,常用的有机溶剂为异辛烷。

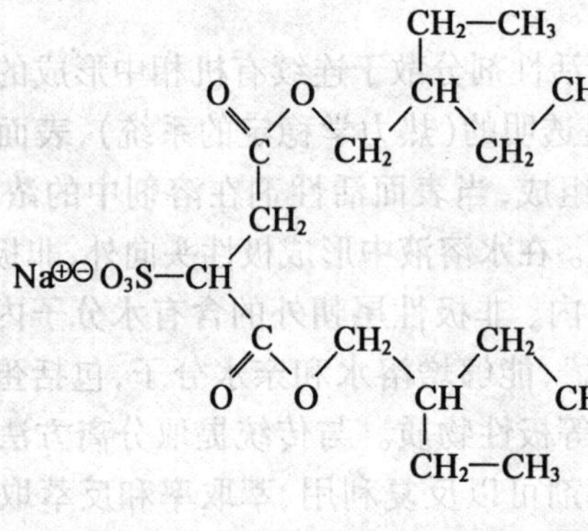

$CH_2—CH_3$
O　O　CH　CH_2　CH_3
C　CH_2　CH_2　CH_2
CH_2
$Na^{\oplus}$ $^{\ominus}O_3S—CH$
C　CH_2　CH_2　CH_2
O　O　CH　CH_2　CH_3
$CH_2—CH_3$

图 13.1　阴离子表面活性剂 AOT 结构式

溶解于反胶束的水量,常用 W_0(= [H_2O]/[surfactant])表示,定义为反胶束中所含水分与表面活性剂的摩尔比,由于每个表面活性剂极性头有效面积大小的不同,因此,它决定了反胶束的大小以及每个反胶束中表面活性剂的分子数。反胶束溶液与水相平衡时,W_0 值的大小与表面活性剂和溶剂的种类、助表面活性剂、水相中盐的种类和盐的浓度等因素有关。对于 AOT/异辛烷/H_2O 体系,溶解于反胶束中的最大含水量 $W_0=60$,超过这一数值,透明的反胶束溶液变为浑浊,并同时发生分相。

反胶束的形状一般为球形,也有人认为反胶束应为椭球形或棒形。反胶束尺寸可通过理论模型计算得到,但大多数采用实验手段测定得到,例如超离心法、小角度中子散射法(SANS)、似弹性光散射法以及小角度 X 射线散射与脉冲辐射分解相结合的方法等。对 AOT/异辛烷/H_2O 体系,反胶束的尺寸分布相对较均一,当 W_0 值从 4 变化到 50,反胶束的流体力学半径从 2.5 nm 增加至 18 nm,每个反胶束中表面活性剂的分子数从 35 增加到 1 380,而极性核表面 AOT 分子的有效极性头面积从 0.359 nm^2 增加至 0.568 nm^2。

通常情况下,反胶束体系外观呈清亮、透明或半透明,无 Tyndall 效应,在可见光下,通过超显微镜观察系统各部分呈同向、均匀一致、流动性好,为热力学稳定的单相分散系统,其内部分散微粒的尺度为纳米量级。根据表面活性剂的不同,可将反胶束体系分为四种类型:非离子型,如脂肪醇聚氧乙烯醚(Brii30);阳离子型,如丁二酸二-2-乙基己基酯磺酸钠(AOT);阴离子型,如二辛基二甲基氯化铵(DODMAC);两性离子型,如卵磷脂。此外一些双亲物质,如三辛基甲基氯化铵(TOMAC)、卵磷脂,需要加入一定量的助表面活性剂(一般为低碳链脂肪醇)才能形成稳定的反胶束体系。

反胶束体系具有以下特点:①相界面张力较低,液滴小,比表面积大,传质速率更快;②一定温度下,微乳相为热力学稳定体系,操作过程中无相分离现象;③微乳相在一定条件下可自发形成,因此制乳容易,对于非离子型微乳相液膜,当温度升高时,微乳相液膜易发生相分离,此时破乳容易,而普通乳状液膜制乳时需提供较高能量,膜强度高,破乳难。

13.2　反胶束萃取蛋白质的基本原理

反胶束萃取本质上为一种液-液有机溶剂萃取,是通过利用表面活性剂在有机相中形成反胶团(reversed micelles),从而使难溶于有机相或在有机相中发生生物活性变性的物质溶解于其中的萃取技术。在反相胶束萃取过程中,蛋白质或酶等生物大分子主要以水壳膜形式存在于反相微胶团的极性核心内部,能够避免与有机溶剂直接接触,保证了生物大分子在整个萃取过程中不会失活,从而实现既能溶出酶及蛋白质等生物大分子,又能与水分相分离,并能保持这些生物大分子的生物活性,但反相微胶团萃取蛋白质与酶等生物大分子的机理尚不明确。

对于一个由水、表面活性剂和非极性有机溶剂构成的三元系统,存在有多种结构形式,如图 13.2 所示。

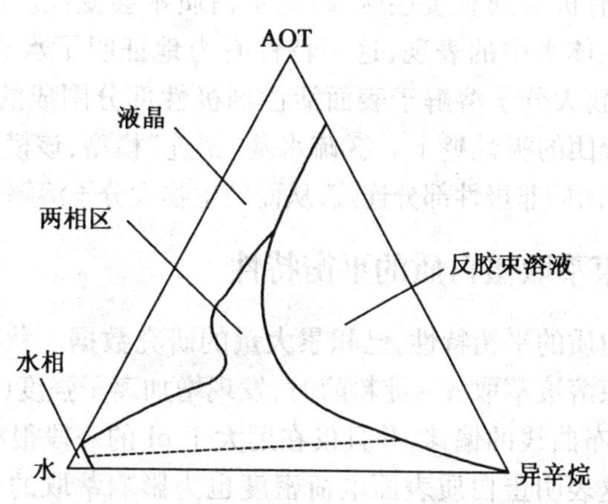

图 13.2　由水、表面活性剂和非极性有机溶剂构成的三元系统相图

由图 13.2 可知,位于相图底部的两相区能够应用于蛋白质的分离,这里将三元混合物分为平衡的两个相,即水相和反胶束溶液。其中,水相中含有少量的有机溶剂和表面活性剂。共存的两相组成用虚线相连。这一体系的物理化学性能非常易于萃取操作,尤其其界面张力为 0.1 ~2 mN/m,密度差为 10% ~20%;反胶束黏度适中,大约为 1 mPa · s这一数量级。

蛋白质进入反胶束萃取系统为一种协同过程，即水相和有机相界面间的表面活性剂层，与邻近的蛋白质发生静电作用而变形，然后在两相界面形成含蛋白质的反胶束，此反胶束扩散进入有机相，从而实现了对蛋白质的萃取，如图 13.3 所示。

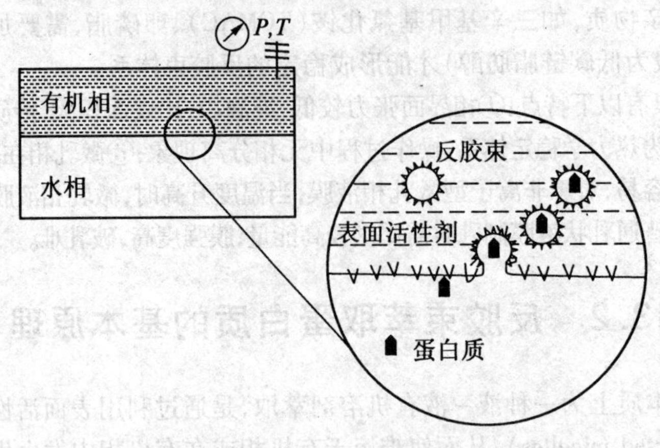

图 13.3　蛋白质进入反胶束的过程示意图

通过改变水相条件（如 pH 值、离子种类及其强度等），并能使蛋白质由有机相重新返回至水相，从而实现反萃取过程。这一过程主要由反胶束在宏观两相界面处的聚结速率决定，故反萃取速率比萃取速率低得多。

蛋白质在微胶束中分为三种形式：①“水壳”模型，通过“水壳”模型解释蛋白质在反胶束内溶解情况，即蛋白质大分子被封闭在水中，表面存在一层水化层与胶束内表面隔开，从而避免蛋白质与有机溶剂直接接触，因此蛋白质不会变性。反胶束中酶所显示的动力学特性接近于在主体水中的表现，这一特性有力地证明了水壳模型。②“吸附”模型，该模型认为虽然生物大分子溶解于表面活性剂极性部分围成的中心中，但中心部分生物大分子被吸附在胶团的极性壁上。③疏水基“架连”模型，该模型认为生物大分子的非极性部分与多个微胶团的非极性部分连接，从而使生物大分子溶解于多个微胶团之间。

13.2.1　反胶束萃取蛋白质的平衡特性

对反胶束萃取蛋白质的平衡特性，已积累大量的研究数据。秋克等在研究 TOMAC/正辛醇－异辛烷反胶束溶液萃取 α－淀粉酶时，发现增加离子强度（NaCl 浓度）导致蛋白质－回收率－pH 值分布曲线的偏移，并且仅在远大于 pI 的一段很窄 pH 值范围内，可以正常进行萃取过程。这表明蛋白质表面电荷密度也为影响萃取的一个重要因素。凯利（Kelly）等通过 AOT/异辛烷反胶束体系萃取 α－胰凝乳蛋白酶时，指出采用铵盐和钠盐时蛋白质的传递量比用钾盐和铯盐时高得多，这种趋势亦反映在反胶束相水含量的变化方面，即阳离子的种类影响反胶束的大小。沃伯特（Wolbert）等总结大量不同蛋白质的萃取性能，提出对于 AOT 反胶束体系，$pH_{1/2}$（即萃取率为 50% 时溶液的 pH 值）与蛋白质的等电点 pI 和相对分子质量 M 之间的关系，可用以下经验方程关联：

$$|pH_{1/2}-pI| = (0.12\times10^{-3})M_r - 1.07 \tag{13.1}$$

而对于阳离子表面活性剂 TOMAC 所形成的反胶束体系,相应的关联式为

$$|pH_{1/2}-pI|=(0.11\times10^{-3})M_r-0.97 \quad (13.2)$$

由于反胶束内表面所带电荷符号的不同,式(13.1)的 $pH_{1/2}$ 须小于 pI,而式(13.2)的情况正好相反。除了上述因素以外,巴罗(Barlow)等经计算得出,蛋白质表面电荷分布不对称比对称更容易传入反胶束溶液中。

13.2.2　反胶束萃取蛋白质的热力学模型

除了研究影响反胶束萃取蛋白质平衡特性因素,许多研究者还致力于研究蛋白质的反胶束热力学模型。庞纳(Bonner)等首先进行了这方面的工作,模型假定一个反胶束内只能包含一个蛋白质分子,反胶束膨胀的体积相当于蛋白质的体积,该模型被称为“水壳”模型。沃尔(Woll)等考虑到蛋白质－胶束的配合体的存在,对这一模型进行了改进。卡西里(Caselli)等根据反胶束相的微结构,从理论上进一步完善,以溶解蛋白质前的反胶束相作为热力学计算的参比系统,由参比系统与溶解有蛋白质的系统间的最小自由能变化方程及质量守恒方程来获得相关的变量,在计算的过程中采用了一种近似方法,即将空胶束作为一个微电容器,而将满胶束作为两个同心的微电容器。布拉特科(Bratko)等用“壳－核”模型分析了蛋白质从水相萃入反胶束相的热力学,通过对非线性的泊松－波耳兹曼(Poisson-Boltzmann)方程求解,确定了静电作用对蛋白质传递自由能的影响。佛莱埃杰(Fraaije)等采用一种更加抽象的方法,根据经典的界面热力学,分析蛋白质在两主体相间的分配性能,并从实验数据计算了伴随着蛋白质的传递引起的质子及其他小离子的共分配。尽管上述模型能够用于分析蛋白质分配的实验数据,以及预测影响分配系数的主要系统参数,但迄今为止,所有这些模型尚不能准确预测反胶束相和水相的平衡组成,涉及大量未知的或无法定量的参数,如蛋白质和非极性溶剂的憎水作用;离子与蛋白质或表面活性剂的特定作用;萃取蛋白质后,反胶束大小发生的变化所引起的自由能变化;蛋白质分子表面带电基团的分布等。

13.2.3　反胶束萃取蛋白质的动力学

相对于热力学性能来说,目前对反胶束萃取动力学了解更少。拉哈曼等在萃取发酵液中的碱性蛋白酶时,发现真实发酵液的反萃取速率比模拟料液要慢得多;反萃取达到平衡的时间比萃取更长;萃取平衡的最短时间为 5 min,反萃取则为 15 min。贝蒂斯坦尔(Battistel)等的定性结果显示,蛋白质的萃取速率比其他小分子成分快得多。蒲留辛斯基(Plucinski)等发现,在溶菌酶萃取过程中,相对于对流传质的阻力,界面阻力可以忽略不计。莱塞等认为,萃取动力学与所萃取蛋白质的种类密切相关,尤其是蛋白质相对分子质量的大小起重要作用。狄克等利用混合澄清槽及恒界面池,定量研究了 α－淀粉酶进入或离开 TOMAC/异辛烷反胶束相的动力学,发现在反萃过程中存在较大的界面阻力,其值约为 10^5 s/cm,比萃取的总阻力大得多。因此,萃取与反萃取过程的动力学具有较大的差异。

13.3 反胶束萃取蛋白质的工艺流程及参数因素

关于蛋白质进入反胶束的机理，目前尚不明确。一般认为，蛋白质在反胶束内的溶解作用，与蛋白质的表面电荷同反胶束的内表面电荷间的静电作用，以及反胶束尺寸的大小有关。因此，任何可以增强这种静电作用或引起形成较大尺寸的反胶束的因素，均有利于蛋白质的萃取。影响反胶束萃取蛋白质的主要因素见表 13.2，通过对这些因素进行系统研究，确定最佳操作条件，目标蛋白质就可得到合适的萃取率，从而达到分离纯化的目的。

表 13.2 影响反胶束萃取蛋白质的主要因素

与反胶束相有关因素	与水相有关因素	与目的蛋白有关因素	与环境有关因素
表面活性剂种类	pH 值	蛋白质等电点	系统温度
表面活性剂浓度	离子种类	蛋白质大小	系统压力
有机溶剂种类	离子强度	蛋白质浓度	
助表面活性剂及其浓度		蛋白质表面电荷分布	

离子强度对萃取率的影响主要包括：①较低离子强度时，酶和蛋白质等生物大分子表面的荷电性和亲水性得到了改善，溶解度增加，其与反相微胶团内表面的结合力增强。当水相中的离子强度增加到一定程度时，其抵消了生物大分子表面电荷，由于离子的水化作用而使蛋白质分子表面上的水膜消失，从而减少与反相微胶团内表面的结合作用，同时使溶解度降低，引起分离效率降低。②当离子强度增大后，反胶束内表面的双电层变薄，使得蛋白质与反胶束内表面之间的静电引力减小，从而降低蛋白质的溶解度。③当反胶束内表面的双电层变薄后，使得表面活性剂极性头之间的排斥力减小，进而使反胶束变小，从而导致蛋白质无法进入其内部。④盐与蛋白质或表面活性剂的相互作用，可改变溶解性能，溶液中盐的浓度越高，其影响就越大，例如离子强度（KCl 浓度）对萃取核糖核酸酶 a、细胞色素 C 和溶菌酶的影响，如图 13.4 所示。

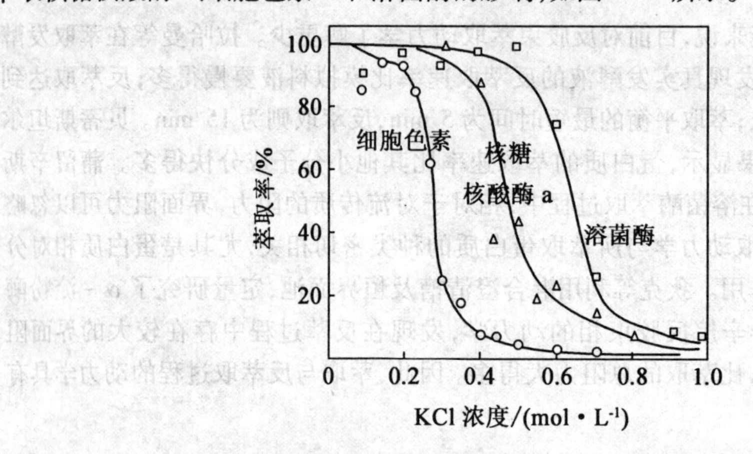

图 13.4 离子强度（KCl 浓度）对萃取核糖核酸酶 a、细胞色素 C 和溶菌酶的影响示意图

当KCl的浓度较低时,蛋白质几乎完全被萃取;而当KCl浓度高于一定值时,萃取率逐渐下降,直至几乎为零;此外,不同蛋白质萃取率开始下降时的KCl浓度存在一定差异。

水相pH值对萃取率的影响,其主要能引起蛋白质表面电荷和蛋白质构象的改变。pH值对几种相对分子质量较小蛋白质的萃取的影响,如图13.5所示。

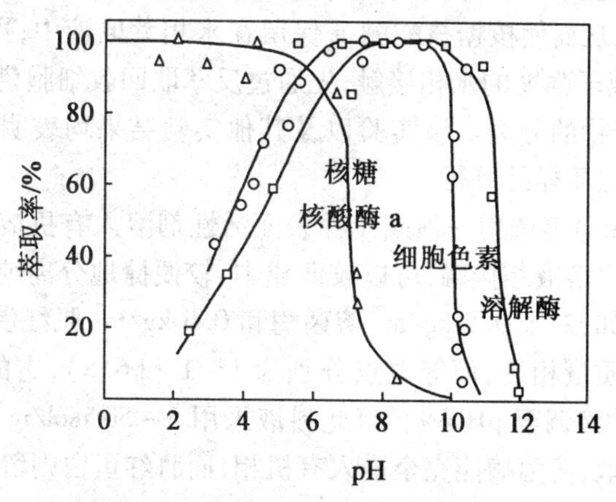

图13.5　pH值对萃取几种相对分子质量较小的蛋白质的影响示意图

对于阳离子表面活性剂,当溶液pH > 蛋白质pI时,蛋白质带有负电荷,反胶束萃取才能正常进行;而对于阴离子表面活性剂,当溶液pH < 蛋白质pI时;蛋白质带正电荷,有利于蛋白质的萃取,二者的静电作用能促进蛋白质的萃取;当pH值较低时,萃取率下降,在界面上产生白色絮凝物,这种情况由蛋白质的变性析出引起。

影响反胶束结构的其他因素包括:①有机溶剂的影响。有机溶剂的种类直接影响反胶束的大小,从而影响水的增溶能力,因此可以利用溶剂作用改变胶束结构实现选择性增溶生物大分子的目的,如6I－胰凝乳蛋白酶随溶剂的不同在反胶束中增溶的比率会出现显著的差异。②助表面活性剂的影响。当使用阳离子表面活性剂时,引入助表面活性剂,能增加有机相的溶解量,多数情况下由胶束尺寸的增加引起。③温度的影响。温度的改变显著影响反胶束系统的物理化学性质,升高温度能够增加蛋白质在有机相的溶解度,例如提高温度可使α－胰凝乳蛋白酶和胰增血糖素进入NH_4^+－氯仿相,同时在转移率上分别增加50%和100%。

13.4　反胶束萃取技术的应用与展望

应用反胶束萃取技术进行蛋白质的提取、浓缩和分离,虽然还没有生产出可供销售的商品,但已有的实例充分表明它是一种极有前途的生物分离技术。泰帕(Taipa)等比较了反胶束萃取和制备色谱法纯化脂肪酶的效果,表明反胶束萃取为一种理想的预色谱方法。

13.4.1 分离蛋白质混合物

哥克莱(Göklen)和哈顿(Hatton)等将反胶束萃取法用于一系列一元和三元蛋白质混合物的分离。例如,对三种低相对分子质量蛋白质的混合物——细胞色素 C、核糖核酸酶 a 和溶菌酶,通过改变萃取条件,如水的 pH 值和盐浓度,使得细胞色素 C 和溶菌酶完全进入反胶束溶液相,从而使核糖核酸酶 a 保留在水相萃取液中;再将负载有机相连续两次与不同 pH 值和离子强度的水相接触,先通过反萃取回收细胞色素 C,然后回收溶菌酶,从而实现三元混合物的分离。该实验以及其他实验结果均表明,采用反胶束萃取分离水溶液中的混合蛋白质样品可行。

纳克雪奥(Nakashio)等选用一种或几种表面活性剂溶入有机溶剂中,由此形成的反胶束溶液与蛋白质的水溶液相接触,可以较低成本、较便捷地分离纯化蛋白质,同时不会引起蛋白质变性。例如,对于 0.5 kg/m^3 溶菌酶和 0.5 kg/m^3 肌红蛋白的混合溶液(这两种蛋白质的相对分子质量相近,而等电点分别为 11.1 和 6.8),它的盐浓度为 100 mol/m^3,并已用硼酸盐缓冲液调至 pH = 9。将此料液采用 5 ~ 50 mol/m^3 二烷基磷酸盐/异辛烷反胶束溶液进行萃取,溶菌酶能完全进入有机相,而肌红蛋白则留在水相。

13.4.2 浓缩 α - 淀粉酶

狄克(Dekker)和范特利脱(Vant Riet)等运用两级混合 - 澄清槽单元,检验蛋白质的连续萃取和反萃取操作性能。水相为 α - 淀粉酶的水溶液,有机相为 TOMAC/异辛烷反胶束溶液。结果使得 α - 淀粉酶浓缩 8 倍,酶活力的得率约为 45%,在反胶束相循环 3.5 次后,表面活性剂的逐渐减少导致萃取效率下降,重新添加表面活性剂又能使萃取效率完全恢复。对过程进行优化,在高分配系数(在反胶束相中添加非离子型表面活性剂)和高传质速率(增大搅拌转速)下,反萃取水相中的 α - 淀粉酶活力得率达到了 85%,浓缩 17 倍,反胶束相每次循环的表面活性剂损失量减少到 2.5%。

13.4.3 从发酵液中提取细胞外酶

在生物产品的提取方面,反胶束溶液能否作为萃取剂,取决于它们是否可以从实际生产的发酵介质中选择性地萃取蛋白质。研究人员采用浓度为 250 mol/m^3 的 AOT/异辛烷反胶束溶液,从芽孢杆菌的发酵液中提取和纯化碱性蛋白酶(一种洗涤酶,M_r = 33 000 Da)。在适宜的 pH 值范围内,萃取出的蛋白质总量随 pH 值变化很小,这可能是受负载量的限制,但是,萃取出的蛋白质混合物中活性成分的选择性受 pH 值影响很大,这种特性可充分用于碱性蛋白酶的纯化。按 1:1 的水相/有机相体积比进行单级萃取,活力的收率约为 22%,蛋白质的收率约为总量的 10%,因此在反萃液中,蛋白质比活力增加了 2.2 倍。袁中兴等采用三种不同的表面活性剂双(2 - 乙基己基)磺基琥珀酸钠(AOT)、十六烷基三甲基溴化铵(CTAB)及鼠李糖脂(RL)溶于正己醇/异辛烷相构建不同的反胶束体系对溶液中纤维素酶进行萃取,发现三种表面活性剂构建的反胶束体系萃取纤维素酶的萃取率均随着盐离子浓度的增大而降低;水相中离子种类也会影响纤维素酶的萃取率,不同反胶束体系在最佳条件下萃取纤维素酶的最佳萃取率为:CTAB > AOT >

RL,反胶束萃取法有着良好的应用前景,而且采用这一技术可使纯化和浓缩一步完成。

13.4.4　直接提取细胞内酶

反胶束萃取可用于直接从发酵液中提取胞内酶,例如吉奥文哥(Giovenco)和威赫琴(Verheggen)等报道了反胶束萃取提取和纯化棕色固氮菌(azotobacter vinelandii)的胞内脱氢酶。通过将全细胞的悬浮液注入 CTAB/己醇－辛烷反胶束溶液中,完整的菌体细胞在表面活性剂作用下被溶裂,析出的酶进入反胶束的水池中,再通过选择适当的反萃液,可以选择性地回收到高浓度的酶。在最优条件下,对于相对分子质量较小的 β－羟丁酸脱氢酶(M_r = 63 000 Da)和异柠檬酸脱氢酶(M_r = 80 000 Da),反萃液中酶活性的回收率超过 100%(相对于用无细胞抽提液),纯化系数为 6。而相对分子质量较大的葡糖－6 磷酸脱氢酶(M_r = 200 000 Da)不能被提取出来,至少不能提取到有活性的酶。

细胞碎片留在反胶束相中为该方法的一个不利因素,它使得反胶束相不能重复使用。如果能有效地回收有机溶剂和表面活性剂,那么这种细胞溶解与蛋白质萃取相结合的工艺方法,将成为从细胞直接提取蛋白质的重要途径。

13.4.5　反胶束萃取用于蛋白质复性

反胶束萃取的一个重要应用为蛋白质复性。重组 DNA 技术生产的大部分蛋白质,须溶于强变性溶剂中,使它们从细胞中抽提出来。除去变性剂,进行复性的过程通常要在非常稀的溶液中操作,以避免部分复性中间体的凝聚。研究人员通过将单个蛋白质分子置于反胶束内,避免这种不利的相互作用。他们采用 AOT/异辛烷反胶束溶液萃取变性的核糖核酸酶,将负载有机相连续与水接触除去变性剂盐酸胍,再用谷胱甘肽(glutathione)的混合物重新氧化硫氢键,使酶的活性完全恢复,最后由反萃液回收复性的、完全具有活性的核糖核酸酶,总收率达到了 50%。

13.4.6　从植物中提取油脂和蛋白质

运用烃类溶剂提取植物(如大豆和葵花籽)中的油脂时,残渣中含 30% ~50% 的蛋白质。目前这些高营养价值的渣饼只能用作饲料,如何将其加工成为人们的食物,具有重要意义。莱塞(Leser)等利用烃类作为溶剂,反胶束溶液作为提取剂,将油脂直接萃入到有机相,而蛋白质则溶入了反胶束的极性核内;先用水溶液反萃取蛋白质,接着冷却反胶束溶液使表面活性剂沉淀分离,最后用蒸馏方法将油脂与烃类分开。陈复生等通过研究分析了二－(2－乙基己基)琥珀酸酯磺酸钠(AOT)/异辛烷体系萃取文冠果种仁蛋白的液回萃取动力学特性,蛋白质从颗粒内部向颗粒表面的扩散是传质的控制步骤,蛋白质进入反胶束极性内核及外扩散的传质阻力可忽略,该过程可用缩芯未反应核模型进行模拟。其萃取动力学方程为

$$2.22\exp(-2\ 190/T)t = 1 + 2(1 - x) - 3(1 - x)^{2/3}$$

实验结果显示,这种用反胶束溶液同时提取植物中的油脂和蛋白质的方法萃取效率较高,具有很好的应用前景。

13.5　反胶束萃取蛋白质的开发与展望

13.5.1　新型的反胶束体系

运用反胶束技术萃取蛋白质时，用以形成反胶束的表面活性剂起着关键作用。目前，常用阴离子表面活性剂 AOT 形成反胶束，其缺点为不能萃取相对分子质量较大的蛋白质，且易污染产品。久保井亮一等采用 AOT 和牛脱氧胆酸（TDCA）的混合反胶束溶液来提取脂肪酶，活性得率和选择性都得到了提高。史红勤等实验结果表明，在 AOT 反胶束溶液中加入天然生物表面活性剂磷脂，能使胶束尺寸变大，且提高血红蛋白和枯草杆 - α - 淀粉酶的萃取率。欧瑜明（Eryomin）以 AOT，CTAB 和 Triton-45 形成混合反胶束，有机相溶解辣根过氧化酶的容量得到了显著增加。沃尔等在 AOT/异辛烷反胶束溶液中加入亲和试剂正辛基 - β - D - 半乳糖苷，对核糖核酸酶 a 与伴刀豆球蛋白 - A 组成的模拟体系进行分离，使选择性增加了 10 ~ 100 倍。彭（Peng）等将生物相容的表面活性剂 C_8 卵磷脂，溶于异辛烷 - 正己醇（9:1）形成反胶束溶液，用以提取 α - 胰凝乳蛋白酶获得了成功。阿耶拉（Ayala）等则以非离子表面活性剂形成的反胶束溶液，实现了细胞色素 C 从水相传入有机相。如何进一步选择与合成更适宜的表面活性剂，将是今后应用研究的一个重要方面。

13.5.2　蛋白质的反萃取

应用反胶束萃取法提取蛋白质，须考虑的另一个重要问题为如何从负载有机相中反萃取出蛋白质。简单地依靠调节反萃液性能，回收率一般都较低，甚至不能获得具有活性的蛋白质。最近相继提出了几种新方法：莱塞等使用硅石从反胶束中反萃取出蛋白质；菲力普（Phillips）等采用笼形水合物的形成，使反胶束中的蛋白质沉淀析出；狄克等通过改变温度，使原先增溶于反胶束中的水成为一过量水相，分离出此水相就可回收到大部分蛋白质。由于需要高压及较高温度，这些方法的可行性尚待进一步研究和探讨。

13.5.3　反胶束萃取的工业化

上述的论述都还局限于间歇操作。采用反胶束萃取技术从水溶液中连续提取蛋白质有两个步骤，即蛋白质从水相选择性地传入反胶束相（萃取）和蛋白质由反胶束相转入另一水相（反萃取），而反胶束相在两个操作工序之间循环。狄克等通过两级混合澄清槽，检验蛋白质连续萃取和反萃取的操作性能。阿姆斯特朗等将反胶束溶液作为液膜，实现了同时萃取与反萃取蛋白质的操作。久保井亮一等也使用液膜，通过调节料液和反萃液的条件，实现了多元蛋白质的分离。道赫伦（Dahuron）等为解决表面活性剂引起的相分离障碍，使用聚丙烯中空纤维膜固定两种不互溶液体间的界面，实现了“胰凝乳蛋白酶和细胞色素 C 分别从水相萃入 AOT/异辛烷反胶束溶液”。此外，反胶束萃取技术应用于工业化生产大豆油，克服了传统压榨法和浸出法饼残油量高、出油率低、动力消耗大、零件易损耗和生产安全性差等缺点，反胶束萃取得到的毛油、酸价及过氧化值比压榨法和浸出法要低得多，构成较好的脂肪酸成分几乎不变，油脂品质较好。从以上实验结果可见，反胶束溶液萃取蛋白质已显示了良好的工业应用前景。

综上所述，大量的研究工作已证明了反胶束萃取法提取分离蛋白质和油脂的可行性与优越性。不仅可用于分离自然细胞和基因工程细胞中的产物中的蛋白质，还有核酸、氨基酸和多肽也可顺利地溶于反胶束，还可用于提取分离天然产物中的油脂成分。反胶束萃取目前尚处于实验室研究阶段，实现工业化大生产还有待于进一步研究和探讨。例如，如何克服表面活性剂对产品的沾染；更多获取扩大至工业规模所需的基础数据；进行反胶束萃取过程的开发、模拟和放大的研究。尽管如此，采用反胶束萃取法大规模提取蛋白质技术由于具有成本低、溶剂可循环使用、萃取和反萃取率都很高等优点，正越来越多地引起各国科研人员的重视，并不断将研究推向深入。

参考文献

[1] 刘薇，袁兴，曾光明，等. 不同反胶束体系萃取纤维素酶的条件优化对比研究[J]. 中国环境科学，2013，33(4)：728-723.

[2] 邓秩韬，谢晨，李夏兰，等. 反胶束萃取阿魏酸酯酶[J]. 华侨大学学报，2013，34(2)：182-184.

[3] 杨颖莹，布冠好，陈复生，等. 反胶束萃取大豆油脂及其与浸出法的比较研究[J]. 中国粮油学报，2013，9(28)：61-70.

[4] 刘晓艳，闫杰. 反胶束体系在蛋白质萃取中应用的研究进展[J]. 食品工业科技，2010，4(31)374-380.

[5] 高艳秀，陈复生. 反胶束技术同时分离蛋白和油脂的研究进展[J]. 油脂工程，2011，12：49-52.

[6] 布冠好，时冬梅. 反胶束技术及其萃取蛋白质的研究进展[J]. 农产品加工，2010，11：43-45.

[7] LESER M E, LUISI P L, PAIMIERI S. The use of reverse micelles for the simultaneous extraction of oil and proteins from vegetable meal[J]. Biotechnology and Bioengineering, 1989, 34(9): 1140-1146.

[8] KREI G A, HUSTEDT H. Extraction of enzymes by reverse micelles[J]. Chemical Engineering Science, 1992, 47(1): 99-111.

[9] HEBBAR H U, RAGHAVARAO K. Extraction of bovine serum albumin using nanoparticulate reverse micelles[J]. Process Biochemistry, 2007, 42(12): 1602-1608.

[10] KLYACHKO N L, LEVASHOV A V. Bioorganic synthesis in reverse micelles and related systems[J]. Current Opinion in Colloid and Interface Science, 2003, 8(2): 179-186.

[11] ZHU Kexue, SUN Xiaohong, ZHOU Huiming. Optimization of ultrasound - assisted extraction of defatted wheat germ proteins by reverse micelles[J]. Journal of Cereal Science, 2009, 50(2): 266-271.

[12] NORITOMI H, KOJIMA N, KATO S, et al. How can temperature affect reverse micellar extraction using sucrose fatty acid ester? [J]. Colloid and Polymer Science, 2006, 284(6): 683-687.

[13] SU C K, CHIANG B H. Extraction of immunoglobulin - G from colostral whey by reverse micelles[J]. Journal of Dairy Science, 2003, 86(5): 1639-1645.

[14] NANDINI K E, RASTOGI N K. Reverse micellar extraction for downstream processing of lipase: effect of various parameters on extraction[J]. Process Biochemistry, 2009, 44(10): 1172-1178.

[15] UGOLINI L, DE NICOLA G, PALMIERI S. Use of reverse micelles for the simultaneous extraction of oil, proteins, and glucosinolates from cruciferous oilseeds[J]. Journal of Agricultural and Food Chemistry, 2008, 56(5): 1595-1601.

[16] 高亚辉，陈复生，赵俊廷. 反胶束萃取蛋白质的动力学研究进展[J]. 食品科技，2007(2):8-12.

[17] 陈复生，赵俊庭，娄源功. 利用反胶束萃取技术同时分离植物蛋白和油脂[J]. 食品科学，1997(8):43-46.

[18] 段金友，方积年. 反胶束萃取分离生物分子及相关领域的研究进展[J]. 分析化学，2002(3):365-371.

[19] 磨礼现，陈复生，姚永志，等. 反胶束萃取技术制备大豆蛋白组分的电泳法研究[J]. 中国油脂，2005(11):35-37.

[20] 郭珍，陈复生，李彦磊，等. 反胶束萃取技术及其在植物蛋白质提取中的应用研究进展[J]. 食品与机械，2013(1):240-242.

[21] 高亚辉，陈复生，赵俊廷. 反胶束萃取蛋白质的动力学研究进展[J]. 食品科技，2007(2):8-12.

[22] 陈明拓，周小华，骆辉. 苦参碱的反胶束萃取研究[J]. 天然产物研究与开发，2007(2):295-298.

[23] 高亚辉，陈复生，张书霞，等. 反胶束萃取大豆蛋白前萃过程机理初探[J]. 食品与机械，2009(5):68-70.

[24] 段金友，方积年. 反胶束萃取分离生物分子及相关领域的研究进展[J]. 分析化学，2002(3):365-371.

[25] 杨趁仙，刘昆仑，陈复生，等. 反胶束萃取植物蛋白质结构与功能特性研究进展[J]. 粮食与油脂，2013(12):10-13.

[26] 王永涛，赵国群，张桂. 反胶束萃取技术及其在食品中的应用[J]. 食品研究与开发，2008(7):171-173.

第14章 强电场萃取

14.1 概　　述

目标成分的提取率很大程度上取决于对生物材料的细胞破壁状况,传统的破壁方法有物理法、化学法和生物法等;为了提高萃取率,缩短萃取时间等,寻找强化萃取的方法已经成为当今人们关注和研究的热点问题。现代科学技术发展的特点之一是各个学科之间的相互交叉、渗透与融合。早在1987年和1991年,美国National Research Council以及National Science Foundation分别在其讨论和报告中指出,预言未来分离技术发展的重点应是对外场强化分离技术的研究,报告认为将传统分离技术和外场结合可以产生一些适应现代分离要求的新型分离技术。地球物理环境中除了存在引力场外,还存在着自然电场,随着科学技术研究手段的进步,人们逐渐将电场与动植物生理联系起来,研究认为随着环境电场的变化,生物体内物质的电荷分布、排列、运动方式将随之发生改变,从而成为影响生物体生命活动的重要原因。

利用物理场来强化萃取过程可以在强化萃取过程的同时不污染环境,是一种新型对环境友好的高效分离技术,也是静电技术与化工分离相互交叉的学科前沿。强电场萃取(PEF)辅助提取主要是利用细胞膜电穿孔原理,使组织细胞发生不可逆的破坏,5~50 kV/cm的电场,能够在几微秒的时间内对细胞膜造成穿孔和破坏,从而促进细胞质内的离子泄露和细胞内的生物物质释放,加速生物细胞胞内物质向外的传质过程。和其他的破碎技术相比,电穿孔技术具有对细胞内外液态组分的不良影响最小、不会引起温度的大幅度增加、不会产生细胞碎片等诸多优点。1968年,Weatherley等提出在液-液萃取体系中加入电场可以产生小液滴,并在库仑力的作用下使其在连续相中高速运动,从而提高液滴内外的传质系数,强化传质过程。20世纪80年代以来,电场强化萃取技术发展较快,具有潜在的工业市场,电场的强化作用可以强化扩散系数或强化两相的分散与澄清过程,从而能成倍地提高萃取设备的分离效率,降低几个数量级能耗。因此,PEF预处理能够显著缩短固-液提取的时间、提高提取效率、减少高温对其活性的影响,可应用于多糖、蛋白质、核酸和多酚等天然产物中活性成分的提取。

14.2 原　　理

14.2.1 技术特点

强化萃取的传质可以通过外力作用产生较大的传质比表面,或者利用外力在液滴内部以及周围产生高强度的湍动,增大传质系数。研究结果表明,电场的引入不仅可以克服在液-液萃取过程中小液滴的运动速率较慢这一问题,使其在连续相中可以高速运动，致使两种作用同时出现得以实现，还可用于两相密度差很小，界面张力较大，液滴易合并而不易分散的场合。总结起来，电场强化萃取可通过四种途径强化液 - 液萃取过程：①在高强度的电场力作用下，分散相的液滴被破碎，增大了传质比表面积；②促使小液滴内部产生内循环，强化分散相滴内传质系数；③分散相通过连续相时由于静电加速作用提高了界面剪应力，因此增强了连续相的膜传质系数；④在电场强度不够高的电场力的作用下，小液滴的聚并速率被加快，减少了两相的分离时间，并可减少两相的夹带。

14.2.2　基本原理

关于高压脉冲电场的作用机理，现有多种假说：主要有细胞膜穿孔效应、电磁机制模型、黏弹极性形成模型，电解产物效应、臭氧效应等，而高压脉冲电场的提取机理的解释大多数学者倾向于认同电崩解（electric breakdown）和电穿孔（electro poration）。电崩解认为微生物的细胞膜可以看作一个注满电解质的电容器，在外加电场的作用下细胞膜上的膜电位差会随电压的增大而增大，导致细胞膜厚度减少。当外加电场达到临界崩解电位差（生物细胞膜自然电位差）时，细胞膜上有孔形成，在膜上产生瞬间放电，使膜分解。电穿孔则是认为外加电场下细胞膜压缩形成小孔，通透性增强，小分子进入到细胞内，致使细胞的体积膨胀，导致细胞膜的破裂，内容物外漏。高压脉冲电场能显著提高提取率的原理是：在脉冲电场作用下，细胞膜结构分子伴随电场的传动而取向的阻力与水分子间存在着显著的不同。一定条件下，高压脉冲电场电能主要蓄积于细胞膜系统。生物膜结构的不均匀性，特别是膜蛋白的类似半导体特征使生物膜存在动态的“导通”点——在细胞膜脂双层上形成的瞬时微孔，从而细胞膜的通透性和膜电导瞬时增大。在高压脉冲放电中，由于气态等离子体剧烈膨胀爆炸而产生的剧烈冲击波可摧毁各种亚细胞结构，使细胞器、细胞膜崩溃，使那些在正常情况下不易通过细胞膜的亲水分子、病毒颗粒、DNA、蛋白质以及染料颗粒等能通过细胞膜而尽可能完全从细胞中溢出。因此，在细胞中有连续完整的水分子层时，高压脉冲电场可显著改善浸出溶剂与膜脂等精油成分的互溶速率及通过胞壁物质的传质能力，从而提高提取效率。

综上所述，影响提取效果的重要因子是利用 PEF 技术在细胞膜上形成纳米级的微孔，从而使其细胞的内容物溢出。电场的穿孔可分为三个阶段：①非电场穿孔阶段，脉冲强度远远小于临界电场强度，电场不能在细胞膜上形成纳米级的微孔；②电场穿孔阶段，电场强度大于临界电场强度，细胞内外的物质可以通过被穿破的微孔自由交换；③饱和阶段，即稳定的状态，即使电场强度的增加，也不会使细胞膜的透过性增加。在这个阶段，细胞会被破坏。PEF 技术用来提取细胞内物质，其原理是对两极间的物料施加短脉冲的高电压处理，极性物质在电场的作用下高速向电极方向运动，利用细胞膜电穿孔原理，造成组织细胞的不可逆破坏，从而促进生物活性物质的溶出，并且 PEF 处理过程不会造成原料温度的升高，可以有效地保护提取物的生理活性，对细胞内物质的提取具有很好的效果。

14.2.3　动力学模型

美国俄亥俄州州立大学食品科学与技术学院于 2000 年建成第一台商业用的脉冲电场工艺处理系统用作工艺评估实验，2001 年建成第一台固态高压脉冲发生器，能够产生

60 kV,750 A 的正负脉冲并且正负脉冲都有相应独立的固体开关,可以进行正负脉冲交替处理。国内大连理工大学制成的 10 kV 脉冲发生器可实现脉冲电压在 0 ~ 10 kV,脉冲频率在 10 ~5 000 Hz,脉冲宽度在 2 ~30 μs,以及脉冲数在 1 ~100 内的精确控制,该脉冲发生器精度比较高,但脉冲高压比较低。中国农业大学自主开发研制脉冲处理装置,该设备由高压脉冲发生器、示波器、高压脉冲处理室、平板电极及蠕动泵和热电偶组成(图 14.1)。吉林大学自制的高压脉冲电场设置采用的是流动式装置(图 14.2)。PEF 处理系统如图 14.3 所示。

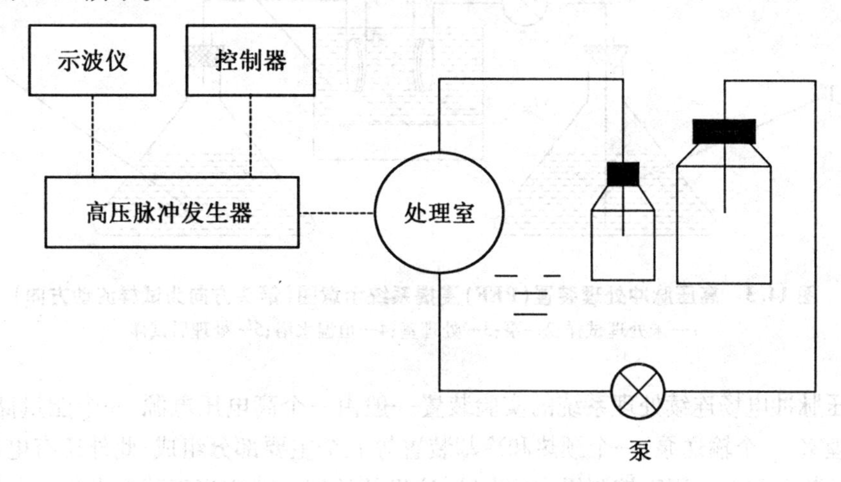

图 14.1　高压脉冲处理装置示意图

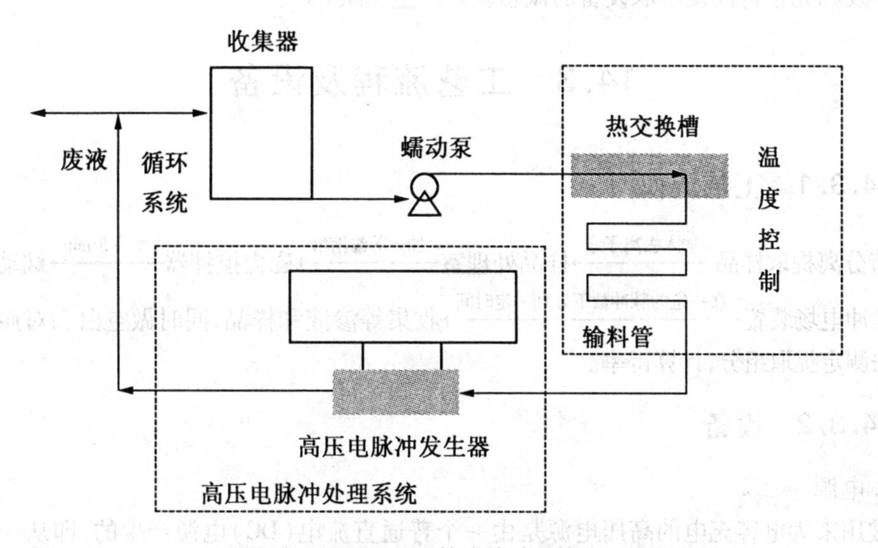

图 14.2　PEF 处理的连续过程的流程图

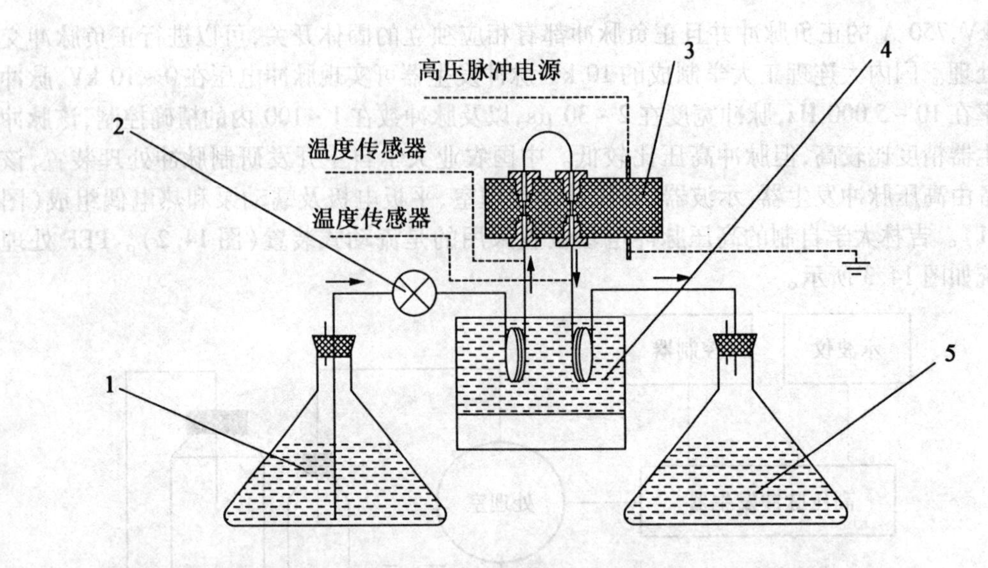

图 14.3 高压脉冲处理装置(PEF)浸提系统示意图(箭头方向为试样流动方向)

1—未处理试样;2—泵;3—处理室;4—恒温水浴;5—处理后试样

高压脉冲电场连续处理系统的实验装置一般由一个高电压电源、一个能量储存电容、一个处理室、一个输送泵、一个预热和冷却装置等五个主要部分组成;此外还有电压、电流、温度测量装置和一个用于控制操作的电脑,这里的处理室就相当于萃取设备。电场萃取技术的开发和完善将促使萃取设备的概念设计产生飞跃。

14.3 工艺流程及设备

14.3.1 工艺流程

待分离提取样品 —加入去离子水→ 样品处理室 —加入等渗溶液→ 磁力搅拌器 —均质 5 min→ 蠕动泵——→高压脉冲电场装置 —在一定的脉冲数下处理一定时间→ 收集等渗液和样品,同时做空白和对照——→选取方法测定提取组分,计算得率。

14.3.2 设备

1. 电源

被用来为电容充电的高压电源是由一个普通直流电(DC)电源产生的,即从一个现行的(60 Hz)交流电转化成高电压交流电能,然后将其整流成高电压直流电。另一种产生高电压的方法是用一个电容器充电电源,即用高频率的交流电输入然后供应一个重复速度高于直流电源的指令充电。从高电压电源上得到的能量被储存在电容中,然后被释放穿过食品物料,使食品中产生强制电场。这个能量储存电容的静电容量可以由以下公式给出:

$$C_0 = \frac{\tau}{R} = \frac{\tau \sigma A}{d}$$

式中,τ 为脉冲持续时间;R 为电阻(Ω);σ 为食品的导电系数(s/m);d 为两个电极间的间隙(m)。

高压脉冲处理系统的脉冲有指数衰减波、方波、振荡波和双极性波等形式,作用效果方波最好,指数波次之,振荡波最差;处理室有平行盘式、线圈绕柱式、柱-柱式、柱-盘式、同心轴式等。指数衰减波是使一单向电压快速升高到某一最高值,然后慢慢衰减到零,波形如图14.4所示。方波的实现需要一个复杂的脉冲整形网络,包括一排电容、电感线圈及固体开关装置。方波可以在整个脉宽的时间内以最大电压对微生物持续作用,因此方波对微生物的致死效果更强,波形如图14.5所示。

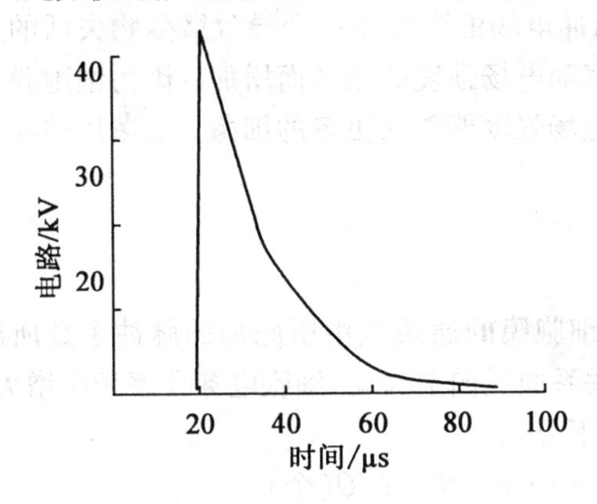

图14.4　指数衰减波波形图

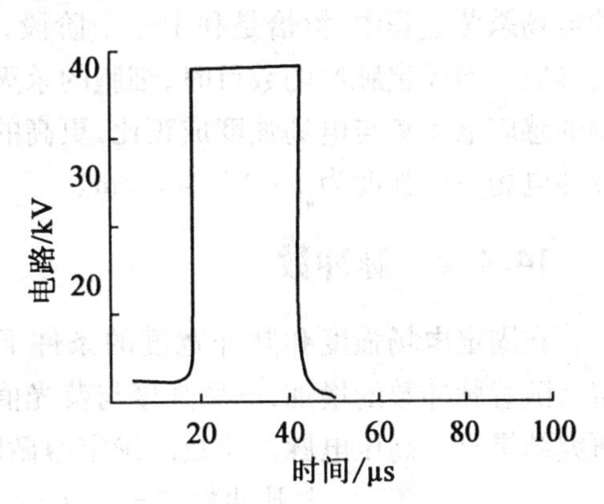

图14.5　方波波形图

2. 食品处理室

处理室有静态及连续式两种,连续式可工业化生产。食品在处理室内受到高压脉冲电场作用时,要避免电火花的产生。一旦产生电火花,电极就会被腐蚀,食品被电解,产生气泡。因此,在设计食品处理室时,应着重解决好以下问题:电极表面要尽可能光滑以减少电子的逸出,采用圆形电极以避免电场集中,为食品提供一个均匀的高压脉冲电场,处理室最好采用脉冲筛板塔亦称液体脉动筛板塔,是指由于在电场力等外力作用使液体在塔内产生脉冲运动(图14.6),便于分离。

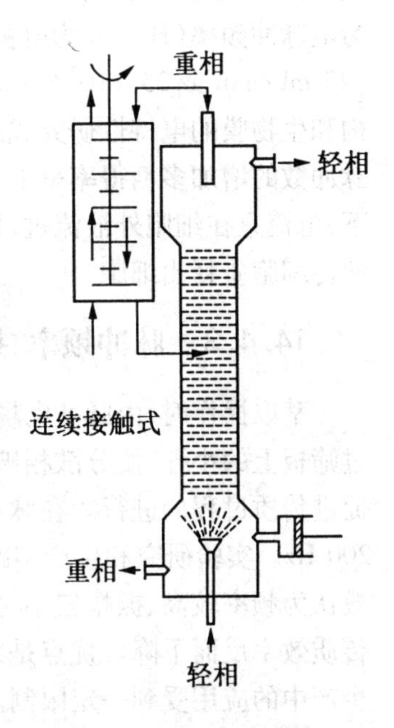

图14.6　脉冲萃取塔设备图

14.4　影响分离的工艺参数因素

影响分离效果的工艺参数因素可分为电场强度、脉冲数、脉冲振幅、脉冲频率、萃取设备的传质面积和液滴大小以及提取溶液的浓度、料液比等。

14.4.1 电场强度

无论是电崩解还是电穿孔，都是因为电场强度达到临界值时才可能发生，因此电场强度是影响提取效果最重要的因素之一。以电穿孔为例，在达到临界电场强度之前，提取率与场强成正比，在较高的电场强度下，更多的溶剂能进入细胞内部，而且细胞内物质也会很容易地通过细胞膜溢出；同时细胞膜内外表面间的电场强度差异能导致细胞膜穿孔，这些都会使提取量增加。但是也并非一味增大电场强度，就能得到较大的提取效率，在电场穿孔饱和阶段，即使电场强度增加，也不会使细胞膜的透过性增加。而在高压脉冲电场杀菌过程中，恰恰是利用这个阶段，脉冲电场的强度是一个导致微生物失活的主要参数。当固定脉冲的数目时，细胞的杀灭率随电场强度的增加而增加。因为细胞膜两侧的感应电动势与电场强度成正比，更高的电场强度能杀灭更多的细菌。杀菌用的高压脉冲电场一般强度为 5 ~ 100 kV/cm。

14.4.2 脉冲数

在固定电场强度和脉冲宽度的条件下，细胞膜的通透性由所施加的脉冲个数所决定。随着脉冲数的增加，电场强度与荧光值关系曲线向上移动，细胞电穿孔率相应增大。研究结果显示高压电脉冲参数的确定遵循以下公式：

$$\text{电脉冲数}\ C = n \cdot f \cdot t = n \cdot f \cdot \pi \cdot R^2 \cdot L/Q\text{（个）}$$

式中，C 为电脉冲数（取整）；n 为电极数（采用两个电极）；t 为样液流经电极的时间（s）；f 为电脉冲频率（Hz）；L 为电极长度（1 mm）；R 为电极半径（0.5 mm）；Q 为被测溶液流速［25 mL/min 或 $25 \times 10^3/60\ \text{mm}^3/\text{s}$］。以脉冲数对米糠多糖得率的影响为例，从谷物的结构和生物膜的电特性研究成果可知，脉冲数小于 2 时米糠多糖得率几乎没有变化，随着脉冲数的增加多糖得率呈上升趋势，可能是由于米糠细胞的电容量较大，在低频的情况下，电流只在细胞外液流过，而在高频的情况下，细胞内液也有电流流过，导致壁被击穿，使得细胞质释出细胞。

14.4.3 脉冲频率、振幅

萃取操作时，由脉冲电场提供的脉冲使萃取塔内液体做上下往复运动，迫使液体经过筛板上的小孔，使分散相破碎成较小的液滴分散在连续相中，并形成强烈的湍动，从而促进传质过程的进行。在脉冲萃取塔内，一般脉冲振幅的范围为 9 ~ 50 mm，频率为 30 ~ 200 Hz。实验研究和生产实践表明，萃取效率受脉冲频率影响较大，受振幅影响较小。一般认为频率较高、振幅较小时萃取效果较好。如脉冲过于激烈，将导致严重的轴向返混，传质效率反而下降。优点是结构简单，传质效率高，但其生产能力一般有所下降，在化工生产中的应用受到一定限制。

14.4.4 萃取设备参数

1. 萃取设备的选择

需借助外界输入能量，如加脉冲电场、搅拌、振动等，以实现分散和流动。应选用有外加能量塔式萃取设备。用于两相密度差很小,界面张力较大,液滴易合并而不易分散的场合。

2. 萃取设备传质面积和液滴大小

影响提取效率的萃取设备参数主要有传质面积和液滴大小。萃取过程中一个液相为连续相,另一个液相以液滴的形式分散在连续相中,称分散相。液滴表面积是气液接触的传质面积。显然液滴愈小,两相的接触面积愈大,传质愈快,越有利于萃取操作的进行。若两相的相对流动快,则聚合分层也快,减少了萃取操作的时间,提高生产能力。

3. 萃取剂的选择

选择合适的萃取剂是保证萃取操作能够正常进行且经济合理的关键。萃取剂的选择主要考虑以下因素:

(1)萃取剂的选择性及选择性系数;

(2)萃取剂回收的难易与经济性;

(3)萃取剂的其他物性。

①密度差:萃取剂与被分离混合物有较大的密度差(特别是对没有外加能量的设备),可使两相在萃取器中能较快的分层,提高设备的生产能力。

②界面张力:萃取物系的界面张力较大时,分散相液滴易聚结,有利于分层,但界面张力过大,则液体不易分散,难以使两相充分混合,反而使萃取效果降低。界面张力过小,虽然液体容易分散,但易产生乳化现象,使两相较难分离。因此,界面张力要适中。

③溶剂的黏度:溶剂的黏度低,有利于两相的混合与分层,也有利于流动与传质,故当萃取剂的黏度较大时,往往加入其他溶剂以降低其黏度。

④其他因素:如具有化学稳定性和热稳定性,对设备的腐蚀性要小,来源充分,价格较低廉,不易燃易爆等。

通常,很难找到能同时满足上述所有要求的萃取剂,这就需要根据实际情况加以权衡,以保证满足主要要求。

14.4.5　提取溶液的浓度、料液比

经探索实验得知料水比过大,溶液通过高压电场时容易产生电火花,安全性差;料水比过小,提取率太低。因此,根据不同的提取组分及提取溶液的浓度确定该实验料水比范围。

14.5　强电场萃取技术在天然产物提取中的应用

国内学者综述了高压脉冲电场技术在食品功能成分提取中的应用研究,与传统的提取方法相比,具有传递均匀、提取时间短、产热少、能耗低、提取效率高等优点,PEF 技术已应用在不同目标成分的提取中。

14.5.1　糖类及其衍生物的提取

PEF 技术在糖类物质提取方面的众多应用中已经取得了良好效果。韩玉珠等采用

自主研发的高压电脉冲提取器,在电场强度为 20 kV/cm、脉冲数为 6、处理时间为 12 μs 条件下辅助质量分数为 0.5% KOH 提取林蛙多糖的提取率不仅较碱法、酶法以及复合酶法高,为 55.59%,而且提取的林蛙多糖总糖含量均高于其他三种方法,且提取物中杂质少。罗晓航在高压脉冲电场电场强度为 30 kV/cm,脉冲数为 12 的条件下,采用中性蛋白酶,提取时间 2.5 h、料液比为 1:6(m:v)、加酶量 2.4×10^4 U/g、温度 55 ℃,提取鲍鱼脏器粗多糖粉末的多糖含量为 60.39%。张铁华等研究高压脉冲电场辅助提取西藏灵菇发酵液中胞外多糖,并确定最优条件。殷涌光等首次研究高压电脉冲提取米糠多糖,对米糠多糖得率的影响程度依次为:脉冲数(频率)>电场强度>料液比;米糠多糖最佳提取条件:脉冲数为 12,电场强度为 45 kV/cm,料液比为 1:20,多糖得率可达 0.78%。金哲雄首次研究高压脉冲电场(PEF)提取中茶多糖工艺参数优化,当缓冲液 pH 值为 9.5、场强度为 25 kV/cm、脉冲数为 10 时,茶多糖提取率最大,且是水提法的 1.91 倍。卢敏等采用高压脉冲电场技术提取麸皮多糖的最优工艺,电场强度为 25 kV/cm,脉冲数为 10,料液比为 1:10(m:v),麸皮多糖得率可达 4.77%。Zhao 等通过 PEF 技术提取玉米穗丝中多聚糖,确定最佳提取工艺电场强度为 30 kV/cm,料液比为 1:50(m:v),处理时间为 6 μs,多聚糖的提取率达 7.32% ±0.15%。王再幸等研究发现,影响黄芪多糖 PEF 提取率的因素大小依次为:电场强度、料液比、脉冲数,且最佳工艺条件是电场强度为 10 kV/cm,脉冲数为 6,料液比为 1:14(m:v),黄芪多糖得率达 0.623%,得膏率达 24.36%。

另外,殷涌光采用 PEF 技术提取桦褐孔菌多糖,确定最佳提取工艺条件是电场强度为 30 kV/cm,脉冲数为 6,提取时间为 12 μs,pH 值为 10,桦褐孔菌多糖的提取率达 49.8%,分别是热碱提取法、微波辅助提取法的 1.67 倍和 1.12 倍,多糖的纯度是超声辅助提取法的 1.40 倍,可见应用 PEF 技术提取桦褐孔菌多糖,不仅提取率高,而且提取物中杂质少,是一种有效的桦褐孔菌多糖提取方法。López 等利用高压脉冲电场技术提取甜菜中蔗糖,当电场强度为 7 kV/cm,脉冲数为 5 时,蔗糖的提取率分别为 20 ℃,40 ℃条件下未经 PEF 处理时的 7 倍和 1.6 倍。当电场强度为 7 kV/cm 处理 60 min,提取温度从 70 ℃降低至 40 ℃,蔗糖得率可以达到 80%。赫桂丹等研究 PEF 技术提取壳聚糖,与传统加热法和微波法相比,具有非热、反应速度快、脱乙酰度高的特点,最佳工艺参数是脉冲数为 10,电场强度为 20.48 kV/cm,NaOH 质量分数为 48.64%,脱乙酰度高达 92.32%。以上研究表明,PEF 技术是一种有效的提取糖类及其衍生物的方法,通过控制 PEF 处理条件,可以提高不同物质中多糖的溶出率及多糖纯度。因此,高压脉冲电场提取多糖是一种很有应用前景的多糖提取新技术。

14.5.2　蛋白质的提取及其空间结构的影响

到目前为止,国内外学者对于 PEF 技术在蛋白质提取方面的应用研究较少,因为 PEF 处理(尤其场强过大,处理时间太长)可能会导致食品中蛋白质的结构发生可逆或不可逆的变化,从而导致其理化性质的改变。李迎秋等研究发现,大豆分离蛋白的表面自由巯基含量和疏水性随 PEF 脉冲强度、脉冲宽度和处理时间的增加而增加;表明高压脉冲电场对大豆分离蛋白的空间结构有一定的影响,脉冲强度、脉冲宽度越大及脉冲处理的时间越长,对蛋白的变性程度越强。因此采用高压脉冲电场提取蛋白质时,在关注提取率的同时，尤其更要注重对酶和蛋白质空间结构的影响程度。

赫桂丹等研究高电压脉冲电场技术与酶法结合提取牛骨胶原蛋白工艺，得出最佳工艺条件是底物质量浓度为10 mg/mL，胃蛋白酶添加量为3%，pH值为2.5，场强为21.98 kV/cm，脉冲数为7，可溶性蛋白质量浓度高达16.21 mg/mL，并通过紫外光谱鉴定为不含其他杂蛋白的纯胶原蛋白。赵景辉等利用高压脉冲电场技术提取鹿茸中的蛋白质，在电场强度为22 kV/cm，脉冲数为8，料液比为1:12（m:v）提取条件下，鹿茸中的蛋白质达1.71%。刘铮等和谢阁等采用美国俄亥俄州州立大学研制的OSU－4L实验室规模脉冲处理器分别进行了废啤酒酵母中的蛋白质提取、高压脉冲电场与超声波协同作用破碎啤酒废酵母的研究。刘铮等发现啤酒酵母中蛋白质的溶出量，与电场强度、处理温度、离子强度、处理时间和PEF处理后静置时间等参数有关，当场强为30 kV/cm，温度为45 ℃，处理时间为400 μs时，蛋白质溶出量可达4.042 mg/mL，是未经高压脉冲电场处理样品的5倍。

韦汉昌等研究高压脉冲电场协同酶法提取新鲜牛骨中的牛骨蛋白，牛骨粉经高压脉冲电场处理再进行酶解，不仅能够提高骨蛋白溶出率，而且能缩短酶解时间。在电场强度为30 kV/cm、脉冲数为25、料液比为1:8（m:v）、酶用量为4 000 U/g，酶解温度为50 ℃、pH值为6.5等条件下，酶解30 min，牛骨蛋白溶出率可达65.2%。卢敏、殷涌光、刘喻利用高压电脉冲辅助提取小麦中谷胱苷肽，研究发现场强强度、脉冲数目、料水比影响谷胱苷肽的得率，其中脉冲数是影响得率的最主要因素。卢敏等得到小麦胚谷胱甘肽最适提取条件是电场强度为16 kV/cm，脉冲数为9，料液比为1:20（m:v）。Ganeva等在流动系统中用PEF提取酵母细胞内的酶，在不需要任何预处理及后处理的情况下，提取率最大可达80%～90%，且PEF处理提取的酶活性更高，电场强度是影响提取率的显著因素，不同固液比下得到的最优电场条件也不同。韩玉珠等研究表明，高压脉冲电场技术具有促进啤酒酵母细胞溶解、释放蛋白质及其分解产物氨基酸的作用，且啤酒酵母细胞蛋白质和氨基酸的溶出量随着电场强度增大、脉冲数增加和处理温度升高而增大。当试验条件在25 ℃，40 kV/cm电场强度和60个脉冲数时，酵母细胞蛋白质和氨基酸溶出量最大（0.154 mg/mL，0.190 mg/mL），约为未用高压脉冲电场处理的2倍。

14.5.3 在酚类物质提取方面的应用

国内外已有关于PEF技术提取酚类物质的相关报道，Gachovska等将磨碎的红甘蓝置于电场强度为2.5 kV/cm，脉冲数为50的处理室中，处理时间为15 s，可以提高红甘蓝中花青素的得率，为对照样品的2.15倍。殷涌光等研究PEF法提取干松针总黄酮确定最佳提取条件是电场强度为20 kV/cm，脉冲数为8，料液比为1:50（m:v）。Corrales和Boussetta等采用PEF技术提取葡萄副产物及葡萄籽中总酚和多酚，研究表明，提取1 h后，总酚含量与对照品相比提高50%，并且抗氧化活性提高4倍；同样，PEF处理可以增加葡萄籽中多酚提取率。陈桂玉研究高压脉冲电场技术提取银杏叶活性成分，各因素对银杏黄酮类化合物提取率的影响由强到弱依次是料液比、电场强度、脉冲数、提取溶剂，最佳提取工艺是电场强度为15 kv/cm，脉冲数为14，乙醇质量分数为70%，料液比为1:12（m:v），工艺提取时间短，仅为超声提取的1/30、乙醇回流的1/120，并且溶剂消耗量也比较少，约为超声提取的1/4、乙醇热回流提取的1/5。罗炜等研究得出PEF处理红莓果能有效地提高花色苷的溶出率，并且可以缩短提取时间，提取率会随着处理脉冲数的增加而升高。金哲雄采用高压脉冲电场(PEF)技术从绿茶中提取茶多酚，结果表明：在缓冲液pH值为9.5，脉冲电场强度为25 kV/cm，脉冲数为12时，茶多酚提取率最大，是水提法的1.11倍。孙红男等研究经过高压脉冲电场处理的苹果多酚储藏前后含量均高于未经处理的样品。另外，张燕等报道，高压脉冲电场辅助工艺提取树莓中花青素，其单花青素总含量和总酚含量均显著高于传统热溶剂法、微波法和超声波提取法，且褐变指数最低，提取的树莓花青素的颜色更接近于红色，进一步证实PEF技术辅助工艺在花青素提取效率和颜色品质上更有优势。由此可见，PEF技术可以有效地提取植物中的酚类物质，但PEF处理过程对酚类物质产生的影响需进一步研究，包括酚类物质的降解途径和动力学研究等。

14.5.4 核酸的提取

殷涌光等应用PEF技术分别从牛脾脏和绿茶中提取可食性DNA，在电场强度为30 kV/cm，脉冲宽度为2 μs，脉冲数为8，流速为2 mL/min，料液质量比为1:4，温度为65 ℃，pH值为5.5的条件下，牛脾脏中DNA提取率是常规方法的1.87倍，达到最大值；以pH值为8.5的EDTA缓冲溶液为提取液，电场强度为25 kV/cm，脉冲宽度为2 μs，脉冲数为14，料液比为1:6(*m*:*v*)的条件下，得到绿茶中DNA提取率最大为2 377.10 μg/g，是SDS法的1.32倍。刘铮等研究了高压脉冲电场法提取啤酒废酵母中核酸的工艺。结果表明，随着电场强度的加大、处理温度的提高、离子强度的增大、处理时间和PEF处理后静置时间的延长，核酸的提取率增加；以去离子水为提取液，温度在45 ℃，电场强度为30 kV/cm，处理时间为400 μs，核酸的溶出量为0.382 mg/mL。

14.5.5 脂类的提取

PEF技术可以在常温条件下加速极性分子的运动速度和极性官能团的定向排列，而有机溶剂溶解脂肪的过程是一个物理扩散过程，随着分子运动速度的增加，扩散速度提高，电场可以强化植物油脂的提取过程，从而实现在常温条件下油脂的提取。

Guderjan等研究发现，PEF处理能提高玉米胚芽中油脂含量(达到88.4%)，同时还提高了玉米胚芽油中植物甾醇含量(达到32.4%)；并且PEF处理可以提高橄榄中油脂含量，其含量随电场强度增加而不断升高，油脂含量可提高6.5% ~7.4%。宁正祥等结合了高压脉冲和超临界萃取法提取荔枝种仁精油，在提取率低于80%时，高压脉冲技术会显著提高提取率。电场还可以有效地抑制食用油脂的氧化劣变，具有安全、可靠，设备投资和运行费用低等优点。唐以德、唐雪蓉对此研究认为，经过电场处理后的油脂，大大减少了游离基的数量，使自动氧化减缓，终止自动氧化中的链锁反应，因此起到了抑制油脂氧化的作用。

Guderjan等进一步利用PEF技术不仅提高油菜籽出油率，还可以提高菜籽油中生育酚、多酚、抗氧化剂和植物甾醇类的含量。国内相关研究发现，于庆宇等用自制HPEF装置应用于提取大豆油，解决了传统浸出法温度升高影响大豆蛋白质量的问题，实现了大豆油脂的常温提取。得到大豆油脂的高压脉冲电场最佳提取参数是电场强度为 15 kV/cm,脉冲数为 60,豆粉与石油醚质量比为 1:12。大豆油脂提取率显著提高,并且由于处理温度低,大豆粕变性程度低。

陈玉江等将高压脉冲电场作用于蛋黄卵磷脂提取,影响传质速率的因素即为提取过程的影响因素。蛋黄粉中卵磷脂以脂质形式结合而存在,通过电流后的脂质变化并未立刻显现出来,然而却可以运载电荷,脂质在电场的作用下会诱变成偶极子。在强电场的作用下电荷分离会引起大分子的重新定位或变形,并且有可能引起共价键的断开。这就使更多的卵磷脂从脂蛋白复合体中释放出来,使萃取溶剂接触与扩散的速率增大,从而提高了卵磷脂的提取效率。最终确定最佳提取工艺是强度为 30 kV/cm,脉冲数为 35,助剂质量浓度为 18 mL/g,丙酮不溶物比率为 23.10%。由此可见,PEF 处理在提高油脂溶出率方面效果显著,节约了能源,节省了生产成本,进一步优化 PEF 技术在油脂提取中的工艺条件,以促进 PEF 技术在油脂提取中大规模生产和广泛应用。

14.5.6　色素的提取

金声琅等以番茄皮渣为原料,采用高压脉冲电场技术辅助提取番茄红素,研究结果显示:在以乙酸乙酯为提取液,温度在 30 ℃,电场强度为 30 kV/cm,脉冲数为 8,处理时间为 16 μs 条件下,番茄红素单次提取率可达 96.70%,是常规有机溶剂法的 2.4 倍,是微波辅助法的 1.23 倍,是超声波辅助法的 1.04 倍。高压脉冲电场辅助提取法可视为一种新型快速的番茄红素提取方法。韦汉昌等进行了高压脉冲电场辅助乙醇连续化提取栀子黄色素工艺条件的研究,得到较佳提取工艺:提取温度为 40 ℃,电场强度为 25 kV/cm,脉冲频率为 6 Hz,脉冲时间为 4 s,提取 15 min,栀子黄色素提取率可达 90.40%。Fincan 等采用高压脉冲电场技术从红甜菜根中提取红色素,电场强度为 110 kV/cm 的脉冲电场提取甜菜色素,经 270 个脉冲处理后在甘露醇溶液中提取 1 h,甜菜色素的提取率为机械压榨提取的 90%;研究结果表明,应用 PEF 技术的提取效果明显优于冷冻和机械压力方式。

张燕等用自制的 HPEF 装置研究了 3.0 kV/cm 高压脉冲电场处理对红莓花色苷提取过程的影响。结果表明,该强度下 PEF 处理对红莓果实液泡细胞膜的损伤比冷冻解冻过程的机械损伤更显著,60 ~ 420 个脉冲数的 PEF 处理能使甘露醇等渗溶液的电导率由 65 μs/cm 增加至 490 μs/cm,明显加快花色苷的传质速率;用 3.0 kV/cm PEF 处理 420 个脉冲后,用酸化甲醇提取 15 min,可使花色苷的提取率达到 54.24%,较未处理样品增加 41.29%,较直接冷冻解冻样品的提取率增加 25.16%。因此,通过 PEF 预处理可以提高花色苷的提取率,并缩短提取时间。张燕、李玉杰、胡小松等发现,PEF 处理能提高红莓中花色苷的提取率,缩短提取时间;但 PEF 处理对红莓中的花色苷有显著的降解作用。

M. Corrales 等研究了高压脉冲电场提取葡萄副产物中花色素苷的实验条件,并与超声波提取法、高静压提取法进行比较。高压脉冲电场处理使用 PurePulse 指数衰减脉冲发生器(美国产)最大电压可达到 10 kV 和最大平均电能为 8 kW。脉冲幅度为 9 kV,产生电场强度为 3 kV/cm,在正常环境温度下应用 30 多个脉冲获得 10 kJ/kg 的比能量。应用该装置处理过的样品温度升高小于 3 ℃,面积为 140 cm^2 的电极构成不锈钢电极处理室中两个平行板,电极之间距离为 3 cm。脉冲频率为 2 Hz,整个处理时间为 15 s,结果显示这三种方法提取率都比常规方法要高,而且对于得到的花色素苷抗氧化能力都要比对照组的强,然而和常规提取工艺相比,更多工艺参数需要考虑如温度、时间、pH 值的改变、固液比。为了将来工业化生产的实现,这些工艺条件仍需进一步优化。这些先进技术的应用会减少食品加工过程中废弃物的产生,并且会增加天然有用产物的产量。

14.5.7 其他生理活性物质的提取

高压脉冲电场快速提取是一次对传统物质提取方法的革命,为生命科学领域提供了一种新的研究手段,目前该提取技术在国际上正处于实验室研究和发展阶段。现就以国内外有关高压脉冲电场提取其他生理活性物质的报道予以综述。

殷涌光、金哲雄等首次将高压脉冲电场技术成功从绿茶中提取功能成分咖啡碱,并与水提法的提取率进行了比较。研究了茶咖啡碱的提法,提取液为 10 倍质量的 0.001M EDTA 缓冲溶液,在电场强度为 25 kV/cm,脉冲数为 10,缓冲液 pH 值为 4.0 时,茶咖啡碱达到最大提取率,是水提法的 1.05 倍,均具有显著的提高。王春利等应用高压脉冲电场技术从奶牛脾脏中成功提取出非特异性转移因子,并将提取效果与常规提取法和复合酶提取法进行了比较研究。结果表明,高压脉冲电场技术的提取率是常规提取法的 2 倍,是复合酶提取法的 1.47 倍。陈桂玉研究高压脉冲电场技术提取银杏中银杏内酯类化合物,各因素对银杏内酯类化合物提取率的影响由强到弱依次是电场强度、提取溶剂、脉冲数、料液比,最佳提取工艺是电场强度为 15 kV/cm,脉冲数为 12,乙醇质量分数为 70%,料液比为1:12(m:v)。高压脉冲电场提取银杏内酯工艺提取时间短,仅为超声提取的 1/30,乙醇回流的1/120,并且溶剂消耗量也比较少,约为超声提取的 1/4,为乙醇热回流提取的 1/5。

Yin 等进一步研究发现,牛骨中可溶性钙的提取率随脉冲数和电场强度的增加而升高,在电场强度为 70 kV/cm,脉冲数为 12,柠檬酸质量分数为 1.25% 条件下,可溶性钙的提取量达到 4 324.8 mg/L,与传统的蒸煮法和微波提取法相比,PEF 方法提取时间最短,可溶性钙含量较高。如鹿骨粉钙的浸出率比常规方法的萃取率高出 10 倍,并发现该技术具有溶钙量高、速度快的特点。为了提高鱼骨钙的提取效果,利用高压脉冲电场从淡水鱼骨中辅助提取鱼骨钙制备高钙鱼骨水解液。单因素试验和二次通用旋转组合设计试验表明:脉冲数、电场强度、柠檬酸与苹果酸比对鱼骨钙的提取率影响显著;建立鱼骨钙提取率与各影响因子间关系的回归数学模型;确定了高压脉冲电场辅助提取鱼骨钙的最佳工艺参数是电场强度为 25 kV/cm、脉冲数为 8、柠檬酸与苹果酸的质量比为 1:1(g/g)、酸料比为 1:1(g/g)、水料比为 12:1,此时处理 4 g 鱼骨粉所得的鱼骨水解液中钙提取率达 84.2%。

同样,对于植物次生代谢产物的提取,PEF 也有显著作用,目前已有人将其应用人参皂甙的浸出、生物碱的浸出等。赵景辉等将高压脉冲电场技术用于人参有效成分提取,以人参皂苷为目标物确定电场强度为 15 kV/cm,脉冲数为 12,固液比为 1:12 是最佳工艺参数。孙建华等采用响应面法优化高压脉冲电场提取匙羹藤总皂苷工艺,得到最优工艺参数是电场强度为 16 kV/cm,脉冲频率为 30 Hz,料液比为 1:20(m:v),提取时间为1.2 h,匙羹藤总皂苷得率为 88.74%。López 等发现,在溶液 pH 值为 3.5,提取温度为 30 ℃,电场强度为 7 kV/cm,脉冲数为 5,处理时间为 2 s 的条件下,甜菜碱的提取量和提取速率最高;处理 30 min 后,甜菜碱的提取率达到 90%,提取速率是未经 PEF 处理样品的 5 倍,与 Loginova 等研究结果一致,PEF 处理可以加速红甜菜中甜菜碱的提取,并且缩短了提取时间。Yin 等采用 PEF 技术提取桦褐孔菌中桦木醇,确定最佳提取条件是电场强度为 407 kV/cm,脉冲数为 2,乙醇质量分数为 75%,料液比为 1:25(m:v),桦木醇的得率提高了 20%,与传统方法相比显著缩短了提取时间。

在此研究基础上,殷涌光等将 PEF 技术用于提取苹果渣中的果胶,在电场强度为 15 kV/cm,pH 值为 3,脉冲数为 10,料液比为 1:19(m:v),温度为 62 ℃的条件下,苹果渣中果胶得率最高达到 14.12%,与酸提取法、超声波提取法、微波提取法进行对比研究,发现 PEF 方法是最为有效的提取果胶的方法。

高压脉冲电场在提取天然的活性物质方面,不仅提取时间短、提取率高、能耗低,而且提取温度低,能有效避免某些温度敏感性物质在提取过程中遭到破坏,最大限度地保护活性物质的活性,是一种很有前景的天然产物的提取方法,近两年来引起了许多学者的重视,相关文献和报道呈迅速增多之势,HPEF 应用于天然产物提取的研究还处于实验室研究阶段,由于设备制造技术要求很高,成套设备极为少见,现有相关报道所用高压脉冲电场提取器多为自制,非常简易,这些都限制了 HPEF 的应用。

参考文献

[1] 石竞竞, 刘有智. 新型物理场强化萃取技术及应用[J]. 化学工业与工程技术, 2005, 26(6):9-11.

[2] 胡爱军, 丘泰球, 刘石生, 等. 物理场强化油脂浸出技术[J]. 中国油脂, 2002, 27(3):10-12.

[3] 胡爱军, 丘泰球. 物理场强化萃取新技术及应用[J]. 安徽化工, 2002, 1:26-29.

[4] 应雪正, 王剑平, 叶尊忠. 国内外高压脉冲电场食品杀菌关键技术概况[J]. 食品科技, 2006, 173(3):4-7.

[5] 张燕, 李玉杰, 胡小松, 等. 高压脉冲电场(PEF)处理对红莓花色苷提取过程的影响[J]. 食品与发酵工业, 2006, 32(6):129-132.

[6] 张铁华, 殷涌光. 高压脉冲电场对食品中生物大分子的影响[J]. 食品科技, 2007, 7:16-19.

[7] 赵武奇, 殷涌光, 关伟, 等. 高压脉冲电场杀菌系统设计与试验[J]. 农业机械学报, 2002, 33(3):67-69.

[8] 殷涌光, 金哲雄, 王春利, 等. 茶叶中茶多糖茶多酚茶咖啡碱的高压脉冲电场快速提取[J]. 食品与机械, 2007, 23(2):12-14.

[9] 李扬, 刘静波, 林松毅. 高纯度蛋黄卵磷脂提取技术研究[J]. 食品科学, 2006, 27(12): 851-853.

[10] 韩玉珠, 殷涌光, 李凤伟, 等. 高压脉冲电场提取中国林蛙多糖的研究[J]. 食品科学, 2005, 26(9):337-379.

[11] 韩玉珠，殷涌光，丁宏伟. 高压脉冲电场对啤酒酵母细胞溶解释放蛋白质的影响[J]. 吉林农业大学学报，2006，28(1):24-26.

[12] 卢敏，殷涌光，刘喻. 高压电脉冲提取小麦胚谷胱苷肽的影响因素研究[J]. 食品科学，2005，26(8):205-207.

[13] 殷涌光，卢敏，丁宏伟. 高压电脉冲提取米糠多糖的影响因素研究[J]. 中国粮油学报，2006，21(5):20-23.

[14] 方胜，孙学兵，陆守道. 利用高压脉冲电场加速冰解冻的试验研究[J]. 北京工商大学学报:自然科学版，2003，21(4):43-45.

[15] 谢晶，华泽钊. 食品在高压静电场中冻结、解冻的实验研究[J]. 食品科学，2000，21(11): 14-18.

[16] 梁运章，那日，白亚乡，等. 静电干燥原理及应用[J]. 物理，2000，29(1):39-41.

[17] 翁明，耿艳霞. 植物静电干燥的实验研究[J]. 西安交通大学学报，2001，35(3): 316-318.

[18] 卢丞文，殷涌光，刘唯佳，等. 高压脉冲电场技术在食品功能成分提取中的应用研究进展[J]. 食品工业科技，2012，33(18):389-392.

[19] 张铁华，王少君，刘迪茹，等. 脉冲电场提取西藏灵菇胞外多糖条件优化[J]. 吉林大学学报:工学版，2011，41(3):882-886.

[20] 卢敏，毕艳春. 高压脉冲电场提取麸皮多糖影响因素的研究[J]. 粮食加工，2009，34(1):31-33.

[21] ZHAO Wenzhu, YU Zhiping, LIU Jingbo, et al. Optimized extraction of polysaccharides from corn silk by pulsed electric field and response surface quadratic design [J]. Journal of the Science of Food and Agriculture, 2011, 91(12):2201-2209.

[22] 王再幸，赵景辉，赵伟刚，等. 高压脉冲电场快速提取黄芪多糖工艺的研究[J]. 特产研究，2009，31(2):26-28.

[23] 殷涌光，崔彦如，王婷. 高压脉冲电场提取桦褐孔菌多糖的试验[J]. 农业机械学报，2008，39(2):89-92.

[24] LóPEZ N, PUéRTOLAS E, CONDóN S, et al. Enhancement of the solid - liquid extraction of sucrose from sugar beet (*Beta vulgaris*) by pulsed electric fields [J]. LWT-Food Science and Technology, 2009, 42(10):1674-1680.

[25] 赫桂丹，殷涌光，闫琳娜，等. 应用高电压脉冲电场辅助快速提取虾壳壳聚糖[J]. 农业工程学报，2011，27(6):344-348.

[26] LI Yingqiu, CHEN Zhengxing, MO Haizhen. Effects of pulsed electric field on physicochemical properties of soybean protein isolates [J]. LWT - Food Science and Technology, 2007, 40(7):1167-1175.

[27] 赫桂丹，殷涌光，孟立，等. 电压脉冲电场下的牛骨胶原蛋白酶法提取[J]. 农业机械学报，2010，41(11):124-128.

[28] 刘铮，杨瑞金，赵伟，等. 高压脉冲电场破壁法提取废啤酒酵母中的蛋白质与核

酸[J]. 食品工业科技, 2007, 28(3):85-88.

[29] GANEVA V, GALTZOY B, TEISSIE J. High yield electroextraction of proteins from yeast by a flow process [J]. Analytical Biochemistry, 2003, 315(1):77-84.

[30] 韩玉珠, 殷涌光, 丁宏伟, 等. 高压脉冲电场对啤酒酵母细胞溶解释放蛋白质的影响[J]. 吉林农业大学学报, 2006, 2(1):24-26.

[31] GACHOVSKA T, CASSADA D, SUBBIAH J, et al. Enhanced anthocyanin extraction from red cabbage using pulsed electric field processing [J]. Journal of Food Science, 2010, 75(6):323-329.

[32] CORRALES M, TOEPFL S, BTZ P, et al. Extraction of anthocyanins from grape by-products assisted by ultrasonics, high hydrostatic pressure or pulsed electric fields: a comparison [J]. Innovative Food Science and Emerging Technologies, 2008, 9(1): 85-91.

[33] BOUSSETTA N, VOROBIEV E, LE L H, et al. Application of electrical treatments in alcoholic solvent for polyphenols extraction from grape seeds [J]. LWT - Food Science and Technology, 2012, 46(1):127-134.

[34] 罗炜, 张若兵, 王黎明, 等. 脉冲电场辅助提取花色苷及其影响[J]. 高电压技术, 2009, 3(6):1430-1433.

[35] 张燕, 徐茜, 王婷婷, 等. 不同工艺提取树莓花青素的品质比较[J]. 食品与发酵工业, 2011, 37(6):201-205.

[36] GUDERJAN M, TOPEFL S, ANGERSBACH A, et al. Impact of pulsed electric field treatment on the recovery and quality of plant oils [J]. Journal of Food Engineering, 2005, 67(3):281-287.

[37] GUDERJAN M, ELEZ - MARTíNEZ P, KNORR D. Application of pulsed electric fields at oil yield and content of functional food ingredients at the production of rapeseed oil [J]. Innovative Food Science and Emerging Technologies, 2007, 8(11):55-62.

[38] 于庆宇, 殷涌光, 姜旸. 高电压脉冲电场法提取大豆油工艺研究[J]. 粮油加工, 2007, 37(11):73-75.

[39] 陈玉江, 殷涌光, 李扬, 等. 高压脉冲电场作用于蛋黄软磷脂提取过程的研究[J]. 食品科学, 2006, 27(12):781-784.

第15章　双水相萃取

15.1　概　　述

用传统的溶剂萃取法来分离生物大分子基因工程产品(如蛋白质和酶)是有困难的。这是因为蛋白质遇到有机溶剂易变性失活,而且有些蛋白质有很强的亲水性,不能溶于有机溶剂中。双水相萃取技术是近年来出现的引人注目的、极有前途的新型分离技术。

双水相萃取法的特点是能保留产物的活性,整个操作可连续化,在除去细胞或碎片时,还可以纯化蛋白质 2 ~5 倍,与传统的过滤法或离心法去除细胞碎片相比,无论在收率上还是成本上都优越得多,与传统的盐析或沉淀法相比也有很大优势。

目前,双水相萃取法已应用于几十种酶的中间规模分离。近年来,还报道了对小分子生物活性物质的亲和双水相萃取的研究,如头孢菌素 c、红霉素、氨基酸等的研究,大大地扩展了应用范畴并提高了选择性,使双水相萃取技术具有更广阔的应用前景。

双水相萃取(aqueous two phase extraction,简称 ATPE)与水 - 有机相萃取的原理相似,都是依据物质在两相间的选择性分配。早在 1896 年,Beijerinck 发现,当明胶与琼脂或明胶与可溶性淀粉溶液相混时,得到一个混浊不透明的溶液,随之分为两相,上相富含明胶,下相富含琼脂(或淀粉),这种现象被称为聚合物的不相溶性(incompatibility),从而产生了双水相体系(aqueous two phase system,简称 ATPS)。

15.2　原　　理

传统的双水相体系是指双高聚物双水相体系,其成相机理是由于高聚物分子的空间阻碍作用,相互无法渗透,不能形成均一相,从而具有分离倾向,在一定条件下即可分为二相。一般认为只要两聚合物水溶液的憎水程度有所差异,混合时就可发生相分离,且憎水程度相差越大,相分离的倾向也就越大。

事实上,当两种高聚物水溶液相互混合时,它们之间的相互作用可以分为三类:①互不相溶,形成两个水相,两种高聚物分别富集于上、下两相;②复合凝聚,也形成两个水相,但两种高聚物都分配于一相,另一相几乎全部为溶剂水;③完全互溶,形成均相的高聚物水溶液。

离子型高聚物和非离子型高聚物都能形成双水相系统。根据高聚物之间的作用方式不同,两种高聚物可以产生相互斥力而分别富集于上、下两相,即互不相溶;或者产生相互引力而聚集于同一相,即复合凝聚。

高聚物与低相对分子质量化合物之间也可以形成双水相系统,如聚乙二醇与硫酸铵或硫酸浸水溶液系统,上相富含聚乙二醇,下相富含无机盐。

表 15.1 和表 15.2 列出了一系列高聚物与高聚物、高聚物与低相对分子质量化合物之间形成的双水相系统。两种高聚物之间形成的双水相系统并不一定是液相,其中一相可以或多或少地成固体或凝胶状,如 PEG(聚乙二醇)的相对分子质量小于 1 000 时,葡聚糖可形成固态凝胶相。

表 15.1　高聚物－高聚物－水系统

高聚物(P)	高聚物(P)
PEG	Dextran FiColl①
聚丙二醇	PEG Dextran
聚乙烯醇	甲基纤维素 Dextran
FiColl	Dextran
葡萄糖硫酸钠	PEG NaCl 甲基纤维素 NaCl Dextran NaCl
羧甲基葡糖糖钠	PEG NaCl 甲基纤维素 NaCl
羧甲基纤维素钠	PEG NaCl 甲基纤维素 NaCl 聚乙烯醇 NaCl
DEAE Dextran ·HCl	PEG $LiSO_4$ 甲基纤维素
Na Dextran Sulfate	羧甲基葡糖糖钠 羧甲基纤维素钠
羧甲基葡糖糖钠	羧甲基纤维素钠 DEAE Dextran ·HCl NaCl

注　①商品名,一种多聚蔗糖。

表 15.2　高聚物－低相对分子质量化合物－水溶液

高聚物(P)	低相对分子质量化合物
聚丙二醇	磷酸盐 葡萄糖 甘油
甲氧基聚乙二醇	磷酸盐
聚乙二醇	磷酸盐
葡萄糖硫酸钠	氯化钠(0 ℃)

15.3 工艺流程及参数因素

15.3.1 双水相萃取的工艺流程

双水相萃取技术的工艺流程主要由三部分构成：目的产物的萃取，PFG 的循环，无机盐的循环。

(1) 目标产物的萃取。原料液与 PEG 和无机盐在萃取器中混合，然后进入分离器分相。通过选择合适的双水相组成，一般使目标蛋白质分配到上相（PEG 相），而细胞碎片、核酸、多糖和杂蛋白等分配到下相（富盐相）。第二步萃取是将目标蛋白质转入富盐相，方法是将上相加入盐，形成新的双水相体系，从而将蛋白质与 PEG 分离，以利于使用超滤或透析将 PEG 回收利用和目的产物进一步加工处理。

(2) PEG 的循环。在大规模 ATPE 过程中，成相材料的回收和循环使用，不仅可以减少废水处理的费用，还可以节约化学试剂，降低成本。PEG 的回收有两种方法：①加入盐使目标蛋白质转入富盐相来回收 PEG；②将 PEG 相通过离子交换树脂，用洗脱剂先洗去 PEG，再洗出蛋白。

(3) 无机盐的循环。将含无机盐相冷却，结晶，然后用离心机分离收集。除此之外，还有点渗透法、膜分离法回收盐类或除去 PEG 相的盐。

双水相萃取原则流程图如图 15.1 所示

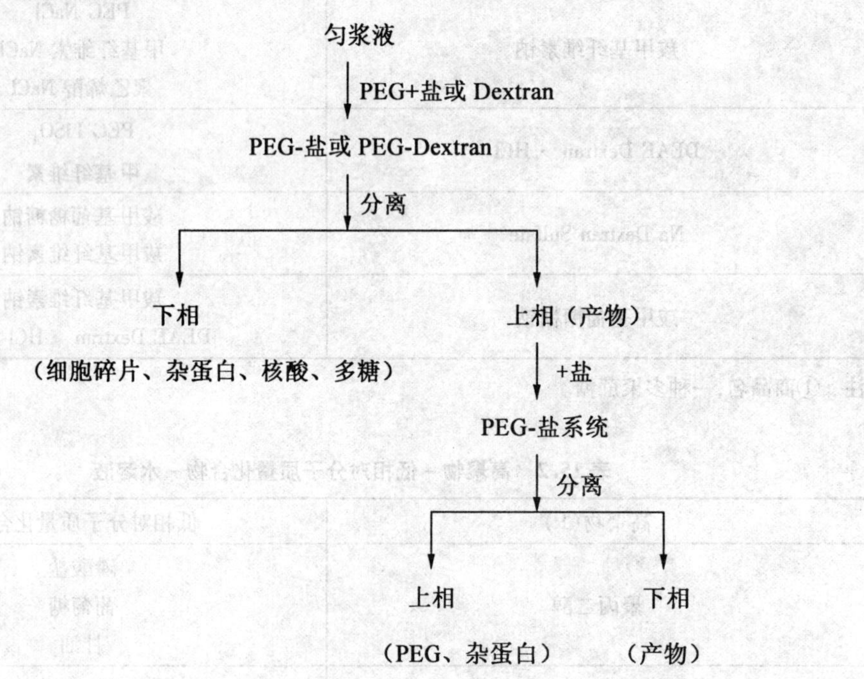

图 15.1 双水相萃取原则流程图

由于溶质在双水相系统两相间的分配时至少有四类物质在两个不同相系统共存，要分配的物质和各相组分之间的相互作用是个复杂的现象，它涉及氢键、电荷相互作用、范德华力、疏水性相互作用以及空间效应等，因此，可以预料到溶质在双水相系统中两相间的分配取决于许多因素，它既与构成双水相系统组成化合物的相对分子质量和化学特性有关，也与要分配物质的大小、化学特性和生物特性相关。

15.3.2　物质在双水相的分配

当萃取体系的性质不同时，物质进入双水相体系后，由于表面性质、电荷作用和各种力（如憎水键、氢键和离子键等）的存在和环境因素的影响，使其在上、下相中的浓度不同。物质在双水相体系中分配系数 K 可用下式表示：

$$K = C_{上}/C_{下}$$

式中，K 为分配系数；$C_{上}$ 和 $C_{下}$ 分别为被分离物质在上、下相的浓度。

分配系数 K 等于物质在两相的浓度比，由于各种物质的 K 值不同，可利用双水相萃取体系对物质进行分离。其分配情况服从分配定律，即“在一定温度、一定压强下，如果一个物质溶解在两个同时存在的互不相溶的液体里，达到平衡后，该物质在两相中浓度比等于常数”，分离效果由分配系数来表征。K 与温度、压力以及溶质和溶剂的性质有关，与溶质的浓度无关。

1. 表面自由能的影响

分配定律虽然是经验定律，但是也可由热力学原理推导出这一结论。分子或粒子在溶液中的分配，总是选择两项中相互作用最充分或系统能量达到最低的那个相。如图15.2所示，假设分子S从相2转移到相1所需的功为 ΔE，根据两项平衡时化学位相等的原则，可推导出：

$$\text{In}K = -\frac{\Delta E}{kT} \tag{15.1}$$

式中，k 是玻尔兹曼常数，单位是J/K；T 是温度，单位是K。

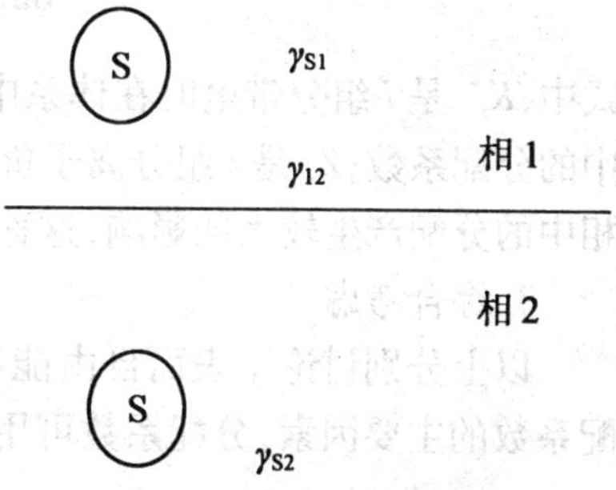

S　γ_{S1}　相1　γ_{12}　相2　S　γ_{S2}

图15.2　溶质分子在两相间的分配

S—溶质；γ_{s1}—溶质与相1的表面张力；γ_{s2}—溶质与相2间的表面张力；γ_{12}—相1与相2的表面张力

假设溶质分子或粒子为球形，其半径为 R，则它在两相中的表面能分别为 $4\pi R^2\gamma_{S1}$，$44\pi R^2\gamma_{S2}$，其中 γ_{S1} 为溶质与相1间的表面张力，γ_{S2} 为溶质与相2间的表面张力。ΔE 为 $4\pi R^2(\gamma_{S1}-\gamma_{S2})$，则

$$\ln K = \frac{-4\pi R^2(\gamma_{S1}-\gamma_{S2})}{kT} \tag{15.2}$$

但一般来说，分子或粒子不为球形，设其表面积为A，则有

$$\ln K = \frac{-AR^2(\gamma_{S1}-\gamma_{S2})}{kT} \tag{15.3}$$

其中，溶质分子或粒子表面积 A 大致与相对分子质量 M 有关，$-(\gamma_{S1}-\gamma_{S2})$ 为常数，定义它为系统的表面特性系数，则有

$$\ln K = \frac{M\lambda}{kT} \tag{15.4}$$

式(15.4)即为 Brownstedt 方程式。因大分子物质的 M 值很大,λ 的微小改变就会引起分配系数 K 发生很大的变化。因此利用不同的表面性质(表面自由能),可以达到分离大分子物质的目的。可见,在理论上双水相系统对于生物大分子的分离是很合适的。

2. 表面电荷的影响

如果粒子带有电荷,当在两相中分配不相等时,就会在相间产生电位,称为道南电位(donnan potential),可用下式表示:

$$\varphi = U_2 - U_1 = \frac{RT}{(Z^+ - Z^-)F}\ln\frac{K_B^{Z^-}}{K_A^{Z^+}} \tag{15.5}$$

式中,U_1,U_2 是相 2 和相 1 的电位;Z^+,Z^- 分别表示一种盐的正、负离子的离子价;F 为法拉第常数,单位是 C/mol;T 是温度,单位是 K;$K_A^{Z^+}$,$K_B^{Z^-}$ 是 A^{Z+} 和 A^{Z-} 在两相中的分配系数。

由式(15.5)可知,当一种盐的正、负离子对两相有不同的亲和力,即 $K_A^{Z^+} \neq K_B^{Z^-}$ 时,就会在两相间产生电位差,即 $U_2 - U_1 \neq 0$。而且,盐的正、负离子所带电荷数之和越大,电位差就越小。

进一步可证明:

$$\ln K_i^* = \ln K_i + \frac{Z_i F(U_2 - U_1)}{RT} \tag{15.6}$$

式中,K_i^* 是 i 组分带电时在体系中的分配系数,K_i 是 i 组分不带电(或等电点)时在体系中的分配系数;Z_i 是 i 组分离子价。由此可见,两相系统中如有盐存在,会对大分子在两相中的分配产生较大的影响,这称为盐效应。

3. 综合考虑

以上分别讨论了表面自由能和表面电荷对分配系数的影响。综合以上两种影响分配系数的主要因素,分配系数可用 Gerson 提出的下列公式表示:

$$-\lg m = \alpha\Delta\gamma + \delta\Delta\varphi + \beta$$

式中,α 是表面积;$\Delta\gamma$ 是两相表面自由能之差;δ 是电荷数;$\Delta\varphi$ 是电位差;β 是标准化学位和活度系数等组成的常数。

表面自由能可用来度量表面的相对憎水性,改变成相聚合物的种类。聚合物的平均相对分子质量和相对分子质量分布,都能影响相的疏水性。一般地,大分子的表面积(都很大,$\Delta\gamma$ 的微小变化都会引起蛋白质大分子的分配系数产生很大变化;加入系统的盐,以及体系的 pH 值会影响相间电位差 $\Delta\varphi$ 和蛋白质所带的电荷数 δ,因而也对分配系数产生大的影响。由于影响分配系数的因素很多,加上各因素间又互相影响,因此定量地将蛋白质的一些分子性质与分配系数关联起来是困难的,最佳的双水相操作条件还得依靠实验来获得。

4. 影响分配平衡的参数

影响分配平衡的主要参数有成相聚合物的相对分子质量和浓度、体系的 pH 值、体系中盐的种类和浓度、体系中菌体或细胞的种类和浓度、体系温度等。选择合适的条件,可以达到较高的分配系数,较好地分离目标产物。

(1)聚合物的相对分子质量。

成相聚合物的相对分子质量和浓度是影响分配平衡的重要因素。若降低聚合物的相对分子质量,则能提高蛋白质的分配系数,这是增大分配系数的一种有效手段。例如,聚乙二醇/葡聚糖系统的上相富含 PEG,蛋白质的分配系数随着葡聚糖相对分子质量的增加而增加,但随着 PEG 相对分子质量的增加而降低。也就是说,当其他条件不变时,被分配的蛋白质易为相系统中低相对分子质量高聚物所吸引,而易为高相对分子质量高聚物所排斥。

选择相系统时,可改变成相聚合物的相对分子质量以获得所需的分配系数,使不同相对分子质量的蛋白质获得较好的分离效果。

(2)盐的种类和浓度。

盐的种类和浓度对分配系数的影响主要反映在对相同电位和蛋白质疏水性的影响。盐浓度不仅影响蛋白质的表面疏水性,而且扰乱双水相系统,改变各相中成相物质的组成和相体积比。这种相组成及相性质的改变直接影响磷酸盐蛋白质的分配系数。

在双水相体系萃取分配中,醋酸盐的作用非常特殊,既可以作为成相盐形成 PEG/盐双水相体系,又可以作为缓冲剂调节体系的 pH 值。由于磷酸不同价态的酸根在双水相体系中有不同的分配系数,因而可通过调节双水相系统中不同磷酸盐的比例和浓度来调节相间电位,从而影响物质的分配,可有效地萃取分离不同的蛋白质。

(3)pH 值。

pH 值对分配系数的影响主要有两个方面的原因:第一,由于 pH 值影响蛋白质的解离度,故调节 pH 值可改变蛋白质的表面电荷数,从而改变分配系数;第二,pH 值影响磷酸盐的解离程度,即影响 PEG/KPI 系统的相间电位和蛋白质的分配系数。对某些蛋白质 pH 值的微小变化会使分配系数改变 2 ~3 个数量级。

(4)温度。

温度主要是影响双水相系统的相图,影响相的高聚物组成,只有当相系统组成位于临界点附近时,温度对分配系数才有较明显的作用,远离临界点时,影响较小。

分配系数对操作湿度不敏感,所以大规模双水相萃取一般在室温下进行,不需冷却,这是因为成相聚合物 PEG 对蛋白质稳定,常温下蛋白质一般不会发生失活或变性;常温下溶液强度较低,容易相分离;常温操作节省冷却费用。

ATPE 作为一种新型的分离技术,对生物物质、天然产物、抗生素等的提取、纯化表现出以下优势:

(1)含水量高(70% ~90%),在接近生理环境的体系中进行萃取,不会引起生物活性物质失活或变性;

(2)可以直接从含有菌体的发酵液和培养液中提取所需的蛋白质(或者酶),还能不经过破碎直接提取细胞内酶,省略了破碎或过滤等步骤;

(3)分相时间短,自然分相时间一般为 5 ~15 min;

(4)界面张力小(10^{-7} ~ 10^{-4} m · N/m),有助于两相之间的质量传递,界面与试管壁形成的接触角几乎是直角;

(5)不存在有机溶剂残留问题,高聚物一般是不挥发物质,对人体无害;

(6)大量杂质可与固体物质一同除去;

(7)易于工艺放大和连续操作,与后续提纯工序可直接相连接,无需进行特殊处理;

(8)操作条件温和,整个操作过程在常温常压下进行;

(9)亲和双水相萃取技术可以提高分配系数和萃取的选择性。

虽然该技术在应用方面已经取得了很大的进展,但几乎都是建立在实验的基础上,到目前为止还没能完全清楚地从理论上解释双水相系统的形成机理以及生物分子在系统中的分配机理。

15.4　应用与展望

15.4.1　双水相萃取技术的应用

1. 在生物工程中的应用

双水相技术作为一种升华分离技术,由于其条件温和,易操作,可调节因素多,并可借助传统溶剂萃取的成功经验,而被认为是一种生物下游工程初步分离的单元操作。双水相萃取分离技术应用于蛋白质、生物酶、菌体、细胞、细胞器和亲水性生物大分子以及氨基酸、抗生素等生物小分子物质的分离、纯化。

Amid 等研究了利用表面活性剂/盐双水相体系纯化鹊肾树叶中的丝氨酸蛋白酶,在提取条件:质量分数为 31% 普朗尼克 L61,质量分数为 0.3% KNO_3,质量分数为 50% 原料提取液(pH 值为 7.0)下,酶的纯化倍数和得率分别达到 10.3,92%。Nandini 等用 PEG600 /Na_2HPO_4 双水相对脂肪酶进行提取,得出脂肪酶活性回收率是 116%,纯化倍数 2.5。Xing Jianmin 等先用双水相在质量分数为 18% PEG 2000/质量分数为 25% 硫酸铵,pH 值为 3.0,0.3 mol/L NaCl 的条件下提取芦荟多糖,接着用膜超滤分离纯化芦荟多糖。Loc 等首先利用质量分数为 40% PEG/18% K_3PO_4(pH 值为 7.0)双水相室温下纯化淀粉酶,酶的分配得率是 93.45%,蛋白比活 364.36 U/mg,浓缩蛋白酶的上相以 7:3 的体积比与 30% K_3PO_4混合,经过两步纯化,酶的纯化倍数达到 3.56,回收率为 59.37%。

2. 在药物分析中的应用

中药中含有大量的有机化合物且成分十分复杂,提高中草药中有效成分提取及分离技术对我国中医中药进入国际市场有很大的促进作用。中草药有效成分分子中多具有疏水性结构,因此双水相萃取技术在中草药有效成分分离纯化中具有一定的应用价值。天然活性成分的分离提取和质量控制将是今后的重点研究课题,这类具有独特功能和生物活性的化合物是疾病预防与治疗的基础物质。ATPE 技术作为一种新型的萃取技术已经成功地应用于天然产物的分离纯化。

甘草是一种应用价值很高的中草药,甘草的主要成分是具有甜味的皂苷——甘草皂苷。基于与水互溶的有机溶剂和盐水相的双水相萃取体系具有价廉、低毒、较易挥发等特点,林强等采用水互溶的有机溶剂的新型双水相体系萃取研究从甘草中提取甘草酸盐的新工艺,结果提取甘草酸盐的最佳溶剂为乙醇/硝酸氢二钾双水相体系,此体系的两相分配完全,分配系数达 12.8,收率为 98.3%。此双水相体系具有无需反萃取和避免使用黏稠水溶性高聚物等特点,易回收、易处理、操作简便。赵晓莉等采用双水相体系精制柿叶黄酮，确定了最佳双水相体系为质量分数为 25% PEG 600/25% $(NH_4)_2SO_4$，最优的萃取条件是：pH 值为11.0，$MgCl_2$ 的质量分数为 3%，温度为 25 ℃，萃取率可达 96%。张喜峰等采用聚乙二醇－硫酸铵双水相体系分离纯化葡萄籽中原花青素，确定其双水相体系组成为质量分数为 20% PEG 4000/10% $(NH_4)_2SO_4$，并通过单因素实验和响应面分析实验探讨粗提液质量分数、pH 值和 NaCl 质量分数对萃取效果的影响。最佳萃取条件是粗提液质量分数为 17.2%、pH 值为 4.8、NaCl 质量分数为 0.7%。在此条件下，葡萄籽原花青素主要分布在上相，原花青素的萃取率可达 96.66%。

3. 在金属离子分离中的应用

传统的金属离子溶剂萃取方法存在着溶剂污染环境、对人体有害、运行成本高、工艺复杂等缺点。近年来，利用双水相技术萃取分离金属离子达到较高的水平。

高云涛等用低级醇/盐双水相体系和盐诱导浮选分离法实现了铂、钯、锗、铱、金、锇等贵金属元素的分离，改变了传统较难分离惰性贵金属铂、钯、锗、铱、金、锇等的情况，并且此种方法易于扩大化。张磊用氧化酸浸泡除去处理成 70～200 目的废弃电子印刷线路板中的其他金属后，用王水溶解剩余含金固体，在 PEG 2000 质量分数为 15%、$(NH_4)_2SO_4$质量分数为 20%、温度为 25 ℃、pH 值为 1 的条件下，金的三次萃取率超过了 97%。

4. 在其他方面的应用

双水相萃取除了以上的应用外，还用于萃取使用色素、分离环境污染物（如苯酚和对苯二酚）等。除了单独使用双水相萃取外，和其他技术结合的应用也有很多。郅文波等利用双水相体系在高速逆流色谱仪中分离鸡蛋清中的蛋白质，第一步成功分离细胞色素 C 溶菌酶和血红蛋白，接着在质量分数为 15% PEG/17% K_3PO_4盐双水相体系下成功分离了卵白蛋白溶菌酶和卵转铁蛋白。翟素玲等将 PEG /Dextran 双水相体系耦合电泳初步探索了苯丙氨酸和色氨酸的分离。周安存等集成 C_2H_5OH /$(NH_4)_2SO_4$铵双水相体系与微波提取分离石榴皮多酚，提取率达到 18.33%，多酚在粗提物中的含量 75.36%。董娜等把双水相和壳聚糖沉淀相结合分离纯化猪胃蛋白酶，最佳条件下纯化倍数达到 7.83。罗凯文等用 C_3H_3OH /$(NH_4)_2SO_4$铵双水相体系在加热回流的条件下纯化防己粉末中粉防己碱，防己得率为 19.80 mg/g，纯度为 20.30%。

15.4.2　双水相萃取技术的进展与展望

1. 新型双水相系统的开发

在生物物质分离过程中得到应用的双水相系统有两类：非离子型聚合物/非离子型聚合物/水系统和非离子型聚合物/无机盐/水系统。因为这两类系统所用的聚合物无毒性，已被许多国家的药典收录，而且其多元醇、多元糖结构能使大分子稳定。在实际应用中，在正两类双水相系统各有优缺点，前者体系对活性物质变性作用低，界面吸附少，但是所用的聚合物（如葡聚糖）价格较高，而且体系难度大，影响工业规模应用的进展；后者成本相对低，难度小，但是高浓度的盐废水不能直接排入生物氧化池，使其可能性受到环保限制，且有些盐对敏感的生物物质会在这类体系中失活。因此，寻求新双水相体系成为双水相萃取技术的主要发展方向之一，新型双水相体系的开发主要有两类：廉价的双水相系统及新型功能双水相系统。

2. 双水相相关理论的发展

虽然双水相萃取系统在应用方面取得了很大进步，但目前这些工作几乎都是建立在实验书籍的基础上，至今还没有一套比较完善的理论来解释生物分子在体系中的分配机理。考虑到生物物质在双水型中分配时是一个由聚合物、聚合物（或无机盐）、生物分子和水等构成的四元系统，系统中的组分千差万别，从晶体到非电解质、从无机小分子到有机高分子甚至生物大分子，这些都不可避免地造成理论计算的复杂性。腾弘霓等在双水相成相规律及影响因素方面已做了一定的研究。因此，建立溶质在双水相系统中分配的机理模型一直是双水相系统相关研究的重点和难点。

参考文献

[1] 宋航. 制药分离工程[M]. 上海：华东理工大学出版社，2011.

[2] 欧阳平凯，胡永红，姚忠，等. 生物分离原理与技术[M]. 北京：化学工业出版社，2010.

[3] 顾觉奋. 分离纯化工艺原理[M]. 北京：中国医药科技出版社，2008.

[4] 徐怀得. 天然产物提取工艺学[M]. 北京：中国轻工业出版社，2008.

[5] 姜秀敏，卢艳敏，张雷，等. 双水相萃取的应用研究进展[J]. 齐鲁工业大学学报，2014(1)：23-26.

[6] 秦微微，金婷，宋学东，等. 双水相萃取米糠多糖工艺条件的探究[J]. 中国调味品，2014(3)：54-58.

[7] 张咪，汤小芳. 乙醇/硫酸铵双水相体系萃取茶叶中茶多酚的研究[J]. 广东化工. 2013(14)：26-28.

[8] 张喜峰，冯蕾蕾，赵玉丽，等. 响应面优化葡萄籽中原花青素的双水相萃取条件[J]. 食品工业科技，2014(7)：227-231.

[9] 彭凌雪，邓江华，柴丽，等. 二元双水相体系萃取分离抗生素的研究进展[J]. 应用化工，2013，42(7)：1312-1314，1319.

[10] AMID M, MANAP M Y A, SHUHAIMI M. Purification of a novel protease enzyme from kesinai plant (Streblus asper) leaves using a surfactant – salt aqueous micellar two – phase system: a potential low cost source of enzyme and purification method[J]. European Food Research and Technology, 2013, 237(4): 601-608.

[11] NANDINI K E, RASTOGI N K. Liquid – liquid extraction of lipase using aqueous two-phase system[J]. Food and Bioprocess Technology, 2011, 4(2): 295-303.

[12] XING Jianming, LI Fenfang. Separation and purification of aloe polysaccharides by a combination of membrane ultrafiltration and aqueous two – phase extraction[J]. Applied Biochemistry and Biotechnology, 2009, 158(1): 11-19.

[13] LOC N H, MIEN N T T. Purification of extracellular α – amylase from bacillus subtilis by partitioning in a polyethylene glycol/potassium phosphate aqueous two – phase system[J]. Annals of Microbiology, 2010, 60(4): 623-628.

第16章 层析技术

16.1 概 述

16.1.1 层析

层析是“色层分析”的简称，是利用各组分物理性质的不同，将多组分混合物进行分离及测定的方法。层析有吸附层析、分配层析两种，一般用于有机化合物、金属离子、氨基酸等的分析。

层析技术(chromatography)是利用物质在固定相与流动相之间不同的分配比例，达到分离目的的技术。层析对生物大分子如蛋白质和核酸等复杂有机物的混合物的分离分析有极高的分辨力。在把微细分散的固体或是附着于固体表面的液体作为固定相，把液体(与上述液体不相混合的)或气体作为移动相的系统中，使试料混合物中的各成分边保持向两相分布的平衡状态边移动，利用各成分对固定相亲和力不同所引起的移动速度差，将它们彼此分离开的定性与定量分析方法称为层析，又称色谱法。

16.1.2 分类

1. 根据流动相与固定相的不同划分

根据流动相种类的不同，可分为液相层析法、气相层析法和超临界流体层析法。当流动相为气态时，称为气相层析法；当流动相为液态时，称为液相层析法。

固定相有固体和液体之分。可用作固定相的有硅胶、活性炭、氧化铝、离子交换树脂、离子交换纤维等固体，或是在硅藻土和纤维素等无活性的载体上附着适当的液体。生物物质一般存在于水溶液中，因此，生物分离主要采用液相层析法。

2. 根据分离机理不同划分

根据分离机理的不同，层析可分为吸附层析、分配层析、离子交换层析、凝胶过滤层析、亲和层析等。

吸附层析是利用吸附剂表面对不同组分吸附性能的差异，达到分离鉴定的目的。分配层析是利用不同组分在流动相和固定相之间的分配系数不同，使之分离。离子交换层析是利用不同组分对离子交换剂亲和力的不同达到分离目的。凝胶层析是利用某些凝胶对于不同分子大小的组分阻滞作用的不同进行分离。亲和层析是利用生物大分子与某些对应的专一分子特异识别和可逆结合的特性而建立起来的一种分离生物大分子的层析方法，也称为生物亲和或生物特异性亲和层析。

3. 根据分离载体不同划分

根据分离载体的不同，层析可分为柱层析、纸层析、薄层层析、高效液相层析等。柱层析是将固定相装于柱内,使样品沿一个方向移动而达到分离。纸层析是用滤纸做液体的载体,点样后用流动相展开,以达到分离鉴定的目的。薄层层析是将适当粒度的吸附剂铺成薄层,以纸层析类似的方法进行物质的分离和鉴定。

以上划分无严格界限,有些名称相互交叉,如亲和层析应属于一种特殊的吸附层析,纸层析是一种分配层析,柱层析可做各种层析。

4. 按分离操作方式不同划分

根据分离操作方式的不同可分为洗脱展开、迎头展开和置换展开三种。洗脱展开是将料液中的溶质根据其在固定相和流动相间分配行为的不同,在色谱柱出口处被展开形成相互分离的色谱峰。这种方法能层与层间隔着一层溶剂,使各组分完全分离;迎头展开是将混合物溶液连续通过色谱柱,只有吸附力最弱的组分最先自柱中流出,其他各组分不能达到分离;置换展开又称顶替法,它得用一种吸附力比所有被吸附组分吸附力都强的物质来洗脱。这种方法处理量较大,且各组分分层清楚,但层与层相连,故不容易将各组分完全分离。

16.1.3　特点

层析分离与其他分离纯化方法相比,具有以下基本特点。

1. 分离效率高

层析分离的效率是所有分离纯化技术中最高的。这种高效的分离方法尤其适用于极复杂混合物的分离。

2. 应用范围广

从极性到非极性、离子型到非离子型、小分子到大分子、无机到有机及生物活性物质,以及热稳定到热不稳定的化合物,都可以用层析法进行分离。

3. 选择性强

层析分离可变参数之多是其他分离技术无法相比的,因而具有很强的选择性。在层析分离中,既可以选择不同原理的层析分离方法,也可以选择不同的固定相和流动相状态,还可以选择不同的操作条件等,因而能够提供更多的方法进行不同物质的分离与纯化。

4. 设备简单,操作方便

无需剧烈的操作条件,因而不易造成目标物质的变性,特别适用于稳定的大分子有机化合物。

然而,层析法由于其处理量小、操作周期长、不能连续操作,因此目前仍然主要用于实验室操作,工业化规模生产的应用较少。

16.1.4　层析基础理论

层析须在两相系统间进行。一相是固定相,需支持物,是固体或液体。另一相为流动相,是液体或气体。当流动相流经固定相时,被分离物质在两相间的分配,由平衡状态到失去平衡到又恢复平衡,即不断经历吸附和解吸的过程。随着流动相不断向前流动,被分离物质间出现向前移动的速率差异,由开始的单一区带逐渐分离出许多区带,这个过程叫展层。

研究层析现象而发展的塔板理论,与有机化学实验中的分馏法原理有些相似。被分馏的有机溶剂在分馏柱内的填充物上形成许多热交换层,从而把低沸点溶剂先分馏出来,达到纯化的目的。在层析时用理论塔板数 n 来衡量层析效能。

此外,影响层析分离效果的还有涡流扩散、纵向扩散和传质阻抗等因素。因此选择层析固定相支持物的粒度、均匀度等物理性能,流动相的层析系统和温度等都是做好层析的关键。

16.2 吸附层析

16.2.1 概 述

吸附是1909年J. W. McBain首先提出的一个术语,是指在固体或液体内部或表面的选择性传递。在吸附过程中,气体或液体中的分子或原子或离子扩散到固体表面,通过与固体表面的氢键或弱分子间力作用而吸附。被吸附的物质称为溶质,固体材料称为吸附剂。

吸附层析(adsorption chromatography)是应用最早的层析方法,是指混合物随流动相通过由吸附剂组成的固定相时,在固定相和流动相作用下发生吸附、脱附、再吸附、再脱附的反复过程,由吸附剂对不同物质的不同吸附力而使混合物分离的方法。分离的对象绝大多数是不挥发性的和热不稳定的,主要是中等分子质量的物质,特别是复杂的天然物质。这类物质的极性范围较大,从非极性的烃类化合物到水溶性的化合物均可。对于性质相近的物质,特别是异构体或有不同类型、不同数目取代基的物质,吸附层析往往能提供更好的分离效果。

16.2.2 原理

吸附层析法的吸附过程是样品中各组分的分子(X)与流动相分子(Y)争夺吸附剂表面活性中心(即为竞争吸附)的过程。利用被分离组分在固体表面活性吸附中心吸附能力的差别而实现分离。

当达到吸附平衡时,流动相中组分的分子 X_m 与吸附在吸附剂表面的流动相分子 Y_a 相置换,结果组分的分子被吸附,以 X_a 表示。流动相分子回到流动相之中,以 Y_m 表示。平衡公式可以表示为

$$X_m + nY_a = X_a + nY_m$$

吸附平衡常数称为吸附系数(K_a),可近似用浓度商表示为

$$K_a = \frac{[X_a][Y_m]^n}{[X_m][Y_a]^n}$$

因为流动相的量很大,$[Y_m]^n/[Y_a]^n$ 近似于常数,且吸附只发生于吸附剂表面,所以,吸附系数可写成:$K_a = [K_a]/[X_m] = (X_a/S_a)/(X_m/V_m)$

式中,S_a 为吸附剂的表面积;V_m 为流动相的体积。

吸附系数与吸附剂的活性与被吸附物质的性质和洗脱溶剂的性质有关。吸附剂的吸附力强弱,是由能否有效地接受或供给电子,或提供和接受活泼氢来决定。被吸附物

的化学结构如与吸附剂有相似的电子特性,吸附就更牢固。常用吸附剂的吸附力的强弱顺序为:活性炭、氧化铝、硅胶、氧化镁、碳酸钙、磷酸钙、石膏、纤维素、淀粉和糖等。以活性炭的吸附力最强。吸附剂在使用前须先用加热脱水等方法活化。大多数吸附剂遇水即钝化,因此吸附层析大多用于能溶于有机溶剂的有机化合物的分离,较少用于无机化合物。洗脱溶剂的解析能力的强弱顺序是:醋酸、水、甲醇、乙醇、丙酮、乙酸乙酯、醚、氯仿、苯、四氯化碳和己烷等。为了能得到较好的分离效果,常用两种或数种不同强度的溶剂按一定比例混合,得到合适洗脱能力的溶剂系统,以获得最佳分离效果。

16.2.3 工艺流程及参数因素

1. 工艺流程

(1)装柱。

装柱可分为湿法装柱和干法装柱两种。

①干法装柱:在柱下端加少许棉花或玻璃棉,再轻轻地撒上一层干净的砂粒,打开下口,然后将吸附剂经漏斗缓缓加入柱中,同时轻敲色谱柱,使吸附剂分散均匀,最后将色谱柱用初始洗脱剂小心沿壁加入,至刚好覆盖吸附剂顶部平面,关紧柱活塞。

②湿法装柱:将吸附剂加入合适量的初始洗脱剂调成稀糊状,先把放好棉花、砂子的色谱柱下口打开,然后徐徐将制好的糊浆灌入柱中,让吸附剂自然下沉,直到洗脱剂刚好覆盖吸附剂平面时,关紧下口活塞。注意,整个操作要慢,不要将气泡压入吸附剂中,而且要始终保持吸附剂上有溶剂,切勿流干。

(2)上样。

上样可分为湿法上样和干法上样两种。

①湿法上样:把被分离的物质溶在少量初始洗脱剂中,小心加在吸附剂上面,注意保持吸附剂上表面仍为一水平面,打开下口,待溶液面正好与吸附剂上表面一致时,在上面撒一层细砂,关紧柱活塞。

②干法上样:多数情况下,被分离物质难溶于初始洗脱剂,这时可选用一种对其溶解度大而且沸点低的溶剂,取尽可能少的溶剂将其溶解。在溶液中加入少量吸附剂,拌匀,挥干溶剂,研磨使之成松散均匀的粉末,轻轻撒在色谱柱吸附剂上面,再撒一层细砂。

(3)洗脱。

在装好吸附剂的色谱柱中缓缓加入洗脱剂,进行梯度洗脱,各组分先后被洗出。洗脱液合并后,回收溶剂。得到的组分采用薄层层析或纸层析定性检查,含单一色点的部分用合适的溶剂析晶;仍为混合物的部分需进一步寻找分离方法再进行分离。

2. 参数因素

(1)层析柱的选择与填装。

层析柱通常用玻璃柱,这样可以直接观察色带的移动情况,柱应该平直,直径均匀。一般情况下,柱的内径和长度比为1:(10~30)。柱直径大多为2~15 cm。柱径的增加可使样品负载量成平方地增加,但柱径大时,流动很难均匀,色带不容易规则,因而分离效果差;柱径太小时,进样量小,且使用不便,装柱困难,但适用于选择固定相和溶剂的小实验。实验室中所用的柱,直径最小为几毫米。

层析柱的长度与许多因素有关,包括层析分离的方法、层析剂的种类、容量和粒度、填装的方法和填装的均匀度等。此外,设计柱长时需考虑下列几点:①柱的最小长度取决于所要达到的分离程度,目的产物的分离程度分辨率低,需要较长的层析柱;②较大的柱直径需要较长的层析柱;③柱越长,长度和内径比越大,就越难得到均匀的填装。就目前采用的匀浆填装技术,填装长度一般不超过 50 cm,而大多数层析柱的长度在 25 cm 左右。直径大时,柱长可适当增长一些。

层析柱填装的好坏,直接影响层析分离的效果。不均匀的填装必然导致不规则的流型。装柱时,最好将层析剂先与不超过层析剂用量的一份缓冲液调成浆状料,然后将浆料慢慢地边加边搅拌,一次加完。同时,将柱底部的出口阀打开,以便层析剂迅速沉降。倾倒完浆料之后,再用几倍体积的缓冲液流过色谱柱,以保证平衡。浆料中如有空气,可用真空抽吸除去。

(2)吸附剂的选择。

吸附剂的选择是吸附层析法的关键问题,选择不当,达不到要求的分离效果。吸附剂的种类很多,而对吸附剂的选择尚无固定的法则,一般需通过小样实验确定。一般来说,所选吸附剂应有最大的比表面积和足够的吸附能力,它对欲分离的不同物质应该有不同的解吸能力,即有足够的分辨力;与洗脱剂、溶剂及样品组分不会发生化学反应,还要求所选的吸附剂颗料均匀,在操作过程中不会破裂。吸附的强弱可概括如下:吸附现象与两相界面张力的降低成正比,某物质自溶液中被吸附程度与其在溶液中的溶解度成正比,极性吸附剂容易吸附极性物质,非极性吸附剂容易吸附非极性物质,同族化合物的吸附程度有一定的变化方向,如同系物极性递减,因而被非极性表面吸附能力将递增。

(3)洗脱剂的选择。

吸附剂选择好之后,要进行洗脱剂的选择。原则上要求所选的洗脱剂纯度合格,与样品和吸附剂不起化学反应,对样品的溶解度大、黏度小、容易流动、容易与洗脱的组分相分开。常用的洗脱剂有饱和的碳氢化合物、醇、酚、酮、醚、卤代烷、有机酸等。选择洗脱剂时,可根据样品的溶解度、吸附剂的种类、溶剂极性等方面来考虑,极性大的洗脱能力大,因此可先用极性小的作为洗脱剂,使组分容易被吸附,然后换用极性大的溶剂作为洗脱剂,使组分容易从层析柱中洗出。

为了摸索层析条件,可以首先将被分离物质薄层层析分离,确定合适的层析条件。如果混合组分中各成分的 R_f 相差很大,可直接用薄层层析的展开剂作为柱层析的洗脱剂。反之,如果相差很小,则需采用梯度洗脱方式进行操作。

(4)其他因素。

整个操作过程必须注意不使吸附柱表面的溶液流干,即吸附柱上端要保持一层溶剂。如若一旦柱面溶液流干后,再加溶剂也不能得到好的效果,因为干后再加溶剂,常使柱中产生气泡或裂缝,影响分离,对此必须十分重视。

此外,应控制洗脱液的流速,流速不应太快。若流速过快,柱中交换来不及达到平衡,因而影响分离效果。

由于吸附剂的表面活性比较大,有时会促使某些成分破坏,所以应尽量在短时间内完成一个柱层析的分离,以避免样品在柱上停留时间过长,发生变化。

16.2.4 应用

吸附层析在生物化学和药学领域有比较广泛的应用,主要体现在对生物小分子物质的分离。生物小分子物质相对分子质量小,结构和性质比较稳定,操作条件要求不太苛刻,其中生物碱、萜类、苷类、色素等次生代谢小分子物质常采用吸附层析或反相层析法。吸附层析在天然药物的分离制备中占有很大的比例。

16.3 分配层析

16.3.1 概述

在支持物上形成部分互溶的两相系统,一般是水相和有机溶剂相。常用支持物是硅胶、纤维素和淀粉等,这些亲水物质能储留相当量的水。被分离物质在两相中都能溶解,但分配比率不同,展层时就会形成以不同速度向前移动的区带。

在分析化学领域,当人们广泛地试用吸附剂进行层析分析的时候,液－液萃取分离在金属分离上已经得以广泛应用。这种方法是马丁和辛格在1941年发明的,是用硅胶进行吸附水,水质量为硅胶自身质量的50%,再装成柱体,然后将氨基酸混合物的溶液加到柱体上,这时用含少量丁醇的氯仿进行层析。这种方法可以使氨基酸分离。这一方法迅速兴起,人们称之为分配层析法。这种方法的原理是利用了被分离物质在两相中分配系数的差别。在上述试验中,硅胶被马丁和辛格称为担体,它在分配层析中只起负担固定液的作用,基本上呈惰性。吸着在硅胶上的液体,被称为静止相;氯仿液被称作流动相。马丁在1941年的论文中,发表了这一方法的理论根据。

16.3.2 原理

分配层析是利用被分离组分在固定相与流动相中溶解度差别,即分配系数差别而使混合物相互分离。分离原理如图16.1所示,当流动相带着试样中的各种组分沿着层析方向流动时,试样中的各种组分就在流动相和固定相两种溶剂间进行分配,不同的组分分配系数有差异时,它们前进的速度就不相同,于是得以分离。当溶于流动相与溶于固定相的溶质分子处于动态平衡时,$X_m \rightleftharpoons X_s$,两相浓度之比称为分配系数,用 K_D 表示。

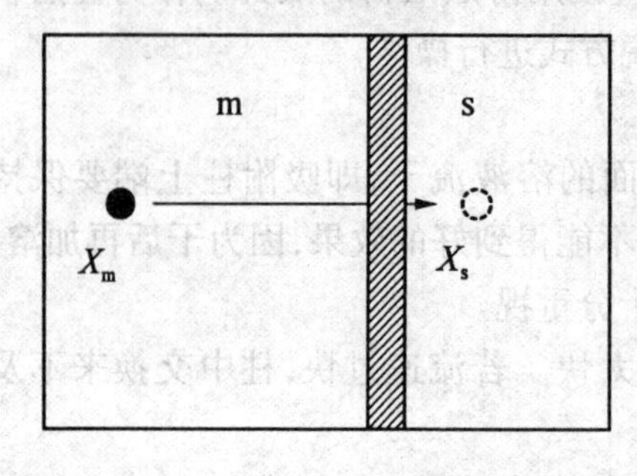

● 流动相中的溶质分子
○ 进入固定相内部的溶质分子
s 固定相
m 流动相

图16.1　分配色谱法示意图

$$K_D = (X_s/V_s)/(X_m/V_m) = C_s/C_m$$

式中 V_s, V_m——固定相和流动相的体积；

c_s, c_m——溶质在两相中的浓度。

于是
$$\frac{1-R}{R} = \frac{C_s V_s}{C_m V_m} = K_D \frac{V_s}{V_m}$$

$$R = \frac{1_s}{1 + K_D \frac{V_s}{V_m}}$$

$$K_D = (\frac{1}{R_f} - 1) \times \frac{V_m}{V_s}$$

两边取对数，得
$$\lg K_D = \lg\left(\frac{1}{R_f} - 1\right) + \lg \frac{V_m}{V_s}$$

$$\lg\left(\frac{1}{R_f} - 1\right) = R_m$$

$$R_m = \lg K_D - \lg \frac{V_m}{V_s}$$

式中，R 表示溶质分子出现在流动相中的概率，它表示了层析过程中溶质分子在层析柱中移动的情况，也表示了溶质分子与流动相分子在层析柱中移动速度的相对值，常以 R_f 表示，称为比移值。从上式可见，在一定的层析条件下，V_s，V_m 为定值时，R_f 只和分配系数 K_D 有关。各种不同组分，由于它们的分配系数不同，比移值不同，因而可以得到分离。K_D 越大，溶质分子停留在固定相的概率越大，层析移动越慢，R_f 越小。

在一定的层析条件下，V_s，V_m 为一定值，可见 R_m 值也只和分配系数 K_D 有关。在一定的层析条件下，不同的组分因 K_D 值不同，R_f 和 R_m 也不同，因此这两个参数常被用来进行组分的定性鉴定。

16.3.3 工艺流程及参数因素

1. 工艺流程

(1)装柱。

分配柱层析的装柱比吸附柱层析麻烦一些，但又十分重要，直接影响分离效果。装柱前，将固定相与载体混合，如果用硅胶、纤维素等载体时，可以直接称出一定量固体，再加入一定比例的固定相液体，混匀后按吸附剂装柱法装入。装柱也分干法和混法两种。应注意的是，因为分配柱层析法使用两种溶剂，所以事先必须先使这两个相互相饱和，即将两相溶剂放在一起振摇，待分层后再分别取出应用。至少流动相应先用固定相饱和后再使用；否则，在以后洗脱时当通过大量的流动相时，就会把载体中的固定相逐渐溶掉，最后只剩下载体，就不成为分配色谱了。

用硅藻土为载体，加固定相直接混合的办法不容易得到均匀的混合物。为此先把硅藻土放在大量流动相液体中，在不断搅拌下，逐渐加入固定相，加时不宜太快，加完后继续搅拌片刻。有时因局部吸着水分(固定相)过多，硅藻土会聚成大块，可用玻璃棒把它打散，使硅藻土颗粒均匀，然后填充柱管，分批小量地倒入柱中，用一端是平盘的棒把硅藻土压紧压平,随时把过多的溶剂放出。待全部装完后,应得到一个均匀填好的层析柱。

(2)加样。

分配柱层析的加样方法有三种:①将被分离物配成浓溶液,用吸管轻轻沿管壁加到含固定相载体的上端,然后加流动相洗脱;②被分离物溶液用少量含固定相的载体吸收,溶剂挥发后,加在层析管载体的上端,然后加流动相洗脱;③用一块比管径略小的圆形滤纸吸附被分离物溶液,溶剂挥发后,放在载体上,然后加流动相洗脱。

(3)洗脱。

洗脱液的收集和处理与吸附层析相同,不再赘述。

2. 参数因素

(1)固定相及其选择。

分配层析中常用的固定相为水,此外也有用稀酸、甲醇、甲酰胺等强极性溶剂作为固定相的,它是通过吸附或键合作用于载体上。

严格地讲,载体只起负载固定相的作用,本身应该是惰性的,但实际上并不是这样。对于同一种试样,改变载体,常常会使 R_f 值发生改变,也就是分配层析中常常混杂着吸附层析。这可能是由于载体表面固定液膜较薄,一部分载体裸露在外面,起了吸附剂的作用。

吸附色谱中的吸附剂是分配色谱中常用的载体,虽然两者有相似之外,但也不能完全等同。常用的载体应符合以下要求:具有多孔结构,且孔径分布要均匀,能保留较多的固定相;吸附或键合固定相能力较强,以形成一层牢固的液膜,以防在洗脱过程中被流动相带走;载体有良好的物理化学惰性,对流动相溶剂和分离对象等均不能起任何作用,包括吸附作用;价格低廉,使用方便。分配层析中常用的载体有吸水硅胶、硅藻土和纤维素。

(2)溶剂选择。

在分配层析中,固定液相与流动相的选择是决定分配层析分离好坏的主要因素。其溶剂对的选择原则是:两者不能互溶;两者极性应有较大差异;样品在固定相中的溶解度应稍大于其在流动相中的溶解度。

根据两相相对极性,分配层析可分为两类:一类称为正相分配层析法,其固定相多采用强极性溶剂,如水、稀酸、甲醇、甲酰胺等。流动相则用氯仿、乙酸乙酯、丁醇等弱极性有机溶剂。此类方法通常用于分离强极性的、亲水性的物质,如生物碱、苷类、糖类、有机酸等化合物。另一类称为反相分配层析法,其两相的极性正好与正相分配层析法相反,固定相采用疏水性的有机溶剂,如石蜡油等,而流动相则用水或甲醇等强极性溶剂。此法可用于分离亲脂性化合物,如高级脂肪酸、油脂、游离甾体等。

为找到切实可行的溶剂对,一般先选用对组分溶解度较大的溶剂为流动相,然后根据层析分布情况调整其组成,即在流动相中加一些其他成分以降低组分的洗脱强度。另外,虽然分配层析所使用的溶剂对应该是互不相溶的,但实际上相互间总有少许的溶解,即使是极少量的互溶,在大量洗脱剂(相对于固定液相的量而言)的洗脱下,会使液膜流失而影响分离。为避免此情况的产生,在操作前包括涂膜与洗脱,必须使两相预先相互饱和。

(3)操作温度。

由于分配系数 K_D 受温度影响,因此实验中应尽量保持温度的恒定。

(4)样品的配制。

应尽量采用与固定液相同的溶剂来配制样品液。例如,水为固定液相,则样品宜配成水溶液,这样可使样品区带保持尽可能的窄,如果采用其他溶剂易引起上样区带的扩散,则不利于分离。当此法不适合,可将样品溶于某种挥发性溶剂中,然后与装柱剩余的固定相颗粒相混合均匀,待除去挥发性溶剂后再固体上样。注意上样区域不宜太宽,它与柱长度的比例不能超过1:20。此外,也可用滤纸吸收样品液,吹干后以纸片上样。

(5)上样量的控制。

在分配层析中上样量的多少取决于固定液的量,即液膜的厚度。由于液膜的厚度有限,所以上样量不高,这也是分配层析的主要缺点。

由于分配层析速度较慢,处理量小,温度影响较大,因此在实验操作中能用吸附层析分离的试样总是尽量采用吸附层析来解决。

16.3.4　应用

分配层析适用于分离极性比较大、在有机溶剂中溶解度小的成分,或极性很相似的成分。若所分离的化合物的极性基团相同和类似,但非极性部分(化合物的母核烃基部分)的大小及构型不同,或者所分离的各种化合物溶解度相差较大,或者所分离的化合物极性太强不适于吸附色谱分离时,可考虑采用分配层析法。分配层析法多用于分离亲水性的成分,如苷类、糖及氨基酸类。

16.4　离子交换层析

16.4.1　概述

离子交换层析(ion exchange chromatography,简称IEC)是以离子交换剂为固定相,依据流动相中的组分离子与交换剂上的平衡离子进行可逆交换时的结合力大小的差别而进行分离的一种层析方法。1848年,Thompson等在研究土壤碱性物质交换过程中发现离子交换现象。20世纪40年代,出现了具有稳定交换特性的聚苯乙烯离子交换树脂;20世纪50年代,离子交换层析进入生物化学领域,应用于氨基酸的分析。目前,离子交换层析仍是生物化学领域中常用的一种层析方法,广泛地应用于各种生化物质如氨基酸、蛋白质、糖类、核苷酸等的分离纯化。

16.4.2　原理

离子交换层析是以离子交换剂为固定相,依据流动相中的组分离子与交换剂上的平衡离子进行可逆交换时的结合力大小的差别而进行分离的一种层析方法。它是依据各种离子或离子化合物与离子交换剂的结合力不同而进行分离纯化的。离子交换层析的固定相是离子交换剂,它是由一类不溶于水的惰性高分子聚合物基质通过一定的化学反应共价结合上某种电荷基团形成的。离子交换剂可以分为三部分:高分子聚合物基质、电荷基团和平衡离子。电荷基团与高分子聚合物共价结合,形成一个带电的可进行离子交换的基团。平衡离子是结合于电荷基团上的相反离子,它能与溶液中其他的离子基团发生可逆的交换反应。平衡离子带正电的离子交换剂能与带正电的离子基团发生交换作用,称为阳离子交换剂;平衡离子带负电的离子交换剂与带负电的离子基团发生交换作用,称为阴离子交换剂。离子交换反应可以表示如下。

阳离子交换反应 $(R-\tilde{X})\underset{\cdot}{Y}+\underset{\cdot}{A}\rightarrow(R-\tilde{X})\underset{\cdot}{A}+\underset{\cdot}{Y}$

阴离子交换反应 $(R-\underset{\cdot}{X})\tilde{Y}+\tilde{A}\rightarrow(R-\underset{\cdot}{X})\tilde{A}+\tilde{Y}$

其中,R 代表离子交换剂的高分子聚合物基质;$\tilde{X}$ 和 $\underset{\cdot}{X}$ 分别代表阳离子交换剂和阴离子交换剂中与高分子聚合物共价结合的电荷基团;$\underset{\cdot}{Y}$ 和 $\tilde{Y}$ 分别代表阳离子交换剂和阴离子交换剂的平衡离子;$\underset{\cdot}{A}$ 和 $\tilde{A}$ 分别代表溶液中的离子基团。

从上面的反应式中可以看出,如果 A 离子与离子交换剂的结合力强于 Y 离子,或者提高 A 离子的浓度,或者通过改变其他一些条件,可以使 A 离子将 Y 离子从离子交换剂上置换出来。也就是说,在一定条件下,溶液中的某种离子基团可以把平衡离子置换出来,并通过电荷基团结合到固定相上,而平衡离子则进入流动相,这就是离子交换层析的基本置换反应。通过在不同条件下的多次置换反应,就可以对溶液中不同的离子基团进行分离。

16.4.3 工艺流程及参数因素

1. 工艺流程

(1)离子交换剂的处理。

离子交换剂使用前一般要进行处理。干粉状的离子交换剂首先要进行膨化,将干粉在水中充分溶胀,以使离子交换剂颗粒的孔隙增大,具有交换活性的电荷基团充分暴露出来;而后用水悬浮去除杂质和细小颗粒;再用酸碱分别浸泡,每一种试剂处理后要用水洗至中性,再用另一种试剂处理,最后再用水洗至中性,这是为了进一步去除杂质,并使离子交换剂带上需要的平衡离子。市售的离子交换剂中通常阳离子交换剂为钠型(即平衡离子是 Na^{+}),阴离子交换剂为氯型,因为通常这样比较稳定。处理时一般阳离子交换剂最后用碱处理,阴离子交换剂最后用酸处理。常用的酸是 HCl,碱是 NaOH 或再加一定的 NaCl,这样处理后阳离子交换剂为钠型,阴离子交换剂为氯型。使用的酸碱浓度一般小于为 0.5 mol/L,浸泡时间一般为 30 min。处理时应注意酸碱浓度不宜过高、处理时间不宜过长、温度不宜过高,以免离子交换剂被破坏。另外要注意的是,离子交换剂使用前要排除气泡,否则会影响分离效果。

(2)装柱与加样。

离子交换剂的装柱与一般柱层析法相同,主要是防止出现气泡和分层,装填要均匀。防止产生气泡和分层的方法是装柱时柱内先保持一定高度的起始洗脱液,装柱完毕后,用水或缓冲液平衡到所需的条件,如特定的 pH 值、离子强度等。

(3)洗脱。

分离不同的物质选用不同的洗脱剂。原则是用一种更活泼的离子把交换在离子交换剂上的物质再交换出来。常用的洗脱剂为酸类、碱类或盐类的溶液,改变整个系统的酸碱度和离子强度,以使交换物质的交换性能发生变化,已交换上的物质就逐渐被洗脱下来。为了提高分辨率,常采用梯度洗脱法。

(4)离子交换剂的再生与保存。

离子交换剂的再生是指对使用过的离子交换剂进行处理,使其恢复原来性状的过程。酸碱交替浸泡的处理方法就可以使离子交换剂再生。离子交换剂的转型是指离子交换剂由一种平衡离子转为另一种平衡离子的过程。如对阴离子交换剂用 HCl 处理可将其转为氯型,用 NaOH 处理可转为羟型,用甲酸钠处理可转为甲酸型等。对离子交换剂的处理、再生和转型的目的是一致的,都是为了使离子交换剂带上所需的平衡离子。

离子交换剂保存时应首先处理洗净蛋白等杂质,并加入适当的防腐剂,一般加入0.02%的叠氮钠,4 ℃下保存。

2. 参数因素

(1)层析柱。

离子交换层析要根据分离的样品量选择合适的层析柱,离子交换用的层析柱一般粗而短,不宜过长。直径和柱长比一般为1:10 到1:50,层析柱安装要垂直。装柱时要均匀平整,不能有气泡。

(2)平衡缓冲液。

离子交换层析的基本反应过程就是离子交换剂平衡离子与待分离物质、缓冲液中离子间的交换,所以在离子交换层析中平衡缓冲液和洗脱缓冲液的离子强度和 pH 值的选择对于分离效果有很大的影响。

平衡缓冲液是指装柱后及上样后用于平衡离子交换柱的缓冲液。平衡缓冲液的离子强度和 pH 值的选择首先要保证各个待分离物质如蛋白质的稳定。其次是要使各个待分离物质与离子交换剂有适当的结合,并尽量使待分离样品和杂质与离子交换剂的结合有较大的差别。一般是使待分离样品与离子交换剂有较稳定的结合,而尽量使杂质不与离子交换剂结合或结合不稳定。在一些情况下(如污水处理)可以使杂质与离子交换剂有牢固的结合,而样品与离子交换剂结合不稳定,也可以达到分离的目的。另外,注意平衡缓冲液中不能有与离子交换剂结合力强的离子,否则会大大降低交换容量,影响分离效果。选择合适的平衡缓冲液,直接就可以去除大量的杂质,并使得后面的洗脱有很好的效果。如果平衡缓冲液选择不合适,可能会对后面的洗脱带来困难,无法得到好的分离效果。

(3)上样。

离子交换层析的上样时应注意样品液的离子强度和 pH 值,上样量也不宜过大,一般为柱床体积的1% ~5% 为宜,以使样品能吸附在层析柱的上层,得到较好的分离效果。

(4)洗脱缓冲液。

在离子交换层析中一般常用梯度洗脱,通常有改变离子强度和改变 pH 值两种方式。

改变离子强度通常是在洗脱过程中逐步增大离子强度，从而使与离子交换剂结合的各个组分被洗脱下来；而改变 pH 值的洗脱，对于阳离子交换剂一般是 pH 值从低到高洗脱，阴离子交换剂一般是 pH 值从高到低洗脱。由于 pH 值可能对蛋白的稳定性有较大的影响，故通常采用改变离子强度的梯度洗脱。梯度洗脱的装置前面已经介绍了，可以有线性梯度、凹形梯度、凸形梯度以及分级梯度等洗脱方式。一般线性梯度洗脱分离效果较好，故通常采用线性梯度进行洗脱。

洗脱液的选择首先也是要保证在整个洗脱液梯度范围内，所有待分离组分都是稳定的。其次是要使结合在离子交换剂上的所有待分离组分在洗脱液梯度范围内都能够被洗脱下来。另外可以使梯度范围尽量小一些，以提高分辨率。

(5)洗脱速度。

洗脱液的流速也会影响离子交换层析分离效果，洗脱速度通常要保持恒定。一般来说，洗脱速度慢比快的分辨率要好，但洗脱速度过慢会造成分离时间长、样品扩散、谱峰变宽、分辨率降低等副作用，所以要根据实际情况选择合适的洗脱速度。如果洗脱峰相对集中某个区域造成重叠，则应适当缩小梯度范围或降低洗脱速度来提高分辨率；如果分辨率较好，但洗脱峰过宽，则可适当提高洗脱速度。

(6)样品的浓缩、脱盐。

离子交换层析得到的样品往往盐浓度较高，而且体积较大，样品浓度较低。所以一般离子交换层析得到的样品要进行浓缩、脱盐处理。

离子交换层析是利用离子交换剂上的可交换离子与周围介质中被分离的各种离子间的亲和力不同，经过交换平衡达到分离目的的一种柱层析法。该法可以同时分析多种离子化合物，具有灵敏度高、重复性、选择性好、分离速度快等优点，是当前最常用的层析法之一，常用于多种离子型生物分子的分离，包括蛋白质、氨基酸、多肽及核酸等。

(7)离子交换剂的选择。

①离子交换剂颗粒大小。离子交换剂颗粒大小、颗粒内孔隙大小以及所分离的样品组分的大小等因素，主要影响离子交换剂中能与样品组分进行作用的有效表面积。样品组分与离子交换剂作用的表面积越大，当然交换容量越高。一般离子交换剂的孔隙应尽量能够让样品组分进入，这样样品组分与离子交换剂作用面积大。分离小分子样品，可以选择较小孔隙的交换剂，因为小分子可以自由进入孔隙，而小孔隙离子交换剂的表面积大于大孔隙的离子交换剂。对于较大分子样品，可以选择小颗粒交换剂，因为对于很大的分子，一般不能进入孔隙内部，交换只限于颗粒表面，而小颗粒的离子交换剂表面积大。

②离子交换剂基质。离子交换剂的大分子聚合物基质可以由多种材料制成，聚苯乙烯离子交换剂（又称为聚苯乙烯树脂）是以苯乙烯和二乙烯苯合成的具有多孔网状结构的聚苯乙烯为基质。聚苯乙烯离子交换剂机械强度大、流速快。但它与水的亲和力较小，具有较强的疏水性，容易引起蛋白的变性。故一般常用于分离小分子物质，如无机离子、氨基酸、核苷酸等。以纤维素（cellulose）、球状纤维素（sephacel）、葡聚糖（sephadex）、琼脂糖（sepharose）为基质的离子交换剂都与水有较强的亲和力，适合于分离蛋白质等大分子物质。通常，纤维素离子交换剂价格较低，但分辨率和稳定性都较低，适于初步分离

和大量制备。葡聚糖离子交换剂的分辨率和价格适中，但受外界影响较大，体积可能随离子强度和 pH 值变化有较大改变，影响分辨率。琼脂糖离子交换剂机械稳定性较好，分辨率也较高，但价格较贵。

③离子交换剂电荷基团的选择。根据与基质共价结合的电荷基团的性质，可以将离子交换剂分为阳离子交换剂和阴离子交换剂。

阳离子交换剂的电荷基团带负电，可以交换阳离子物质。根据电荷基团的解离度不同，又可以分为强酸型、中等酸型和弱酸型三类。它们的区别在于电荷基团完全解离的 pH 值范围，强酸型离子交换剂在较大的 pH 值范围内电荷基团完全解离，而弱酸型完全解离的 pH 值范围则较小，如羧甲基在 pH 值小于 6 时就失去了交换能力。一般结合磺酸基团（$—SO_3H$），如磺酸甲基（SM）、磺酸乙基（SE）等为强酸型离子交换剂，结合磷酸基团（$—PO_3H_2$）和亚磷酸基团（$—PO_2H$）为中等酸型离子交换剂，结合酚羟基（—OH）或羧基（—COOH），如羧甲基（CM）为弱酸型离子交换剂。一般来讲，强酸型离子交换剂对 H^+ 离子的结合力比 Na^+ 离子小，弱酸型离子交换剂对 H^+ 离子的结合力比 Na^+ 离子大。

阴离子交换剂的电荷基团带正电，可以交换阴离子物质。同样根据电荷基团的解离度不同，可以分为强碱型、中等碱型和弱碱型三类。一般结合季胺基团（$—N(CH_3)_3$），如季胺乙基（QAE）为强碱型离子交换剂，结合叔胺（$—N(CH_3)_2$）、仲胺（$—NHCH_3$）、伯胺（$—NH_2$）等为中等或弱碱型离子交换剂，如结合二乙基氨基乙基（DEAE）为弱碱型离子交换剂。一般来讲，强碱型离子交换剂对 OH^- 离子的结合力比 Cl^- 离子小，弱酸型离子交换剂对 OH^- 离子的结合力比 Cl^- 离子大。

选择阳离子交换剂还是选择阴离子交换剂取决于被分离的物质在其稳定的 pH 值下所带的电荷，如果带正电，则选择阳离子交换剂；如带负电，则选择阴离子交换剂。强酸或强碱型离子交换剂适用的 pH 值范围广，常用于分离一些小分子物质或在极端 pH 值下的分离。由于弱酸型或弱碱型离子交换剂不易使蛋白质失活，故一般分离蛋白质等大分子物质常用弱酸型或弱碱型离子交换剂。

16.4.4　应用

离子交换层析的应用范围很广，主要有以下几个方面。

1. 水处理

离子交换层析是一种简单而有效的去除水中的杂质及各种离子的方法，聚苯乙烯树脂广泛地应用于高纯水的制备、硬水软化以及污水处理等方面。纯水的制备可以用蒸馏的方法，但要消耗大量的能源，而且制备量小、速度慢，也得不到高纯度。用离子交换层析方法可以大量、快速制备高纯水。一般是将水依次通过氢型强阳离子交换剂，去除各种阳离子及与阳离子交换剂吸附的杂质；再通过羟型强阴离子交换剂，去除各种阴离子及与阴离子交换剂吸附的杂质，即可得到纯水。再通过弱型阳离子和阴离子交换剂进一步纯化，就可以得到纯度较高的纯水。离子交换剂使用一段时间后可以通过再生处理重复使用。

2. 分离纯化小分子物质

离子交换层析也广泛地应用于无机离子、有机酸、核苷酸、氨基酸、抗生素等小分子物质的分离纯化。例如对氨基酸的分析,使用强酸性阳离子聚苯乙烯树脂,将氨基酸混合液在 pH 值为 2~3 上柱。这时氨基酸都结合在树脂上,再逐步提高洗脱液的离子强度和 pH 值,这样各种氨基酸将以不同的速度被洗脱下来,可以进行分离鉴定。目前已有全自动的氨基酸分析仪。

3. 分离纯化生物大分子物质

离子交换层析是依据物质的带电性质的不同来进行分离纯化的,是分离纯化蛋白质等生物大分子的一种重要手段。由于生物样品中蛋白的复杂性,一般很难只经过一次离子交换层析就达到高纯度,往往要与其他分离方法配合使用。使用离子交换层析分离样品要按带电性质来进行分离,只要选择合适的条件,通过离子交换层析可以得到较满意的分离效果。

16.5 凝胶过滤层析

16.5.1 概述

凝胶过滤层析是近 30 年才发展起来的一种新型层析法。与萃取色层不同,它主要用于生物化学和高分子聚合物化学中,又称凝胶过滤、凝胶渗透层析、分子筛层析等。

16.5.2 原理

凝胶过滤层析的分离过程是在装有多孔物质(交联聚苯乙烯、多孔玻璃、多孔硅胶等)作为填料的柱子中进行的。填料的颗粒有许多不同尺寸的孔,这些孔对溶剂分子而言是很大的,故它们可以自由扩散出入。当加样后以同一溶剂洗脱,则较大的溶质分子不能进入孔内部,只能占有数量比较少的大孔,在柱中停留的时间相对较短,先流出柱子;较小的溶质分子可以不同程度地往孔中扩散,所以溶质的分子越小,可以占有的孔体积就越大,在柱中停留的时间相对较长,后流出柱子。所以整个样品就按分子的大小分开了。整个分离过程如图 16.2 所示。

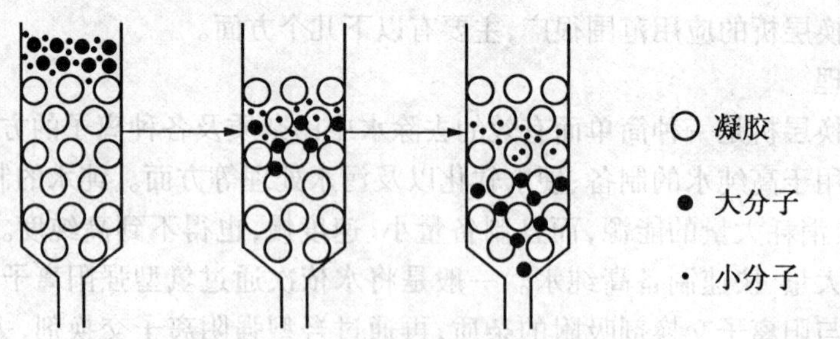

图 16.2 凝胶过滤层析分离过程示意图

如果以 V_R 表示溶质的保留体积,则有

$$V_R = V_0 + KV_S$$

式中 V_0——柱内颗粒间的体积;

V_S——凝胶微孔内的孔体积；

K——分配系数；

如果溶质分子过大，根本不能进入凝胶微孔，$K=0$，所以，这样的分子都在 $V_R=V_0$ 时流出；如果分子非常小，可以进入凝胶颗粒的所有微孔，则 $K=1$，故它们将在 $V_R=V_0+V_S$ 时流出；如果所有分子都处于 $K=0$ 或 $K=1$，则分离是不可能的；只有被分离的分子在 $0<K<1$ 的范围，它们的分离才能实现。

16.5.3 工艺流程及参数因素

1. 工艺流程

(1)凝胶型号的选择。

一般来说，如果已有具体方法和条件报道，可直接采用所介绍的凝胶型号，但实际工作中往往还会有以下情况：①几种型号都可使用，需根据具体要求进行选择。一般若从大分子物质中除去小分子物质，在适用的型号范围内选用交联度较大的型号为好；反之，如欲使小分子物质浓缩并与大分子分离，则在适用的型号范围内选用交联度较小的型号为好；②分离组分相对分子质量相差不大时，除应选择适当型号的凝胶外，也应注意样品液体积的多少。

(2)凝胶的浸泡溶胀。

将所需的干凝胶浸入相当于其吸水量10倍的洗脱剂中。例如1g Sephadex G－50，加50 mL(10×5 mL)洗脱剂，缓缓搅拌使其分散在溶液中，防止结块。但不能用机械搅拌器，避免颗粒破碎。浸泡时间根据交联度而异，交联度小的吸水量大，则需时间较长，也可以加热膨胀。所制备的凝胶匀浆不宜过稀，否则装柱时易造成大颗粒下沉，小颗粒上浮，致使填充不均匀。

(3)层析柱的准备。

在凝胶层析中，影响分离度的柱变量中最重要的是柱长度、颗粒直径及填充的均匀性。①虽然理论上认为用足够长的柱可以获得不同程度的分离度，分离度随柱长的平方根而增加，柱长加倍，分离度增加40%，但流速至少降低50%。在凝胶层析中本身就存在着分离速度较慢的缺点，因此，凝胶层析很少应用长于100 cm的柱。当分离 K 值较接近的组分时，柱长需超过1 m，此时可采用几根短柱串联。②颗粒直径对分离度作用是显著的，应用小颗粒可以改进分离度。③装柱的方法和其他柱层析相似，填充时不应有气泡，填充后用同一种洗脱剂以2～3倍总体积稳定柱长。填充均匀与否则可用0.2%蓝色葡聚糖(溶于同一洗脱剂中)溶液通过柱床，观察其在柱内移动情况来判断填充的均匀程度。

(4)样品的制备。

在凝胶层析中，样品都是以溶液的形式加入，因此，必须将样品配成溶液。样品液如有沉淀应采用过滤或离心除去。如含脂类，可高速离心或通过葡聚糖凝胶G－25短柱除去。样品液一般以浓度大一些为好，但因用凝胶分离的物质多为相对分子质量较大的物质，浓度大时溶液的黏度也随之变大，而黏度过大就会影响分离效果，所以既要有较大的浓度，又不要过大的黏度。

(5)上样。

用滴管吸取样品溶液，在床表面上约1cm高度，沿柱内壁圆周慢慢将样品注入。加完后打开柱下出口,使样品完全渗入层析柱床。再关闭出口,用少量洗脱液按如上操作,将管内壁残留的样品洗下,再打开出口,至柱上面少量洗脱溶液渗入柱内,关闭出口。一般在柱床上面覆盖一层脱脂棉,以保护柱床表面,然后加入洗脱液洗脱。

(6)洗脱。

在凝胶层析中,洗脱用的溶剂应与浸泡膨胀凝胶所用的溶剂相同,如果换用溶剂,凝胶的体积会发生变化从而影响分离效果。除非含有较强吸附的溶质,一般洗脱剂的用量也只需一个柱体积就够了。洗脱用的溶剂可以是水、不同离子强度的溶液或不同 pH 值的缓冲液。对吸附较强的组分也有使用水与有机溶剂的混合液的,如水 - 甲醇、水 - 乙醇、水 - 丙酮等,以降低吸附,将组分洗下。洗出液多采用分段收集法,然后用适当的方法分析组分流出和分离情况。

2. 参数因素

(1)凝胶。

凝胶是凝胶色层的核心,是产生分离的基础。要达到分离的要求必须选择合适的凝胶。对凝胶的要求是:化学惰性;含离子基团少;网眼和颗粒大小均匀;凝胶颗粒大小和网眼大小合适,可选择的范围宽;机械强度好。

凝胶有不同的分类方法。按材料来源可把凝胶分成有机凝胶与无机凝胶两类。按机械性能分可分成较胶、半硬胶和硬胶三类。软胶的交联度小,机械强度低,不耐压,溶胀性大。它主要用于低压水溶性溶剂的场合。它的优点是效率高、容量大。硬胶如多孔玻璃或硅胶,它们机械强度好。最通常采用的凝胶如高交联度的聚苯乙烯则属于半硬性凝胶。从凝胶对溶剂的适应范围可以把凝胶分成亲水性、亲油性和两性凝胶三类。亲水性凝胶多用于生化体系,而用于高聚物分析和分离的则多是亲油凝胶。多孔玻璃或硅胶依处理的方法不同,既可以成为亲水的,也可以成为亲油的。某些国产凝胶的性能见表 16.1。

表 16.1　某些国产凝胶的性能

凝胶	牌号	有机胶① 无机胶②	软胶① 半硬胶② 硬胶③	亲油性胶① 亲水性胶② 两性胶③
交联聚苯乙烯	NGX,NGW	①	①②	①
多孔硅胶	NDG,NWG	②	③	①②
交联葡聚糖	交联葡聚糖凝胶	①	①	②
羟丙基化交联葡聚糖	交联葡聚糖凝胶 LH - 20	①	①	③
琼脂糖凝胶	珠状琼脂糖	①	①	②
多孔玻璃	CPG *	②	③	①

注　* 为美国产品。

在凝胶的各种性能中,渗透极限、分离范围和固流相比三个指标是重要的。渗透极限是可以分离的相对分子质量的最大极限。超过此极限,则高分子都在凝胶间隙体积处流出,没有分离效果。市售凝胶往往是以渗透极限的大小来定规格的。分离范围一般是指相对分子质量－淋出体积标定曲线的线性部分(图16.3)。

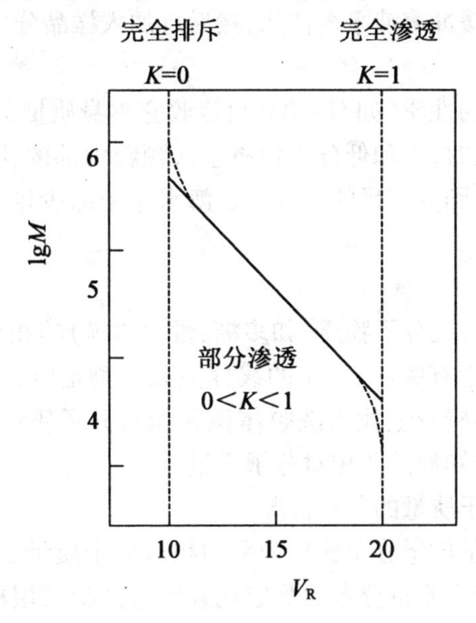

图16.3 渗透过程的溶质大小与保留体积的关系

此外,所选择的凝胶应与流动相相匹配,即凝胶应为流动相所润湿。如果流动相是水溶液,应选用亲水的凝胶;如流动相是有机溶剂,则应选用亲油的凝胶。

(2)溶剂。

在凝胶色层中,溶剂的作用没有其他液体色谱那样重要。因为试样的分离并不取决于溶剂与试样之间的作用力。溶剂的选择主要考虑能溶解样品、湿润凝胶、不腐蚀色谱仪(不含游离氯离子)等。此外,也要求溶剂纯度高,毒性低,溶解性能好,能溶解多种高分子,还要求溶剂的黏度尽可能低,因溶剂黏度越大色层柱压降越高,分离所需的时间越长。有时为了降低溶剂的黏度,需要适当地提高温度。

最常用的溶剂是四氢呋喃,这是因为四氢呋喃可以溶解多种高聚物。但四氢呋喃在储存时(尤其在日光下)会生成过氧化物,操作时必须注意。其他的溶剂有三氯代苯、邻二氯苯、甲苯、二甲基甲酰胺、间甲酚、四氯化碳、三氟乙醇等。

16.5.4 应用

近年来,凝胶层析技术得到了广泛的应用。特别是在生物化学方面解决了用一般方法不易分离的许多问题,如蛋白质、核酸、核苷酸、氨基酸的分离和制备,去热原蛋白和酶制剂的脱盐浓缩,抗菌素的分离、纯化,肝炎病毒的分离等。

1.脱盐

在分离生化样品时,常常需要加入不同pH值的缓冲溶液,或者采用盐析法,使样品中带入各种电解质,如蛋白质溶液的脱盐等,常常采用交联度较大的凝胶,例如Sephadex G－25,即使样品体积是柱体积的25%～30%,也不损失分离度,分析速度快且蛋白质和酶不变性。

为防止脱盐过程中由于电解质的减少引起蛋白质沉淀在柱上，使分离失效，则可在操作时先用挥发性盐类的缓冲溶液平衡柱床，然后再加入样品分离。

2. 浓缩

利用干凝胶吸水膨胀的性质（如 G－200 可吸收它本身质量 20 倍的水分），将它加进高分子溶液中，在凝胶膨胀时，水和低分子物质进入颗粒内部的孔隙，高分子物质被排阻在颗粒外部溶液中，从而达到分离目的。例如自海水中浓缩少量的维生素 B_{12}、分离一些受热易变性的蛋白质等。

3. 测定相对分子质量

凝胶层析法常用来测定大分子物质（如多糖、蛋白质等）的相对分子质量。它们的洗脱特性与组分相对分子质量有关，呈一定的线性关系。测定时，先用同类型不同相对分子质量的化合物，在适当的凝胶上找出洗脱体积和相对分子质量之间的关系，绘出校正曲线，由此曲线上再求出未知样品的相对分子质量。

4. 测定聚合物相对分子质量的分布情况

高分子物质的相对分子质量分布比它的平均相对分子质量更有意义，但平均相对分子质量容易测定，而相对分子质量分布的测定比较困难。凝胶层析法较简便地解决了这个问题。其原理与方法和测定相对分子质量相同。根据样品的洗脱曲线分段收集出液，可以看出一个聚合物中相对分子质量的分布情况。此法已广泛地用来测定右旋糖酐、聚乙烯等聚合物的相对分子质量。

5. 除热原

热原为多糖和蛋白质的复合物，相对分子质量约 90 000。常用 DEAE－A－25（二乙氨乙基－阴－25）凝胶柱来进行分离，它既具有交换阴离子的能力，又有一定的分子筛作用，可以除去相对分子质量小于 100 000 的物质。该法常用来除去大型输液、注射用水或核苷酸注射液中的热原。

综上所述，凝胶层析法既可用于分离、精制，也可用于分析测定。可以相信，随着凝胶性能的研究改进、适当的加压操作和检测器的联用，其应用必将进一步的扩大与发展。

16.6 亲和层析

16.6.1 概述

在一对有专一的相互作用的物质中，把其中之一连接在支持物上，用于纯化相对的另一物质的方法称作亲和层析。常见的亲和对如酶和抑制剂、抗原和抗体、激素和受体等，支持物为琼脂糖或纤维素等。

16.6.2 原理

亲和层析是应用生物高分子与配基可逆结合的原理，将配基通过共价键牢固结合于载体上而制得的层析系统。这种可逆结合的作用主要是靠生物高分子对它的配基的空间结构的识别。常用的生物亲和关系有酶－底物、底物类似物、抑制剂、激活剂、辅因子、抗体－抗原、激素－受体蛋白、载体蛋白、外源凝集素－多糖、糖蛋白、细胞表面受体、核酸－互补核苷酸序列、组蛋白、核酸结合蛋白等离子交换剂。亲和层析的层析剂可分为以下三个部分：

①载体。载体起支架作用，一般是偶联凝胶或多孔玻璃珠。

②间臂。由于生物大分子的空间位阻作用，需加一间臂，其长度具有重要作用。太长则增加了非特异性疏水吸附作用，太短则起不到应有的作用。

③配基。这是亲和层析的核心物质，在分离中起特异性吸附欲分离物的作用。配基一般分为天然配基(包括糖结合配基和蛋白质结合配基)、染料配基、氨基酸类亲和配基、核苷酸及核苷酸类似物配基和仿生配基等几类。其中，利用计算机辅助设计的仿生配基层析代表了亲和层析的发展方向。不仅是配基本身的结构，它们与载体的连接方法也与层析的分离能力有关。

16.6.3　工艺流程及参数因素

亲和吸附剂选择制备后，亲和层析的其他操作与一般的柱层析基本类似。下面主要介绍亲和层析过程中的一些注意事项。

1. 工艺流程

(1)上样。

亲和层析纯化生物大分子通常采用柱层析的方法。亲和层析柱一般很短，通常为10 cm左右。上样时应注意选择适当的条件，包括上样流速、缓冲液种类、pH 值、离子强度、温度等，以使待分离的物质能够充分结合在亲和吸附剂上。

一般生物大分子和配体之间达到平衡的速度很慢，所以样品液的浓度不易过高，上样时流速应比较慢，以保证样品与亲和吸附剂有充分的接触时间进行吸附。特别是当配体和待分离的生物大分子的亲和力比较小或样品浓度较高、杂质较多时，可以在上样后停止流动，让样品在层析柱中反应一段时间，或者将上样后流出液进行二次上样，以增加吸附量。样品缓冲液的选择也是要使待分离的生物大分子与配体有较强的亲和力。另外，样品缓冲液中一般有一定的离子强度，以减小基质、配体与样品其他组分之间的非特异性吸附。

生物分子间的亲和力是受温度影响的，通常亲和力随温度的升高而下降。所以在上样时可以选择适当较低的温度，使待分离的物质与配体有较大的亲和力，能够充分的结合；而在后面的洗脱过程可以选择适当较高的温度，使待分离的物质与配体的亲和力下降，以便于将待分离的物质从配体上洗脱下来。

上样后用平衡洗脱液洗去未吸附在亲和吸附剂上的杂质。平衡缓冲液的流速可以快一些，但如果待分离物质与配体结合较弱，平衡缓冲液的流速还是较慢为宜。如果存在较强的非特异性吸附，可以用适当较高离子强度的平衡缓冲液进行洗涤，但应注意平衡缓冲液不应对待分离物质与配体的结合有明显影响，以免将待分离物质同时洗下。

(2)洗脱。

亲和层析的另一个重要的步骤就是要选择合适的条件使待分离物质与配体分开而被洗脱出来。亲和层析的洗脱方法可以分为两种：特异性洗脱和非特异性洗脱。

①特异性洗脱。特异性洗脱是指利用洗脱液中的物质与待分离物质或与配体的亲和特性而将待分离物质从亲和吸附剂上洗脱下来。

特异性洗脱也可以分为两种：一种是选择与配体有亲和力的物质进行洗脱；另一种是选择与待分离物质有亲和力的物质进行洗脱。前者在洗脱时，选择一种和配体亲和力较强的物质加入洗脱液，这种物质与待分离物质竞争对配体的结合，在适当的条件下，如这种物质与配体的亲和力强或浓度较大，配体就会基本被这种物质占据，原来与配体结合的待分离物质被取代而脱离配体，从而被洗脱下来。

②非特异性洗脱。非特异性洗脱是指通过改变洗脱缓冲液 pH 值、离子强度、温度等条件，降低待分离物质与配体的亲和力而将待分离物质洗脱下来。

当待分离物质与配体亲和力较小时，一般通过连续大体积平衡缓冲液冲洗，就可以在杂质之后将待分离物质洗脱下来，这种洗脱方式简单、条件温和，不会影响待分离物质的活性。但洗脱体积一般较大，得到的待分离物质浓度较低。当待分离物质和配体结合较强时，可以通过选择适当的 pH 值、离子强度等条件降低待分离物质与配体的亲和力，具体的条件需要在实验中摸索。可以选择梯度洗脱方式，这样可能将亲和力不同的物质分开。如果希望得到较高浓度的待分离物质，可以选择酸性或碱性洗脱液，或较高的离子强度一次快速洗脱，这样在较小的洗脱体积内就能将待分离物质洗脱出来。但选择洗脱液的 pH 值、离子强度时应注意尽量不影响待分离物质的活性，而且洗脱后应注意中和酸碱，透析去除离子，以免待分离物质丧失活性。对于待分离物质与配体结合非常牢固时，可以使用较强的酸、碱或在洗脱液中加入脲、胍等变性剂使蛋白质等待分离物质变性，而从配体上解离出来。然后再通过适当的方法使待分离物质恢复活性。

(3)亲和吸附剂的再生和保存。

亲和吸附剂的再生就是指使用过的亲和吸附剂，通过适当的方法去除吸附在其基质和配体（主要是配体）上结合的杂质，使亲和吸附剂恢复亲和吸附能力。一般情况下，使用过的亲和层析柱，用大量的洗脱液或较高浓度的盐溶液洗涤，再用平衡液重新平衡即可再次使用。但在一些情况下，尤其是当待分离样品组分比较复杂的时候，亲和吸附剂可能会产生较严重的不可逆吸附，使亲和吸附剂的吸附效率明显下降。这时需要使用一些比较强烈的处理手段，使用高浓度的盐溶液、尿素等变性剂或加入适当的非专一性蛋白酶。但如果配体是蛋白质等一些易于变性的物质，则应注意处理时不能改变配体的活性。

亲和吸附剂的保存一般是加入质量分数为 0.01% 的叠氮化钠，也可以加入质量分数为 0.5% 的醋酸洗必泰或质量分数为 0.05% 的苯甲酸。应注意不要使亲和吸附剂冰冻。

2. 影响因素

(1)亲和吸附剂的基质。

选择并制备合适的亲和吸附剂是亲和层析的关键步骤之一。它包括基质和配体的选择、基质的活化、配体与基质的偶联等。

①基质的性质。基质构成固定相的骨架，亲和层析的基质应该具有以下一些性质：

a. 具有较好的物理化学稳定性。在与配体偶联，层析过程中配体与待分离物结合，以及洗脱时的 pH 值、离子强度等条件下，基质的性质都没有明显的改变。

b. 能够和配体稳定的结合。亲和层析的基质应具有较多的化学活性基团,通过一定的化学处理能够与配体稳定的共价结合,并且结合后不改变基质和配体的基本性质。

c. 基质的结构应是均匀的多孔网状结构,以使被分离的生物分子能够均匀、稳定的通透,并充分与配体结合。基质的孔径过小,会增加基质的排阻效应,使被分离物与配体结合的概率下降,降低亲和层析的吸附容量。所以一般来说,多选择较大孔径的基质,以使待分离物有充分的空间与配体结合。

d. 基质本身与样品中的各个组分均没有明显的非特异性吸附,不影响配体与待分离物的结合。基质应具有较好的亲水性,以使生物分子易于靠近并与配体作用。

一般纤维素以及交联葡聚糖、琼脂糖、聚丙烯酰胺、多孔玻璃珠等用于凝胶排阻层析的凝胶都可以作为亲和层析的基质,其中以琼脂糖凝胶应用最为广泛。

②基质的活化。基质的活化是指通过对基质进行一定的化学处理,使基质表面上的一些化学基团转变为易于和特定配体结合的活性基团。配体和基质的偶联,通常首先要进行基质的活化。

a. 多糖基质的活化。多糖基质尤其是琼脂糖是一种常用的基质。琼脂糖通常含有大量的羟基,通过一定的处理可以引入各种适宜的活性基团。

b. 聚丙烯酰胺的活化。聚丙烯酰胺凝胶有大量的甲酰胺基,可以通过对甲酰胺基的修饰而对聚丙烯酰胺凝胶进行活化。一般有氨乙基化作用、肼解作用和碱解作用。另外在偶联蛋白质配体时也通常用戊二醛活化聚丙烯酰胺凝胶。

c. 多孔玻璃珠的活化。对于多孔玻璃珠等无机凝胶的活化通常采用硅烷化试剂与玻璃反应生成烷基胺 - 玻璃,在多孔玻璃上引进氨基,再通过这些氨基进一步反应引入活性基团,与适当的配体偶联。

③间隔臂分子。在亲和层析中,由于配体结合在基质上,它在与待分离的生物大分子结合时,很大程度上要受到基质和待分离的生物大分子间的空间位阻效应的影响。尤其是当配体较小或待分离的生物大分子较大时,由于直接结合在基质上的小分子配体非常靠近基质,而待分离的生物大分子由于受到基质的空间障碍,使得其与配体结合的部位无法接近配体,影响了待分离的生物大分子与配体的结合,造成吸附量的降低。解决这一问题的方法通常是在配体和基质之间引入适当长度的“间隔臂”,即加入一段有机分子,使基质上的配体离开基质的骨架向外扩展伸长,这样就可以减少空间位阻效应,大大增加配体对待分离的生物大分子的吸附效率。加入手臂的长度要恰当,太短则效果不明显;太长则容易造成弯曲,反而降低吸附效率。

(2)配体。

①配体的性质

亲和层析是利用配体和待分离物质的亲和力而进行分离纯化的,所以选择合适的配体对于亲和层析的分离效果是非常重要的。理想的配体应具有以下一些性质。

a. 配体与待分离的物质有适当的亲和力。亲和力太弱,待分离物质不易与配体结合,造成亲和层析吸附效率很低。而且吸附洗脱过程中易受非特异性吸附的影响,引起分辨率下降。但如果亲和力太强,待分离物质很难与配体分离,这又会造成洗脱的困难。总之,配体和待分离物质的亲和力过弱或过强都不利于亲和层析的分离。应根据实验要求尽量选择与待分离物质具有适当的亲和力的配体。

b. 配体要能够与基质稳定的共价结合,在实验过程中不易脱落,并且配体与基质偶联后,对其结构没有明显改变,尤其是偶联过程不涉及配体中与待分离物质有亲和力的部分,对二者的结合没有明显影响。

c. 配体自身应具有较好的稳定性,在实验中能够耐受偶联以及洗脱时可能的较剧烈的条件,可以多次重复使用。

完全满足上述条件的配体实际上很难找到,在实验中应根据具体的条件来选择尽量满足上述条件的最适宜的配体。

②配体与基质的偶联

除了基质本身存在的一些活化基团外,通过对活化基质的进一步处理,还可以得到更多种类的活性基团。这些活性基团可以在较温和的条件下与含氨基、羧基醛基、酮基、羟基、硫醇基等多种配体反应,使配体偶联在基质上。另外通过碳二亚胺、戊二醛等双功能试剂的作用也可以使配体与基质偶联。以上这些方法使得几乎任何一种配体都可以找到适当的方法与基质偶联。

配体和基质偶联完毕后,必须要反复洗涤,以去除未偶联的配体。另外要用适当的方法封闭基质中未偶联上配体的活性基团,也就是使基质失活,以免影响后面的亲和层析分离。例如对于能结合氨基的活性基团,常用的方法是用2-乙醇胺、氨基乙烷等小分子处理。

配体与基质偶联后,通常要测定配体的结合量以了解其与基质的偶联情况,同时也可以推断亲和层析过程中对待分离的生物大分子吸附容量。配体结合量通常是用每毫升或每克基质结合的配体的量来表示。

16.6.4 应用

亲和层析的应用主要是生物大分子的分离、纯化。下面简单介绍一些亲和层析技术用于纯化各种生物大分子的情况。

1. 抗原和抗体

利用抗原、抗体之间高特异的亲和力而进行分离的方法又称为免疫亲和层析。例如将抗原结合于亲和层析基质上,就可以从血清中分离其对应的抗体。在蛋白质工程菌发酵液中所需蛋白质的浓度通常较低,用离子交换、凝胶过滤等方法都难于进行分离,而亲和层析则是一种非常有效的方法。将所需蛋白质作为抗原,经动物免疫后制备抗体,将抗体与适当基质偶联形成亲和吸附剂,就可以对发酵液中的所需蛋白质进行分离纯化。

2. 生物素和亲和素

生物素(biotion)和亲和素(avidin)之间具有很强而特异的亲和力,可以用于亲和层析,如用亲和素分离含有生物素的蛋白等。生物素和亲和素的亲和力很强,其解离常数为 10^{-15} M,洗脱通常需要强烈的变性条件,可以选择 biotion 的类似物,如 2-iminobiotin, diiminobiotin 等降低与 avidin 的亲和力,这样可以在较温和的条件下将其从 avidin 上洗脱下来。另外,可以利用生物素和亲和素间的高亲和力,将某种配体固定在基质上。例如将生物素酰化的胰岛素与以亲和素为配体的琼脂糖作用,通过生物素与亲和素的亲和力，胰岛素就被固定在琼脂糖上，可以用于亲和层析分离与胰岛素有亲和力的生物大分子物质。这种非共价的间接结合比直接将胰岛素共价结合在 CNBr 活化的琼脂糖上更稳定。很多种生物大分子可以用生物素标记试剂（如生物素与 NHS 生成的酯）作用结合上生物素，并且不改变其生物活性，这使得生物素和亲和素在亲和层析分离中有更广泛的用途。

3. 维生素、激素和结合转运蛋白

通常结合蛋白含量很低，如 1 000 L 人血浆中只含有 20 mgVit B12 结合蛋白，用通常的层析技术难于分离。利用维生素或激素与其结合蛋白具有强而特异的亲和力（解离常数为 10^{-7} ~ 10^{-16} M）而进行亲和层析则可以获得较好的分离效果。由于亲和力较强，所以洗脱时可能需要较强烈的条件，另外可以加入适量的配体进行特异性洗脱。

4. 激素和受体蛋白

激素的受体蛋白属于膜蛋白，利用去污剂溶解后的膜蛋白往往具有相似的物理性质，难于用通常的层析技术分离。但去污剂溶解通常不影响受体蛋白与其对应激素的结合。所以利用激素和受体蛋白间的高亲和力（10^{-6} ~ 10^{-12} M）而进行亲和层析是分离受体蛋白的重要方法。目前已经用亲和层析方法纯化出了大量的受体蛋白，如乙酰胆碱、肾上腺素、生长激素、吗啡、胰岛素等多种激素的受体。

5. 凝集素和糖蛋白

凝集素是一类具有多种特性的糖蛋白，几乎都是从植物中提取。它们能识别特殊的糖，因此可以用于分离多糖、各种糖蛋白、免疫球蛋白、血清蛋白甚至完整的细胞。用凝集素作为配体的亲和层析是分离糖蛋白的主要方法。如伴刀豆球蛋白 A 能结合含 α 或 β－D－吡喃甘露糖苷或 α 或 β－D－吡喃葡萄糖苷的糖蛋白，麦胚凝集素可以特异地与 N－乙酰氨基葡萄糖或 N－乙酰神经氨酸结合，可以用于血型糖蛋白 A、红细胞膜凝集素受体等的分离。洗脱时只需用相应的单糖或类似物，就可以将待分离的糖蛋白洗脱下来。

6. 辅酶

核苷酸及其许多衍生物、各种维生素等是多种酶的辅酶或辅助因子，利用它们与对应酶的亲和力可以对多种酶类进行分离纯化。例如，固定的各种腺嘌呤核苷酸辅酶包括 AMP，cAMP，ADP，ATP，CoA，NAD^+，$NADP^+$ 等应用很广泛，可以用于分离各种激酶和脱氢酶。

7. 多核苷酸和核酸

利用 poly－U 作为配体可以用于分离 mRNA 以及各种 poly－U 结合蛋白。poly－A 可以用于分离各种 RNA，RNA 聚合酶以及其他 poly－A 结合蛋白。以 DNA 作为配体可以用于分离各种 DNA 结合蛋白、DNA 聚合酶、RNA 聚合酶、核酸外切酶等多种酶类。

8. 氨基酸

固定化氨基酸是多用途的介质，通过氨基酸与其互补蛋白间的亲和力，或者通过氨基酸的疏水性等性质，可以用于多种蛋白质、酶的分离纯化。例如，L－精氨酸可以用于分离羧肽酶，L－赖氨酸则广泛地应用于分离各种 rRNA。

9. 染料配体

结合在蓝色葡聚糖中的蓝色染料 Cibacron Blue F3GA 是一种多芳香环的磺化物。由于它具有与 NAD^+ 相似的空间结构，所以它与各种激酶、脱氢酶、血清蛋白、DNA 聚合酶等具有亲和力，可以用于亲和层析分离。另外较常用的还有 Procion Red HE3B 等。染料作为配体吸附容量高、可以多次重复使用。但它有一定的阳离子交换作用，使用时应适当提高缓冲液离子强度来减少非特异性吸附。

10. 分离病毒、细胞

利用配体与病毒、细胞表面受体的相互作用，亲和层析也可以用于病毒和细胞的分离。利用凝集素、抗原、抗体等作为配体都可以用于细胞的分离。例如，各种凝集素可以用于分离红细胞以及各种淋巴细胞，胰岛素可以用于分离脂肪细胞等。由于细胞体积大、非特异性吸附强，所以亲和层析时要注意选择合适的基质。目前已有特别的基质如 Pharmacia 公司生产的 Sepharose 6 MB，颗粒大、非特异性吸附小，适合用于细胞亲和层析。

16.7 高效液相层析法

16.7.1 概述

高效液相层析（HPLC）是 20 世纪 60 年代后期发展起来的分离分析技术，具有快速、高效和高分辨率的特点，广泛应用于石油、化工、农药、医药、临床诊断、生化和环保等方面。它是在经典液相层析法基础上，引进了气相层析的理论具有气相层析的全部优点，并加以改进而发展起来的。由于 HPLC 分离能力强、测定灵敏度高，可在室温下进行，应用范围极广，无论是极性还是非极性，小分子还是大分子，热稳定还是不稳定的化合物均可用此法测定。对蛋白质、核酸、氨基酸、生物碱、类固醇和类脂等尤为有利。

1. 分类

从基本理论上来说，HPLC 和经典层析技术并无本质区别，在实际应用中也有凝胶过滤、离子交换、反相以及亲和层析等类型。可以根据样品的性质和分离对象的不同，从这些方法中选择适宜的分离机理，并有广泛的层析柱的操作参数的选择范围。既可进行精细高效的分离纯化，又可方便高效地进行定量分析，从痕量分析到较大规模制备都有应用。

（1）液 - 固吸附层析。

固定相是具有吸附活性的吸附剂，常用的有硅胶、氧化铝、高分子有机酸或聚酰胺凝胶等。液 - 固吸附层析中的流动相依其所起的作用不同，分为“底剂”和洗脱剂两类，底剂起决定基本色谱的分离作用，洗脱剂起调节试样组分的滞留时间长短，并对试样中某几个组分具有选择性作用。流动相中底剂与洗脱剂成分的组合和选择，直接影响色谱的分离情况，一般底剂为极性较低的溶剂，如正己烷、环己烷、戊烷、石油醚等，洗脱剂则根据试样性质选用针对性溶剂，如醚、酯、酮、醇和酸等。本法可用于分离异构体、抗氧化剂与维生素等。

(2)液－液分配层析。

固定相为单体固定液构成。将固定液的官能团结合在薄壳或多孔型硅胶上，经酸洗、中和、干燥活化、使表面保持一定的硅羟基。这种以化学键合相为固定相的液－液层析称为化学键合相层析。另一种利用离子对原理的液－液分配层析为离子对层析。

①化学键合相层析

a. 极性键合相层析。固定相为极性基团，氰基、氨基及双羟基三种。流动相为非极性或极性较小的溶剂。极性小的组分先出峰，极性大的后出峰，这称为正相层析法，适用于分离极性化合物。

b. 非极性键合相层析。固定相为非极性基团，如十八烷基(C_{18})、辛烷基(C_8)、甲基与苯基等，流动相用强极性溶剂，如水、醇、乙腈或无机盐缓冲液。最常用的是不同比例的水和甲醇配制的混合溶剂，水不仅起洗脱作用还可掩盖载体表面的硅羟基，防止因吸附而至的拖尾现象。极性大的组分先出峰，极性小的组分后出峰，恰好与正相法相反，故称反相层析。本法适用于小分子物质的分离，如肽、核苷酸、糖类、氨基酸的衍生物等。

②离子对分配层析

a. 正相离子对层析。此法常以水吸附在硅胶上作为固定相，把与分离组分带相反电荷的配对离子以一定浓度溶于水或缓冲液涂渍在硅胶上。流动相为极性较低的有机溶剂。在层析过程中，待分离的离子与水相中配对离子形成中性离子对，在水相和有机相中进行分配，从而达到分离。本法优点是流动相选择余地大，缺点是固定相易流失。

b. 反相离子对层析。固定相是疏水性键合硅胶，如 C_{18}键合相，待分离离子和带相反电荷的配对离子同时存在于强极性的流动相中，生成的中性离子对在流动相和键合相之间进行分配而得到分离。本法优点是固定相不存在流失问题、流动相含水或缓冲液更适用于电离性化合物的分离。

(3)离子交换层析。

原理与普通离子交换相同。在离子交换 HPLC 中，固定相多用离子性键合相，故本法又称离子性键合相层析。流动相主要是水溶液，pH 值最好在被分离酸、碱的 pK 值附近。

(4)凝胶渗透或体积排阻层析。

以液体作为流动相，以不同孔穴的凝胶作为固定相。固定相通常是化学惰性空间栅格网状结构，它近乎于分子筛效应。当样品进入时随流动相在凝胶外部间隙以及凝胶孔穴旁流过。相对分子质量大的分子没有渗透作用，较早地被冲洗出来。这样，样品分子按大小排斥先后，由柱中流出，实现分离和纯化的任务。

(5)亲和层析。

配位体以共价键形式与不溶性载体连接并以此为层析介质，高选择地吸附分离生物活性物质。这里的配位体指底物、抑制剂、辅酶、异构体或其他任何能特异性地可逆地与被纯化的生物物质发生作用的化合物。在亲和层析柱上加入生物活性大分子，其中只有与配位体表现出明显亲和性的生物大分子才能被吸附，其他无亲和性的分子则通过层析柱而流出，被吸附的生物大分子只有在改变流动相的组成时才被洗脱下来。因此，亲和层析技术可应用于任何两种有特异性相互作用的生物大分子。

2. 特点

HPLC 主要具有以下特点：①高压。供液压力和进样压力都很高，一般是 100 ~ 300 kg/cm^2，甚至达到 500 g/cm^2 以上。②高速。载液在层析柱中的流速较经典液相层析高得多，可达 1 ~ 10 mL/min，个别可达 100 mL/min 以上，分离速度快，一般可在 1 h 内完成多组分的分离。③高灵敏度。采用了基于光学原理的检测器，如紫外检测器灵敏度可达 5 ~ 10^{-10} mg/L 的数量级；荧光检测器灵敏度可达 10^{-11} mg/L。高效液相层析的灵敏度还表现在所需试样很少，微升数量级的样品足以进行全分析。④高效。由于新型固定相的出现具有高分辨率，每米柱子柱效可达 5 000 塔板以上，有时一根柱子可以分离 100 个以上组分。⑤适用范围广。通常在室温下操作，对于无法用气相层析分离的高沸点或不能汽化的物质，热不稳定或加热后容易裂解、变质的物质，生物活性物质或相对分子质量在 400 以下的有机物质，都可采用 HPLC 进行分离分析。

3. 设备

典型的高效液相层析仪由输液系统、层析柱与检测系统三部分组成（图 16.4）。流动相用一高压泵输入。一般用微量注射器直接进样，也可采用六通阀门进样。HPLC 中所用的检测器应用最多的是紫外吸收检测，灵敏度可达纳克水平。此外，还有荧光检测器、示差折光检测器、电化学检测器等。

(1) 储液器。

储液器用来存放流动相。用于分析的储液器体积约 1 L，以保证重复分析时供液。储液器的材料应对溶剂完全呈惰性，一般用不锈钢制成。储液器最好带有脱气和加热装置以及搅拌器，以便有效地脱除流动相中的气体。也可将流动相预先脱气后放入储液器。为防止固体微粒吸入泵内，应在泵前安装过滤器。一般采用多孔不锈钢过滤器，孔径约为 2 μm。

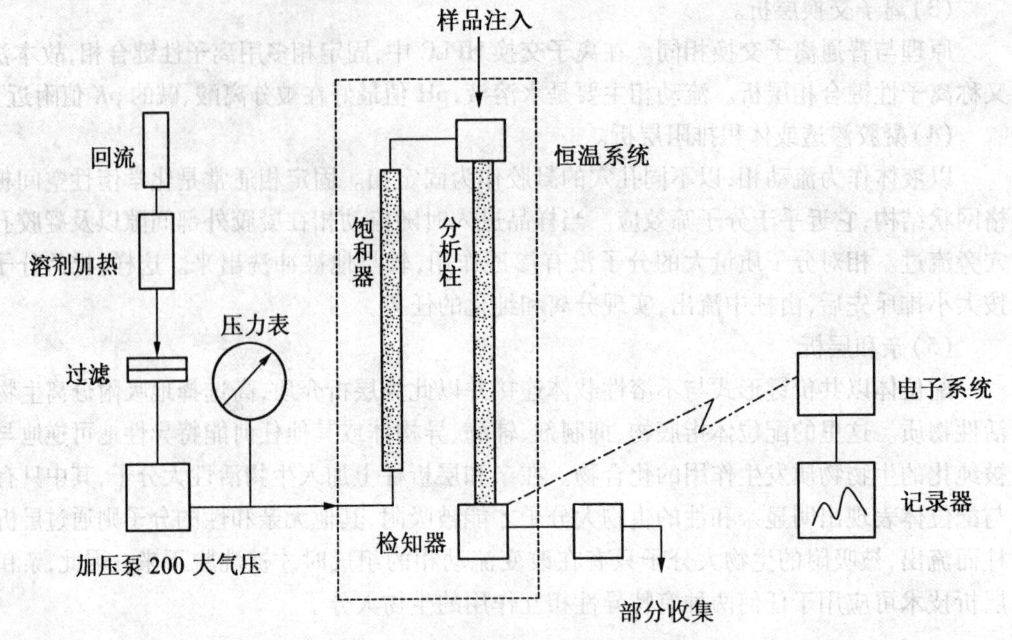

图 16.4 高效液相层析仪的结构简图

(2)泵。

由于使用粒度很细的固定相和具有一定黏度的流动相,因此必须借助于高压泵来施加较高压力,以使流动相以一定速度通过柱子。压力一般为 $10^6 \sim 10^7$ Pa。

对泵的要求是:泵材料应对流动相呈惰性;能抗溶剂腐蚀;有较高的输出压力,一般要达到 $1.47 \times 10^6 \sim 2.94 \times 10^7$ Pa,也有的高达 7.85×10^7 Pa;输出流量恒定,无脉动或脉动极小;流量输出的再现性应优于1%;泵容积小,在更换另一种流动相时,容易将原流动相迅速冲洗干净;梯度洗脱装置必须具备两台高压泵,一台输送强溶剂,一台输送弱溶剂,两泵运转速度用电脑控制,并可按一定的要求改变流动相的组成,以改善分离效果;流量在较大范围内可调。

(3)进样装置。

高效液体色谱柱长一般小于15 cm,且使用颗粒极细的高效固定相,因此柱外展宽相对突出。所以,对进样要求尤为严格。送样方式有注射器进样和阀进样。进样时,要求样品在到达柱头前,不与流动相混合,直接注射到柱头中心,即所谓"点进样",从而不扰动压力和流量的平衡。

①注射器进样。这种进样方式与气体色谱一样,但受操作压力限制。一般压力为每平方厘米数十千克,过高压力会使注射器开放、易堵。注射隔膜垫片(一般为亚硝基氟橡胶、硅橡胶)易受高压和溶剂侵蚀,寿命较短。垫片碎屑落入柱头,不但增加柱的反压,而且会由于吸附使柱效降低。

②进样阀。这种进样方式采用一个六通高压微量进样阀,其原理和进样方法与气体色谱中的六通阀一样。它能承受高压,重现性好,精密度达0.2%,目前几乎取代了注射器进样。在大小排阻色谱中,有时需将某些样品适当加温,以增大溶解度,可将样品置于保温室内。

(4)柱恒温箱。

虽然温度变化对高效液体色谱分离的影响不如对气体色谱分离那么严重,但有时仍需在恒温下进行分离,例如在离子交换、大小排阻以及反相色谱中,常需在较高柱温下分离。加温方式与气体色谱相同,采用循环空气浴。

(5)梯度洗脱装置。

对于一些复杂样品,组分的 k 值范围很宽,这时可采用梯度洗脱。所谓梯度洗脱,就是在分离过程中,让流动相的组成(含有两种或两种以上极性不同的溶剂)按一定程序连续变化。梯度洗脱十分类似气体色谱中的程序升温;两者主要目的都是为了使各组分在最佳 k 值下流出柱子,使保留时间过小而拥挤不堪、甚至重叠的组分,或保留时间过长而峰形扁平的组分获得良好分离。不同的只是一个通过改变柱温,而另一个通过改变流动相组成来达到改变组分 k 的目的。改变流动相的组成,或者改变浓度,或者改变极性、离子强度、pH值,从而产生了相应的浓度梯度、极性梯度、离子强度梯度、pH值梯度。

16.7.2 原理

层析法的本质是:色谱柱高选择性、高效能的分离作用与高检测技术的结合。混合组分的样品在色谱柱中分离的依据是:同一时刻进入色谱柱中的各组分,由于在流动相和固定相之间溶解，吸附或离子交换等作用的不同，随流动相在色谱柱中运行时，在两相间进行重复多次（$10^3 \sim 10^6$）的分配过程，使原来分配系数具有微小差别的各组分产生了保留能力明显差别的效果。进而各组分在色谱柱中移动速度不同，经过一定长度的色谱柱后，彼此分离开，最后按顺序进入信号检测器，在记录仪上或色谱数据机上显示出各组分的色谱行为和谱峰数值。

层析法可用于定性、半定量、定量的测定。其定性分析的依据是出峰的时间，而定量的依据是：组分质量或在流动相中的浓度与检测器的响应信号成正比。此响应信号指峰面积或峰高，表示为

$$w_i = f_i A_i$$

式中　w_i——欲测组分 i 的量；

A_i——组分 i 的峰面积；

f_i——比例系数（称校正因子）。

高效液相层析法的基本概念和分离理论与经典的液相层析法及气相层析法一致，因而其塔板理论及动力学理论等都可用于高效液相层析。

16.7.3　工艺流程及参数因素

1. 工艺流程

（1）进样前的准备工作。

首先使用的流动相要求具有较高的纯度。有机溶剂要使用色谱纯，使用前要用 0.22 μm或 0.45 μm 的膜过滤；用水要经过混合离子交换树脂处理和活性炭处理后，重蒸除去各种杂质并经 0.22 μm 或 0.45 μm 的膜过滤后再使用。各种溶剂一般要求现用现配，且在使用前需要经过脱气处理。

（2）样品处理。

在某些生物样品中，常含有蛋白质、脂肪及糖类等物质。它们的存在将影响待测组分的分离测定，同时容易堵塞和污染层析柱，使柱效降低，所以常常需要对样品进行预处理。样品的预处理方法很多，如溶剂萃取、吸附、超速离心及超滤等。

（3）洗脱。

按预先设计好的溶剂洗脱程序进行。如果样品中各组分与固定相之间的亲和力差别较大时，采用梯度洗脱方法，可获得较好的分离效果。流动相的流速需选择恒速或变速或每分段时间内要求流动相的流速。实际上，样品展开后所得的色谱图很难一次获得良好的分离效果，需要根据色谱图各峰形状、位置、谱峰分离情况进行综合分析，调整流动相的极性梯度组合、流速以及洗脱时间等。

（4）层析柱的清洗及保存。

在正常情况下，层析柱至少可以使用 3～6 个月，能完成数百次以上的分离。但是，若操作不当，将使层析柱很容易损坏而不能使用。因此，为了保持柱效、柱容量及渗透性，必须对层析柱进行仔细的保养。

①层析柱极容易被微小的颗粒杂质堵塞，使操作压力迅速升高而无法使用。因此，必须将流动相用 0.45 μm 孔径的过滤器过滤，以防止固体进入色谱柱。在水溶液流动相中，细菌容易生长，可能堵塞筛板，加入质量分数为 0.01% 的叠氮钠能够防止细胞滋生。

②层析柱分离完毕后，应用溶剂彻底清洗柱体，或层析柱存放过久也应定期清洗。硅胶柱可先用甲醇和乙腈冲洗，再用干燥的二氯甲烷清洗后保存。烷基键合相层析柱可用甲醇—氯仿甲醇—水顺序交叉冲洗除去脂溶性和水溶性杂质。PDS C_{18}层析柱用后先用水冲洗，然后用甲醇或乙腈冲洗至无杂质。离子交换柱可按一般经典方法经过酸碱缓冲液平衡后，再以水和甲醇洗净。凝胶柱则根据其流动相的不同分别以甲苯、四氢呋喃、氯仿或水大量冲洗干净。但亲水性凝胶及其他亲水性层析柱保存时，常加入少量甲苯或氯仿以防止微生物污染。

③要防止层析柱被振动或撞击；否则，柱内填料床层产生裂缝和空隙，会使色谱峰出现"驼峰"或"对峰"。

④要防止流动相逆向流动；否则，将使固定相层位移，柱效下降。

⑤使用保护柱。连续注射含有未被洗脱样品时，会使柱效下降，保留值改变。为了处长柱寿命，在进样阀和分析柱之间加上保护柱，其长度一般为 3 ~ 5 cm，填充与分析柱相似的表面多孔型固定相，可以有效防止分析柱效下降。

2. 参数因素

(1)高效液体色谱固定相。

高效液体色谱固定相设计的原则是：缩短传质路径，减小传质阻力，达到减少谱带展宽的目的。因此要求高效液体色谱固定相必须具备以下特点：颗粒细、形状规则（最好呈球形）、直径范围窄、孔浅、且能承受高压。

高效液体色谱固定相可分为两大类：表面多孔型和全多孔微粒型。表面多孔型是在实心玻璃珠外面，包覆一层多孔活性材料，造成无数向外开放的浅孔。多孔层厚度为 1 ~ 2 μm。全多孔微粒型由直径为 10^{-3} μm 数量级的硅胶微粒凝聚而成。高效液体色谱中的固定相类型见表 16.2。

表 16.2　经典液体色谱和高效液体色谱的比较

	经典液体色谱	高效液体色谱
固定相	全多孔无定型颗粒	表面多孔型或全多孔微粒型
粒度	直径大于 100 μm，不均匀，不耐高压	直径为几个到几十个微米，均匀，耐高压
操作压力	0.01 ~ 1 kg/cm^2	200 kg/cm^2
有效塔板数/S	0.02	23
操作方式	间断	连续

由于这两类固定相颗粒规则、孔浅，因而传质阻力小，分离效率高。加之采用高压输液设备和高灵敏度检测器，从而实现了高效、高速和高灵敏度，达到可与气体色谱相媲美的程度。仍以前述的氨基酸分析为例，用高效液体色谱法分离，只要 1 h 就可完成。

(2)操作条件最佳化。

HPLC 的最佳化实际上指组分的分离、分析时间及柱操作压力三者之间的最佳结合。为了获得良好的分离，W_0/t_r 应减至最小，其中 W_0 为该溶质的洗脱峰在基线处宽度，t_r 为分析时间,因而最佳化也就是在最小分析时间内和仪器所能达到的压力下,层析柱能给出分离所需的塔板数。

分析时间(t_r)与 H/u 成比例。H/u 的物理意义是:流动相流过一块塔板的高度所需的时间。H/u 值越小,分析时间越短,因此它可以用作柱高速性能的指标。图 16.5 表明 u 对分析时间的影响以及与操作压力的关系。随着流动相线速增加,H/u 急剧下降;线速进一步增加,H/u 不再急剧下降,开始变得比较缓慢,此时对应航线速可视作最佳线速。若继续提高线速,使 H/u 值减小,柱操作压力就得增加,这表明实现高速分析是要付出代价的,这种代价就是层析柱的压降增加。

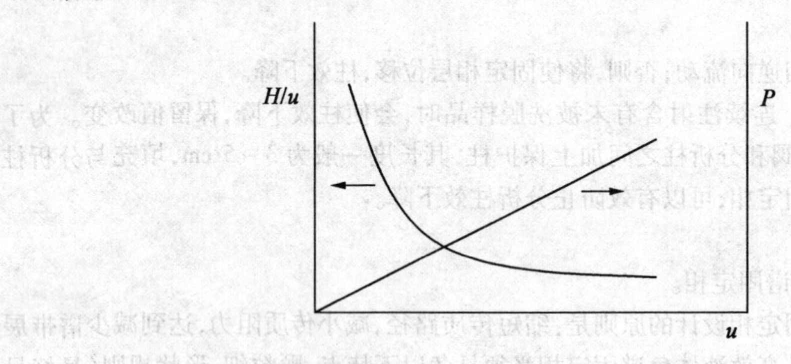

图 16.5　流动相线速对分析时间和压力的影响

16.7.4　应用

HPLC 对分离样品的类型具有非常广泛的适用性,而且样品还可以回收。HPLC 由于沸点高、相对分子质量大、热稳定性差、极性强,特别是为那些具有某种生物活性的物质提供了非常合适的分离分析环境,广泛应用于化学、生化、医学、工业、农业、环保、商检、法检等学科领域,是分析化学家和生物化学家用以解决他们面临的各种实际分析和分离课题必不可少的工具。在药物分析方面,据报道除聚合物外,大约 8 000 种的药物都能用高效液相色谱法进行分离和纯化,被检测的药物形式包括药用植物中的有效成分、合成药物、生化药物,此外还包括药物在体内的代谢产物。

16.8　模拟移动床的层析技术

16.8.1　概述

模拟移动床层析(simulated moving bed chromatography)或简称模拟移动床(SMB)是连续层析的一种,是模拟移动床技术和层析技术的结合,是以模拟移动床的运转方式来实现层析的连续分离。

1.发展简史

模拟移动床技术的发展大体上分为三个阶段:模拟移动床技术的出现、发展和趋于成熟。

（1）模拟移动床技术的出现。

模拟移动床技术的出现早在1961年Broughton发表了一篇专利技术，在这篇专利技术中，Broughton详细介绍了仪器的设计情况，这一技术原理是利用阀切换技术改变进样、流动相注入点及分离物收集点的位置来实现逆流操作，因此称为模拟移动床技术。该篇专利技术的发表，标志着模拟移动床技术的诞生。但是，当时色谱技术还未充分发展起来，利用液相色谱制备的物质很少，加之Broughton设计的系统非常复杂，让人们难以理解。

（2）模拟移动床技术的发展。

1992年，美国食品药品管理委员会（FDA）对手性药物的上市提高了要求，相应地也从客观上促进了对映体制备技术的发展，因此人们重新来考虑模拟移动床技术以解决对映体制备问题，模拟移动床技术才重见曙光。

（3）工业制备仪器的出现，标志着模拟移动床技术趋于成熟。

1993年，法国Seperex公司将模拟移动床技术用于药物和精细化工等工业制备领域，成功推出一种名叫Licosep的模拟移动床工业制备仪器。该设备应用8根内径为200 mm的色谱柱组成分离制备核心，共填充15 kg手性填料，每千克填料每天的制备量为250 g，年产量为吨级水平，可以满足对映体商品化制备的需要。

2. 国内外的进展

早在20世纪70年代，大庆石油化工总厂研究所就已经开始了模拟移动床吸附分离的研究，主要目标是追踪国外新技术，实现对二甲苯分离成套技术的国产化，取得了不少成果，但目标没能实现。由专利文献看，在传统的石化领域，国外公司申请了一些组合工艺的专利，国内的公司有一些对现有工艺改进的专利；在精细化工领域，近几年来国外公司申请了多项利用模拟移动床进行具体产品分离的专利，而国内厂家的专利则很少。可以看到这个领域的发展很有潜力，而国内的研究开发状况不尽如人意。

目前，国际上几个主要发达国家如美国、法国及德国都已出现了提供模拟移动床技术的产业，如美国的UOP，AST，法德联合建立的NOVASEP（主要服务于药物分离和精细化工）。上述公司对这一领域的关注与投入，说明这种规模化精细分离技术对未来的化工与药物生产的重要意义和商业价值。从国内情况看，SMB技术在我国的发展尚处于起步阶段，在药物领域的应用更少，相关的研究也较少。

16.8.2　基本原理

1. 模拟移动床（SMB）的原理

模拟移动床吸附的基本原理与吸附、脱吸移动床相似，其主要特点是吸附床固定不动。连续不断地改变物料口的位置，以模拟固体吸附剂和液体逆流接触。它将多根色谱柱用多位阀和管子连在一起，每根柱子均设有样品的进出口，并通过多位阀沿着流动相的流动方向不断的向前更替，改变样品的进出口位置，以此来模拟固定相。与流动相之间的逆流移动，实现两组分的连续分离。

模拟移动床层析系统是使用电磁阀来控制进样口的变动以“模拟”移动床的效果，使色谱的优点得以保留而移动床的优点也能体现。模拟移动床技术与层析结合使层析分离从间歇变为连续，而层析的高分辨率、低能耗、低物耗、常温运行等优点继续保留，由于模拟了逆流,固定相和流动相能反复利用,从而大大提高了效率,降低了成本;模拟移动床层析是在谱带首尾切取馏分,使提纯过程更易控制;由于引进了精馏、回流机制,使分离能力增加,产品收率提高;又由于引进了连续机制,大大提高了产率。

在模拟移动床色谱系统中,整个吸附床层由若干个互相连接的层析柱组成。通过沿流动相的流动方向有次序地移动进口与出口的位置,从而有效地模拟了固定相与流动相的相对逆流流动。

2. 模拟移动床(SMB)的技术特点与难点

采用模拟流动实现连续操作可以更有效地发挥吸附剂与脱吸剂的作用,过程具有如下几个特点。

(1)与单柱不同,单柱是一进一出,样品与流动相是同一入口,产品与杂质是同一出口。

(2)与单柱不同,在 SMB 中进口与出口的位置不断变化,由此确定的区带位置也随之变化,所以系统是运动的。

(3)为了规模化的需要,区带内的浓度一般都是过载,浓度处在吸附等温线的非线性段。因此系统是非线性的。

上述结构的优点是将化工中的连续、逆流、精馏、回流等工业要素集中进了系统。但上述结构的难点在于它是一个多自由度、动态、相互关联的非线性系统,因此,对于它的预测、优化与控制是较复杂的。尤其是分离参数的预测是一个复杂的问题。最初 SMB 用于石化与食糖,由于产品单一,问题较简单。1992 年当 SMB 进入药物领域,面对大量手性、生物药物尤其是近年来用于中药有效成分的分离,分离条件选择的问题就更为突出。

16.8.3 工艺流程及参数因素

1. 工艺流程

模拟移动床工艺流程图如图 16.6 所示。

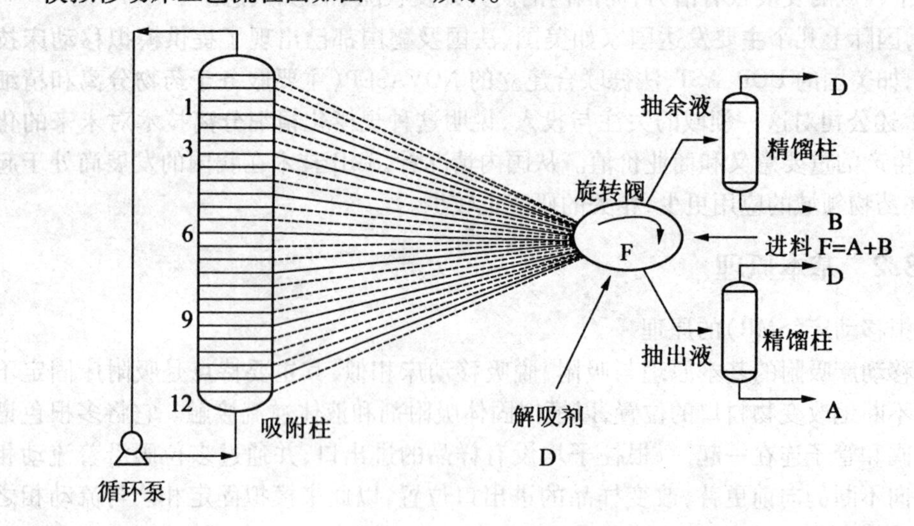

图 16.6 模拟移动床流程图

2. 模拟移动床设备的结构

结构由色谱柱、流动动力系统、控温系统、进料系统、开关切换系统、液体流量控制/

指示系统组成。

模拟移动床结构的示意图如图 16.7 所示。图中模拟移动床包含 4 个区,分别为:脱附区、提纯区、吸附区和隔离区。各区的塔段数可根据需要选择。大多数情况下,系统由 6～12 色谱柱组成,顺次连接。在分离柱的环路上共 5 个泵,1 个计量泵专门负责输送流动相在回路中通过所有的色谱柱而循环;2 个计量泵分别负责连续地输送新鲜的流动相和样品溶液进入模拟移动床系统;2 个计量泵负责连续地分别抽取组分 A 和组分 B。因此,1 个计量泵负责内部循环,4 个计量泵负责进出。

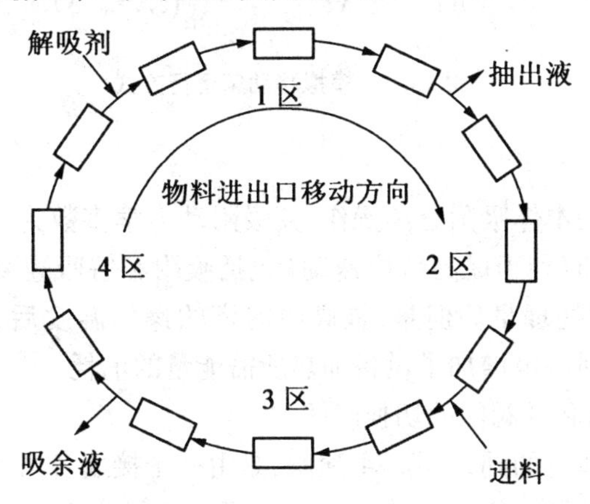

图 16.7　模拟移动床结构示意图

模拟移动床系统由若干互相连接的色谱柱组成,通过电磁阀控制进样口与出样口的位置,使其沿流动相的流动方向依次序移动,从而有效地引入了相对逆流及精馏、回流、连续等机制。模拟移动床切换、运行方式如图 16.8、图 16.9 所示。

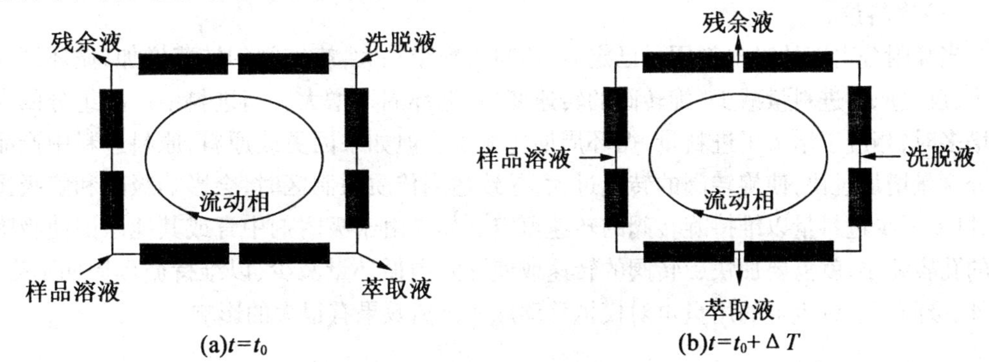

图 16.8　模拟移动床切换示意图

3. 参数因素

由模拟移动床的工作原理可知,在模拟移动床的分离操作中,吸附剂的用量、原料和解吸剂送入吸附塔的时间周期的长短、解吸剂对进料量的比例以及操作温度是可变的。因而,影响模拟移动床吸附分离操作的因素主要有下列几种。

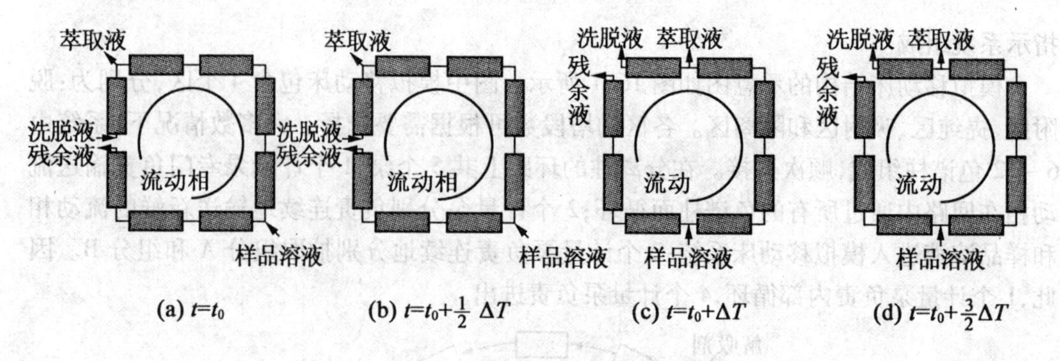

图 16.9　模拟移动床运行方式

(1)操作温度。

对于高浓度溶液的本体吸附分离操作,其吸附动力学多数为颗粒相扩散控制的传质机理。提高操作温度,有利于提高传质速度(包括吸附和解吸速度)、缩短操作循环的时间、增大设备对原料的处理量。但是,提高吸附塔的操作温度后,可使吸附剂的吸附容量、活性和使用寿命下降,也增加了设备加热所需能量的消耗。

(2)旋转阀的转速和各阀门的切换时间。

旋转阀是一种多通道的阀,又称 24 通阀,是由一个接通各塔节管道的定子和分配各通道的连接和封闭的转子所组成。旋转阀的定子和转子之间的接触面要求加工精度很高,如果接触面加工精度不高则可能有液体渗漏,特别是二甲苯、低碳烷烃等渗透性很强的液体更容易渗漏。提高旋转阀的转速或缩短阀的切换时间,都可以提高吸附塔的分离能力,但到一定的程度后,因受吸附剂的吸附和解吸速度的限制、流体速度分布等因素的制约,分离能力反而下降。

(3)进料量。

当吸附分离塔的吸附剂用量已定时,原料进料量加大,旋转阀的转速增加,循环周期减小,反之原料进料量减少,旋转阀的转速变慢,循环周期增大。当进料中产品组分的含量增多时,相应于增大了进料量,循环周期应减少。但如果因更改原料,原料进料中产品组分含量增加过快,使旋转阀的转速过大,导致达到传质限制区时,会影响吸附和解吸操作,则要减少进料量以维持旋转阀的转速恒定。如果由于吸附剂中毒或其他原因使吸附剂的孔容缩小,就需要加快旋转阀的转速或使孔穴内循环量减少,以维持循环周期不变。此外,吸附剂和解吸剂的用量也对模拟移动床的分离效果有很大的影响。

16.8.4　应用

1. 精细化工中的应用

模拟移动床色谱(SMBC)术在药物领域应用始于 20 世纪 90 年代。前期,主要是理论性探索和实验室的初步实验;中期,进展到实验室药物分离条件最优化和优化理论模型及经验公式的程度;现在,工业化规模已经达到千克级甚至吨级水平。

近年来,模拟移动床技术在精细化工领域尤其是医药领域中受到重视。在对映体分离领域的研究占多数,在一般的中成药分离领域应用不多。这主要是因为:在对映体分离领域,传统的分离方法历来效果不佳,回收率很低,而模拟移动床色谱分离技术克服了这些缺点。对其他药物来说,传统方法已经成熟且效果也较好。随着模拟移动床色谱分离技术的进一步发展,技术进一步成熟,设备性能进一步提高,模拟移动床色谱分离技术的成本进一步降低,再加上模拟移动床色谱分离技术本身的高纯度和高回收率,以后在一般的中成药分离领域也会应用,实现模拟移动床色谱分离技术自己的应用价值。同时有连续化生产、高固定相利用率和较少的移动相消耗等优点。

世界上最大的模拟移动床色层分离装置成为丹麦 Lundbeck 公司在英国近年建成的新药厂的核心装置。该装置将西酞普蓝(citalopram)分成 S-和 R-对映体。S-异构体即依西普蓝(escitalopram)被分离出来用作抗抑制剂药物 Cipralex/Lexapro 的活性成分。

由法国 NovaSep 公司供应的 SMB 装置装有最新的色层分离技术,溶在溶剂中的异构体通过柱子而分离开。分离后将溶剂蒸发出,重新返回到操作中,将 S-异构体全部提取后,对 R-异构体进行第二步处理。

NovaSep 公司的 LicoSep 装置使用多柱设计,短而粗的柱中装填小颗粒吸收剂(直径 20 μm)。对于直径 1 m 的柱,模拟移动床长 15 cm,供料流量为 2 kg/(kg·d)。其生产能力可达 700 kg/d。Lundbeck 公司未透露工厂规模,但称装置有翻番的潜力。此外,另有三种药物使用 NovaSep 的模拟移动床反应器进行生产,其中两种在比利时联合化工集团(UCB)。

Binder Thomas 报道了一种在模拟移动床色谱中用强阳离子交换树脂纯化氨基酸的方法。Wu 等报道了在模拟移动床色谱中分离色氨酸和苯丙氨酸,以 PVP 树脂为固定相,以水/CH_3CN 混合溶液为流动相。预先通过实验确定了平衡等温线,通过平衡和非平衡方法分别进行设计,结果表明非平衡设计获得更高的产品纯度(色氨酸 99.7%,苯丙氨酸 96.7%)。利用模拟移动床进行手性化合物拆分的研究也很活跃。Pals 等报道了以乙酸纤维素微晶为固定相、以甲醇为流动相在 SMB 中分离手性环氧化合物。产品的纯度收率都大于 90%,每天每升固定相可拆分外消旋体 52 g,每克外消旋体消耗移动相 0.4 g。还讨论了获得基础数据(吸附平衡等温线、轴向扩散系数、传质系数等)的方法。此外,还报道了以交联在硅胶上的 3,5-二硝基邻苯甲酰苯基甘氨酸为固定相,以庚烷异丙醇混合溶剂为流动相在模拟移动床中分离联萘酚对映体。Migliorini 等报道了无需获取平衡等温线,只通过较少数量实验就能得到手性化合物模拟移动床分离设计中所需参数的实验方法。由于精细化学品生产过程的开发需要更加灵活、适应性更强的设备,一些专利提出了新的用于小规模灵活生产的模拟移动床设备,与 Sorbex 设备相比,主要的不同点在于阀门系统的设计:Sorbex 设备中采用将各进出物料管线和所有床层管线连在一起的一个大的旋转阀,而新的设计是采用几个多通转阀或者更多的阀门来完成物料管线和床层的连接,允许较为自由地调整各区的段数以满足不同的需要。

田慧以红豆杉枝叶干粉末为原料,提取得到粗多糖,然后研究红豆杉多糖的脱色和分离,建立酸性单多糖的分离工艺,并确定结构。在自制的离子交换色谱分离设备上,处理浓度 10 g/L 的红豆杉多糖溶液,设备线速度可达 4.17 L/h,实验所得产品平均纯度可以达到 99% 以上,收率为 50.9%,分析 72 h、24 周期的连续分离实验数据,发现技术参数稳定,可进一步扩大工业化规模。

吕裕斌研究固定床色谱和模拟移动床分离大豆磷脂酸胆碱。首先,采用一般性速率模型研究大豆磷脂酰胆碱的色谱过程,得到大豆磷脂酰胆碱在硅胶柱上的平衡常数、固液膜传质系数,与流速的关系及孔内有效扩散系数,用来指导色谱分离过程的优化与放大。考察流动相组成和流速对大豆浓缩磷脂中的磷脂酸胆碱分离的影响,得到最佳流动相组成和流速。

林炳昌对模拟移动床色谱药物分离后处理工艺进行研究,后处理中涉及浓缩、干燥、萃取、重结晶等操作。在实验中选择天然药物银杏黄酮,考核了现有设备条件,对处理SMBC产品的可行性与有效性。并探索出银杏黄酮SMBC产品,规模化生产的后处理工艺。在实验中,还对手性药物卡波前列腺素甲酯(S－PG05)产品,后处理过程中的稳定条件做了分析。确定了浓缩过程中S－PG05保持稳定的参数条件。后处理过程中,S－PG05在浓缩后,又经萃取、重结晶得到高纯度产品。

张伟利用模拟移动床对三七中人参皂甙进行分离,并与两种不同人参原料中人参皂甙 Rb_1 的分离条件进行比较研究。应用模拟移动床技术分离人参皂甙单体是可行的,且操作简单,分离产品纯度高,收率高,处理量大,生产耗时少。它表明了在皂甙单体分离纯化中已体现出规模化精细分离的优势。

解大彬在自制连续设备中实现了从脱脂牛初乳中连续分离Lf,纯度平均达到96%以上,收率为44%,实验结果要优于目前文献报道值。进行了连续24 h的分离实验,共进行24周期的上样、洗脱和再生的过程,每个周期时间为120 min,产品纯度达到90%以上,平均收率为43.2%,而且数据比较稳定,符合产业化要求。

2. 三组分分离

模拟移动床通常用于两组分的分离过程。如果进料中包含多个组分,而希望获取的组分为最强或最弱的吸附组分时仍可以当作两组分的分离处理;而当希望获取的组分为中间强度的吸附组分时,就带来了困难。如进料中包含三个组分,分别为强吸附组分A、中间吸附组分B和弱吸附组分C,若希望获取组分B,就必须将进料分为三个部分才能达到目标。最直接的办法是采用两套模拟移动床Ⅰ,Ⅱ,在Ⅰ中将进料分为(A,B)和C或者A和(B,C)两部分,在Ⅱ中将混合的两组分(A,B)或(B,C)分开。如何利用模拟移动床将三组分有效分离,很多研究者进行了探讨。Chiang提出可以在一个具有8个区的模拟移动床内完成三组分分离,流程示意图如图16.10所示,其实质是将上述的两套模拟移动床分离三组分的过程对接在一套模拟移动床中完成,类似的可以在一个具有12个区的模拟移动床内完成四组分的分离。

3. 气相和超临界流体模拟移动床

最为成熟的Sorbex工艺是一种液相的吸附分离工艺,而在气相的条件下某些体系可能获得更好的结果。Storti等在中试规模的气相模拟移动床设备中分离混合二甲苯,只需较少数目的塔段(六段)就获得了与工业实用中液相模拟移动床相同的分离效果,每克吸附剂每小时可产出约0.15 g的高纯度的产品。Mazzotti等采用六段的气相模拟移动床中试设备,分离正异构烷烃,在448 K和350 kPa的条件下操作,以5 Å分子筛为吸附剂,正庚烷为解吸剂。实验结果表明,纯度、收率和产率都达到了实用的水平。作者认为对于像 C_5,C_6 烷烃这样较轻的组分在气相条件下进行分离更为有利,并且用于液相模拟移动床设计的原则和方法在气相时也适用。

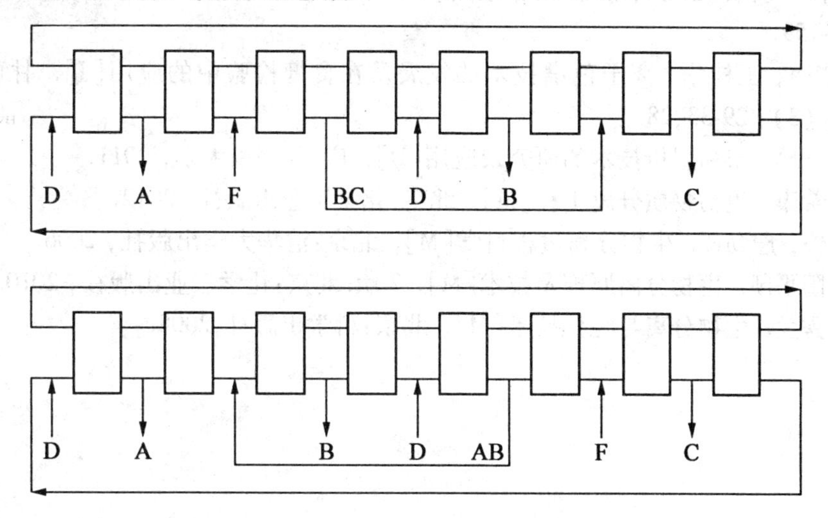

图16.10 在一套模拟移动床设备中完成三组分分离的流程示意图

在色谱分离中已有不少应用超临界流体进行洗脱的例子,在进行这些过程的放大和连续化生产时就提出了超临界流体模拟移动床的问题。使用超临界流体进行洗脱带来主要的好处是可以通过改变各区的压力来调节移动相的洗脱强度,例如在一区,需将强吸附组分解吸下来,就可以设置较高的压力获得好的解吸效果。超临界流体模拟移动床可以在等压和压力梯度两种模式下运行,压力梯度模式下的设备要更复杂些,需要在各个塔段之间设置背压阀,以调整控制各区压力。Mazzotti 等研究了两种运行模式下的设计规范,认为在压力梯度模式下有更优的性能,尤其在低选择性的情况下更为显著。

参考文献

[1] 王勇. 亲和色谱分离技术[J]. 中山大学研究生学刊:自然科学(医学版), 2012(2): 15-21.

[2] 陈佑宁. 色谱分离技术及其应用研究进展[J]. 广州化工, 2013(12): 19-21,43.

[3] 李洪飞, 李良玉, 张丽萍, 等. 模拟移动床色谱技术应用的研究进展[J]. 农产品加工(学刊), 2011(5): 62-65.

[4] 柳仁民, 王海兵, 周建民. 制备色谱技术及装备研究进展[J]. 机电信息, 2011(2): 10-15,41.

[5] 郭静婕, 陈智理, 李健, 等. 色谱技术的发展及应用[J]. 农产品加工(学刊), 2013(7): 66-68.

[6] 沈保家, 秦昆明, 刘启迪, 等. 二维色谱技术及其在中药领域中的应用[J]. 中国科学:化学, 2013(11): 1480-1489.

[7] 肖泽文, 王燕杰, 胡小刚. 气相色谱技术及其发展[J]. 大学化学, 2012(3): 84-88.

[8] 李洋. 气相色谱技术的发展和应用[J]. 安徽农学通报(下半月刊), 2010(8): 158-159.

[9] 柯华南, 王桂华. 离子色谱技术的发展及在食糖检验中的应用[J]. 甘蔗糖业, 2010(3): 29-33,28.

[10] 王桂珍. 亲和层析技术的研究及应用[D]. 广州:暨南大学, 2011.

[11] 严希康. 生物物质分离工程[M]. 北京:化学工业出版社, 2012.

[12] 刘铮, 詹劲译. 生物分离过程科学[M]. 北京:清华大学出版社, 2006.

[13] 欧阳平凯. 生物分离原理及技术[M]. 2 版. 北京:化学工业出版社, 2010.

[14] 辛秀兰. 生物分离与纯化技术[M]. 北京:科学出版社,2008.

第 17 章　膜分离技术

膜分离技术是国际上公认的20世纪末至21世纪中期最有发展前途的前沿技术，是世界各国的研究重点。

17.1　概　　述

17.1.1　膜分离过程

膜分离是以选择性透过膜为分离介质，当膜两侧存在推动力时，原料的组分可透过选择膜而对混合物进行分离、提纯、浓缩的一种分离过程。膜分离作为一种新型的分离方法，与传统的分离过程如过滤、精馏、萃取、蒸发、重结晶、脱色、吸附等相比，具有能耗低、单级分离效率高、设备简单、无相变、无污染等优点。因此，膜分离技术广泛应用到化工、食品、医药医疗、生物、石油、电子、饮用水制备、三废处理等领域，并将对21世纪的工业技术改造产生深远的影响。

膜可以是固相、液相或气相，膜的结构可是均质或非均质的，膜可以是中性的或带电的，但必须具有选择性通过物质的特性。它的工作原理为：一是根据混合物物质的质量、体积、大小和几何形态的不同，用过筛的方法将其分离；二是根据混合物的不同化学性质进行分离，物质通过分离膜的速度（溶解速度）取决于进入膜内的速度和进入膜的表面扩散到膜的另一表面的速度（扩散速度）。而溶解速度完全取决于被分离物与膜材料之间化学性质的差异，扩散速度除化学性质外还与物质的相对分子质量有关，速度越快，透过膜所需的时间越短，混合物透过膜的速度相差越大，则分离效率越高。

17.1.2　膜的分类

目前广泛应用的分离膜是高聚物膜，但具有分离功能的膜种类繁多，具体分类如下。

1. 按膜结构分类

膜的形态结构决定分离机理及其应用，通常可分为固膜和液膜。固膜又分为对称膜（柱状孔膜、多孔膜、均质膜）和不对称膜（多孔膜、具有皮层的多孔膜、复合膜）；液膜又分为存在于固体多孔支撑层中的液膜和以乳液形式存在的液膜。

2. 按化学组成分类

不同的膜材料具有不同的化学稳定性、热稳定性、机械性能和亲和性能。目前已有数十种材料用于制备分离膜，分别为有机材料的纤维素类、聚酰胺类、芳香杂环类、聚砜类、聚烯烃类、硅橡胶类、含氟聚合物；无机材料的陶瓷（氧化铝、氧化硅、氧化锆等）、硼酸盐玻璃、金属（铝、钯、银等）；天然物质改性或再生而制成的天然膜。

3. 按膜的作用机理分类

有吸附性膜（多孔膜、反应膜）、扩散性膜（高聚物膜、金属膜、玻璃膜）、离子交换膜、选择渗透膜（渗透膜、反渗透膜、电渗析膜）及非选择性膜（加热处理的微孔玻璃、过滤型的微孔膜）。

17.1.3 膜技术的发展

早在1748年，诺来特（Nollet）就注意到渗透现象：水自发的扩散过猪膀胱而进入到酒精中。但是，直到1854年，格雷厄姆（Graham）发现了透析现象，人们才开始重视对膜的研究。早期的膜研究主要是动物膜，1864年，特劳贝（Traube）成功制成第一片人造膜——亚铁氰化铜膜。但到20世纪早期，膜技术尚未有工业应用。20世纪50年代，微滤膜和离子交换膜率先进入工业应用。随后，反渗透、超滤、气体膜分离和渗透汽化等技术陆续被开发应用于工业生产中。膜技术的应用也由早期的水处理进入化工和石油化工领域。合成膜及膜分离装置已发展为重要的产业。

膜分离技术在21世纪是世界各国研究的热点，它将在各个领域发挥更引人注目的作用。海水是地球上最大的水源，膜是净化技术的前沿，成本又低，因此膜技术在淡水资源开发上具有极其广阔的市场需求背景。21世纪膜分离的应用持续增长，尤其是微滤、超滤、反渗透或纳滤结合的膜处理过程。增长的领域包括：饮用水处理、工业废水的脱色、垃圾填场渗滤液的处理、膜生物反应器的应用、水的回收与循环利用。这些膜分离技术的应用将降低未来的环境污染，前景非常广阔，应作为首选重点。我国目前已具备生产处理废水的超滤和反渗透膜组件的能力，应组织攻关解决处理废水用的设备，并迅速推广应用。用微滤或超滤处理各种乳化油废水的分离效率已基本解决，但膜的污染与清洗是要攻克的技术难关。

开发不同膜分离过程或膜分离与其他分离方法联合起来的工艺流程（集成膜过程）成为解决一些复杂分离问题的迫切需要；膜蒸馏、膜萃取和亲和膜分离是膜技术与蒸发、萃取及色谱技术相结合的新型膜分离过程，还处在实验室研究阶段。膜萃取中相之间存在的相互渗透、膜的溶胀以及引起的膜寿命等问题是其在实际应用前必须解决的。亲和膜分离过程还有许多理论和实际问题需要解决，特别是制备技术中的一些关键问题急待攻克。

近几年的应用实践证明，我国膜分离技术已步入大规模工业应用阶段，市场潜力较大，应用前景广阔，但仍有一些需注意的问题，表现在以下几个方面：

①膜材料和膜性能有待开发；

②膜的清洗和保护技术有待改进；

③膜分离技术的产业化应用有待完善。

当前，膜分离的发展趋向如下。

1. 分离膜材料的发展趋向

（1）继续开发功能高分子膜材料。

一是根据现今对膜分离机理的认识，继续合成各种分子结构的功能高分子，制成均质膜，定量地研究分子结构与分离性能之间的关系。此类工作主要结合气体分离膜过程进行。二是在膜的表面进行改性。根据不同的分离对象,引入不同的活化基团,使其“活化”。三是发展高分子合金膜。一般情况下两种高分子混合要比通过化学反应合成新材料容易些,可以使膜具有性能不同甚至截然相反的基团,在更大范围内调节其性能。

(2)开发无机膜材料。

无机膜的制备始于 20 世纪 40 年代,由于存在着不可塑、受冲击易破损、成型性差以及价格较昂贵等弱点,长期以来发展不快。但是,随着膜分离技术及其应用的发展,在膜使用条件上提出愈来愈高的要求,不少膜催化反应要求在几百度高温下进行;膜用于食品及生物产品分离,要求具有耐高温蒸汽、多次清洗仍能保持分离性能不变。有些显然是高分子膜材料所无法满足的。

2. 新的膜过程

膜分离技术与传统的分离技术或反应过程相结合,发展出一些崭新的膜过程。这些新的膜过程在不同程度上吸取了二者的优点而避免了某些原有的弱点。

(1)膜蒸馏。

将膜法与蒸馏法有机地结合起来的膜蒸馏,是最近几年发展起来的一种新型膜分离技术。在膜蒸馏过程中既有常规蒸馏中的蒸汽传质冷凝过程,又有分离物质扩散透过膜的膜分离过程。它避免了蒸馏法易结垢、怕腐蚀和反渗透法需要高压操作的缺点。

(2)膜萃取。

膜萃取的传质过程是在分隔料液相和萃取相的微孔膜表面进行的,因此它不存在通常萃取过程中液滴的分散与聚合现象。

(3)膜反应。

膜化学反应的研究目前主要集中在膜催化反应方面。一些有强酸性阳离子交换膜可用于酯化、酰化等酸催化反应过程,更多的研究在于用具有催化活性的络合金属高分子膜或各种类型无机膜开发相应的催化反应过程。膜反应器对固定床反应的取代具有重大的潜在经济效益。石油化工中 90% 以上的催化反应是在 300 ℃以上进行的。因此,无机膜和无机膜反应器是当前世界各国研究膜反应的热点。

3. 集成膜过程

在解决某一具体分离目标时,综合利用几个膜过程,使之各尽所长,往往能达到最大限度的分离效果,取得最佳的经济效益。这是近年来膜分离技术发展中出现的又一个趋势。例如,微电子工业用超纯水要综合反渗透、离子交换和超滤;造纸工业黑液回收木质素磺酸钠要用聚凝、超滤加反渗透;从生物发酵制无水乙醇要用膜反应器、膜蒸馏、反渗透及渗透汽化;从蛋白质混合物中分离单个高纯蛋白质要用截留相对分子质量不同的超滤加渗析;废水中去除有毒物质用膜萃取及反萃取将毒物浓缩再进入膜生物反应器净化等。集成膜过程的不断发展和完善将使膜分离技术在工业生产领域中发挥更大的作用。

17.1.4 膜分离技术的基本原理

1. 膜分离过程的类型及特点

膜分离过程可以认为是一种物质被透过或被截流于膜的过程,近似于筛分过程,依据滤膜孔径大小而达到物质分离的目的,故可按分离粒子的大小进行分类,但这种分类不够严格。

一种普遍认可的膜分离过程分类法是依据膜内平均孔径、推动力和传递机制进行分类,见表17.1。

表17.1　不同分类依据的膜分离法

膜分离法	孔径	推动力	分离原理
微滤	0.02 ~ 10 μm	压力差 $0 \sim 1 \times 10^5$ Pa	筛分
超滤	1 ~ 20 nm	压力差 $0 \sim 1 \times 10^6$ Pa	筛分
纳滤	1 ~ 2 nm	压力差 $0.2 \sim 2.0 \times 10^6$ Pa	筛分
反渗透	0.1 ~ 1 nm	压力差 $0 \sim 1 \times 10^7$ Pa	溶液－扩散
渗析	1 ~ 3 nm	浓度差	筛分及扩散度差
电渗析	相对分子质量 <200	电位差	离子迁移
渗透蒸发	无孔	分压差	溶液－扩散

在生物化工过程中常用的膜分离技术有微滤(microfiltration,简称MF)、超滤(ultrafiltration,简称UF)、反渗透(reverseosmosis,简称RO)、透析(dialysis,简称DS)、纳滤(nanofiltration,简称NF)、电渗析(electrodialysis,简称ED)、液膜分离(LM)等。

在生物技术中应用的膜分离过程,根据推动力本质的不同,可分为四类:①以静压差为推动力的膜分离过程(超滤、微滤、反渗透);②以蒸汽分压差为推动力的过程(渗透蒸发);③以浓度差为推动力的过程(渗析);④以电位差为推动力的过程(离子交换电渗析)。

17.1.5　膜过滤动力学模型

分离膜(membrane)是膜过程的核心部件,其性能直接影响着分离效果、操作能耗以及设备的大小。分离膜的性能主要包括两个方面:透过性能与分离性能。

1.透过性能

能够使被分离的混合物有选择的透过是分离膜的最基本条件。表征膜透过性能的指标是透过速率,是指单位时间、单位膜面积透过组分的通过量,对于水溶液体系,又称透水率或水通量,以J表示,其公式为

$$J = \frac{V}{A \cdot t}$$

式中　J——透过速率,$m^3/(m^2 \cdot h)$或$kg/(m^2 \cdot h)$;

V——透过组分的体积或质量,m^3或kg;

A——膜有效面积,m^2;

t——操作时间,h。

膜的透过速率与膜材料的化学特性和分离膜的形态结构有关,且随操作推动力的增加而增大。此参数直接决定分离设备的大小。

2. 分离性能

分离膜必须对被分离混合物中各组分具有选择透过的能力,即具有分离能力,这是膜分离过程得以实现的前提。不同膜分离过程中膜的分离性能有不同的表示方法,如截留率、截留相对分子质量、分离因数等。

(1)截留率。

对于反渗透过程,通常用截留率表示其分离性能。截留率反映膜对溶质的截留程度,对盐溶液又称为脱盐率,以 R 表示,定义为

$$R = \frac{c_F - c_P}{c_F} \times 100\%$$

式中　c_F——原料中溶质的质量浓度,kg/m^3;

c_P——渗透物中溶质的质量浓度,kg/m^3。

100% 截留率表示溶质全部被膜截留,此为理想的半渗透膜;0% 截留率则表示全部溶质透过膜,无分离作用。通常截留率为 0% ~ 100%。

(2)截留相对分子质量。

在超滤和纳滤中,通常用截留相对分子质量表示其分离性能。截留相对分子质量是指截留率为 90% 时所对应的相对分子质量。截留相对分子质量的高低,在一定程度上反映了膜孔径的大小,通常可用一系列不同相对分子质量的标准物质进行测定。

(3)分离因数。

对于气体分离和渗透汽化过程,通常用分离因数表示各组分透过的选择性。对于含有 A,B 两组分的混合物,分离因数 α_{AB} 定义为

$$\alpha_{AB} = \frac{y_A / y_B}{x_A / x_B}$$

式中　x_A, x_B——原料中组分 A 与组分 B 的摩尔分率;

y_A, y_B——透过物中组分 A 与组分 B 的摩尔分率。

通常,用组分 A 表示透过速率快的组分,因此 α_{AB} 的数值大于 1。分离因数的大小反映该体系分离的难易程度,α_{AB} 越大,表明两组分的透过速率相差越大,膜的选择性越好,分离程度越高;α_{AB} 等于 1,则表明膜没有分离能力。

膜的分离性能主要取决于膜材料的化学特性和分离膜的形态结构,同时也与膜分离过程的一些操作条件有关。该性能对分离效果、操作能耗都有决定性的影响。

17.1.6　膜的污染与清洗

1. 膜的污染

(1)概念。

膜污染是指处理物料中的微粒、胶体粒子或溶质大分子由于与膜存在物理化学相互作用或机械作用而引起的在膜表面或膜孔内吸附、沉积造成膜孔径变小或堵塞,使膜产生透过流量与分离特征的不可逆变化现象。对于膜污染,应当说,一旦料液与膜接触,膜污染即开始。膜污染常发生在三种场合,即浓差极化、大溶质的吸附和吸附层的聚合。

膜污染程度同膜材料、保留液中溶剂以及大分子溶质的浓度、性质、溶液的 pH 值、离

子强度、电荷组成、温度和操作压力等有关，污染严重时能使膜通量下降80%以上。而膜受到污染的明显特点是：单位面积迁移水速率逐步下降（膜通量下降）；通过膜的压力和膜两侧的压差逐渐增大（进料压力和 ΔP 逐渐增大）；膜对溶解于水中物质的透过性逐渐增大（矿物截流率下降）。

（2）膜污染的影响因素。

膜污染的影响因素包括：粒子或溶质尺寸与膜孔的关系；膜结构、膜、溶质和溶剂之间的相互作用；膜表面粗糙度、孔隙等膜的物理性质；蛋白质浓度；溶液 pH 值和离子强度；温度、料液流速等。

（3）膜污染防治方法。

控制膜污染影响因素，可以大大减少膜污染，延长膜的有效操作时间，减少清洗频率，提高生产能力和效率。可以采用以下措施减轻膜在使用过程中的污染：在膜过滤前，对料液进行预处理，去除一些较大的粒子；调节 pH 值，远离蛋白质的等电点，减轻吸附；改变膜材料或膜表面性质，改善膜组件和膜系统的结构，控制溶液温度、流速、流动状态、压力等。

2. 膜的清洗

从污染膜上去除沉积物的清洗方法有四类：物理清洗、化学清洗、物理—化学清洗以及电清洗，这里主要介绍物理和化学清洗。

（1）物理清洗。

物理清洗是用机械方法从膜面上去除污染物，这种方法具有不引入新污染物、清洗步骤简单等特点，但该法仅对污染初期的膜有效，清洗效果不能持久。物理清洗包括多种方法，如正方向冲洗、变方向冲洗、透过液反压冲洗、振动、排气充水法、空气喷射、自动海绵球清洗、水力方法、气—液脉冲和循环洗涤等。①反冲洗指从膜的透过侧吹气体或液体，将膜面污染物除去的方法。注意应在较低的操作压力下进行（132 kPa左右），以免引起膜破裂。反冲时间一般需要 20 ~ 30 min。②静置浸泡加水力反冲洗对于长期连续运转透水量下降而再生又有困难的膜组件，在停止运转时用纯净水浸泡静置 10 h 以上，然后再进行水力反冲洗，是提高通量的有效方法。③机械刮除对管式组件可采用软质泡沫塑料球、海绵球（直径略大于膜管内径），对内压管膜进行清洗，在管内通过水力让泡沫、海绵球反复经过膜表面，对污染物进行机械性的去除。这种方法对软质垢几乎能全部除去，但对于硬质垢则不但不易除去，而且容易损伤膜表面。因此，该法特别适用于以有机胶体为主要成分的污染膜表面的清洗。

（2）化学清洗。

化学清洗实质上是利用化学试剂和沉积物、污垢、腐蚀产物及影响通量速率和产水水质的其他污染物的反应去除膜上的污染物。这些化学试剂包括酸、碱、螯合剂、氧化剂和按配方制造的产品等。①酸碱液清洗，酸在去除诸如碳酸钙和磷酸钙等钙基垢、氧化铁和金属硫化物等方面是有效的。碱清洗溶液包括磷酸盐、碳酸盐和氢氧化物。这些溶液可使沉淀物松动、乳化和分散。为了能去除湿润油、润滑脂、污秽物和生物物质，通常加入表面活性剂以增加碱清洗剂的脱垢性。当去除诸如硅酸盐等特别难以去除的沉积物时，交替使用碱清洗剂和酸清洗剂。②除了强酸和碱外，螯合剂也用于去除污染膜的沉积物。常用的螯合剂有乙二胺四醋酸(EDTA)、磷羧基羧酸、葡萄糖酸和柠檬酸等。其中,葡萄糖酸在强碱溶液中螯合铁离子通常是有效的,EDTA常用于溶解碱土金属硫酸盐。当NaOH或表面活性剂不起作用时,微滤膜的清洗一直是膜技术人员非常关心的问题,直接影响到微滤的生产效率和经济效益,单纯的物理清洗和化学清洗有时难以达到满意的效果,实际操作中往往采用复合的清洗方法。白酒微滤污染膜的清洗实例:首先从装有微滤膜的白酒过滤器的排污口排尽剩余酒液,采用无杂质的清水反冲洗10~20 min;再用质量分数为3%~5%氢氧化钠溶液清洗10~20 min;最后用无杂质的清水反冲洗10~20 min即可。对于污染严重的微滤膜,可采用酸碱循环冲洗方式;对于长期使用的旧膜,可采用较长时间浸泡清洗,并从效益的角度,把握好更换新膜的最佳时间。

3. 微滤膜的保养

(1)清洗液的要求。

清洗剂浓度要适当,避免对微滤膜产生化学损伤和腐蚀。清洗用水要求是无杂质的清水。否则,水中杂质会污染微滤膜,且难以清洗。

(2)微滤膜的停运保存。

微滤装置停止运行时,必须进行充分清洗,然后密封保存。如短期停用,对于处理白酒的微滤装置可用高度原酒浸泡保存。如长期停用,应取下微滤膜,干燥密封保存。重新启用时,应按照膜的清洗方法清洗后,方可投入使用。

膜污染是微滤技术不可避免的问题。影响膜污染的因素不仅与膜本身的特性有关,也与膜组件结构、操作条件有关。因此对于具体应用对象,要做综合考虑。做好微滤膜污染的防治工作,需考虑多种因素。目前,优化膜的操作条件,改善膜面的流动状态是防治膜污染与浓差极化的主要手段。虽然已提出的新方法很多,但真正用于实践的较有限,仍需不断探讨其确切的污染机理,寻找适合不同系统的防治方法,以优化膜的性能,提高膜的寿命。这方面还有大量的工作要做。由于污染物多种多样,所以微滤膜的清洗是一个复杂的课题。总之,选择最经济和最有效的清洗剂和清洗方案是十分重要的,而微滤膜的保养也要依据不同的应用对象而定。

17.2 微　　滤

17.2.1 概述

微滤(MF)又称为微孔过滤,是膜分离技术的重要组成部分,是一种精密过滤技术,主要基于筛分原理,它的孔径范围一般为0.1~75 μm,介于常规过滤和超滤之间。从20世纪50年代至今,世界膜微滤技术得到迅速发展,应用范围从实验室的微生物检测急剧发展到制药、医疗、航空航天、生物工程、微电子、环境检测、饮料和饮用水深度处理等广阔的领域,全世界MF膜的销量一直居于领先地位。

我国微滤膜的研究始于20世纪70年代初,目前已在工业纯水、超滤水的终端过滤,矿泉水、纯净水的除菌过滤,大输液用水的过滤和家用净水器等领域得到了广泛的应用,已初步形成我国自己的微滤产业。我国对微滤技术的研究开发较晚,真正的起步是在20

世纪70年代末期和20世纪80年代初期,上海医药工业研究院等单位对微孔滤膜进行了较系统的研究。目前,微滤正被引入更广泛的领域,在食品工业领域许多应用已实现工业化,饮用水生产和城市污水处理是微滤应用潜在的两大市场,用于工业污水处理方面的研究正在大量展开,随着生物技术工业的发展,微滤在这一领域的市场也将越来越大。

17.2.2 微滤基本原理

1. 微滤分离机理

微滤属于精密过滤,其基本原理是筛分过程,在静压差作用下滤除0.1~10 μm的微粒,操作压力为0.7~7 kPa,原料液在压差作用下,溶剂透过膜上的微孔流到膜的低压侧,为透过液,大于膜孔的微粒被截留,从而实现原料液中的微粒与溶剂的分离。微滤过程对微粒的截留机理是筛分作用,决定膜的分离效果是膜的物理结构、孔的形状和大小。

2. 技术特点

微滤因具有无相变、能耗低、设备简单、占地少等明显优点,受到广泛关注,微滤为所有膜过程中应用最广、经济价值最大的技术,其总销售额高于其他膜过程相加的总和。

3. 微滤动力学模型

在微滤膜过程中,由于微粒在膜孔内吸附、在膜表面堵塞和沉积等膜污染现象的存在,减小了膜孔的有效直径和膜表面的有效过滤面积并在膜表面形成滤饼层,这些都造成了膜通量的不断衰减。在实际过程中,这几个阶段往往是叠加的,从而增加了过程的复杂性。鉴于微滤体系的多样性和膜污染机理的复杂性,到目前为止,尚无普遍适用的模型可用来预测膜污染时的通量变化规律。因此,如何建立简单实用的通量预测模型就显得极为重要。

(1)浓差极化模型。

该类模型最早是将传统浓差极化模型中的扩散系数用由大量的实验数据拟合而得的关系式来代替,采用纯经验的方式来预测实际通量。后来,为从理论上来计算扩散系数,人们开始考虑膜表面流体的剪切效应对通量的影响,提出了布朗反向扩散模型,但得到的通量预测值要比实验值小1~2个数量级,并无法解释微滤过程中通量随微粒尺寸增加而增加的现象,且未考虑膜上速度梯度造成的剪应力和截留物质的特性系数(如密度、黏度等)在膜面上的变化。为此,Zydney等采用Eckstein提出的剪切诱导流体动力学扩散系数来代替浓差极化模型中的扩散系数,在处理低浓度物料体系时模型适用性较好;Davis及其合作者在前人的研究基础上考虑浓度、黏度的影响后导出了著名的剪切诱导扩散模型:

$$J=0.06\,\dot{\gamma}_0\left(\frac{a^4}{L}\right)^{1.3} \text{或} J=0.072\,\dot{\gamma}_0\left(\frac{\varphi_w a^4}{\varphi_b L}\right)^{1.3}$$

上式对平均粒径在0.5~30 μm的中间大小的微粒体系的适用性较好。但当Reynolds数对微粒尺寸变化十分敏感时,微粒与膜表面附近的流体间的相互作用将会变得十分重要,此时,本模型将不再适用。后来Belfort等进一步完善并扩大了该模型的适用范围。

浓差极化类模型的发展还有不足之处,尚需对微粒的黏着性、可压缩性、微粒分散度及微粒间相互作用等因素的影响方面作进一步研究。

(2)力平衡类模型。

Belfort 等将悬浮液微粒的横向迁移现象用于膜分离过程中,采用典型的流体力学方法对膜过程进行了完整分析,以固体颗粒受到的惯性升力(引起横向迁移机理)来平衡渗透液作用在该颗粒上的压力,并借助前人的研究结果,提出了惯性提升模型:

$$J = v_{L_0} = \frac{b\rho_0 \dot{\gamma}_0^2}{16\eta_0}$$

其缺点是求解时需做大量的假设,尚未获得惯性提升机理的实验验证,但该机理在分析影响颗粒沉积、滤饼形成的主要因素中却已被广为接受和应用。

(3)基于膜表面吸附量或沉积量的通量模型。

这类模型是基于 Hagen - Poiseuille 方程或借助于 Darcy 定律的发展形式来分析孔的收缩堵塞及溶质(或微粒)在膜表面上的吸附或沉积特性,并在此基础上来建立描述通量变化规律的模型。它是微滤膜通量预测研究的重要内容之一。

堵塞过滤可分为恒压堵塞和恒流堵塞两大类。恒压堵塞过滤定律由 Hermans 等于 1935 年首先提出,开始时用于静态操作,后来也用于动态操作。最初考虑的是死端恒压过滤的两个极端情况(完全堵塞和标准堵塞),后来又发展了不完全(中间)堵塞和滤饼过滤,其一般形式为

$$\frac{d^2 t}{dV^2} = k\left(\frac{dt}{dV}\right)^n$$

式中,k,n 是和污染机制有关的常数,当 $n=2$ 时为完全堵塞(每个微粒都到达膜面上并堵塞膜孔,微粒之间不相互叠加,堵塞面积和过滤体积成正比);$n=1$ 时为不完全(中间)堵塞(被堵塞孔的数目或表面积和过滤体积成正比,微粒之间可能发生相互叠加);$n=1.5$时为标准堵塞(微粒能进入大部分膜孔并沉积在孔壁上,这样就减少了膜孔的有效体积,膜孔有效体积的减小也和过滤体积成正比);$n=0$ 时为滤饼过滤(微粒沉积在膜面上形成滤饼层)。

(4)反向传递和正向过滤的结合。

Schulz 质量平衡模型考虑了不同的流体动力学因素对通量的影响,基于被截留物质的反向传递行为并和经典的过滤理论相结合,在忽略膜阻力的条件下得到下列通量预测模型:

层流　$J = \sqrt{K_3 \Delta p(\rho_p - c_b)u/(\eta_0 r_p d c_b)}$

湍流　$J = (u/\eta_0)\sqrt{K_2 \Delta p(\rho_p - c_b)\rho_0/(r_p - c_b)}$

层流时通量取决于管道内径,通量与轴向速率的 $e^{0.4\sim0.6}$成正比,在过滤酒和油乳液时,层流通量与通量预测模型有较好的符合性。

17.2.3　微滤工艺流程及设备

1. 微滤膜的结构及性能

微滤膜多数为对称膜,其中最常见的是曲孔(tortuous pore)型,结构类似于内有相连孔隙的网状海面;另外还有一种毛细管(capillary pore)型,膜孔呈筒状垂直贯通膜面,该类膜孔隙率低于5%,但厚度仅为曲孔型的1/15。也有非对称型的微滤膜,膜孔呈截头圆

锥体状贯通膜面，过滤过程中，原料液流经膜孔径小的一面，能进入膜内的渗透液将沿着逐渐加大的膜孔流出，这种结构可以防止膜孔堵塞。

2. 微滤膜组件

(1)平板式膜组件。

平板式膜组件是最常用的膜组件之一，也是最早商品化的膜组，通常又叫作板框式膜组件。常见的平板微滤膜组件示意图如图 17.1 所示。平板式膜组件流道示意图如图 17.2 所示。

平板式膜组件由支撑层和膜层组成，支撑层由支持板及隔网组成。一般情况下，进料原液在进料泵的驱动下，穿过支撑层两侧，透过膜层的透过液在膜外侧收集，而未透过的液体则在支撑层的隔网另一侧得到。

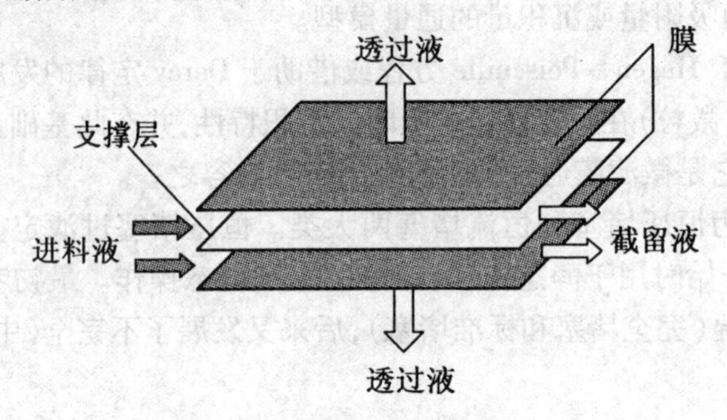

图 17.1　平板微滤膜组件示意图

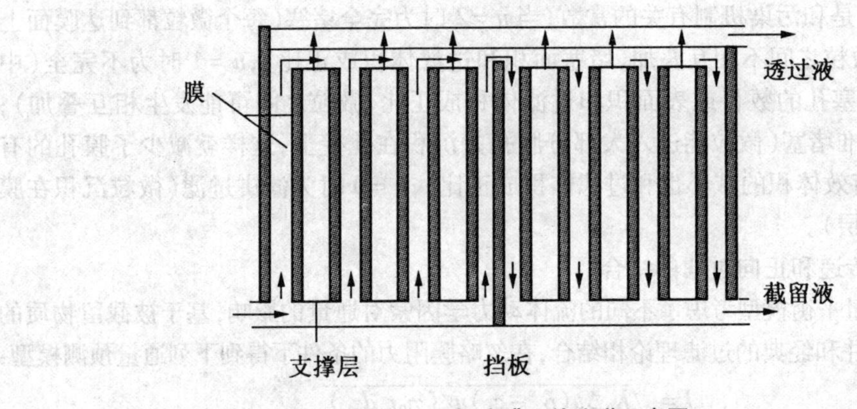

图 17.2　平板式膜组件流道示意图

平板膜的膜材料主要有：聚丙烯、聚乙烯、聚砜、聚醚砜、醋酸纤维素、聚丙烯腈和聚偏氟乙烯等。平板式膜组件主要有以下优点：

①拆卸方便，便于清洗；

②膜填充密度较高，一般为 100 ~ 500 m^2/m^3；

③膜材料的选择范围广；

④制作方便，膜不易受损。

但是，平板式膜组件也有以下缺点：

①膜组件内支撑板、隔网及周边的密封较困难；

②截留液经过的隔网易于污染,因此需要经常清洗。

(2)卷式膜组件。

卷式膜组件展开就成为平板式膜组件,因此卷式膜组件是另外一种板框式膜组件,于20世纪60年代开发成功。其特点是:膜有效面积大,结构紧凑,占地面积小。常见的卷式微滤膜组件示意图如图17.3所示。

在卷式膜组件的两张膜之间插入透过液隔网,两张膜与一个透过液隔网的三个边缘用还氧或聚氨酯胶密封黏结,第四个未黏结的边缘固定在开孔中心管上,这样透过液被收集在中心管内,而截留液仍在原管腔被收集。

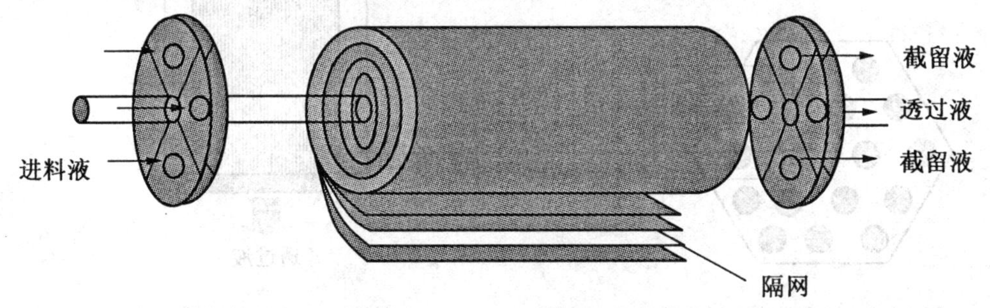

图17.3 卷式微滤膜组件示意图

卷式膜的膜材料主要有:聚丙烯、聚乙烯、聚砜、聚醚砜、聚丙烯腈和聚偏氟乙烯等。卷式膜组件主要有以下优点:

①安装拆卸方便;

②膜组件的膜填充密度比平板高,一般为300~1 000 m^2/m^3;

③一般可方便地串联于同一根固膜器内,易于实现多组件、大膜面积的膜装备。

卷式膜组件主要有以下缺点:

①由于隔网变窄,因此更易于产生膜污染;

②由于隔网窄,因此流速降低,处理量比平板膜低。

(3)管式膜组件。

一般管式膜组件多见于无机陶瓷膜,对于无机陶瓷膜,除了管状结构外,还有蜂窝状结构,但是都属于管式膜组件一类(图17.4、图17.5)

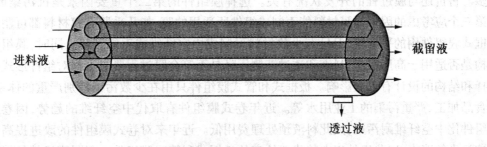

图17.4 管状微滤膜组件示意图

原料液在管式膜的管内流过,一部分透过膜层进入壳层收集,未被截留的液体在另一侧膜管内收集到。管状膜组件也可以从单管到多管组装以增大膜面积。

(4)中空纤维膜组件。

中空纤维膜组件是膜装填密度最高的一种膜组件,一般装填密度可达到30 000 m^2/m^3。由于膜面积的增大,因此处理能力也大大提高,是最有应用前景的一种膜组件(图17.6)。

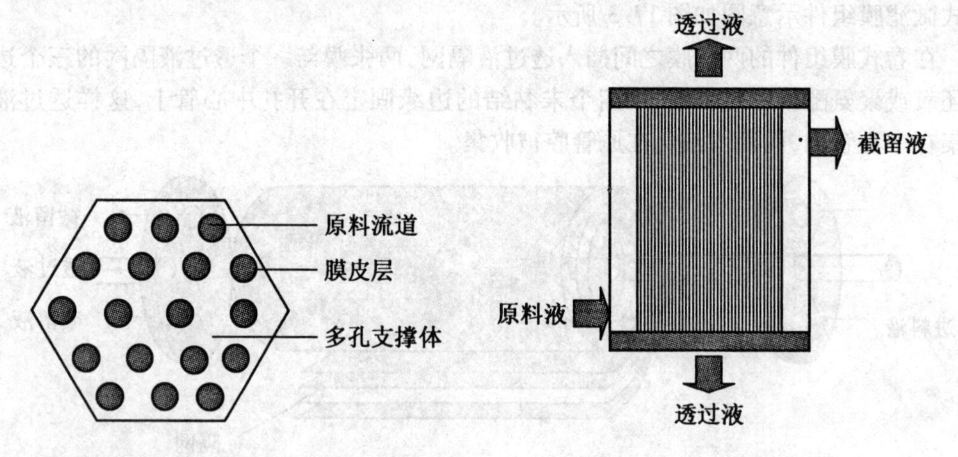

图17.5　蜂窝状陶瓷微滤膜组件示意图　　　图17.6　中空纤维膜组件

中空纤维膜组件的膜材料各种各样,主要以高分子材料为主:聚丙烯、聚乙烯、聚砜、聚醚砜、聚丙烯腈和聚偏氟乙烯等。中空纤维膜组件有以下优点:

①装填密度高,有效膜面积大;

②处理量大,容易实现大规模的生产;

③组件容易制作,组装也方便。

中空纤维膜组件有以下缺点:

①污染情况严重,清洗困难;

②膜更换困难。

3.膜组件选择

膜组件形式的选择必须从多方面综合考虑。膜组件的造价对其能否进入工业应用有很大影响,但影响组件实际售价的因素很多,如高压组件比低压或真空系统价格高得多。售价还与膜过程的开发状况有关。选择膜组件的第二个重要因素是抗污染能力。第三个应考虑的因素是膜材料能否制成组件所适用的膜,如几乎所有膜材料都可制成板框式膜组件用的平片膜,但只有少数材料可制成中空纤维或毛细管膜。同时,膜组件结构是否适用于高压操作,料液和透过液侧压降是否符合膜过程要求等都对组件形式的选择和结构的设计有很大影响。板框式和管式膜组件只用在少数污染特别严重的体系,如食品加工、严重污染的工业用水等。近年卷式膜组件有取代中空纤维的趋势,因卷式膜组件比中空纤维耐污染,因此料液预处理费用低。近年来对卷式膜组件的改进提高了其抗污染的能力,这些组件正在替代造价高的板框式和管式膜组件。不同膜组件的特点比较见表17.2。

表 17.2　不同膜组件的特点比较

项目	管状膜	平板膜	卷式膜	中空纤维膜
装填密度(m^2/m^3)	30～328	30～500	200～800	500～30 000
投资	高	高	低	低
抗污染状况	好	好	较好	差
清洗难易	易	易	较难	难
膜更换成本	中	低	较高	较高

17.2.4　操作因素对微滤膜的影响

微滤膜在使用时的最大问题是膜污染。膜的机械截留作用、吸附截留作用、架桥作用和膜内部的网络截留作用会使膜的通量随时间不断下降,膜污染严重时还将影响到膜自身的寿命。由于溶质或微粒在膜内吸附和膜面堵塞及沉积是一种综合现象,影响因素众多,污染机理复杂。因此,微滤膜污染规律性的研究就成为了人们研究和关注的重点。中空纤维微滤膜组件具有填充密度高、膜污染较轻等独特的优点,在工业上得到了越来越广泛的应用,因而展开对其膜污染机理的研究具有重要的现实意义。

压力、温度、浓度和搅拌速率均是膜通量的影响因子,且压力在 0.04～0.10 MPa 范围内,搅拌速率、温度和压力对膜通量具有显著的影响。膜通量与搅拌速率、温度成正比,搅拌产生的循环流明显地降低了膜污染,提高了膜通量,对搅拌死端微滤起到了强化作用。在较低压力范围内,膜通量随压力的增大而增加,在通量达到一极限值以后,压力的增加将导致通量的下降。在低浓度下,膜通量随料液浓度的增大而降低,搅拌作用不明显,而随着浓度的继续增大,搅拌作用越来越明显,使得较高浓度料液的渗透通量提高并能达到低浓度下的水平,此后,浓度的增加则又会导致通量下降。

17.2.5　微滤技术的应用

微滤是目前已商业化的膜技术中应用最早、最普遍、总销售额最大的一项膜技术。微滤主要用于从气相和液相悬浮液中截留微粒、细菌及其他污染物,以达到净化、分离和浓缩等目的。目前,微滤膜已在食品工业、石油化工、分析检测以及环保等领域获得了广泛应用。

1. 微滤技术在食品工业中的应用

食品工业是微孔过滤最大的应用和开发市场,现已开发和应用的范围遍及酒类的过滤,如啤酒、白酒、黄酒、葡萄酒、果酒等的过滤除菌与澄清;果汁饮料、明胶和葡萄糖等的澄清过滤;牛奶的过滤除菌;回收啤酒渣等许多领域。

(1)鲜奶过滤除菌。

随着人们生活水平不断提高,人们对饮食的要求越来越高。鲜奶已成为人们的普通食用营养品,当前市场上销售鲜奶品种主要有:消毒奶、超高温灭菌(UHT)奶和微滤奶。其中 UHT 奶以其保质期长、安全卫生、风味好、价格适中等特点已逐渐被人们所接受,并部分替代了消毒奶。膜分离法在牛奶工业中的应用始于20世纪70年代，首先应用的是乳酪，然后扩展至乳清蛋白的增浓、奶粉和凝乳的制造、蛋白和脂的分离、脱脂牛奶的除菌和牛奶的浓缩方面等领域。微滤奶是近几年来国外兴起的另一种液体奶制品，由于微过滤技术是用微过滤膜在一定温度、压力下除去乳中杂质、细菌等，不仅能耗低，而且避免了高温加热，鲜奶几乎保持原有风味，深受消费者欢迎。

微滤技术能耗低，既避免了高温加热对营养成分的破坏，又避免了在高温杀菌后死菌体仍能释放出耐热酶而影响乳品品质的缺点，卫生指标与超高温灭菌奶相近，细菌截留率达99.7%。

牛奶中脂肪球的颗粒直径为0.1～22.0 μm（表17.3）。基本覆盖了乳中所有细菌的尺寸大小，严重影响除菌过滤效果。因此在微滤之前应将乳脂肪分离出来，将脱脂奶过滤除菌。而分离的稀奶油可根据不同的产品需要做不同处理。如单独进行杀菌或与截留液混合后杀菌，然后与除菌的脱脂奶混合、标准化而制成产品或作为下一工艺的原料。

表17.3　牛奶中主要成分及尺寸

成分	水	Cl^-、Ca^+	乳糖	乳清蛋白	酪蛋白胶束	脂肪	细菌
尺寸/nm	0.3	0.4	0.8	3～5	25～300	100～22000	>200

生乳微滤除菌的工艺流程如图17.7所示。

生乳（离心分离）⟶ [脱脂乳（微滤，巴氏杀菌）/ 稀奶油（高温短时杀菌）] ⟶标准化⟶包装

图17.7　微滤法过滤鲜奶的工艺流程图

（2）酒类的除菌和澄清。

微滤应用于酒类的精密过滤，可大大提高酒类的澄清度。应用高分子膜或无机陶瓷膜，以硅藻土作为助滤剂用于过滤啤酒，来除去啤酒中酵母菌等杂物，已有多年应用历史；用于过滤低度和高度白酒，以有效去除酒中的悬浮物，提高其透明度；用于过滤葡萄酒等其他果酒，以去除其中酵母菌和其他杂质，以及用于中药药酒的过滤中以取代原先使用的石棉过滤法等方面的应用也有近20年历史。

20世纪80年代为啤酒成熟期和啤酒市场国际化的时代。由于消费者对啤酒质量和品质要求逐步提高，许多工业化国家开发了各种新型的过滤机及共组合过滤系统，如以“硅藻土预涂层过滤机－纸板过滤机”组合的两级过滤系统、以“硅藻土预涂层过滤机－纸板过滤机－微滤膜过滤机”组合的三级过滤系统等，特别是后者，采用膜分离技术作为“除菌”的终级过滤，提高了啤酒过滤的效率，并可大规模生产深受消费者欢迎的“纯生啤酒”。

目前，应用于啤酒工业生产或正在开发的微滤膜过滤的材料主要有无机膜材料，如陶瓷膜和有机膜材料，如聚丙烯，聚酰胺、聚乙烯、聚碳酸酯、聚醋酸纤维素等。

（3）果汁的澄清过滤。

在果汁的澄清净化方面的应用是微滤膜最为成功的例子之一，其中无机陶瓷膜具有

抗微生物能力强、可使用蒸汽对设备消毒、可用高压流体反向冲洗再生,因此比高分子聚合物膜更适用于果汁的过滤澄清。陶瓷膜用于果汁的澄清主要是除去很容易引起果汁变质的细菌、果胶及粗蛋白质。传统的果汁制取方法是采用离心分离、硅藻土过滤和巴氏消毒,尤其是巴氏消毒损失了果汁的绝大部分芳香味。

2. 在生物化工领域中的应用

(1)微滤膜催化反应器。

在催化膜反应器中,膜本身有一定的催化活性或者在载体膜上直接涂上活性催化剂,如氧化铝微滤膜涂活性氧化铁基催化剂可用于乙苯脱氢制苯乙烯的反应,陶瓷-金属复合膜反应器由于对氢气具有特殊的选择性和透过性,可用于脱氢反应等。在石油化工中应用膜催化反应也是国际重要的研究动向。目前在高渗透率、高选择性的陶瓷微滤膜制备方面还存在着一定的困难,这也是膜研究工作的一个重点。

(2)微滤在中药提取中的应用。

有研究采用南京化工大学膜科学技术研究所研制的陶瓷微滤膜,研究开发澄清中药提取液的陶瓷膜错流过滤技术,通过对江苏省中医药研究所提供的复方提取液进行澄清处理,考察了澄清效果;研究了操作压差、流速等条件对膜通量的影响;对膜污染机理进行了初步分析,取得了良好的效果。研究表明,采用陶瓷微滤膜进行中药提取液的澄清是极有前途的新技术,为中成药工业的技术革新提供了一条新的、可行的途径。采用陶瓷微滤膜错流过滤技术澄清中药水提液,不仅显示了技术上的可行性,也显示了技术上的优越性。其优点在于:适用范围广,使用寿命长;微粒、亚微粒及悬浮杂质等去除彻底,渗透液质量好;膜再生方便且可蒸汽原位消毒。澄清后的药液可直接超滤处理,由此可开发出中成药制备的膜分离工艺;无需超滤处理的口服药液经澄清后便可直接灌装为成品口服液。有研究采用孔径 0.2 μm 的微滤膜错流速度 2.4 cm/s,操作压力 0.05 MPa,温度 60 ℃过滤银杏水解液,结果表明,经微滤处理后的水解液,既可减少用常规方法不易去除的脂类物质,又不会造成透过液中可溶性固形物过度损失,有利于保持水解液的固有风味和营养成分。同时,对膜污染机理进行研究,发现与浓差极化引起的可逆阻力相比,膜阻力在总阻力中所占比例较小,膜的清洗容易进行,将微滤膜用于银杏水解液工艺具有潜在意义。

17.3 超　　滤

17.3.1 概述

超滤(ultrafiltration,简称 UF)是以压力差为推动力的一种膜分离过程,是目前应用最为广泛的膜分离技术。它应用的领域涉及电子、化工、食品、医药、生化、环境保护等各个部门。在食品行业中,超滤技术主要应用于纯水制造、废水处理、乳清浓缩、果汁澄清等多个操作过程。

超滤的分类主要根据超滤膜构件进行分类,可分为卷式、板框式、管式和中空纤维式等四类。其中,中空纤维式是国内应用最为广泛的一种,其典型特点为没有膜的支撑物,是靠纤维管的本身强度来承受工作压力的。又根据膜的致密层是在中空纤维的内表面或者外表面,分为内压式和外压式。现在应用的多为外压式。主要优点为单位容积内装填的有效膜面积大,且占地面积小。

超滤现象早在150多年前就已被发现。最早使用的超滤膜是天然的动物脏器薄膜。1861年,Schmidt公布用牛心包膜截留可溶性阿拉伯胶。1907年,Bechhold较为系统地研究了超滤膜,首次提出“超滤”这一术语。20世纪60年代起,超滤技术得到了长足的发展。1963年,Michaels开发了不同孔径的醋酸纤维素(CA)超滤膜。1965—1975年,超滤材料从CA扩大到聚砜(PS)、再生纤维素(PC)、聚醚砜(PAN)、芳香聚酸胺(PES)等。我国的超滤技术,20世纪70年代中期起步,20世纪80年代后期开始进入工业化生产和应用阶段。国外生产超滤膜和超滤装置最有名的厂家是美国的Milipore公司和德国的Sartorius公司。国内主要的研究机构和生产厂家是:中科院生态环境研究中心、杭州淡化和水处理开发中心、兰州膜科学技术研究所、无锡化工研究所、上海医药工业研究所、天津膜分离工程研究所、北京化工厂、常熟膜分离实验厂、无锡市超滤设备厂、无锡纯水设备厂、天津超滤设备厂、湖北长沙市水处理设备厂等。从膜的品种及某些研究工作的深度方面看,我国与世界先进国家的差距不很大,但在膜的质量、性能及商品化方面尚有较大差距。在生物制品中应用超滤法有很高的经济效益,例如供静脉注射的质量分数为25%的人胎盘血白蛋白(即胎白)通常是用硫酸铵盐析法、透析脱盐、真空浓缩等工艺制备的,该工艺流程硫酸铵耗量大,能源消耗多,操作时间长,透析过程易产生污染。改用超滤工艺后,平均回收率可达97.18%,吸附损失为1.69%,透过损失为1.23%,截留率为98.77%。大幅度提高了白蛋白的产量和质量,每年可节省硫酸铵6.2 t,自来水16 000 t。

17.3.2 超滤的基本原理

1. 基本原理

超滤的分离原理属于筛分机理,同微滤过程相比,超滤过程受膜表面孔的化学性质影响较大,在一定的压力差下溶剂或小相对分子质量的物质可以透过膜孔,而大分子物质及微细颗粒却被截留,以达到分离目的。超滤膜通常为不对称膜,膜孔径的大小和膜表面的性质分别起着不同的截留作用。孔径的大小与结构决定膜的分离性能,在超滤膜的表面活性层上有100~200 μm的微孔,能够截留相对相对分子质量为500以上的大分子物质和胶体微粒,在0.1~0.5 MPa压差作用下,水和小分子物质透过膜,而大分子物质和胶体微粒被截留,从而实现原料液中大分子物质和胶体微粒与水和小分子物质的分离。

超滤是一种以静压差为驱动力,根据相对分子质量的不同来进行分离的膜技术。如图17.8所示,当溶液从膜表面流过时,溶液中的溶剂和低相对分子质量物质、无机离子,从高压侧透过超滤膜进入低压侧,并作为滤液而排出;而溶液中高分子物质、胶体微粒及微生物等被超滤膜截留,溶液被浓缩并以浓缩液形式排出。

超滤膜的孔径通常为3~300 nm,选用不同孔径的超滤膜,可以将相对分子质量在几百到几十万Da之间的物质进行分离。超滤膜的工作压力为0.2~0.4 MPa。常用的膜材料为聚丙烯腈(PAN)、聚醚酮、聚砜、聚酰胺、聚偏氟乙烯等。

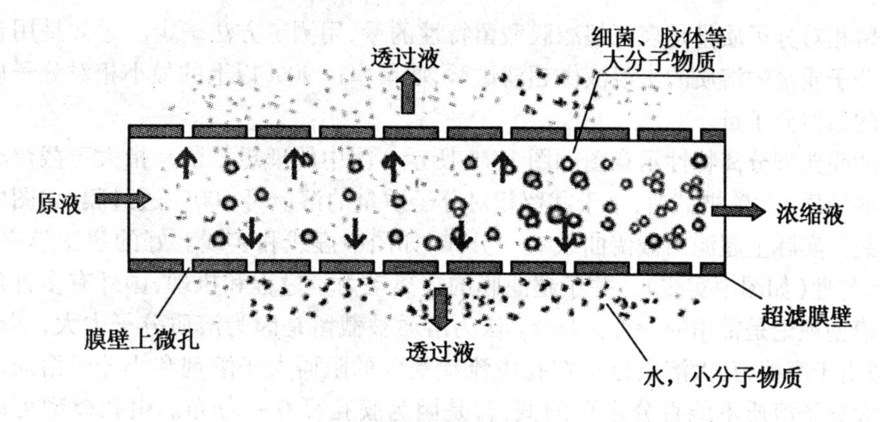

图17.8　超滤原理示意图

2. 技术特点

与传统分离方法相比,超滤技术具有以下特点:

①超滤过程是在常温下进行,条件温和无成分破坏,因而特别适宜对热敏感的物质,如药物、酶、果汁等的分离、分级、浓缩与富集。

②超滤过程不发生相变化,无需加热,能耗低,无需添加化学试剂,无污染,是一种节能环保的分离技术。

③超滤技术分离效率高,对稀溶液中的微量成分的回收、低浓度溶液的浓缩均非常有效。

④超滤过程仅采用压力作为膜分离的动力,因此分离装置简单、流程短、操作简便、易于控制和维护。

超滤法也有一定的局限性,它不能直接得到干粉制剂。对于蛋白质溶液,一般只能得到10%～50%(质量分数)。

3. 动力学模型

表征超滤膜特性有三个基本参数:透水通量、截留率和截留相对分子质量。

透水通量是在一定压力和温度下,单位膜面积在单位时间内的透过水量,表示为

$$R=\frac{Q}{S\times T}$$

式中　R——透水通量,$L/m^2\cdot h$;

Q——透过液容积,L;

S——膜面积,m^2;

t——透过时间,h。

截留率是某一溶质被超滤膜截留的百分数,表示为

$$F=\frac{C_0-C}{C}\times 100\%$$

式中　F——溶液截留率;

C_0——原液质量浓度;

C——透过液溶质质量浓度。

截留相对分子质量是表征超滤膜截留特性的量,用测定方法确定。通常是用含有不同相对分子质量的溶质的水溶液做超滤试验,截留率达90%以上的最小相对分子质量定为该膜的截留分子量。

超滤膜典型分离特性示意图如图17.9所示。图中的理想截留是指大于截留相对分子质量的溶质100%被截留,小于截留相对分子质量的溶质可100%透过膜,如图中之垂直点画线。实际上超滤的截留曲线有一分布,如图中虚线和实线。好的超滤膜应有"密截留"的特性(如图中实线)。关于超滤膜的分离动力学过程和机理,国外有多种理论描述。孔模型理论是常用的一种。Lacey认为溶质被截留是因为溶质分子太大,不能进入膜孔;或由于摩擦力,大溶质分子在孔中流动受到的阻碍大于溶剂和小分子溶质。该模型认为大分子溶质不能百分之百的截留,是因为膜孔径有一分布。由孔模型可以预料到,膜的透水通量与操作压力成正比,而溶质的截留率与压力无关。索里拉金认为,超滤不仅是一种筛分过滤的过程。膜的分离特性决定于两个因素:①溶质-溶剂-膜材料的相互作用,溶质分子在膜表面或孔壁上受到吸引或排斥,影响膜对溶质的分离能力;②溶质分子尺寸与膜孔尺寸的相对比较,即膜的平均孔径和孔径分布影响膜的分离能力。浓差极化是膜分离过程普遍遇到并极受关注的问题。分离过程中,随着溶剂透过膜,溶质在膜表面附近的浓度高于主体溶液的浓度,这种现象称为浓差极化。由于超滤膜透水量很高,溶质在膜表面上的积累很快,因而在超滤过程中浓差极化问题便显得更为突出。浓差极化对超滤会带来以下不利影响:①膜表面上可形成一胶层,阻碍水透过膜,严重时,这一胶层成为一附加膜,以至透水量不再与超滤膜的结构有关;②由于胶层起到附加膜的作用,会改变超滤膜对不同相对分子质量溶质的截留率;③引起溶液中某些溶质在膜表面上沉淀,堵塞膜孔,使膜的品质恶化,如降低膜的亲水性。浓差极化有多种描述模型,其中被广为接受的是极化-胶层模型图(图17.10)。

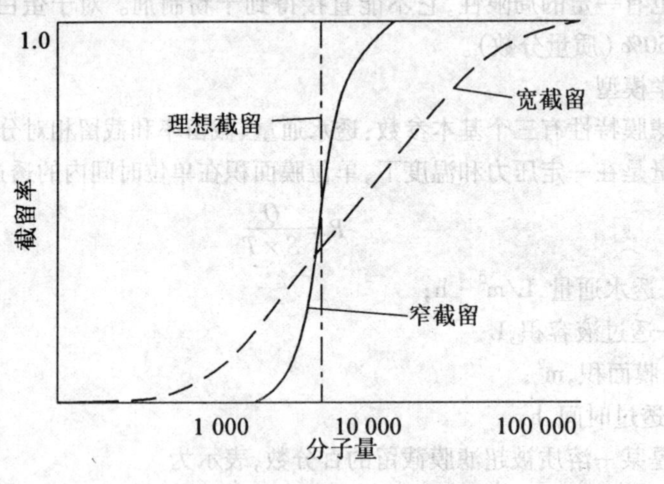

图17.9　超滤膜截流曲线

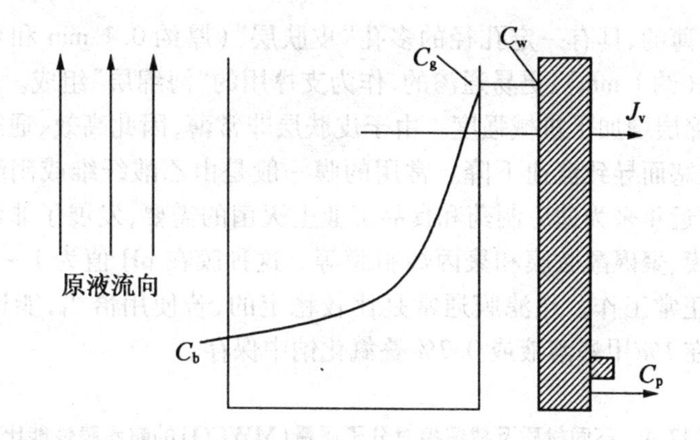

图 17.10　超滤过程的极化－胶层模型

J_v—透水通；C_b—主体溶液浓度；C_P—透过液浓度；C_g—胶层浓度；C_w—膜表面的溶质浓度；δ—边界层厚度

极化－胶层模型可分为以下两种情况。

①当浓差极化模量 C_w/C_b 很低时，C_w 低于 C_g，这时透水通量 J_v 可表示为

$$J_v = \frac{D}{\delta}\ln\frac{C_w}{C_b} = K \cdot \ln\frac{C_w}{C_b}$$

式中　K——溶质传递系数；

　　D——溶质扩散系数。

②当浓差极化模量 C_w/C_b 很高时，$C_w = C_g$，在稳态条件下，透水通盘 J_v 可表示为

$$J_v = K \cdot \ln\frac{C_w}{C_b}$$

从这种模型的表达式可知，只有增大溶质传递系数 K，才可增大膜的透水量。

增大流速，可以使边界层的厚度 δ 变薄，因而 K 值增大。增大压力不能改变 K 值，因为当操作压力增大到一定值后，透水量并不随压力升高而加大。

17.3.3　工艺流程及设备

1. 超滤膜和膜组件

(1)超滤膜。

膜材料的优选超滤膜材料众多，国内可供选择的中空纤维(毛细管)型超滤膜，主要材料为聚砜(PS)、聚丙烯腈(PAN)、聚醚砜(PES)、聚偏氟乙烯等(PVDF)等。此外，聚芳砜、聚酰胺等由于制备工艺与膜材料价格原因，尚无生产。醋酸纤维素则因耐酸碱性能的限制较少使用。近年来有以拉伸制孔的聚丙烯微孔滤膜中空纤维，因其制造成本低廉，而在市场上充作中空纤维超滤膜使用，实际上其长形网状孔尺寸较超滤膜大 1～2 个数量级，长形孔的变形使细菌、微生物泄漏率可达 50% 以上，对胶体及微粒截留效果较差。

超滤技术的关键是膜。膜有各种不同的类型和规格，可根据工作的需要来选用(表 17.4、表 17.5)。早期的膜是各向同性的均匀膜，即现在常用的微孔薄膜，其孔径通常是 0.05～1.0 μm。近几年来生产了一些各向异性的不对称超滤膜，其中一种各向异性扩散膜是由一层非常薄的、具有一定孔径的多孔“皮肤层”(厚约0.1 mm和0.025 mm)和一层相对厚得多的(约1 mm)、更易通渗的、作为支撑用的“海绵层”组成。皮肤层决定了膜的选择性,而海绵层增加了机械强度。由于皮肤层非常薄,因此高效、通透性好、流量大,且不易被溶质阻塞而导致流速下降。常用的膜一般是由乙酸纤维或硝酸纤维或此二者的混合物制成。近年来为适应制药和食品工业上灭菌的需要,发展了非纤维型的各向异性膜,例如聚砜膜、聚砜酰胺膜和聚丙烯腈膜等。这种膜在pH值为1～14都是稳定的,且能在90 ℃下正常工作。超滤膜通常是比较稳定的,若使用恰当,能连续用1～2年。暂时不用,可浸在1%甲醛溶液或0.2%叠氮化钠中保存。

表17.4　不同材质及截留相对分子质量(MWCO)的超滤膜性能比较

超滤膜		相对流速(mL/min/cm^2)	性能特点
聚醚砜(pH值为1～14)	3 000 MWCO	0.05	肽的回收率高
	5 000 MWCO	0.24	肽的回收率高,流速较快
	10 000 MWCO	0.41	应用范围广,流速快,吸附低
	30 000 MWCO	0.41	应用范围广,流速快
	50 000 MWCO	0.45	精确地截留相对分子质量限
	100 000 MWCO	0.35	免疫球蛋白的收率高
三醋酸纤维素(pH值为4～8)	5 000 MWCO	0.04	去除肽和蛋白
	10 000 MWCO	0.11	微小组分,游离/结合药物研究
	20 000 MWCO	0.58	样品清洗,HPLC样品制备
再生纤维素(pH值为3～11)	10 000 MWCO	0.18	微克量蛋白质的高效回收
	30 000 MWCO	0.58	免疫球蛋白的快速和高效回收
	100 000 MWCO	0.40	蛋白质梯度分离
Hydrosart(pH值为3～11)	5 000 MWCO	0.14	稀释液的高效回收
	10 000 MWCO	0.27	流速快,收率高,吸附低
	30 000 MWCO	0.48	免疫球蛋白的收率高

表17.5　不同截留相对分子质量(MWCO)的超滤膜选择

应用/相对分子质量	<5 000	10 ,000	30 000	50 000	100 000	>300 000
细菌					X	X
DNA片段		X	X	X	X	
酶	X	X				
生长因子	X	X				
免疫球蛋白			X	X	X	
核酸	X	X	X	X	X	

表 17.5(续)

应用/相对分子质量	<5 000	10 000	30 000	50 000	100 000	>300 000
单克隆抗体			X	X	X	
寡聚核苷酸	X					
肽	X					
病毒			X	X	X	
酵母菌					X	X

(2)超滤的膜组件。

超滤的膜组件分为板式、管式、卷式和中空纤维组件。超过滤装置一般由若干超过滤组件构成。超过滤组件的形式与反渗透组件基本相同。通常也可分为板框式、管式、螺旋卷式和中空纤维式等四种主要类型。

17.3.4　影响分离的工艺参数因素

超滤透过通量的影响因素如下。

1. 料液流速

提高料液流速虽然对减轻浓差极化、提高透过通量有利,但需要提高料液压力,增加耗能。一般稳流体系中流速控制在 1 ~3 m/s。

2. 操作压力

超滤膜透过通量与操作压力的关系取决于膜和凝胶层的性质。超滤过程为凝胶化模型,膜透过通量与压力无关,这时的通量成为临界透过通量。实际操作压力应在极限通量附近进行,此时的操作压力为 0.5 ~0.6 Mpa。

超滤过程中只有当工作压力达到一定程度,才能使液料中的小分子透膜分离。工作压力太小时,滤液的产量小,不能满足正常的生产。而工作压力太大时,会增加极化层的厚度,抵消增压的增速效果,同时也会把沉积在膜上的沉积层压实,难以被冲刷,膜孔很快被堵塞,影响超滤效果。此外,每一种超滤膜均有其耐压范围,使用时应在这个范围内进行。

3. 温度

操作温度主要取决于所处理的物料的化学、物理性质。由于高温可降低料液的黏度,增加传质效率,提高透过通量,因此应在允许的最高温度下操作。

温度升高时可部分克服分子间的作用力,降低黏度。同时也影响膜的工作性能,增加通透性。温度过高也会影响超滤膜的寿命。

4. 运行周期

随着超滤过程的进行,在膜表面逐渐形成凝胶层,使透过通量下降,当通量达到某一最低数值时,就需要进行冲洗,这段时间成为运行周期。运行周期的变化与清洗情况有关。

5. 进料浓度

随着超滤过程的进行,主体液流的浓度逐渐增加。此时黏度变大,使凝胶层厚度增加,从而影响透过通量。因此对主体液流应定出最高允许浓度。

料液浓度直接影响滤速。超滤的通量与浓度的对数呈直线关系。一般来讲,随着料液浓度的增高,料液的黏度会升高,超滤时形成极化层的时间会缩短,从而使超滤的速度降低、效率也降低。因此在超滤时应注意控制料液的浓度。

6. 料液的预处理

为了提高膜的透过通量,保证超滤膜的正常稳定运行,根据需要应对料液进行预处理。预处理效果好坏直接影响超滤膜的污染程度、系统的生产能力以及超滤膜的使用寿命。预处理一般采用高速离心法、微滤法、调 pH 值、热处理、冷藏法或多种方法组合进行。近年来发展起来的絮凝剂法可去除提取液中的鞣质、色素、果胶等有机大分子不稳定物质。

7. 膜的清洗

膜必须进行定期冲洗,以保持一定的透过量,并能延长膜的使用寿命。一般在规定的料液和压力下,在允许的 pH 值范围内,温度不超过 60 ℃时,超滤膜可使用 12~18 个月。如膜清洗不佳,会使膜的寿命缩短。

8. 超滤膜孔径大小

超滤膜孔径大小的选择应与药液中目标成分的大小相一致。孔径过大,则分离效果不好,杂质含量过高,影响澄清度和稳定性。孔径过小,有效成分通透率较低,损失较大。

9. 洗脱量

洗脱量的多少影响滤液中目标成分的含量。洗脱量太少,则留在浓缩液中的目标成分会较多,损失较大;洗脱量太大时,虽然回收率增加,但有可能需要后处理或使原有的后处理工序时间延长,应注意协调它们之间的关系。

在实际使用中,究竟采用哪种组件形式一般要针对膜材料和被处理液的性能而定。由于超过滤法处理的对象液体大多含有水溶性高分子、有机胶体、多糖类物体及微生物等,这些物质极易黏附和沉积于膜表面上,造成严重的浓差极化和堵塞。为尽量减弱这些因素所造成的透水量衰减情况,通常必须大幅度增高原液的流量,以加快线速度(超过 1 m/s),使传质强化,从而最大限度地缩小由于极化沉积所致的不利影响。

此外,为消除浓差极化等的影响,在超滤器的实际使用中,还往往采用湍流促进器。例如安装螺旋导流板、网栅或通以泡沫塑料球等,均可提高组件通水量。

一般说来,当原水中含有易产生凝胶的溶质或存在一定量悬浊物时,采用管式和板式组件为宜。不过,不论采用哪种形式的组件,待超滤的原液最好都进行一定的前处理。

17.3.5 超滤的应用

1. 超滤技术在制药行业的应用

超滤过程一般是在常温、低压下进行的,对分离热敏性、保味性和易发生化学变化的物质最为适用。在生物合成药物中主要用于大分子物质的分级分离和脱盐浓缩、小分子物质的纯化、医药生化制剂的去热原处理等。

(1)除热原。

制剂中去除热原一般是利用活性炭反复吸附,该方法劳动强度大、损耗大、得率低。超滤去除热原的原理是使用小于热原相对分子质量的超滤膜拦截热原,该方法已经得到美国食品与药物管理局(FDA)认证,具有劳动强度小、产品得率高、产品质量好的优点。

上海第四制药股份有限公司采用卷式超滤器小装置,以截留相对分子质量 2 万的膜进行了硫酸(双氢)链霉素药除热原实验,实验结果表明,采用超滤法代替传统的活性炭吸附热原,对于硫酸(双氢)链霉素生产是可行的。上海福达制药有限公司采用截留相对分子质量 1 万的磺化聚醚砜膜(SPES),进行黄芪注射液的除热原超滤,再经活性炭吸附,使产品热原合格率从原来的经常波动到目前的 100% 合格。上海天厨味精厂采用截留相对分子质量为 1 万的 SPES 超滤膜,对丙氨酸、谷氨酸、赖氨酸等氨基酸溶液除热原,通过鲎试剂法测试结果,结果均为阴性。

由于药液有效成分(如黄酮类、生物碱类、总甙类等),其相对分子质量都在 1 000 以下。故对制药制剂尤其是注射剂使用超滤除热原是最适合的。空军北京医院药局用超滤法制备了复方丹参、茵栀花、生脉三种复方中草药注射液,所得超滤产品澄清度好,放置三个月后,无沉淀出现。用化学分析法对注射液中的鞣质、蛋白质、淀粉等项含量进行测定,结果显示超滤过的产品中,上述杂质的含量均低于卫生标准,除杂质的效果很好。实验证明,经超滤处理后的去热原注射液并不会使原方有效成分损失。如复方丹参超滤品测得的 281 nm 光密度值较高,薄层层析检测出有原儿茶醛斑点,可见的斑点及其荧光点多且清晰。张英辉采用超滤法去除人参皂苷热原,结果发现超滤法可有效去除热原,又可有效减少人参总皂苷的损失,该法简便、可靠、效果好,可用于去除人参皂苷热原。

北京中医药大学药厂对比了活性炭和超滤两种工艺,发现对清开灵注射液除热原,两种工艺均可行。但超滤法得到的产品中,黄岑甙的含量高、产品颜色浅、微粒数量明显少。利用超滤膜过滤川参通注射液、冠舒注射液、松梅乐注射液及大输液中的热原,实验表明,药液通过超滤后,热原的截除率获得满意的结果,达到药典的规定,去除热原是可靠的。超滤不但可去除热原,还能去除大于膜孔的高分子物质,提高注射液的澄清度和稳定性,而且超滤膜孔径越小,脱色作用越明显。

(2)小分子精制。

对于抗生素类的小分子物质,其传统的生产过程要经过过滤、萃取、浓缩、结晶等工艺,存在过程冗长、收率低、能耗大等缺点,而且在精制过程中有微量大分子杂质残留,如蛋白质、核酸、多糖等,这些杂质可能对人体产生副作用。利用超滤膜可以除去大分子杂质,简化操作工艺。

青霉素是一种热敏性物质,其活性单位受环境影响较大,温度稍高或者处理时间延长均会导致活性单位降解。因此,青霉素精制要求在 15 ℃以下快速完成。目前青霉素精制过程中,需要加入十五烷基溴化吡啶作为破乳剂,而该破乳剂毒性大、价格昂贵,采用超滤工艺去除发酵副产品和残留物以及一些可溶性蛋白质,无需加入破乳剂,而且过程简单、快捷。

超滤系统已应用于红霉素、青霉素、头孢菌素、四环素、林可霉素、庆大霉素、利福霉素等抗生素的过滤生产。美国 Merck 公司利用截留相对分子质量为 2.4 万的超滤膜过滤头孢菌素发酵液,收率比铺有助滤剂层的鼓式真空过滤机高出2%,达到98%,材料费用降低2/3,设备投资费用减少20%。另外,利用超滤膜可有效地对头孢菌素C发酵液进行加工处理,而不使膜堵塞或结垢,提高回收率,使得浓缩液中头孢菌素C的浓度比原发酵液中的更高。韩少抑等利用超滤膜提纯螺旋霉素发现,截留相对分子质量为5 000的芳香聚酰胺超滤膜能去除蛋白等大分子杂质,起到纳滤预处理作用。

维生素C是人体必需的一种营养成分,在医学和营养学上有着广泛的应用。目前,维生素C的生产方式主要有两种:莱式法和两步发酵法。其中,两步发酵法是我国科技人员首创的生产工艺,此工艺工程中常采用加热沉淀法去除杂质,既耗能又造成有效成分古龙酸损失,收率也低。采用超滤膜系统代替加热沉淀法去除发酵液中残留的菌丝体、蛋白质和悬浮微粒等杂质,省去了预处理、加热、离心等工序,既节约了能耗又提高了古龙酸的收率。

中药中有效成分的相对分子质量大多不超过1 000,而无效成分如淀粉、多糖、蛋白质、树脂等杂质的相对分子质量均在5万以上。因此,用截留相对分子质量适宜的超滤膜能够很容易地将两者分开。与传统的化学分离方法相比较,膜分离的方法不仅效率高、操作简便,而且成本低、经济效益好,所以越来越多地被人们所采用。

(3)大分子精制。

随着生物技术的发展,大分子类药物数量急剧增加,由于该类产品具有热不稳定性,超滤的低温快速过滤特性成为该类物质精制的重要方法。

利用截留相对分子质量为2万PS管式超滤膜系统浓缩植酸酶发酵液的实验显示,植酸酶的浓缩倍数可以达到6.53倍,浓缩收率为99.69%,截留率为99.93%。

利用PAN超滤膜从藏牦牛血中分离纯化凝血酶的实验显示,所得凝血酶平均比活为38.24 IU/mg,比传统方法所得比活提高2倍。

利用超滤膜从猪血中纯化SOD的方法有三个优点:①除去大量的小分子杂质;②浓缩SOD可节省随后使SOD沉淀所需的溶剂;③能大大提高后续热变性纯化的效果,SOD总回收率达62%,比活性达5 000 U/mg。

在丙种球蛋白制品的生产过程中,将超滤技术用于蛋白质的脱醇和浓缩,将超滤技术用于人血白蛋白浓缩和脱醇,采用超滤法浓缩分离免疫初乳中的抗体,以上这些应用都取得了良好的浓缩效果。

用超滤法把高分子多糖类化合物单独分离出来,制备具有特殊药理作用的药物,使中药不同相对分子质量组分用于不同的治疗目的,达到药物的综合利用,是膜分离的重要功能。

选用截留相对分子质量为5万的PS超滤膜替代醇沉法处理板蓝根水提液,实现了高效、节能。利用CA超滤膜浓缩银耳浸提液,其产品收率较常规浓缩方法提高了22.4%,同时缩短了浓缩时间。采用超滤-渗滤法,改进香菇多糖的提取纯化工艺,提高产品收率、降低生产成本。用超滤法代替透析法去除海洋真菌多糖提取液中的小分子杂质,结果表明超滤法所得产品的得率和多糖含量都高于透析对照组,另外多糖中的色素大部分会被超滤膜吸附,这对提高粗品多糖含量是有利的。中空纤维超滤膜可以有效提取六味地黄汤活性多糖,工艺简单,生产周期短。

(4)膜蒸馏。

膜蒸馏是利用疏水性微孔膜将两种温度不同的水溶液分隔开,在膜两侧水蒸气压力差的作用下,热侧的水蒸气通过膜孔进入冷侧,在冷侧冷凝下来。膜蒸馏与常规蒸馏中的蒸发—传送—冷凝过程相同。两者都以气－液平衡为基础,都需要蒸发潜热以实现相变。相对于常规分离过程,其优点是:①理论上 100% 分离离子、大分子、胶体、细胞及其他不挥发性物质;②操作温度比传统蒸馏过程低;③操作压力比传统蒸馏过程低;④对膜的机械性能要求低;⑤适于特种物质分离,而且可以分离极高浓度的物质,甚至可以产生结晶;⑥高效。将膜蒸馏用于热敏性物质的浓缩,能很好地发挥其低温浓缩的特性。青霉素作为抗生素应用于临床已有 50 年历史,一般采用溶媒萃取法提取,但提取过程复杂。利用直接接触式膜蒸馏浓缩青霉素水溶液,浓缩过程比较稳定。益母草和赤芍是中医临床常用中药,水苏碱和芍药苷是两者指标性成分,皆为水溶性,沸点比水高。将真空膜蒸馏法用于益母草与赤芍提取液的浓缩是可行的,具有效率高、耗能少、操作方便的优点,且有效成分的截留率为 100%。

2. 超滤技术在食品工业中的应用

(1)超滤技术在乳品加工中的应用。

在国外,膜分离技术应用于乳品工业始于20 世纪70 年代末。目前,超滤技术主要应用于原奶浓缩、脱脂奶浓缩乳清预备浓缩、原奶精制、蛋白和肽的分离以及从干酪生产的乳清废液中回收乳糖、脂肪和蛋白质等成分,具有节省能源、减少蛋白质变性、提高产品质量以及从乳品中制取多种成分等特点,较传统生产方式有明显的优势,是传统加工工艺所无法比拟的。目前,我国在乳品和植物蛋白生产中所采用的膜分离技术仅处于研究或试生产阶段,尚无成熟的工业化生产实例。

下面就以采用超滤法生产乳清粉为例,介绍一下其在乳品工业中的应用。多年来,制造奶酪的副产品一直被用作饲料,或是作为废物而排入下水道。这样既造成浪费,又污染了环境。采用超滤法则可以提高产品中蛋白质的含量,使制得的乳清粉质量得到了根本改善。其工艺流程如图 17.11 所示。

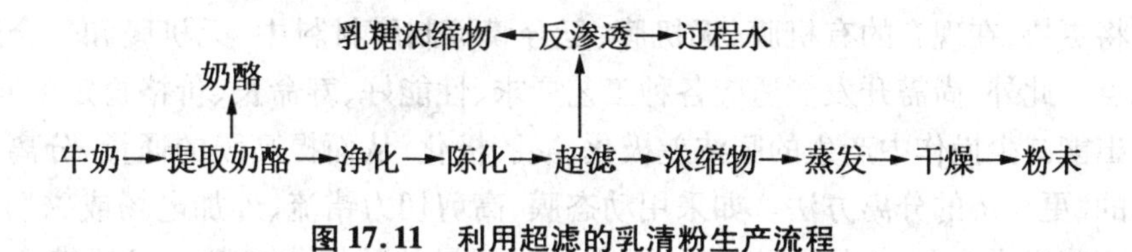

图 17.11　利用超滤的乳清粉生产流程

采用超滤法可以从乳清中分离出低分子的水、盐、乳糖,从而改善了浓缩物中蛋白质、乳糖和盐的比例。此外,蛋白浓缩物也不再仅只能加工成粉末状,而可以是液体状。然后,将其掺入其他产品中或返回奶酪生产过程中,这样就可以提高原乳的产率。

(2)超滤技术在果汁饮料生产中的应用。

自 20 世纪 80 年代开始,国外已在苹果汁、橙汁、梨汁、葡萄汁、柠檬汁、番茄汁等果蔬汁的生产加工中采用超滤等膜分离技术,以实现对其除菌、澄清和浓缩。与传统的工艺方法相比,这种工艺的特点是:降低操作和劳务费用;保留果蔬汁中的芳香和脂溶性成分,使其口感接近鲜食风味,从而提高了产品质量;能去除微生物和过量的酶,有助于产品的长期储存而不会出现沉淀;由于采用了自动控制,操作更可靠,令产品质量更均衡。图 17.12 是超滤与传统澄清技术的比较,澄清果汁分别达 95% ~99% 和 80% ~90% 收率。可见,超滤程序不但能减少处理时间,更可提高果汁生产的收益。

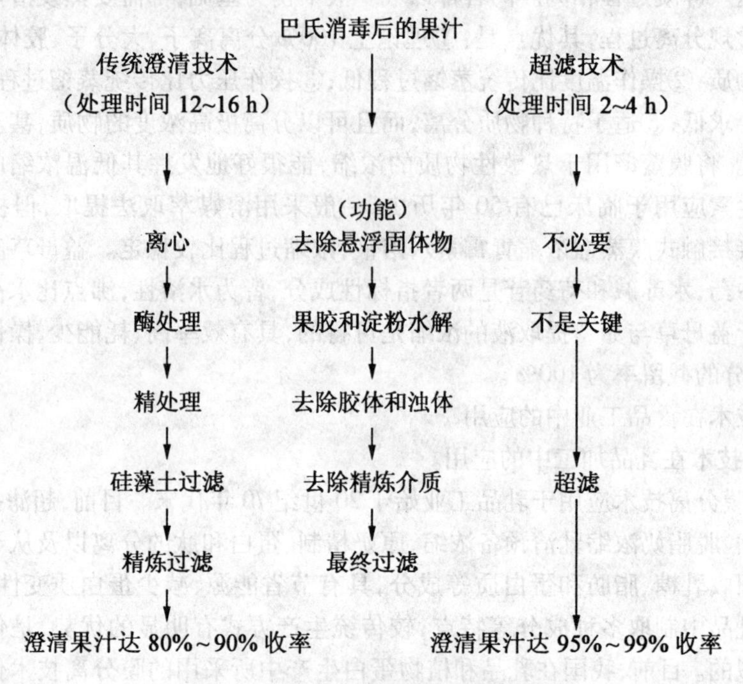

图 17.12 超滤与传统的澄清技术比较

膜分离技术的优点是显而易见的,但在使用上还有其局限性,主要问题是膜的通量和寿命较低,设备和操作费用较高。随着科学技术的迅猛发展,其局限性正在被迅速消除。事实表明,膜分离技术在食品工业等领域的运用有着十分光明的前景。根据膜分离技术的现有应用状况以及科技水平来看,膜分离技术的发展趋势将是:制膜技术在国内外的发展将更快,在现有的有机膜、无机膜、复合膜等制膜材料中,无机膜和复合膜将是发展的重点。此外,尚需开发能适应各种工艺要求、性能好、寿命长、价格稳定的膜元件。有待开发出能减少操作中产生的膜浓差极化、凝胶极化,从而提高膜的通量、分离性能和操作周期的、更经济的分离方法。如采用动态膜、高剪切力错流、外加电场或磁场等。改进和完善膜装置本身的结构及配套件,研究并采用最佳的操作参数。发展综合分离技术,以经济、方便地达到高分离精度和高速度的要求,并扩大其使用范围。各种膜技术都有一定的使用范围,可在生产中采用与其他传统分离技术配合起来使用,或将几种不同的膜技术串联起来使用等技术措施。

由于膜分离技术具有在低温下操作、无相变、能较好地保持汁液风味及营养成分、降低能耗等优点,使得其在食品行业中的应用不断扩大。虽然膜分离技术在目前还有很多地方不太成熟,但随着膜技术的不断发展,它在食品工业中的优越性将日益显著,也必将推动我国料液处理技术的革新。

17.4　纳　　滤

17.4.1　概述

纳滤(NF)膜最早出现于20世纪70代末,是介于超滤(UF)膜和反渗透(RO)膜之间的压力驱动膜,曾被称为低压反渗透膜、疏松反渗透膜等。由于其操作压力较低,允许一些无机盐特别是一价盐离子透过的分离和有机物分离,对一、二价离子有不同选择性,对小分子(相对分子质量为一百至数百)有机物有较高的截留性等特点(兼有机物浓缩的功能),在渗透过程中截留率大于95%的最小分子约为1 nm,因此称为“纳滤”,是近年来国际上发展较快的新型膜分离技术。

国内外纳滤膜技术研究进展:1985年Film Tec公司推出了NF-40,NF-50等型号的纳滤膜(时称疏松反渗透膜)。其后许多公司如Osmonics、日东等公司都相继推出了类似的膜。目前,国际上复合纳滤膜主要由以下几个公司生产:日本Nitto Denko Toray,美国Hydranautics,DowChero,FilmTec和Osmonics,Desal等。膜的分离性能从对NaCl脱除率5%,10%提高到85%。目前,纳滤膜研究的重点是膜的分离机理及膜过程的开发。我国从20世纪80年代后期开始了纳滤膜的研究,研究单位主要有中科院大连化物所、国家海洋局杭州水处理中心、北京生态环化中心、上海原子核所、天津工业大学、北京工业大学、北京化工大学等。但是,纳滤膜的研究大多数还处于实验室阶段。

17.4.2　纳滤基本原理

1.纳滤分离机理

对纳滤膜分离机理的研究自纳滤膜产生以来一直是热点。传统理论认为,纳滤膜传质机理与反渗透膜相似,是通过溶解扩散传递。随着对纳滤膜应用和研究的发展,这种理论不能很好地解释纳滤膜在分离中表现出来的特征,加上世界各个科研机构和各个膜生产商所采用的生产工艺和材料不同,使不同品牌纳滤膜的特征有差异。其差异根据纳滤膜基团所带电荷不同,可分为荷正电膜、荷负电膜、双极膜,现代商品化纳滤膜一般带电荷。

2.技术特点

纳滤膜在应用中具有以下显著特点:①物理截留或截留筛分效果。能截留相对分子质量200~2 000,分子大小约为1 nm的溶解组分。②NF膜对二价或高价离子,特别是阴离子的截留率比较高,可大于98%,而对一价离子的截留率一般较低(50%~70%)。③NF膜的操作压力低。一般为0.7 MPa,最低为0.3 MPa。④NF膜多数为荷电膜,因此其截留特性不仅取决于膜孔大小,还有膜静电作用。纳滤膜技术的独特性能使得它在许多领域具有其他膜技术无法替代的地位,它的出现不仅完善了膜分离过程,而且正在逐渐替代某些传统的分离方法。

3.纳滤动力学模型

纳滤与反渗透和超滤的传质机理均有所不同。由于大部分纳滤膜为荷电型纳滤,其分离机理主要是"筛分"和离子与膜表面之间的电荷作用。描述纳滤膜的分离机理的模型主要有非平衡热力学模型、电荷模型、道南－立体细孔模型、静电排斥和立体位阻模型,纳滤的通量可以由非平衡热力学模型建立的现象论方程式来表征,即

$$J_v = L_p(\Delta p - \sigma\Delta\Pi)$$

$$J_s = -(P\Delta x)\frac{d_c}{d_x} + (1-\sigma)J_v c$$

式中 J_v——溶剂透过通量;

J_s——溶质透过通量;

σ——膜的反射系数;

P——溶质的透过系数;

L_p——纯水的透过系数;

Δp——膜两侧的压力差;

$\Delta\Pi$——膜两侧的渗透压差;

Δx——膜厚;

c——膜内溶质浓度,%。

将上式沿膜厚方向 x 积分,可以得到膜的截留率 R:

$$R = 1 - \frac{c_p}{c_m} = \frac{\sigma(1-F)}{(1-F\sigma)}$$

式中 $F = \exp(-J_v(1-\sigma)/P)$;

c_m——料液侧膜面浓度;

c_p——透过液浓度。

从上式可推导出膜的反射系数相当于溶剂通量无限大时的最大截留率。膜的特征参数可以通过实验数据关联求得。

电荷模型根据其对膜结构的假设可分为空间电荷模型和固定电荷模型。空间电荷模型假设膜由孔径均一且其壁面上电荷分布均匀的微孔组成。空间电荷模型是表征膜对电解质及离子的截留性能的理想模型。

该模型的 Poison－Boltzmann 方程、Nernst－Planck 方程和 Navier－Stokes 等基本方程分别描述了离子浓度和电位关系、离子传递和体积透过通量。固定电荷模型假设膜为一个凝胶相,其中电荷分布均匀、贡献相同。固定电荷膜最早由 Teorell, Meyer, Sievers 提出,因此又称 TMS 模型,TMS 模型假设离子浓度和电位在膜内任意方向分布均匀,而空间电荷模型认为二者在径向和轴向存在着一定的分布,因此可以认为是空间电荷模型的简化形式。

道南－立体细孔模型假定膜是由均相同质、电荷均布的细孔构成,分离离子时,离子与膜面电荷之间存在静电作用,同种电荷排斥而异种电荷相互吸引,当离子通过对流和扩散传递透过微孔的时候,还要考虑空间阻碍的因素,静电位阻模型假定膜分离层由孔径均一、表面电荷分布均匀的微孔组成,其结构参数包括孔径、开孔率、孔道长度和膜的体积电荷密度,根据上述参数,对已知的分离体系就可用静电位阻模型预测各种溶质通过膜的分离特性,以上几种模型还不能完全解释纳滤过程的许多现象,成熟的传质机理

的提出尚有待进一步的研究。

17.4.3 纳滤工艺流程及设备

1. 纳滤膜的制备方法

(1)液-固相转化法。

使均相制膜液中的溶剂蒸发,或在制膜液中加入非溶剂,或使制膜液中的高分子热凝固,都可使制膜液由液相转为固相。

(2)转化法。

可调节制膜工艺,通过将 RO 膜表层疏松化或将 UF 膜表层致密化来制备纳滤膜。A. Y. Tremblay 等将羧化聚砜超滤膜用酸处理使膜孔径减小 10% ~25% 制成纳滤膜。

(3)共混法。

将两种或两种以上高聚物进行液相共混,在相转化成膜时调节铸膜液中各组分的相容性差异,利用组分之间的协同效应制成具有纳米级表层孔径的合金纳滤膜。刘淑秀等以 CA-CTA 混合纤维素为原料制成纳滤膜,并用于阴离子表面活性剂的分离,对 SDS 的截留率达 96% ~98%。

(4)荷电化法。

荷电化法是制备纳滤膜的重要方法,通过荷电化不仅可以提高膜的耐压密性、耐酸碱性及抗污染性,而且可以调节膜表面的疏松程度,同时利用道南效应分离不同价态的离子,提高膜的选择性及膜通量,采用荷电化法制纳滤膜的方法主要有:①荷电材料通过液-固相转化法直接成膜;②含浸法;③表面化学改性法;④界面或就地聚合法。其中较有效的是含浸法,该方法就是将基膜浸入含有荷电材料的溶液中,用光辐射等使其交联成膜。鲁学仁等以聚偏氟乙烯(PVDF)为基膜,用胺与环氧化合物合成的正电性高聚物为荷电剂。采用浸涂法制备了荷正电纳滤膜,该膜在 0.6 MPa 下对质量分数为 0.2% 的 Na_2SO_4 溶液脱除率为 50% ~60%,水通量为 10 ~15 $mL/(cm^2 \cdot h)$。对阴极电泳漆的截留率大于 95%。

(5)复合法。

复合法是目前使用最多,而且较有效的制备纳滤膜的方法,也是生产商品化纳滤膜品种最多、产量最大的方法。复合法包括微孔基膜的制备和超薄表层的制备及复合。①基膜的制备:一般用液-固相转化法。由单一高聚物形成,如聚砜超滤膜;也可由两种或两种以上的高聚物经液相共混形成合金基膜。②超薄表层的制备及复合:目前,超薄表层的制备方法主要有涂敷法、浸渍法、界面聚合法、化学蒸汽沉积法、动力形成法、等离子体聚合法、水力铸膜法、旋转法等。涂敷法就是将多孔基膜的上表面浸入到聚合物的稀溶液中,然后将基膜从溶液中取出阴干或将铸膜液直接刮涂到基膜上,再借外力将铸膜液轻轻压入基膜的微孔中,然后用相转化法成膜,该方法的关键是选择和基膜相匹配的复合液,并调节工艺条件以形成纳米级孔径。俞三传等采用涂敷法制备了 SPES 复合纳滤膜,并研究了其性能。③界面聚合法是目前世界上最有效的制备纳滤膜的方法,也是工业化纳滤膜品种最多、产量最大的方法。该方法利用P. W. Morgan 的相界面聚合原理为基础,使反应物在互不相溶的两相界面处聚合成膜。一般的方法是用微孔基膜吸取溶有一类单体的水相,排除过量的单体溶液,再浸入某种疏水单体的有机溶液中进行液-液界面缩聚反应,为了提高膜性能一般还需水解荷电化、离子辐射或热处理等后处理过程以形成致密的超薄层,该法的关键是基膜的选取和制备及调控两类反应物在两相中的分配系数和扩散速率,以使膜表面的疏松程度合理化并尽量薄。瞿晓东等利用界面缩聚制备了聚酰胺复合纳滤膜。

2. 纳滤膜组件

纳滤膜组件形式有板式、管式、卷式和中空纤维等结构形式,其中卷式元件用的最普遍纳滤组件构成和操作条件对膜的分离性能有较大的影响,对组件设计和制作的要求是:原液和滤液间要有好的密封;组件能够承受一定的压力;根据膜的性能和流体力学条件、流体流道设计要合适,要避免浓差极化;膜要便于更换。

17.4.4　操作因素对纳滤膜的影响

1. 操作压力对纳滤过程的影响

纳滤是以压力为驱动力的膜分离过程。因此,一般来说,提高压力有助于膜通量和截留率的提高。随着压力的提高,水通量也随之提高,但浓差极化会越来越大,而使通量不会随压力的提高而无限的提高。有研究表明,用纳滤膜处理印染废水,当压力达到一定值时,由于膜面污染和凝胶层的形成,传质为凝胶层控制,此时透过液通量与压力无关。

2. pH 值对纳滤过程的影响

大多数纳滤膜表层都带有一定的电荷。例如一般的陶瓷膜有等电点,pH 值大小的不同会影响膜表面电荷的性质。同时 pH 值不同还会使得料液中某些物质的电荷不同,从而使这些物质与膜表面电荷相互作用改变而影响过滤性能。pH 值对纳滤过程的影响需要在具体的实验中测定。

3. 料液回收率对纳滤过程的影响

由于不断的浓缩,浓差极化也会不断扩大,因此一般情况下,提高料液的回收率会降低水通量及脱盐率。

4. 料液流速对纳滤过程的影响

在一定的速度范围内,提高料液流速会减小浓差极化的作用,但是流速的提高会导致料液沿程压力降增大,使平均过滤推动力降低。

17.4.5　纳滤技术的应用

1. 饮用水的生产

纳滤膜能有效截留二价离子,较完全去除病原体、水中加氯消毒副产物三卤甲烷中间体、痕量的除草剂、杀虫剂残余物、重金属、天然有机物等,十分适用于饮用水的深度处理。Mery-sur-Oise 水厂采用 NF 法处理 Oise 河的水以生产饮用水,生产能力为 140 000 m^3/d。两年多的实践证明产水水质极好,特别是对有机物和杀虫剂的清除非常有效。我国首套工业化膜软化系统——144 t/d 纳滤膜法制备饮用水示范工程,由国家海洋局杭州水处理中心设计,于 1997 年 10 月在长岛南隍城建成投产。

2. 废水处理

生活污水一般用生物降解－化学氧化法结合处理，但氧化剂的浪费太大，残留物多。可以在它们之间加一纳滤环节，使能被微生物降解掉的小分子（$M_w < 100$）透过，而截留住不能生物降解的大分子（$M_w > 100$）进入化学氧化器后再去生物降解，这样就可充分利用生物降解性，节约氧化剂和活性炭用量，降低最终残留物含量。

3. 食品工业、饮料行业

纳滤膜在食品工业、饮料行业中应用较多。主要用来对加工过程中的料液进行浓缩、脱盐、调味、脱色和去除杂质。现已有研究将纳滤应用于脱脂牛奶的处理，包括去除其中的盐分和对牛奶的浓缩。结果表明，用纳滤膜能有效除去杂味和盐味而不破坏牛奶的风味、营养价值。目前，工业化生产对纳滤技术的应用已取得较好效果的是乳清的浓缩脱盐。经纳滤后，被截留的乳清返回系统，稀释后继续浓缩脱盐，透过的溶液被排掉，直到乳清中含盐量降到要求。在植物油加工中，可以用一种纳滤膜将 20% 固含量、2% 自由脂肪酸的大豆油浓缩到 45%，同时将溶剂正己烷回收循环使用并将部分酸脱除，该方法较用正己烷直接蒸发法节能 50%。

4. 生化医药领域

在生化工程中，纳滤技术正用于将低相对分子质量的物质（如类固醇、维生素、抗生素和氨基酸等）从其他反应物中分离出来，进行澄清和精制，并且成功地应用于 B 族维生素的回收和浓缩，以及红霉素、金霉素等多种抗生素的浓缩和纯化过程。在医药工业，肽和多肽可通过色谱柱进行纯化，但蒸发时间过长，就可能破坏被提纯的产品，同时消耗大量的有机淋洗液。采用纳滤膜进行多肽的浓缩纯化，不但克服了以上不足，而且可以将小的有机物和盐分除去。近年来，纳滤技术只是试验性用于制药工业中，随着膜污染、稳定性等技术问题的解决，纳滤将成为医药生产中一种高效的分离技术。

5. 化工行业

有的染料中盐的质量分数高达 40% 左右，还含有相当量的异构体、同系物及未完全反应的原辅材料等，严重影响产品的质量。采用纳滤技术不仅可以除盐，还可除去部分异构体。I. Noel 等采用 BQ01 和 NF45 型纳滤膜处理染料溶液，发现这两种膜对染料的截留率达 100%。

6. 纳滤膜生化反应器

纳滤膜生化反应器，即将分离膜与生化反应器耦合在一起，反应产物通过膜分离不断取出，反应底物被截留在反应器中。R. Jeantet 等将纳滤膜与生化反应器耦合用于乳酸的半连续生产。乳酸被不断地从反应器中移出，而乳糖和菌体细胞则留在反应器中继续反应，乳酸的产率可达 $0.296\ kg/(m^2 \cdot h)$。纳滤膜技术的应用正在不断拓展之中。将纳滤膜应用于有机溶剂领域正处于研究阶段。

纳滤膜是一特殊而又很有前途的分离膜品种，但纳滤膜的传质机理还需进一步改进和完善。其分离精度也有待于提高，在开发新的膜材料以提高其耐溶、耐热、耐氧化和抗污染等性能的同时，应注重集成工艺的开发和过程的优化。

17.5　亲和膜分离

17.5.1　概述

亲和膜过滤(affinity filtration)技术也称亲和错流过滤(affinity cross-flow filtration,简称ACFF),由Medda于1981年首次提出。它是将水溶性或非水溶性高分子亲和载体与目标产物进行特异性可逆反应,然后用膜进行错流过滤。亲和膜过滤是生物亲和技术与膜分离相互结合的新型纯化技术,其研究涉及生物化学、化学工程和生物工程等多门学科交叉的前沿领域,现已应用于多种生物大分子的分离纯化,是目前纯化效率较高的生物分离纯化技术之一。亲和膜过滤技术既充分利用了载体上的配基对目标组分的专一的可逆的亲和吸附作用和超滤膜分离易于实现大规模生产的优点,又克服了超滤膜分离技术对分子质量相近的大分子无法实现分离的缺点,在生物工程下游产品纯化过程中具有广阔的应用前景。

17.5.2　亲和膜的基本原理和特征

亲和膜技术是把亲和层析的高选择性和超滤技术的高处理能力相结合的一种新型的能大规模进行生物特征物质分离提纯的技术,其基本原理如图17.13所示。当需提纯的物质(亲和体)自由地存在于提取液时,由于其相对分子质量较小,能顺利通过截留相对分子质量大的超滤膜。但当亲和体与具有结合能力的大分子配体混合,形成亲和体-大分子配体复合物后,由于此复合物相对分子质量远大于超滤膜的截留相对分子质量,从而被截留;而提取液中其他未被结合的组分则通过超滤膜,从亲和体-大分子配体复合物中分离出来。当所有的杂质去除后,用合适的洗脱液处理超滤膜截留得到的复合物,使亲和体从大分子中解吸出来;游离的亲和体(蛋白质、酶等)可通过超滤膜,从大分子配合体中分离出来。透过液可被截留相对分子质量较小的超滤膜进行浓缩,而大分子配体经再生后可循环使用。这一过程已成功地应用于蛋白质、酶等的间歇、半连续和连续操作。

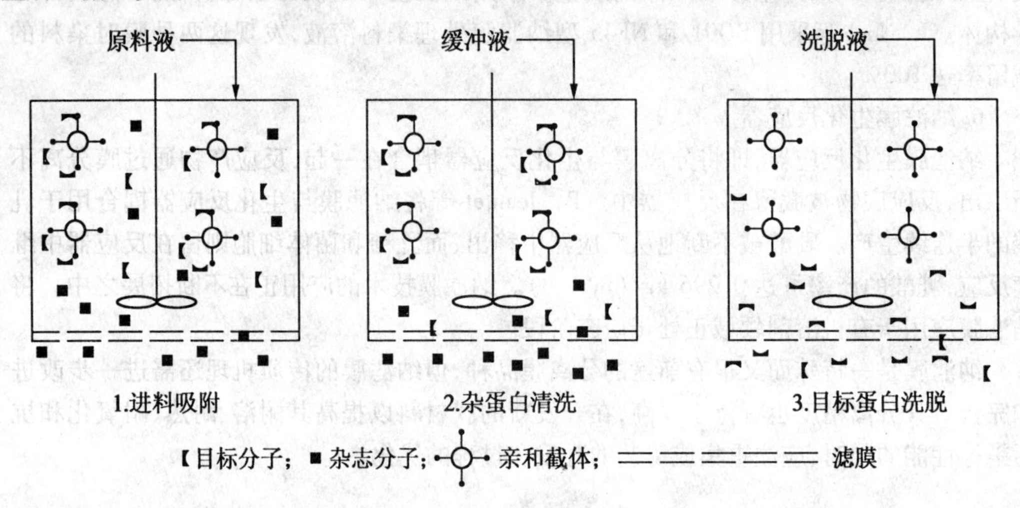

图17.13　亲和过滤技术的原理图

在亲和超滤过程中,决定生产率的两大因素为大分子配体的结合能力和超滤膜的透过速率。大规模连续生产要求吸附(亲和)和解吸迅速。在吸附步骤,虽然选择高结合能力的配体可提高吸附能力,但高结合度会给解吸带来困难,为此最好选择中等结合能力的配体。同时为了提高吸附量,配体必须有足够的接触面积(粒子尽可能小或呈多孔结构),并且应廉价、专一性强,在亲和洗脱条件下很稳定,在高剪切力下无损伤,易回收、无毒。若配体为小分子物质,则必须固定于载体表面。亲和超滤所用的载体有两类:一类是水不溶性微载体,另一类是水溶性大分子载体。常用载体有:聚丙烯酰胺、聚苯乙烯、琼脂糖、纤维素衍生物、葡聚糖、硅石、淀粉、脂质体、几丁或壳聚糖。采用非对称性载体,可减少扩散限制而造成的传质阻力,使亲和过程以动力学控制。在亲和超滤中,最吸引人的是可采用水溶性高分子为载体,这种聚合物可带有对酶、蛋白质等起抑制作用或亲和作用的官能团,这样亲和作用在均相中进行。水溶性高分子载体有许多优点:亲和载体与目标蛋白在均相体系中反应速度快,达到吸附或洗脱平衡的时间极短,吸附容量大。这一点对亲和超滤很有利,可以将目标蛋白溶液与亲和载体溶液,一边混合,一边进行超滤,而无需另备储槽进行反应;洗脱时也一样。同时亲和超滤技术也可选用小粒子载体,使其自由地悬浮在提取液中,从而增加了亲和作用概率,也防止了膜的浓差极化和堵塞现象。亲和超滤过程的透过速率由超滤膜的孔径或截留相对分子质量决定。选用截留相对分子质量大的超滤膜可提高透过速率。由于超滤膜分离的选择性较低,选用载体的相对分子质量应至少比亲和体的相对分子质量大 10 倍。由此可见,亲和超滤技术的关键是选择合适的配体、载体以及合适孔径的超滤膜。

17.5.3　亲和膜过滤技术体系及其分类

亲和膜过滤是利用分子质量较高的水溶性高分子化合物、不溶性微粒等为载体,并在载体上耦联一定量对目标分子具有特异性结合的亲和配基,获得亲和载体。在膜分离过程中结合有目标分子的亲和载体可被膜完全截留,而其他杂质分子则透过滤膜,经洗脱后实现目标分子的分离与纯化。亲和膜过滤技术体系可按照其载体种类、配基种类、亲和载体与目标分子的结合方式进行分类。

1. 载体

在亲和膜过滤技术的研究中,制备具有较强结合力和良好选择性的亲和载体一直是该领域的研究重点。理想的载体在操作条件下其化学性质和机械性质应保持稳定,对杂质分子无专一性吸附,易被配基所修饰,有足够大的亲和吸附容量。一般来说,用于亲和膜过滤的载体有两类:一类是水溶性大分子载体,另一类是水不溶性微载体。水溶性载体有许多优点:亲和载体与目标蛋白在均相体系中反应速率快,达到吸附或洗脱平衡的时间极短、吸附容量大。几种典型的水溶性亲和膜过滤体系见表 17.6。

表 17.6　水溶性载体的亲和膜分离体系

水溶性载体	配基	纯化目标产物	载体分子质量
葡聚糖(Dextran)	对氨基苯甲脒(PAB)	胰蛋白酶(Trypisin)	2×10^6

表 17.6(续)

水溶性载体	配基	纯化目标产物	载体分子质量
Dextran	PAB	尿激酶(Urokinase)	2×10^6
聚丙烯酰胺(Polyacrylamide)	邻氨基苯甲脒(MAB)	Trypisin	1×10^5
Polyacrylamide	MAB	Urokinase	1×10^5

非水溶性载体的种类较多,据报道可用的非水溶性基质有各种菌类的完整细胞(酵母、芽孢杆菌、链球菌等细胞)。纳米硅石微粒、琼脂糖、凝胶、脂质体等也均被作为基质使用过。

2. 配基及其与载体的耦联

在生物分离过程中使用的亲和配基一般可以分为两类:一类是特异性配基,这类配基只与其对应的分子发生特异性结合,如抗原、抗体、抑制剂、激素、激素受体等;另一类是通用型配基,这类配基能与某一类物质结合,如烟酰胺腺嘌呤二核苷酸(NAD^+)辅酶能与许多需要这种辅酶的酶结合。此外,由于活性染料的分子形状、大小以及电荷分布在某种程度上与辅酶相似,使之成为较常用的通用型配基之一,比较常见的染料配基是三嗪类染料。不同的配基和载体,其所需最佳耦联条件亦有所不同。一般需考虑缓冲液种类、pH 值范围、配基浓度、耦联时间和反应温度等影响因素。

3. 亲和载体与目标分子的结合

在亲和膜过滤过程中,亲和载体与目标分子之间的结合可能存在弱的共价键、离子键、分子键和配位键的作用,以蛋白质为例,这些作用及其产生原因见表 17.7。

表 17.7 亲和载体与目标蛋白的可能结合形式及其原因

结合形式	产生原因
离子间的相互作用	主要因氨基酸侧链的电荷引起静电作用
氢键结合	配体含 O 或 N 原子时,与结合部位形成氢键
疏水性相互作用	配体与结合部位都含有非极性基团
对金属原子配位	目标分子与配体的一部分都与同一金属原子配位
弱共价键结合	如醛基和羟基间形成的弱共价键,存在可逆性

由于亲和超滤膜分离过程中,膜过滤时亲和载体与目标分子能形成较稳定的体系,洗脱时载体与目标分子又容易分离,以达到纯化目标分子的目的,因此,亲和载体上的配基与目标蛋白的结合是一可逆过程,解离平衡常数 K_d 是配基与蛋白质亲和作用的一个重要参数。若解离常数过大,蛋白质不能有效结合;若过小,蛋白质洗脱困难。一般认为比较合适的 K_d 值是 $10^{-4} \sim 10^{-8}$ L/mol。

影响亲和载体与目标分子间相互作用的因素很多,如溶液的 pH 值、温度、亲和载体的空间结构、配基浓度等,其中载体表面所修饰的配基浓度是较为重要的因素之一。Powers 等在用 PAB 修饰的脂质体分离胰蛋白酶时发现,配基修饰密度存在一最佳值,当载体表面配基浓度较低时,结合容量随配基浓度增大而增加,当 PAB 与脂质体的物质的量之比为 1.5×10^{-5}时,继续增大 PAB 用量并不能再增加其结合目标蛋白的容量。这是由于配基浓度过高导致表面空间位阻增大的缘故,因此,在亲和膜过滤过程中控制适当的配基修饰密度十分必要。

此外,由于空间位阻的存在,配基和载体耦联后与目标分子的结合常数一般会降低数倍,甚至数十倍,当载体表面修饰密度较高时尤其明显。对一些结合常数非常大的体系,耦联后其结合常数仍可维持较高水平。对于耦联后亲和载体与目标分子的结合常数变得非常小的情况,可在配基连接活化载体前,先联入间隔臂,形成载体 - 间隔臂 - 配基 - 目标分子相互结合的组成。在选择间隔臂时,其长度必须适当,既要保证有足够的长度来克服空间位阻,又要防止间隔臂过长不能维持一定强度而弯曲。

17.5.4 亲和膜过滤装置

亲和膜过滤过程的早期研究大多集中在载体和配基的制备上,故操作方式较为简单,主要采用间歇操作,吸附、清洗、洗脱等步骤均在同一接触器中进行。典型的过滤装置有 Mattiassion 等分离伴刀豆蛋白 A 时使用的中空纤维膜组件,进行错流过滤操作;另一常见装置为 Choe 等所用的平板膜过滤器。为充分发挥亲和过滤速度快,易于放大的优势,近年来人们对亲和过滤过程的连续化进行了研究,Afeyan 等首先提出了连续亲和循环提取(continious affinity-recycle extraction,简称 CARE)的概念,并以微孔滤膜为过滤介质,以 p-aminobenzyl-1-thio-β-d-galactopyranoside (PABTG)修饰的琼脂糖凝胶为载体,分离纯化了 β 半乳糖苷酶,该过程的吸附和洗脱分别在两个容器中进行,载体在两容器间循环,从而实现了连续操作。孙彦等将该过程扩展到使用超滤膜为过滤介质,可溶性聚合物或无孔微粒为载体的系统,建立了以目标分子的小分子配基为洗脱剂的 CARE 过程之数学模型,由此得出优化操作条件。L. Z. He 等也采用集总动力模型模拟亲和过滤过程,对样品注入、清洗污染、洗脱等步骤进行了优化,进一步表明亲和过滤技术对分离纯化蛋白质类物质是较为有效的。亲和膜过滤技术是在膜分离技术基础上发展起来的,在膜的选择、清洗方法、操作方式选择等方面与浓缩生物产品所采用的普通膜过滤技术无本质的差别。近年来,在增加膜的透过性能、改进操作方式以提高透过流速方面,已进行了大量的研究工作。Ghayeni 等研制了反渗透膜,此类膜对细胞有一定的吸附作用。在超滤过程中添加酵母细胞后,酵母细胞可首先在过滤膜上形成一层动态膜使得单体可通过而阻止蛋白质聚集成团,这样就不会使过滤膜污染,提高了分离效率。Vinod T. Kuberkar 和 Robert H. Davis 等利用此法分离了牛血清蛋白(BSA),添加酵母细胞后,蛋白质得率提高 50%。

17.5.5 亲和膜超滤技术的应用

亲和膜超滤技术的特点决定了其广阔的应用前景,目前亲和超滤技术已在生物工程和制药工程等领域取得了广泛的应用。

1. 分离纯化伴刀豆球蛋白 A

伴刀豆球蛋白 A(简称 Con-A),是最早分离纯化、应用最广泛的植物凝集素,它能凝集动物的许多种细胞,促进淋巴细胞的分裂,能抑制细胞的一些生理活动,如表面受体的迁移、吞噬作用以及卵细胞的受精和生长等。伴刀豆球蛋白A中含有一个Mn^{2+}离子和一个Ca^{2+}离子,并能和许多其他过渡金属离子结合形成络合物。Mattiason等应用亲和超滤技术从刀豆的提取液中提取伴刀豆球蛋白A。该工艺采用啤酒酵母的热杀细胞为大分子配体,以D-葡萄糖为洗提液,获得了总收率为70%的高纯度产品。伴刀豆球蛋白A(相对分子质量为102 000)和热杀细胞(直径为5 nm)之间的亲和反应在一混合室中进行,而洗提和解吸在超滤膜装置中完成。游离形式的伴刀豆球蛋白A可通过超滤膜,而伴刀豆球蛋白A-热杀细胞的复合物则因体积大而被截留。过滤液(纯化后的蛋白溶液)用截留相对分子质量为3.5×10^4的超滤膜进行浓缩。

2. 分离纯化尿激酶

尿激酶是一种在人体肾中合成活化血纤维蛋白溶酶原蛋白酶,首先发现于尿液中,随后发现在许多哺乳类动物组织中也存在这种酶。最近,从各种组织中衍生出来的细胞系培养物中也得到了尿激酶。由于尿激酶可作为一种血纤维蛋白溶酶原活化剂,促进体内血栓溶解。现在人们对规模生产尿激酶很感兴趣。但是,由于尿激酶浓度非常低(1~50 ng/mL),从人尿中分离这种酶十分昂贵。迄今所用的分离纯化方法大多是由几个起始浓缩步骤和后面的一系列常规的层析分离步骤组成。因此,多步骤不可避免地带来产率的损失和投资、操作费用的增加。大规模制备尿激酶会造成回收率下降和设备投资大,操作费用高。因此,从原料中快速分离尿激酶(高产率、高纯度)就显得非常重要。以结合有尿激酶单克隆抗体的基质通过层析可提纯尿激酶,单一的抗体看来可提供从各种生物体液中高产率提纯尿激酶的快速一步法。但单克隆的抗体昂贵,难以制备,易于降解且使用寿命非常有限,因此这种技术非常昂贵、费力、费时。Male等采用在无氧的条件下,经N-丙烯酰-间-氨基苯甲脒和丙烯酰胺共聚而成的聚合物作为大分子配体,采用亲和超滤技术(超滤膜的截留相对分子质量为10^5)从人尿液中分离纯化尿激酶。首先是尿激酶提取液与大分子配体形成复合物,整个亲和超滤过程尿激酶的收率为49%,所得的尿激酶的比活力接近于最高商品级。由于人尿液中还含有其他相对分子质量很高的组分,因此在亲和超滤分离纯化尿激酶前,需要对其进行预处理。

3. 手性拆分对映异构体

许多药物和农药化学品都存在立体异构体,并且每个对映异构体都有不同的生物活性。在通常情况下,只有一种异构体具有想得到的活性,而其他的手性异构体可能会产生毒副作用。例如酞蘼哌啶酮药中,单独存在S-对映异构体具有可怕的致人体畸形的副作用。FDA和CPMP现在要求制造单一的对映异构体作为药剂或清楚说明用消旋体混合物的适当程度。2000年,全球单一对映异构体的药物销售已突破1 300亿美元,且有40%以药剂形式存在的药都是单一对映异构体。常用的消旋体分离方法是层析法、非对映异构体的盐结晶法、立体选择酶催化法等。但用这些方法生产的单一对映异构体成本高并且在大规模工业生产时放大困难,而亲和超滤技术可完全克服上述缺点,在消旋体混合物的拆分中,具有广阔的应用前景。应用亲和超滤技术对消旋体进行拆分的基本原理是:大分子配体对消旋体混合物进行有选择的吸附并形成复合物,用适当截留相对分子质量的超滤膜截留复合体,用洗提液对复合物进行洗提使单一对映异构体从复合物中分离出来,收集滤液。Poncet 等和 Garnier 等都采用牛血清蛋白作为大分子配体来拆分色氨酸消旋体,当溶液的 pH 值为9时,采用单级亲和超滤技术分离出的 D-色氨酸的纯度为91%,整个过程拆分回收率为89%。Overdevest 等采用具有对映选择性的胶束作为大分子配体,通过亲和超滤技术来拆分苯丙氨酸消旋体。在该过程中,具有对映选择性的胶束优先与一种对映异构体结合而形成复合物,而未结合的对映异构体则通过超滤膜。Romero 等采用牛血清蛋白作为大分子配体来拆分色氨酸消旋体,采用二级亲和超滤技术分离出的 L-色氨酸的纯度大于90%,整个过程的回收率为60%。采用二级亲和超滤技术可以有效避免截留滞留物(复合物)的累计,因此可获得更高的提纯倍数。

4. 测定单股核酸目标分子的碱基序列

Geiger 等采用亲和超滤技术测定单股核酸分子的碱基序列,其测定过程通常包括以下步骤:①提供单股标记的核酸试探分子,其中在单股目标分子的确定区间有必须的互补碱基序列;②将部分单股标记的核酸试探分子杂化到部分目标分子的确定区间,因此形成了杂化分子和单股分子的混合物;③混合物通过超滤膜进行超滤,超滤膜的截留相对分子质量大于单股标记的核酸试探分子而小于杂化的分子,因此单股标记的核酸试探分子通过超滤膜而杂化的分子被截留;④测定杂化分子中单股标记的核酸试探分子的质量或测定通过超滤膜而未与目标核酸分子杂化的单股标记的核酸试探分子的质量。用亲和超滤的测定方法的整个过程不会产生对人体和环境有害的挥发性污染物,而且无需进行手工操作,因此整个测定过程高效、环保。但必须注意的是,对于这样的测定体系,未标记的目标分子和标记的单股标记的核酸试探分子的相对分子质量必须适中,该方法才是适用的。因为对双组分进行有效的超滤分离时,目标分子-单股核酸试探分子复合物与单股核酸试探分子相对分子质量之比必须大于2。如果单股核酸试探分子相对分子质量大于目标分子,比例将小于2,因此超滤分离效果很差。

5. 测定转移酶的活性

转移酶是一种具有催化活性的酶。蛋白激酶、法呢基转移酶、胸甙激酶等是常见的转移酶。在生物或医学研究中,转移酶的活性是非常重要的,因为这些酶在生物体内起着分子交换作用。例如,测定血清中胸甙激酶的活性可以对乳腺癌进行有效的诊断。Huang 采用亲和超滤技术作为分离方法来测定转移酶的活性,其主要按下列步骤进行测定:①将待测的转移酶样品与标记的酶作用物和未标记的酶作用物反应得到反应产品,该产品拥有来自于标记酶作用物的标记部分和来自于未标记酶作用物的结合位置;②将反应所得的混合物与可溶性的大分子配体相接触,大分子配体通过与反应混合物的结合位置形成复合物产品;③反应混合物和大分子配体形成的复合物通过超滤膜进行超滤,超滤膜的截留相对分子质量大于标记的酶作用物相对分子质量而小于大分子配体的相对分子质量,因此复合物被截留而未反应标记的酶作用物则通过膜;④用适当的洗提液对截留复合物进行洗提以除去未反应标记酶作用物的残留物;⑤测定最终的截留复合物以确定转移酶的活性。

参考文献

[1]　王湛,周翀. 膜分离技术基础[M]. 北京:化学工业出版社,2006.

[2] 童欣，张皓. 膜分离技术在天然产物中的应用[J]. 生物技术世界，2015(3):98.
[3] 沃文. 超滤膜提取茶多酚[J]. 河南科技，2000(7):44.
[4] 胡亚芹，曹杨. 超滤膜技术在多糖提取方面的应用[J]. 生物技术通信，2005(2):228-230.
[5] 刘冬. 纳滤浓缩红曲色素提取液的研究[J]. 河南工业大学学报:自然科学版，2007(2):70-74.
[6] 杨宁，赵谋明，崔春，等. 仙人掌多糖的超滤膜分离提取及其影响因素[J]. 华南理工大学学报:自然科学版，2007(4):42-45.
[7] 李珺，钟耀广，刘长江. 超滤膜技术在香菇多糖提取中的应用[J]. 北方园艺，2009(1):123-125.
[8] 张小曼，马银海，杨朋基，等. 微滤－树脂联用技术分离提取杨梅红色素的研究[J]. 食品科学，2009(20):186-189.
[9] 蒋丽琴，张朝飞. 大蒜素提取液纳滤纯化的研究[J]. 广州化工，2013(7):83-85.
[10] 邓腾. 具有清热功能的中草药提取液微滤澄清工艺研究[J]. 食品与发酵科技，2013(4):45-49.
[11] 姜淑. 陶瓷膜微滤澄清三七提取液的研究[J]. 中成药，2008(5):664-666.
[12] 王士勇，都丽红，许莉. 纳滤分离技术在银杏叶提取物生产中的试验研究[J]. 化工装备技术，2008(3):15-18.
[13] 纪乐军，陈士翠，张丽，等. 微滤－超滤提取云芝胞内糖肽工艺的研究[J]. 食品与发酵科技，2014(2):27-30.
[14] 张晶晶，袁其朋. 桑白皮提取液的纳滤浓缩工艺研究[J]. 食品科技，2010(12):180-185.
[15] 顾正荣，董坤，孟烨，等. 绿茶提取液的纳滤浓缩工艺研究[J]. 食品工业科技，2006(5):139-141,205.
[16] 杨继住，秦小明，宁恩创，等. 纳滤在金花茶提取液浓缩中的应用[J]. 广西热带农业，2006(3):23-26.
[17] NAWAZ H, SHI J, MITTAL G S, et al. Extraction of polyphenols from grape seeds and concentration by ultrafiltration[J]. Separation and Purification Technology, 2006, 48(2): 176-181.
[18] GECOL H, ERGICAN E, FUCHS A. Molecular level separation of arsenic (V) from water using cationic surfactant micelles and ultrafiltration membrane[J]. Journal of Membrane Science, 2004, 241(1): 105-119.
[19] LEE S A, CHOO K H, LEE C H, et al. Use of ultrafiltration membranes for the separation of TiO_2 photocatalysts in drinking water treatment[J]. Industrial and Engineering Chemistry Research, 2001, 40(7): 1712-1719.
[20] MOHAMMAD A W, NG C Y, LIM Y P, et al. Ultrafiltration in food processing industry: review on application, membrane fouling, and fouling control[J]. Food and Bioprocess Technology, 2012, 5(4): 1143-1156.

[21] TOLKACH A, KULOZIK U. Fractionation of whey proteins and caseinomacropeptide by means of enzymatic crosslinking and membrane separation techniques[J]. Journal of Food Engineering, 2005, 67(1): 13-20.

[22] SINGH H. The milk fat globule membrane—a biophysical system for food applications [J]. Current Opinion in Colloid and Interface Science, 2006, 11(2): 154-163.

[23] BLOCHER C, NORONHA M, FüNFROCKEN L, et al. Recycling of spent process water in the food industry by an integrated process of biological treatment and membrane separation[J]. Desalination, 2002, 144(1): 143-150.

[24] VAN der BRUGGEN B, MÄNTTÄRI M, NYSTRÖM M. Drawbacks of applying nanofiltration and how to avoid them: a review[J]. Separation and Purification Technology, 2008, 63(2): 251-263.

[25] WARCZOK J, FERRANDO M, LOPEZ F, et al. Concentration of apple and pear juices by nanofiltration at low pressures[J]. Journal of Food Engineering, 2004, 63(1): 63-70.

[26] WANG Weining, WANG Daxin, WANG Xiaolin, et al. Experimental investigation on separation of inorganic electrolyte solutions by nanofiltration membranes[J]. Journal of Chemical Engineering of Chinese Universities, 2002, 16(3): 257-262.

[27] BOURSEAU P, VANDANJON L, JAOUEN P, et al. Fractionation of fish protein hydrolysates by ultrafiltration and nanofiltration: impact on peptidic populations[J]. Desalination, 2009, 244(1): 303-320.

第18章 液膜分离

18.1 概述

液膜(liquid membrane)是液体表面活性剂的简称,是指形成 $W_1/O/W_2$($O_1/W/O_2$)型中的 O 薄膜(W 薄膜)即油薄(水薄)。其中,W_1(O_1)称为内水相(内油相),W_2(O_2)称为外水相(外油相)。这层液膜与其他两相都不会产生互溶,它能够把两个组成不同而又互溶的溶液隔开,通过渗透分离一种或者一类物质。这种以液膜为分离介质、以浓度差为推动力的膜分离技术,称之为液膜分离法(liquid membrane separation),又称为液膜萃取法(liquid membrane extraction)。

18.1.1 发展概况

20 世纪 60 年代,液膜分离作为一种分离技术,开始被广泛研究。但对其最早的报道记载于 19 世纪初生物学家的研究报告中。早在 19 世纪 30 年代,Osterbout 用一种弱有机酸(quiacol)做载体,发现了钠与钾透过含有该载体的"油性桥"现象,根据溶质与"流动载体"(mobile carrier)之间的可逆化学反应,提出了促进传递(facilitated transport)概念。这一概念的提出为液膜分离的研究与应用奠定了基础。

化学工程师们注意到生物学家们在液膜促进传递方面取得的成就,并对其进行了进一步的分析改造和应用研究。Martin 在 20 世纪 60 年代初研究反渗透脱盐时,发现了具有分离选择性的人造膜。黎念之博士在用 du Nuoy 环法测定含表面活性剂的水溶液与油溶液之间的界面张力时,观察到了相当稳定的界面膜,由此开创了研究液体表面活性剂膜(liquid surfactant membrane) 或乳化液膜(emulsion liquid membrane)的历史。1968 年,黎念之博士首先提出一种新型膜分离方法并申请了专利,由此引起了全世界范围内膜学界人士的高度兴趣,由此推演出了促进传递膜(facilitated transport membranes)的新概念,并启发了后来各种新型液膜的发明。并且,他还研究了甲苯、正庚烷和某些其他体系通过乳化液膜的渗透特性,提出了液膜分离的基本机理。E. L. Cussler 于 20 世纪 70 年代初研制成功含流动载体的液膜(流动载体就是在膜中加入某种可溶性的载体化合物,它能够在液膜内往返传递待分离的迁移物质),提高了选择性。1986 年,澳大利亚学者第一次成功地实现了使用乳化液从黏胶废液中回收锌的应用等规模运转,推动了液膜分离法在工业化中的应用,使得该应用向前迈出了可贵的第一步。30 年来,该技术得到了迅速发展,已由最初的基础理论研究进入到初步工业应用阶段。目前已应用于湿法冶金、生物医药、化学分析、污水处理、石油化工等领域,尤其在环保和冶金方面取得较大发展。21 世纪,防治污染、保护生态环境是社会和经济可持续发展的重大课题,同时也为液膜分离技术的研究开创了新局面。

18.1.2 液膜的分类

液膜是一层很薄的液体,它阻隔在两个可互溶但组成不同的液相之间,是以分隔与其互不相溶的液体的一个介质相,其是被分隔两相液体之间的"传质桥梁"。通常不同溶质在液膜中具有不同的溶解度(包括物理溶解和化学络合溶解)与扩散系数,即液膜对不同溶质的选择透过,从而实现了溶质之间的分离。液膜分离技术与传统的溶剂萃取相比,具有以下几方面特征:①实现了同级萃取与反萃取的耦合。在液膜分离过程中,萃取与反萃取分别发生在液膜的左右两侧界面,溶质从料液相被萃入膜相左侧,并经液膜扩散到膜相右侧,再被反萃入接受相,从而实现了二者的耦合。②传质推动力大,所需分离级数少。萃取与反萃取是同时进行,一步完成的,因此,同级萃取反萃取的优势对于萃取平衡分配系数较低的体系则更为明显。③试剂消耗量少。④溶质可以"逆浓度梯度迁移"。

液膜的类型有很多,但是按照其组成、传质机理以及其构型和操作方式的不同将其分为三类。

1. 按组成分类

按组成可分为:油包水型和水包油型两种(图18.1)。

(1)油包水型(油膜)。

膜相为油质而内外相均为水相。

(2)水包油型(水膜)。

膜相为水质而内外相均为油相。

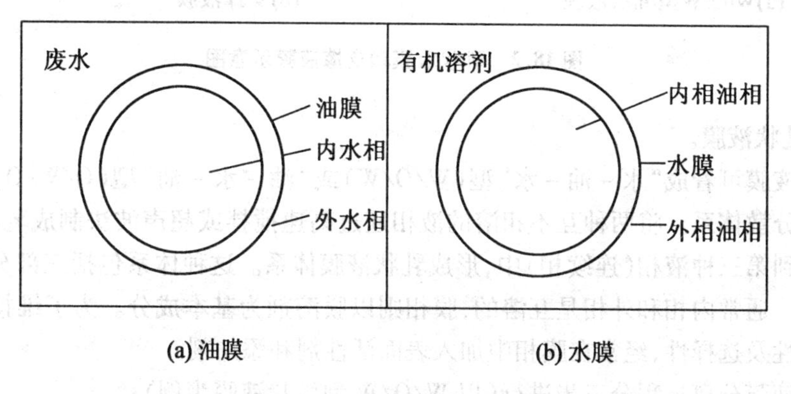

图18.1 油膜、水膜示意图

2. 按传质机理的不同分类

按传质机理的不同,液膜可分为无载体输送的液膜和有载体输送的液膜。

(1)无载体输送的液膜

其利用溶质和溶剂在膜内溶解及扩散速率之差进行分离,它可以用来分离物理、化学性质相似的碳氢化合物,从水溶液中分离无机盐以及从废水中去除酸性及碱性化合物等。

(2)含有流动载体的液膜

由于载体与被分离溶质间的可逆化学反应与扩散过程耦合,促进了传质的进行,使分离过程中的选择性与渗透速率极大地提高了。

3. 按构型和操作方式的不同分类

按构型和操作方式的不同,液膜分为乳状液膜(emulsion liquid membrane,简称 ELM)和支撑液膜(supported liquid lembrane,简称 SLM)两类(图 18.2)。乳状型的水膜和油膜是目前实际应用较多的液膜,它可以分为含流动载体和不含流动载体两种,而其中含流动载体的乳状液膜具有更高的选择性,能从复杂的体系中分离出所需的成分,是目前应用得最多的一种液膜分离技术。

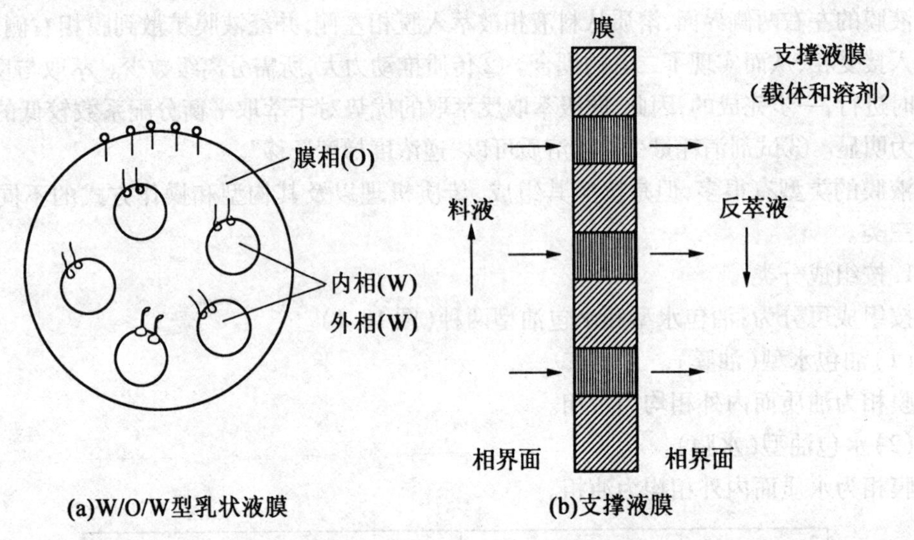

图 18.2　乳状液膜和支撑液膜示意图

(1)乳状液膜。

乳状液膜可看成“水 - 油 - 水”型(W/O/W)或“油 - 水 - 油”型(O/W/O)的双重乳状液高度分散体系。将两种互不相溶的液相通过高速搅拌或超声波法制成乳状液,然后将其分散到第三种液相(连续相)中,形成乳状液膜体系。这种体系包括三部分:膜相、内相和外相。通常内相和外相是互溶的,膜相则以膜溶剂为基本成分。为了维持乳状液一定的稳定性及选择性,经常在膜相中加入表面活性剂和添加剂。

乳状液膜分离过程分三步进行(以 W/O/W 型乳状液膜为例):

①制乳。对不同废水,须选择不同的膜溶剂、表面活性剂和内包相搅拌后制成的 W/O 乳液。

②传质。将 W/O 乳液分散到待处理废水中,形成 W/O/W 乳液。废水中的待分离组分,通过选择性渗透、化学反应、萃取和吸附等作用进入内包相,与内包相中的特定组分发生反应,从而富集于内包相。

③破乳。W/O/W 乳液经一段时间传质后,静置、分层,水层为出水,油层为油相与内包相的乳状液。利用电场或机械力破坏油层乳状液,使油相与内包相分开,油相循环使用,富集了被分离物的内包相进行回收或处理后废弃。

(2)支撑液膜。

支撑液膜由含载体(萃取剂或络合剂)有机溶液依靠分子间作用力和毛细管作用吸附在支撑体微孔中,膜两侧是与膜互不相溶的原料相和反萃相,待分离溶质自原料相经多孔支撑体中的膜相向反萃相传递。在应用中其主要采用惰性多孔膜,液膜溶液借助微孔的毛细管力含浸于孔内,由于将液膜含浸在多孔支撑体上,可以承受较大的压力,且具有更高的选择性;因而,它可以承担合成聚合物膜所不能胜任的分离要求。目前,常用的多孔支撑体材料有:聚砜、聚四氟乙烯、聚丙烯和醋酸纤维等。支撑型液膜的分离机理也和上述所说相似。

同样,在支撑型液膜分离技术的研究方面还存在很多亟待解决的问题;虽然很多报道讲述了支撑型液膜的不稳定性的机理,也做了一些提高支撑型液膜分离技术稳定性的研究。但是,实验结果都不理想,或者存在另外一些要解决的问题。

支撑液膜优异的选择性和高的透量是它对固体膜的优势。它的不稳定性也得到了人们的深入研究,提出了不同的机理解释和许多解决方案。在诸多方案中,以牺牲部分透量为代价来获取稳定性的提高不失为一种可靠的方法。相信随着支撑液膜的稳定性不断提高,大规模工业化应用还是很有可能的。

18.2　液膜分离的机理

因液膜组成结构的不同,将液膜分离的机理分为非流动载体液膜分离机理和含流动载体液膜分离机理。

18.2.1　非流动载体液膜分离机理

1. 利用液膜对物质做选择性渗透

当液膜中不含有流动载体时,其分离的选择性主要取决于溶质在膜中的溶解度。溶解度越大,选择性越好。这是因为对非流动载体液膜迁移来说,它要求被分离的溶质必须比其他的溶质运动得更快才能产生选择性,也就是说,混合物中的一种溶质的渗透速度要高。为了实现有效分离,必须选择一个能优先溶解一种溶质而排斥所有其他溶质的膜溶剂。

2. 在膜上或在膜包封的小水滴内发生化学反应

使用非流动载体液膜进行分离时,当膜两侧的被迁移的溶质浓度相等时,输送便会自动停止。因此,它不能产生浓缩效应。为了实现高效分离,可以采取在接受相内发生化学反应的办法来促进溶质迁移,即滴内化学反应的机理,如图 18.3 所示。

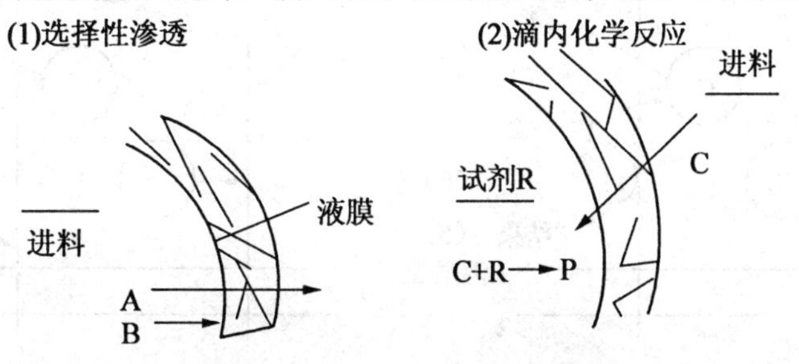

图 18.3　非流动载体液膜分离机理

18.2.2　含流动载体液膜分离机理

使用含流动载体的液膜时，其选择性分离主要取决于所添加的流动载体。载体主要有离子型和非离子型。流动载体负责指定溶质或离子选择性迁移，因此，要提高液膜选择性的关键在于找到合适的流动载体。其迁移机理有两种，介绍如下。

1. 逆向迁移

这种迁移机理是：当液膜中含有离子型载体时，载体在膜内的一侧与欲分离的溶质离子结合，生成络合物在膜中扩散，而扩散到膜的另一侧与同性离子（供能溶质）进行交换。由于膜两侧要求电中性，在某一方向一种阳离子移动穿过膜，必须由相反方向另一种阳离子来平衡。所以待分离溶质与供能溶质的迁移方向相反，而流动载体又重新通过逆扩散回到膜的外侧重复上述步骤，这种迁移称为逆向迁移，它与生物膜的逆向迁移过程类似。如图 18.4 所示，载体 C 在膜界面Ⅰ与欲分离的溶质离子 1 反应，生成络合物 C_1，同时放出供能溶质 2；生成的 C_1 在膜内扩散到界面Ⅱ并与溶质 2 反应，由于供入能量而释放出溶质 1，形成载体络合物 C_2 并在膜内逆向扩散，释放出来的溶质 1 在膜内溶解度很低，所以溶质 2 的迁移引起了溶质 1 的逆浓度迁移，即为逆向迁移。

2. 同向迁移

当膜中含有非离子型载体时，它所带的溶质是中性盐。例如用冠醚化合物载体时，它与阳离子选择性络合的同时，又与阴离子结合形成离子对一起迁移，这种迁移过程称为同向迁移。由于膜内相中被分离组分的浓度较外相低得多，引起被分离组分向内相释放，而游离的流动载体逆扩散回到膜的外侧重复上述步骤，但内外两相中欲被分离组分的浓度达到平衡时，这种迁移就会被停止，它同样不能达到浓缩效应。为了提高分离效率，也可以采取上述所说的滴内反应机理。同向迁移与生物膜的同向迁移过程类似，如图 18.5 所示，载体与待分离离子 1 选择性络合的同时与离子 2 缔合成离子对；然后络合物离子对在膜内扩散，当扩散到膜相和反萃相界面时，1 离子与 2 离子被释放出来，解络后的载体重新返回料液相侧，继续络合离子 1，2，在膜相中扩散，不断重复此过程，就达到了分离物质的目的。

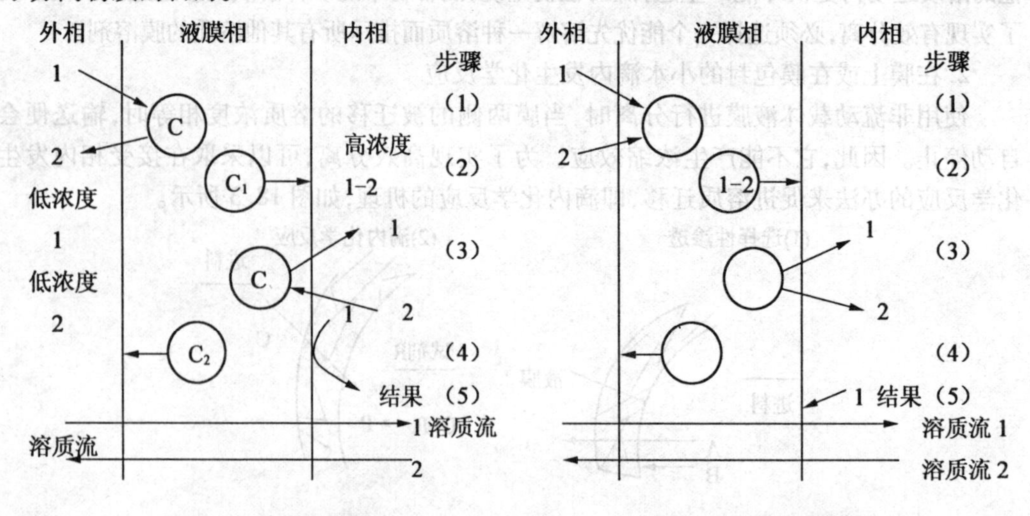

图 18.4　逆迁移机理　　图 18.5　同向迁移机理

18.2.3　液膜传质动力学模型

1. 乳化液膜

液膜的种类及其分离机理有多种,相应建立起的模型也各有不同。Cahn 和 Li 最先提出了一个非常简单的平板模型。之后,Matulevicius 等提出了空心球模型;Kopp 等提出了缩孔模型;Ho 等在此基础上建立了渐进前沿模型。在前人的基础上,Teramoto 提出了多层球壳模型;Bunge 提出了扩散模型;Janakiraman 提出了渐进反应区模型;严年喜提出了扩散 - 反应模型。

Fick 定律表示为

$$J_i = \frac{D_i K_i}{L}(C_i F - C_i p) \tag{18.1}$$

得出平板模型可表示为

$$-V_{10}\frac{\mathrm{d}c_1}{\mathrm{d}t} = PA\frac{c_1 - c_3}{\Delta x} \tag{18.2}$$

式中,c_1,c_3 分别为溶质在料液相和透过液相的浓度;P 为液膜的渗透系数;A 为液膜面积;Δx 为液膜厚度;t 为时间;V_{10}为料液的初始体积。

由于乳化液膜面积和厚度难以测定,故引入以下两个参数:

①乳水比 R_{ew} = 乳化液体积 V_e/料液体积;

②油内比 R_{oi} = 膜相体积/内相溶剂体积。

可近似认为液膜面积 $A \propto V_e$,因此 $A \propto R_{ew}$;液膜厚度 $\Delta x \propto R_{oi}$。对 I 型促进传质过程 $c_3 \approx 0$,将这些关系带入式(18.2),并积分得到

$$\ln\frac{c_{10}}{c_1} = P'\frac{R_{ew}}{R_{oi}}t \tag{18.3}$$

式中,P'为液膜的表观传质系数,包含了操作条件、液膜相比等的影响,在操作过程中是一变数,现把它作为常数处理带来较大误差。

2. 支撑液膜

将支撑液膜置于料液和萃取(或反萃取)液之间,液膜通常含有载体,利用液膜内发生的促进传递作用,将分离物从料液的一侧传递到反萃取液的一侧,这是一个反应 - 扩散过程。

18.3　液膜组成及分离操作过程

18.3.1　液膜的组成

液膜通常由膜溶剂(水或有机溶剂)、表面活性剂(乳化剂)和流动载体所组成,部分还加入一些添加剂来增加其稳定性。溶剂构成膜基体;表面活性剂含有亲水基和疏水基,可以定向排列以固定油水分界面,稳定液膜;添加剂用于控制膜的稳定性和渗透性。

1. 膜溶剂

膜溶剂是构成膜的基体,其含量在90%以上,选择膜溶剂时,主要考虑液膜的稳定性和对溶质的溶解度。对无载体液膜来说,要求溶剂对欲分离的溶质能优先溶解;而对有载体液膜来说,溶剂应能溶解载体,不能溶解溶质。油膜使用的有机溶剂,一般为非极性溶剂,以保证载体在其中有最大的溶解度,并需防止与水混溶。对烃类分离,宜选用水为膜溶剂。总的来说,膜溶剂的选用有如下要求。

①溶解性。膜溶剂应该难溶于相邻的两相水溶液中。

②挥发性。基于液膜稳定性和持久性的考虑,膜溶剂通常不宜选用易挥发的有机溶剂。

③毒性。选用无毒或低毒的有机溶剂,避免可留下毒性残留物的膜溶剂。

④密度。所选膜溶剂应形成的乳状液滴其密度应不同于所接触的进料液,其差值应不低于0.025,以利于从进料液中分离乳化液膜。

⑤水解性。所选膜溶剂在高温或在内相溶液为强酸强碱的情况下,应该保持稳定,不易水解。例如,酯类一般不适宜选作膜溶剂。

⑥固态化问题。为了形成液膜,所选膜溶剂在工艺操作条件下必须是液体,而且在使用过程中不应有转变为固体的趋势。

⑦黏度。膜溶剂必须具有一定黏性,以保持液膜机械强度,防止破裂。

2. 表面活性剂。

表面活性剂的种类、浓度对液膜的稳定性和渗透性都有很大影响。一般表面活性剂的浓度越大,液膜的稳定性就越高;但是,浓度过高会使液膜厚度和黏度增大,会影响液膜的渗透性。要形成油包水型或水包油型乳化液所用的表面活性剂必须具有一个特定的亲水憎水平衡值(hydrophile lipophile balance,简称HLB),配制油膜应选用HLB值为4~6的油溶性表面活性剂,配制水膜应选用HLB值为8~18的水溶性表面活性剂。一般在液膜分离技术中常使用非离子性表面活性剂。

用于液膜分离的表面活性剂通常有如下要求。

①制成的液膜有尽可能高的稳定性,有较大的温度适应范围,耐酸、碱,且溶胀小;

②能与多种载体配合使用;

③容易破乳,油相可反复使用;

④无毒或低毒,保存期长。

3. 流动载体。

流动载体的选择是液膜分离技术的关键点。液膜分离实际是一个萃取的过程,如使用有载体液膜分离水中的金属离子时,膜相中需加入流动载体(相当于萃取剂)。选择流动载体的方法与选取萃取剂的方法相似,用于溶剂萃取的萃取剂一般都可以作为液膜分离过程中的流动载体。流动载体应溶于膜相而不溶于相邻的溶液相,在膜的一侧能与待分离物质络合,然后传递通过膜相,在另一侧解络。此外,流动载体不能与表面活性剂发生作用。按照电性的不同,流动载体可分为带电载体和中性载体,一般中性载体好于带电载体。

18.3.2 液膜分离操作过程

液膜制备、液膜萃取、破乳三个过程为液膜的分离操作的一般过程。

1. 液膜制备方法

(1)乳化液膜的制备。

乳化液膜的制备设备为一带有恒温控制和转速测定的搅拌槽。控制温度到某一指定值后,在搅拌槽中加入膜溶剂、表面活性剂等组分,有载体液膜还需加入载体,制成一定配比的膜相溶液,然后在500 r/min转速搅拌下,加入一定量的内相试剂,再以2 000 r/min高速搅拌10~20 min,制得乳化液膜。

(2)支撑液膜的制备。

制备支撑液膜的重要环节是如何把液膜相溶液浸透到支撑物的孔中。最常用的方法是将多孔的惰性聚合物膜用溶解了载体的溶液浸透。这些惰性聚合物膜可以是聚砜、聚四氟乙烯、聚丙烯等的超滤膜;膜厚度为25~50 μm,孔直径为0.02~1 μm。

2. 液膜萃取

乳化液膜:将所制乳液同被分离料液充分混合,以将其中待分离组分萃取到膜内相,然后将乳液与被处理料液分离,所用设备为混合澄清槽及转盘塔等萃取设备。

支撑液膜:分离过程与一般的固膜相似,但制乳、萃取、破乳不可循环进行,且操作过程中液膜相会由于溶解、流失而损失,应定时对液膜进行更新。

3. 破乳

破乳的目的是打破乳液滴,分出膜相和内相,膜相用于循环制乳,内相试剂可进一步回收或后处理。破乳的方法主要有:化学破乳、离心破乳、热破乳、电破乳等。

18.4　影响液膜分离效果的因素

18.4.1　液膜的稳定性

想要拥有较好的分离效果首先要保证液膜体系具有良好的稳定性、选择性和渗透速度。这三个性质中,稳定性是影响液膜分离效果的关键性因素。

1. 乳化液膜的稳定性

乳状液膜的稳定性主要是操作过程中液膜的溶胀和液膜破损,破碎是指膜相破坏,内相溶液泄漏到外相。溶胀是指外相透过膜进入内相,使液膜体积增大。而溶胀过程可分为两种类型,即渗透性溶胀和包裹(夹带)性溶胀。渗透性溶胀是由内外相浓度差引起的;包裹(夹带)性溶胀是在萃取过程中乳液在外相中产生的。液膜溶胀不但使膜内富集组分的质量浓度和纯度降低,而且导致破乳困难。

(1)表面活性剂对乳液稳定性的影响。

表面活性剂的种类和浓度、搅拌强度、内水相的性质和大小、萃取操作时乳液的分散方式都是影响液膜稳定性的因素。增大表面活性剂的浓度就可增大膜黏度,降低膜的破碎率,但膜的溶胀度会增大。提高搅拌速度、增大内相液滴直径都会加大膜的破损率。一般情况下,在低于其临界胶束浓度(critical micelle concentration,简称CMC)时,液膜稳定性都随着表面活性剂浓度的增大而增强,界面张力急剧下降;当浓度大于CMC时,界面张力不再变化;再提高表面活性剂浓度,稳定液膜的效果也不明显。

(2)流动载体对液膜稳定性的影响。

流动载体种类及数量对液膜的稳定性有很大影响,有时一种适当的载体可以几十甚至上百倍地提高分离效率。载体常常是某种萃取剂,必须具备溶解性、适当的络合性和高度选择性。载体一般分为三类:酸性络合萃取剂,如 P204 等;中性络合萃取剂,如 TBP、醇、酮、酯类等;离子缔合萃取剂,如三辛胺、锌盐等。对其三类载体对液膜稳定性影响的研究表明,酸性络合萃取剂构成的液膜破损率最高,溶胀率最大,中性络合萃取剂的破损率最低,离子缔合萃取剂的破损率居于两者之间。由于这类萃取剂不易与水结合,故以它为载体的液膜溶胀率最小。对以酸性溶液为内相的液膜稳定性研究表明,酸性的浓度增大,或酸的氧化增加,都会使液膜稳定性下降。

(3)膜相添加剂对液膜稳定性的影响。

合适的膜相添加剂之所以能增加液膜的稳定性,是因为它能强化乳液的分散效果或者增加载体在膜相的溶解性或增强传质效果,常用的有低级醇、有机胺、烷基酸、单双烷基酸甘油脂等,它们能够协助表面活性剂降低油水间的界面张力,降低表面活性剂的相互排斥力,促使界面膜有很好的柔顺性和流动性,使乳相易于形成。助表面活性剂与表面活性剂链长相等时效果最佳。

(4)其他因素对液膜稳定性的影响。

构建一个稳定的液膜体系,还必须考虑膜相的组成、搅拌强度、乳化时间、内外相的 pH 值、乳水比、接触时间等。有研究表明,膜内电解质浓度越小,液膜稳定性越好;随着实验时间的增加,液膜的稳定性越差;膜处在中性介质中较稳定,内相包碱的液膜,外相 pH 值越小,膜稳定性越差;内相包酸的液膜,外相 pH 值越大,膜越稳定;另外,温度的升高将引起膜的不稳定。

2. 支撑液膜稳定性

虽然支撑液膜(supported liquid membrane,简称 SLM)具有优良的选择性和通量,但 SLM 的使用寿命目前只有几个小时到几个月,其稳定性技术有待解决,不能满足工业化的要求,所以 SLM 尚未进行工业化应用。SLM 不稳定的原因是液膜相容易从支撑体的微孔中流失。

(1)膜内存在压差的影响。

由于有物流通过 SLM,膜内存在压差。当压差超过一个临界值时,液膜相即被压出支撑体的微孔。这种压差效应对于以中空纤维为支撑体的 SLM 特别重要。

(2)支撑膜孔被水相浸湿机理。

由于待分离组分与液膜相中的载体在支撑膜－水相界面处可形成络合物等各种现象的存在,水相－有机相的界面张力和水相－孔壁之间的接触角会逐渐减小,导致膜孔被湿润,水相进入膜孔中置换有机相,使得液膜不稳定。

(3)支撑膜孔被阻塞。

当液膜相中载体的质量浓度达到饱和时,载体会从溶剂中沉淀出来导致膜孔阻塞。因此,虽然提高液膜相中载体的质量浓度有利于提高传递速率,但也要避免因载体的沉淀而导致的膜孔阻塞。

(4)剪切力诱导的乳化作用。

由于原料液和反萃取液流过SLM表面的速率不同及它们对SLM的脉冲效应,产生一个侧向剪切力,导致液膜相局部变形,最终形成乳化液滴,分散到水相中。这种机理与许多实验相吻合,有可能是SLM不稳定的另一个主要原因。

(5)渗透压的影响。

原料液和反萃取液中由于离子强度的不同而存在渗透压差,导致有机相从支撑膜孔中流失。而SLM的寿命与液膜相中水的含量、渗透压和水的传递有关,在渗透压存在条件下,有机相中水的含量对SLM稳定性的影响分为三类:当有机相中水的含量小于15 g·L^{-1}时,SLM的稳定性能良好;当水含量增加到15~40 g·L^{-1}时,SLM的寿命显著下降;水含量进一步增加,SLM的寿命接近为零。

18.4.2　分离的工艺条件

1.搅拌速度的影响

为了使形成的乳液滴直径小,制乳时搅拌速度一般要达到2 000~3 000 r/min。当连续相与乳液接触时搅拌速度应为100~600 r/min,搅拌速度不够会使料液和乳液不能充分混合,搅拌速度过大又会使液膜破裂,适当的搅拌速度才不会降低分离效果。

2.温度的影响

通常来说,传质温度越高,传质速率就越快,但温度高了反而会使液膜的稳定性降低,从而降低分离效果。操作温度应该尽量控制在常温或料液温度下进行。

3.制乳时间及混合时间

一般来说,高速搅拌下,制乳时间大于10 min液膜即可达到稳定。制乳时间过短,液膜不稳定,在分离时容易破乳;制乳时间过长,会导致液膜直径过小,不利于分离。

乳液与外相溶液混合的搅拌时间越长,液膜与内、外相溶液接触时间也越长,则金属离子与液膜的接触就越充分,分离率越高。但搅拌时间过长,会破坏液膜稳定性,降低工作效率。

4.油内比

油内比(rate of oil and inner phase/R_{oi})是指制备所得乳化液膜油相与内水相的体积比。油内比愈大,乳化液膜油层愈厚,液膜稳定性愈强,膜内所含载体及表面活性剂量也越多,相应提取率会愈高。但由于内水相为反萃取剂,油内比过大,反萃取剂减少,金属离子在内水相的富集作用减少,因此油内比存在一个最佳比例,通常取值为1:1。

5.乳水比的影响

乳水比(rate of emulsion and water/R_{ew})是指所用乳液体积与外相溶液体积之比,即乳化液膜体积与被处理水溶液体积比。对于体系来说,R_{ew}值增大,即单位磷酸溶液所用乳液量增大,在保证液膜直径基础上膜表面积增大,有利于分离提取。但从经济效益考虑,则希望采用低R_{ew}来降低成本。

6.料液的浓度和酸度的影响

液膜分离尤其适用于低浓度物质的分离提取。若料液中产物浓度较高,可采用多级处理,也可根据处理料液排放浓度要求,决定进料时浓度。料液中的酸度决定于渗透物的存在状态，在一定的 pH 值下，渗透物能与液膜中的载体形成络合物而进入膜相，则分离效果好；反之，分离效果就差。

18.5 液膜分离法的应用

液膜分离技术利用介质渗透性的差异性进行液体分离，实现分离过程不需要将液体加热至沸腾状态才可进行分离，更不需要使液体汽化，因此它的优点有：液膜分离工艺具有分离速度快、效率高；选择性好、设备简单、占地面积小、降低成本；渗透性强；难实现难度大的物质分离；操作浓度的范围大；工艺简单，方便操作，成本低。因而在湿法冶金、生物医药、化学分析、污水处理、石油化工等领域普遍引起重视。

18.5.1 液膜分离技术在医药中的研究进展

当今医药化工领域，药物的提取通常采用传统方式，如吸附、沉淀、溶媒萃取、反胶团萃取、微生物发酵等，工艺过程十分繁琐，需要的时间比较长，在提取的过程中要消耗大量的原料，能耗较高，产品回收率低。为此，研究者们越来越重视改进药物的提取工艺，随着这方面技术的不断发展，膜技术在医药化工领域的应用日趋成熟。

1. 乳状液膜在提取青霉素中的应用

液膜渗透速度很快，适合于分离和富集不太稳定的抗生素，推进了在抗生素分离和纯化中的应用，而且在抗生素提炼中的应用研究主要是青霉素的提取。青霉素在以钠盐存在时呈稳定状态，在传统提取工艺中，是将酸添加到盐中使之变成游离酸的形式，再用乙酸丁酯或乙酸戊脂萃取游离酸。此工艺不可避免地损失青霉素，且工艺复杂。用液膜法分离，可以在青霉素 pH 值为 5 ~ 7 条件下进行，这样避免了青霉素水解造成的损失。液膜分离具有浓缩与分离同时进行，节约大量能源的特点。

2. 液膜分离技术提取生物碱

液膜分离技术可以实现在常温的条件下将液体物质快速的分离，且使用的设备装置都比较简单，操作方法也简单易懂，液膜分离技术的运用范围不仅可以是实现无机物的分离，还能对有机物及生物制品实现分离。因此，可以将液膜分离技术运用在生物碱的提取上。传统的生物碱提取技术需要运用较为复杂的设备且工序较多，操作起来不仅繁琐、耗费的成本也较大，而且提取的萃取率也比较低。有学者通过研究发现，利用液膜分离技术中的表面活性剂对生物碱进行提取，不仅可以节约成本，操作简便，还能够提高萃取率。有学者分析萃取北豆根总碱的液膜分离技术方法，使萃取率达到 85%。此外，还有学者通过对烟碱进行液膜分离技术进行萃取，不仅找到了最佳的萃取方法，还建立了相关的萃取函数公式。

3. 液膜分离技术为血液充氧

在给血液供氧时，必须将血液中的不是氧气的成分进行排除，比如二氧化碳。这种排除主要是利用了碳氟化合物能够将二氧化碳以及氧进行溶解这一原理，然后将溶解的二氧化碳作为液膜的组成材料。再将含有二氧化碳的反应剂或者是吸收剂和含氟化合物混合起来，制成乳液，将水溶液作为内相，有机氟作为膜相，用全氟表面活性剂作为催化剂。制成的乳液充氧，同时要保证氧和有机氟化合物的膜相能够溶解在一起，直到饱和为止。这时，在血液中渗入了溶解在有机氟相中的氧，当血液中的二氧化碳渗透膜相进入乳状内相中，就会被吸收或者反应。

4. 液膜分离技术在制备中药口服液中的应用

液膜分离技术也大量地运用在医药领域，中成药中的口服液不仅使用方便、利于病人吸收，还能够达到疗效好、剂量准确的效果，一般而言，老人与幼儿服用较好，中药口服液的运用不仅节约成本，还具有汤剂的效果，因而发展迅速。

5. 液膜分离技术在中草药活性成分提取中的应用

中草药活性成分的含量较低，提取过程较为复杂，而且提取过程中需使用大量的有机溶剂，从而造成污染问题比较严重。而采用膜分离技术进行浓缩，不仅可以除去大分子杂质以及其他可沉淀的成分，还可以滤除药液中水分、小分子等杂质，既节省能耗，又提高药品的纯度，比通常所采用的方法效果更为理想。近些年来，膜分离技术在中药活性成分提取中的应用研究取得了丰富的研究成果：欧阳丽等对利用反萃分散液膜分离技术提取黄连中的药根碱、巴马汀和小檗碱进行了研究。结果表明，经过液膜分离后，料液中的生物碱高效地被传输进了反萃相，该反萃分散液膜体系对黄连中的药根碱、巴马汀和小檗碱连续传输8 h，分别达到了86%，88%和89%的提取效率。刘志昌等利用膜分离技术分离纯化白藜芦醇，大大提高了白藜芦醇的纯度，降低了生产成本，从而实现了清洁生产。焦光联等采用超滤法测定了黄芪多糖的相对分子质量分布，以截留相对分子质量为200 kD、10 kD的超滤膜对黄芪多糖进行超滤分离，有效地实现了黄芪多糖提取液中活性多糖成分与大分子蛋白多酚等物质的分离。颜栋美等结合中空纤维膜分离与聚酰胺吸附对金花茶中的茶多酚进行纯化研究，考察了金花茶提取液分别经过相对分子质量为300 kD、100 kD、10 kD、3 kD的中空纤维膜分离后，茶多酚纯度得到大幅提高。

6. 液膜分离技术在中草药制剂中的应用

中草药制剂传统工艺存在活性成分损失严重、工艺落后、剂型粗、黑、大等诸多问题，使得中草药制剂这一中华民族的瑰宝很难走向世界。如浸渍法、蒸馏法和沉除法等，不仅鞣质、蛋白质、淀粉及树脂类等杂质不易除尽，容易消耗有效成分，而且需要消耗大量的有机溶剂，对环境污染较大。膜分离技术却可在常温下操作，不需要反复加热，分离时无相变化，尤其适用于受热后活性成分易破坏的、保味性和对化学物质有反应的中药制剂；能减少有效成分的损失，利于保持中草药有效成分的生物活性、物理和化学稳定性；可分离不同相对分子质量大小的溶质，在中药制剂特别是注射剂的制备与生产中备受青睐；能除去残留农药成分、重金属等杂质，而且还能除去溶液中各种细菌、热原和微粒胶体；简化了生产工艺、缩短了研发周期、降低了能耗，同时节约大量有机溶剂，从而降低了成本，提高了经济效益，减少了对环境的污染。

7. 膜分离技术在中药制剂工艺中的应用，

已有较多的研究成果的报道：张传平等将膜分离技术应用于板蓝根颗粒生产中，利用膜分离技术精制及浓缩板蓝根水提液的工艺。以药液质量和膜运行指标，优选出板蓝根精制浓缩的膜分离工艺并通过中试加以检验，在技术上已基本具备工业的条件。姜翠莲对清开灵注射液膜分离技术应用进行研究，采用膜孔径为50 kD、100 kD、150 kD的聚丙烯腈超滤膜对六混液进行超滤，确定了超滤技术应用于清开灵注射液生产的环节点，建立了筛选膜的方法，通过比较超滤工艺和原工艺产品的质量、药效和经济效益，确定了超滤技术用于清开灵注射液的可行性和优越性。许桂艳等应用超滤膜分离技术生产双黄连注射液，与原工艺相比，药液颜色稍浅，成品检验各项指标合格，能有效地除去热原，提高产品质量。经破坏性实验及留样观察、加速实验，证明比原工艺生产的产品更稳定。通过控制超滤膜孔径大小能有效除去提取液中大分子物质，因此选用适宜孔径的超滤膜是提高产品收率和质量的关键。林祥云采用膜分离技术可以把芦荟生物活性物质以不同的相对分子质量区段进行分离，并且可有效澄清芦荟产品，有效保留其功能性成分，保护产品功效。利用超滤截取不同相对分子质量的芦荟多糖，分离和浓缩具有生物活性的组分，利用超滤法具有无加热、保持其生物活性、无污染、回收率高的优点，超滤在芦荟制品的分离提取中具有重要应用。微滤膜在芦荟制品加工中主要应用于除去芦荟汁中的细菌等微生物，过滤芦荟提取物中微米级的颗粒物。

由上可见，膜分离技术在中草药研究中已经得到了较为广泛的应用，它将在中药现代化进程中发挥重大作用，并对中药的规范化和标准化生产起到积极的促进作用，这势必为中药走出国门奠定坚实的技术基础。

18.5.2 液膜分离技术在金属离子的浓缩、提纯和分离的研究进展

传统的金属分离富集方法以火试金法、溶剂萃取法、吸附法、离子交换法、离子浮选等为主。在湿法冶金中，溶剂萃取法是常用的方法，但这种方法的缺点是成本较高。因而采用液膜法，这种方法适合稀贵金属的分离和富集。美国埃克森公司最先将液膜分离技术用于铜的生产上，十几年来，国内外许多研究机构主要将方向聚焦在利用液膜法回收稀土元素和贵金属上面，并已经取得了很大的进展。沈阳师范学院化学系刘芙燕等采用液膜分析法提取金，其首先制成一种油包水乳液，将此乳液分散于含外水相中，破乳后得到海绵态金。

废水的处理，尤其是对含有金属离子的工业废水的处理，在环保事业中占有较大的比例，因为这类废水不仅量大，而且对生态环境污染十分严重。因此，采用较为有效的方法处理这类废水，并从中回收有使用价值的金属是当务之急。相比较而言，支撑液膜处理这类工业废水有其独特优势。透过 SLM 的受促迁移(facilitated transport)已被国内外专家推荐作为从溶液中选择性分离、浓缩和回收金属的一种新技术。在这类迁移中，金属离子可以“爬坡”透过液膜，即逆浓度梯度进行迁移。将可以流动的载体溶于同水不相混溶的有机稀释剂中并吸附于微孔聚丙烯薄膜上，该载体可以同水溶液中的金属离子形成膜的可溶性金属络合物，从而实现膜的受促迁移分离过程。

Shukla 选用 Aliquat－336 作为载体，以高分子材料作为支撑膜，建立了贵金属 Pu(Ⅳ)的 SLM 体系，并给出了最优条件。Hovan 采用大环螯合剂作为离子载体，对多种二价金属离子如 Cd^{2+}，Ni^{2+}，Pb^{2+}，Mg^{2+}，Ca^{2+}，Sr^{2+}，Zn^{2+}，Co^{2+} 等离子的迁移建立了多种 SLM 体系。Lee 研究了以聚四氟乙烯多孔膜作支撑膜，以 2－乙烯乙基氢 2－乙烯磷酸作载体，煤油作为膜溶剂的 SLM 体系分离二元溶液中 Co(Ⅱ)，分离效果显著。Shiau 等采用中空纤维管作为支撑膜，D2EHPA(二－(2 已基已基)磷酸)作为载体制成 SLM，对铜离

子的迁移进行了理论分析，通过实验找出了 Cu^{2+} 在此体系内迁移的速度控制步骤。Valenzuela 采用中空纤维膜组件从含铜 640 mg/L 的废水中脱除回收铜，去除率可达 97%，浓缩比约为 40。

在国内，支撑液膜分离过程的研究发展也十分明显。王骋等以多孔聚丙烯膜为支撑体，PC－88A/CHCL 为膜载体，研究了重金属离子 Cd(Ⅱ)的支撑液膜传输行为，最后得出 Cd(Ⅱ)的最佳传质条件为料液相 pH＝5.0～5.4，载体浓度为 0.12～0.19 mol/L，在实验温度为 280～298 K 内，升高温度有利于金属离子的传输；推出 Cd(Ⅱ)在本液膜体系中的迁移动力学方程。卿春霞等又多次利用 SLM 法对含柠檬酸镍的模拟废水进行处理，确定了体系中的最佳传质条件为：模拟废水相的 pH 值为 10，聚丙烯支撑膜孔径为 0.22 m，反萃分散组合中有机相与反萃取相体积比为 1:1，水相流速为 10 mL/min。在此条件下，萃取率可达到 99% 以上。

18.5.3 液膜分离技术在稀土离子分离富集的研究进展

液膜提取稀土离子的特点是流程短、速度快、富集比大、试剂少、成本低，具有广阔的工业应用前景。我国在这方面的研究始于 20 世纪 80 年代初。提取稀土离子的液膜体系组成为：一般有机溶剂采用煤油或磺化煤油，载体采用 LA，P204，P507 等，内相采用 HCl，HNO_3 等。对稀土浸出母液可根据需要进行分组、提纯、分离等操作。

在稀土矿的开发和有关稀土分离过程中，往往会排放出大量的稀土废水，严重地污染水源，危害人民的身体健康。因此，开展应用液膜技术处理稀土废水的研究具有重要的实际意义：一方面能保护环境；另一方面又能回收废水中的稀土离子。近些年，已经有很多人在研究 SLM 提纯稀土离子。

在国外，Kazoo 采用双硬脂酸基磷酸为载体研究了 SLM 提纯稀土元素 Sm 的体系，建立了其迁移模型。Lee 采用聚丙烯多孔膜－2500 作为支撑膜，以 PC－88A 作为载体，建立了提纯稀土元素 Eu(Ⅲ)的支撑液膜体系，并对 Co(Ⅱ)的迁移过程建立了数学模型。Yahaya 采用了复合支撑液膜处理稀土废水中的 La6 Kim 以 CCE1(α－咔啉羧酸酯)和 CCE2(β－咔啉羧酸酯)为载体，采用间歇平板支撑液膜脱除 Ce，研究操作条件对脱除过程的影响，结果表明以 CCE1 为载体脱除速率比 CCE2 的快。

近几年国内研究者易涛等研究了平板夹心 SLM 体系，实验测定了萃取 La^{3+} 时的传质渗透系数，以及料液 pH 值、反萃取液中 La^{3+} 的质量浓度和反萃取液的酸度对渗透系数的影响，比较了不同材质和厚度的支撑膜在萃取中的差别，同时考查了液膜体系的萃取率和稳定性。

18.5.4 液膜分离技术在分离废水中的有机、无机酸的研究进展

用 SLM 分离有机酸与分离金属离子具有相似的机理。G. Aroca 等采用了三辛胺(TOA)作为载体制成的 SLM 体系，采用 Na_2CO_3 作为解析试剂，对废水中的有机酸进行迁移并建立了定量的迁移模型。Raffacle 利用 SLM 体系提取氨基酸，对应用条件进行了广泛研究，所建立的体系使用寿命较长，温度范围较宽，效果良好。Marek 建立了聚乙烯多孔膜作支撑膜的 SLM，该体系对不同立体结构的氨基酸进行分离，效果良好。罗马尼

亚科学家 Cocheci 等研究了采用液膜分离回收废水中的盐酸、乙酸的过程。

近几年在国内，张建民等采用了支撑液膜法从柠檬酸的发酵液中提取柠檬酸，确定了 SLM 体系在以聚丙烯微孔膜为支撑体、煤油为溶剂、TOA 为载体和用湿法装配的条件下，对柠檬酸分离效果最佳。宋经华等也利用 SLM 从柠檬酸水溶液中提取柠檬酸，研究了 Span 类和 Tween 类非离子表面活性剂对 SLM 体系的分离效率和稳定性的影响。实验结果表明：非离子表面活性剂对 SLM 体系的分离效果和膜的稳定性有一定的反促进作用；加入的表面活性剂的 HLB 值越大，SLM 体系的稳定性越不理想。

18.5.5 液膜分离技术在含酚废水处理的研究进展

中科院大连化物所、上海市环保所、华南理工大学等研究单位相继进行了含酚废水的实验研究并部分应用于生产中。张秀娟等建立了以 LMS－2 为表面活性剂，煤油为膜溶剂，NaOH 为内相试剂的乳状液膜体系，处理能力为 500 L/h 的酚醛树脂含酚废水液膜工业流程装置，废水起始含酚约 1 000 mg/L，经过二次液膜处理，出水含酚低于 0.5 mg/L，可直接排放，无二次污染。破乳后，可从内水相回收酚钠盐，此技术已应用于工业化生产。汪景文等对太原焦化厂含酚废水采用液膜法进行处理，采用蓝 113B－煤油－NaOH 膜体系，经二级处理，使含酚量为 500 ～1 000 mg/L 的废水下降到 0.5 mg/L 以下，并已建成一套日处理废水 1.7 t 的中试装置。秦非等认为混合型表面活性剂能显著改变含单一表面活性剂的液膜性能，降低液膜的传质阻力，提高液膜的传质效率，因此运用混合型表面活性剂蓝 113B/Span80 的膜体系对某染料化工厂的染料废水（苯酚浓度有时可达 1×105 mg/L 以上）进行液膜法除酚，得到了满意的结果。在废水含酚量为 810～50 400 mg/L 的广泛范围内，经二级处理，去酚率均可达 99.9% 以上。哈尔滨石油化工厂的戚秀云、李霞应用液膜法处理高浓度苯酚生产废水，在小试成功的基础上，用转盘塔做工业实验。探讨了乳水比、转盘塔转停留时间对除酚效果的影响，并通过正交实验找出了转盘塔的最佳工艺参数。实验结果表明，该工艺可使废水酚含量由 3 000 mg/L 降至 100 mg/L 以下，除酚率达 99% 以上。

过去的几十年里，液膜分离技术迅速发展，不断地适应不同的分离体系对分离操作的要求，也不断地扩大其自身的应用范围，成为了分离、纯化与浓缩溶质的有效手段，并且在湿法冶金、废水处理、气体分离、有机物分离、生物制品分离与生物医学分离、化学传感器与离子选择电极等多种领域显示出了极大的潜能。但是迄今所开发的大多数液膜技术，很难同时具备高选择性、高渗透性和高稳定性的性能，这就限制了它们的工业应用。但随着液膜分离技术的不断成熟和完善，液膜分离技术必将产生巨大的经济效益和社会效益。

参考文献

[1] LOZANO L J, GODINEZ C, DE LOS RIOS A P, et al. Recent advances in supported ionic liquid membrane technology[J]. Journal of Membrane Science, 2011, 376(2):1-14.

[2] BARAHONA F, TURIEL E, MARTíN E A. Supported liquid membrane - protected molecularly imprinted fibre for solid - phase microextraction of thiabendazole[J]. Analytica Chimica Acta, 2011, 694: 83-89.

[3] DÍAZÁLVAREZ M, BARAHONA F, TURIEL E, et al. Supported liquid membrane - protected molecularly imprinted beads for micro - solid phase extraction of sulfonamides in environmental waters[J]. Journal of Chromatography A, 2012, 1357: 158-164.

[4] ALI S Y, AMIRIB A, ROUNAGHIA G, et al. Determination of non - steroidal anti - inflammatory drugs in urine by hollow - fiber liquid membrane - protected solid - phase microextraction based on sol - gel fiber coating[J]. Journal of Chromatography B, 2011, 908: 67-75.

[5] STRIEGLEROVÁ L, KUBŇ P, BOČEK P, et al. Rapid and simple pretreatment of human body fluids using electromembrane extraction across supported liquid membrane for capillary electrophoretic determination of lithium[J]. Special Issue: Electro and Liquid Phase - Separations - Part II, 2011, 32(10): 1182-1189.

[6] MONDALA D N, SARANGIB K, PETTERSSONC F, et al. Cu — Zn separation by supported liquid membrane analyzed through Multi - objective Genetic Algorithms[J]. Hydrometallurgy, 2011, 107(3 -4): 112-123.

[7] AHMADA A L, KUSUMASTUTIA A, DEREKA C. J. C, et al. Emulsion liquid membrane for cadmium removal: studies on emulsion diameter and stability[J]. Desalination, 2012, 287(15) : 30-34.

[8] DÂAS A, HAMDAOUI O. Extraction of anionic dye from aqueous solutions by emulsion liquid membrane[J]. Journal of Hazardous Materials, 2010, 178(1 -3): 973-981.

[9] CHIHAA M, HAMDAOUIA O, AHMEDCHEKKATB F, et al. Study on ultrasonically assisted emulsification and recovery of copper(II) from wastewater using an emulsion liquid membrane process[J]. Ultrasonics Sonochemistry, 2010, 17(2): 318-325.

[10] OTHMAN N, ZAILANI S N, MILI N. Recovery of synthetic dye from simulated wastewater using emulsion liquid membrane process containing tri - dodecyl amine as a mobile carrier[J]. Journal of Hazardous Materials, 2011, 198(30): 103-112.

[11] ALCUDIA - LEóNMC, LUCENA R, CáRDENAS S, et al. Determination of phenols in waters by stir membrane liquid - liquid - liquid microextraction coupled to liquid chromatography with ultraviolet detection[J]. Journal of Chromatography A, 2011, 1218(16): 2176-2181.

[12] SARAFRAZ Y A, AMIRI A. Liquid - phase microextraction [J]. TrAC Trends in Analytical Chemistry, 2010, 29(1): 1-14.

[13] COLIN F, POOLEA S, POOLEB K. Extraction of organic compounds with room temperature ionic liquids[J]. Journal of Chromatography A, 2010, 1217(16): 2268-2286.

[14] SAN ROMÁN M F, BRINGAS E, IBAÑEZ R, et al. Liquid membrane technology:

fundamentals and review of its applications[J]. Journal of Chemical Technology and Biotechnology, 2010, 85(1): 2-10.

[15] LARS ERIK E E, GJELSTADA A, RASMUSSENA K E, et al. Kinetic electro membrane extraction under stagnant conditions—fast isolation of drugs from untreated human plasma[J]. Journal of Chromatography A, 2010, 1217(31): 5050-5056.

[16] TIM C, LIN H Q, WEI X T, et al. Power plant post - combustion carbon dioxide capture: an opportunity for membranes[J]. Journal of Membrane Science, 2010, 359(1-2): 126-139.

[17] PLAZAA A, MERLETA G, HASANOGLUA A , et al. Separation of butanol from ABE mixtures by sweep gas pervaporation using a supported gelled ionic liquid membrane: analysis of transport phenomena and selectivity[J]. Journal of Membrane Science, 2013, 444: 201-212.

[18] RICHARD D, DOUGLAS N, GIN L. Perspective on ionic liquids and ionic liquid membranes[J]. Journal of Membrane Science, 2011, 369(1-2): 1-4.

[19] CSERJéSI P, NEMESTóTHY N, BéLAFI - BAKó K. Gas separation properties of supported liquid membranes prepared with unconventional ionic liquids[J]. Journal of Membrane Science, 2010, 349(1-2): 6-11.

[20] GJELSTAD A, RASMUSSEN K E, PARMER M P, et al. Parallel artificial liquid membrane extraction: micro - scale liquid - liquid - liquid extraction in the 96 - well format[J]. Bioanalysis, 2013(5): 1377-1385.

[21] AKIN I, ERDEMIR S, YILMAZ M, et al. Calix[4]arene derivative bearing imidazole groups as carrier for the transport of palladium by using bulk liquid membrane[J]. Journal of Hazardous Materials, 2012, 223-224: 24-30.

[22] UEYA N, SHIRAI O, KUSHIDA Y, et al. Transmission mechanism of the change in membrane potential by use of organic liquid membrane system[J]. Journal of Electroanalytical Chemistry, 2012, 673: 8-12.

[23] KUBÁŇ P, BOČEK P. Capillary electrophoresis with capacitively coupled contactless conductivity detection: a universal tool for the determination of supported liquid membrane selectivity in electromembrane extraction of complex samples[J]. Journal of Chromatography A, 2012,1267: 96 - 101.

[24] SEIP K F, STIGSSON J, GJELSTAD A, et al. Electromembrane extraction of peptides-fundamental studies on the supported liquid membrane[J]. Journal of Separation Science, 2011, 34(23): 3410-3417.

[25] POLONCARZOVA M, VEJRAZKA J, VESELY V, et al. Effective Purification of Biogas by a condensing - liquid membrane[J]. Angewandte Chemie International Edition, 2011, 50(3): 669-671.

[26] NOSRATI S, JAYAKUMAR N S, HASHIM M A. Performance evaluation of supported ionic liquid membrane for removal of phenol[J]. Journal of Hazardous Materials, 2011,

192(3): 1283-1290.

[27] ZHAO Wei, HE Gaohong, NIE Fei, et al. Membrane liquid loss mechanism of supported ionic liquid membrane for gas separation[J]. Journal of Membrane Science, 2012, 411-412: 73-80.

[28] RUSOVA A, SERGAY L, LEO J P, et al. Gas/liquid membrane contactors based on disubstituted polyacetylene for CO_2 absorption liquid regeneration at high pressure and temperature[J]. Journal of Membrane Science, 2011, 383(1-2): 241-249.

[29] MARCOS F, ORTIZA A, DANIEL G, et al. Effect of liquid flow on the separation of propylene/propane mixtures with a gas/liquid membrane contactor using Ag + - RTIL solutions[J]. Desalination and Water Treatment, 2011, 27(1-3):123-129.

[30] SURENA S, WONGSAWAA T, PANCHAROENA U,et al. Uphill transport and mathematical model of Pb(II) from dilute synthetic lead - containing solutions across hollow fiber supported liquid membrane[J]. Chemical Engineering Journal, 2012, 191(15): 503-511.

[31] ZENG Chujie, YANG Fangwen, ZHOU Neng. Hollow fiber supported liquid membrane extraction coupled with thermospray flame furnace atomic absorption spectrometry for the speciation of Sb(III) and Sb(V) in environmental and biological samples[J]. Microchemical Journal, 2011, 98(2): 307-311.

[32] XIE Xiaojiang, GASTóN A C, MISTLBERGER G, et al. Photocurrent generation based on a light - driven proton pump in an artificial liquid membrane[J]. Nature Chemistry, 2014(6): 202-207.

[33] BORIBUTHA S, ASSABUMRUNGRATB S, LAOSIRIPOJANAC N, et al. Effect of membrane module arrangement of gas - liquid membrane contacting process on CO_2 absorption performance: a modeling study[J]. Journal of Membrane Science, 2011, 372(1-2): 75-86.

[34] ANSARI S A, MOHAPATRA P K, IQBAL M, et al. Novel diglycolamide - functionalized Calix[4] arenes for actinide extraction and supported liquid membrane studies: role of substituents in the pendent arms and mass transfer modeling[J]. Journal of Membrane Science, 2013, 430: 304-311.

第19章 分子蒸馏

19.1 概述

19.1.1 概念

分子蒸馏(molecular distilation,简称MD)又名短程蒸馏(short path distilation,简称SPD),是一种非平衡蒸馏,其可以根据不同物质分子运动平均自由程的差别在高真空(压强一般小于5 Pa)下实现物质间的液-固或液-液分离技术。分子蒸馏技术作为一种最温和的蒸馏分离手段,其具有分离真空度高、蒸馏温度低、受热时间短、分离程度及产率高、产品质量高等特点,克服了常规蒸馏操作温度高、受热时间长、分离程度低的缺点。分子蒸馏可以大大降低高沸点物料的分离成本,能极好地保护热敏物料的品质,特别适用于高沸点、热敏性及易氧化物质的分离纯化,它能解决大量用常规蒸馏技术分离难于解决的问题。此技术已经广泛应用于高纯物质的分离纯化,特别适合天然物质的分离。目前,分子蒸馏技术已成功应用于石油化工、精细化工、食品、塑料、医药等行业。近年来,分子蒸馏技术已逐渐成为生物工程领域中的关键技术之一。

19.1.2 发展简史与进展

蒸馏是实现分离的一种最基本的方法,可实现固体和液体或液体和液体混合物的分离。常规蒸馏的过程中,对较易分离或分离要求不高的物系,可采用简单蒸馏;对温度不敏感、黏度适中、较难分离的物系,可采用精馏或特殊精馏;而对于热敏性、高沸点、高黏度物质的分离或浓缩,受热温度和停留时间是影响其热分解(热聚合)的两个决定性因素;King研究发现物质的热分解程度与受热温度成指数关系,与受热区停留时间成正比。由克劳修斯-克拉伯龙方程得知,物质的沸点随外压的降低而降低;因此,可通过降低蒸馏操作压力以降低物料的操作温度,即所谓的真空蒸馏(减压蒸馏)。但由于蒸馏单元内大量液体产生的静压差以及蒸馏单元与冷凝器间的管道效应等原因,阻碍了蒸馏单元内压力的进一步降低。但是,对于沸点高、热不稳定、黏度高或容易爆炸的物质,并不适宜使用普通减压蒸馏法,于是一种新的分离技术——分子蒸馏技术也相应产生。

分子蒸馏技术最早可以追溯到第二次世界大战以前,伴随真空技术和真空蒸馏技术发展起来的一种液-液分离技术。Hickman博士是最早的发明人之一,早在1920年,他就利用分子蒸馏设备做过大量的小试实验,并将该方法发展到中试规模。当时的实验装置非常简单:在一块平板上将欲分离物质涂成薄层使其在高真空下蒸发,蒸汽在周围的冷表面上凝结。操作时使蒸发面与冷凝面的距离小于气体分子的平均自由程,从而气体分子彼此发生碰撞的概率远小于气体分子在冷凝面上凝结的概率。因此,这种简单的蒸馏方法在美国首先以“分子蒸馏”的概念出现，并沿用至今。

20世纪30年代至20世纪60年代，分子蒸馏技术得到了世界各国的重视，是分子蒸馏技术的研发时代，世界各国都在不断扩大和完善该项技术在工业化中的应用，特别是20世纪80年代以来，随着人们对天然物质的青睐，回归自然的潮流兴起，分子蒸馏这一无化学残留的物理分离技术得到了迅速发展。德、日、英、美均有多套大型工业化装置投入工业化应用。但由于相关技术的发展还很落后，致使当时分子蒸馏技术及装备在总体上还不够完善。例如，分子蒸馏蒸发器的分离效率还有待提高，密封及真空获得技术还有待改进，应用领域还有待拓展、分离成本还有待降低等。所有这些都是后来的研究者改进的方向。

从20世纪60年代至今，各国研究者都十分重视这一领域的研究，不断发布新的专利和研究成果。同时也出现了一些专业的技术公司专门从事分子蒸馏器的开发制造，使分子蒸馏技术的工业应用得到了进一步发展。一些工业强国相继利用分子蒸馏技术解决了许多分离领域中的难题。到目前为止，分子蒸馏技术已在150余种产品的分离上成功地实现了工业化，具有较广泛的开发潜力。

我国对分子蒸馏技术的研究重点围绕三个方面：一是分子蒸馏机理研究；二是设备结构及装置系统性能研究；三是工业化应用研究。迄今为止，我国已利用分子蒸馏技术开发新产品50余种，并已先后完成了利用分子蒸馏技术精制鱼油、天然维生素E、亚麻酸、辣椒红色素、角鲨烯、二聚脂肪酸、异氰酸酯加成物等多个产品的工业化生产。所有生产的产品均为填补国内空白，许多产品达到国际先进水平。目前，我国的分子蒸馏技术已进入世界先进行列，应用前景十分广阔。但总体来说，分子蒸馏技术的研究在我国起步较晚，其工业化应用还不够广泛，需要进一步加强。

分子蒸馏技术作为一种原理简单而实际应用机理复杂的高新技术，已有70多年历史，该技术在高纯物质分离中已显示了广阔的应用前景，尽管其工业化推广应用发展迅速，但尚未广泛应用。分子蒸馏技术的机理研究、参数模型研究、工艺影响因素研究、蒸馏器结构研究、工艺与装备结合性研究等理论研究将是推动该项技术发展的关键；另外，中草药应用研究、高难度分离物质研究、工业化装置稳定性、先进性及经济性研究等工业化应用研究将是该技术广泛应用的重要环节。

19.2　基本原理

19.2.1　基本原理

1.分子运动自由程

分子之间存在范德华力及电荷作用力等，常温或相对低温下液态物质由于分子间引力作用较大，使该分子的活动范围相对气态分子而言要小些。当两分子间的距离较远时，分子间的作用力以吸引力为主，使得两分子逐渐被拉近，但当分子间距近到一定程度后，分子间力又以相互排斥力为主，其作用力大小随距离的接近而迅速增大，该作用力的结果又会使两分子分开。这种由接近又分离的过程就是分子的碰撞过程。而在每次的碰撞中，两分子的最短距离称为分子的有效直径(d)，一个分子在相邻两次分子碰撞间隔内所走的距离为分子自由程(λ)。不同的分子有着不同的分子有效直径,在同一外界条件下也有着不同的分子运动自由程;即使是同一分子,在不同的时刻其分子运动自由程的大小也不完全相等,由热力学原理推导出的某时间间隔内分子运动的平均自由程(λ_m)为

$$\lambda_m = (K/\sqrt{2}\pi) \times (T/d^2 P)$$

式中　D——分子有效直径;

P——分子所处环境压强;

T——分子所处环境温度;

K——波尔兹曼常数。

温度、压力及分子的有效直径是影响分子运动平均自由程的主要因素。物质确定以后,分子的有效直径一定,当温度升高,分子运动加剧,分子运动自由程增加;当温度恒定时,压力降低,单位体积的分子数减少,分子碰撞的频率降低,分子运动的平均自由程增加。

2. 分子运动自由程的分布规律

分子运动自由程的分布规律可表示为

$$F = 1 - e^{-\lambda/\lambda_m}$$

式中　F——自由程不大于 λ 的概率;

λ_m——平均自由程;

λ——分子运动自由程。

由公式可以得出,对于一群相同状态下的运动分子,其自由程不小于平均自由程 λ_m 的概率为 $1 - F = e^{-\lambda/\lambda_m} = e^{-1} = 0.368$

3. 分离因数

Langmuir 研究了高真空下纯物质的蒸发现象,从理论上推导出纯物质的分子蒸发速率为

$$G = P^0 [M/(2\pi R_g T_s)]^{1/2}$$

式中　P^0——物质的饱和蒸气压;

R_g——气体常数;

T_s——液膜表面温度;

M——物质的摩尔质量。

由上式可知,理论分子蒸发速率只是液体表面温度和分子种类的函数。

分子蒸馏是一种非平衡分离过程,分子蒸馏理论分离因数为

$$\varepsilon = P_A^0/P_B^0 (M_B/M_A)^{1/2}$$

与普通蒸馏相比,分子蒸馏理论分离因数增加了$(M_B/M_A)^{1/2}$倍,因此,分子蒸馏技术可以用来分离挥发度相近但相对分子质量不同的混合物系。

4. 影响分子运动平均自由程的因素

温度、压力及分子的有效直径是影响分子运动平均自由程的主要因素,物质确定以后,分子的有效直径一定,当温度升高,分子运动加剧,分子运动自由程增加;当温度恒定时,压力降低,单位体积的分子数减少,分子碰撞的频率降低,分子运动的平均自由程增加。

5. 分子蒸馏速度

分子蒸馏速度完全是由物质分子从蒸发液面挥发速度决定,同气液平衡无关。Greeberg 从这个角度出发推导出物质分子蒸馏速度方程为

$$N = p[(2\pi TMR_g)^{-1}]^{1/2}$$

式中　N——摩尔蒸发速度，$md/cm^2 \cdot s$；

P——组分的蒸气压，g/cm^2；

M——相对分子质量；

T——绝对温度，K；

R_g——气体常数，$g \cdot cm/g \cdot mol \cdot K$。

对于双组分体系则上式改写为

$$N_i = c_i/c_T \cdot \alpha_i \cdot p_i[(2\pi TM_iR_g)^{-1}]^{1/2}$$

式中　c_i——浓度；

c_T——总的浓度；

α_i——蒸发系数。

这组函数关系比较适合描述离心式蒸馏；对于降膜式分子蒸馏，由于液膜比较厚，必须考虑扩散对蒸馏速度的影响。

6. 相对挥发度

分子蒸馏表示组分分离难易程度用相对挥发度表示。在分子蒸馏过程中，理论相对挥发度用以下方程式表示：

$$\alpha_1 = p_1^0/p_2^0$$

式中　p_1^0——组分 1 的饱和蒸气压；

p_2^0——组分 2 的饱和蒸气压；

M_1——组分 1 的相对分子质量；

M_2——组分 2 的相对分子质量。

在实际过程中，对于双组分体系，真空相对挥发度为

$$\alpha_2 = \frac{Y(1-X)}{X(1-Y)}$$

式中　Y——在气相中的摩尔分率；

X——在液相中的摩尔分率。

7. 分子蒸馏的基本原理

根据相平衡理论，一定温度下液态物质与液面上的饱和蒸汽存在着动态的平衡，该平衡点（气相中的饱和蒸气压）随温度的改变而改变。从分子运动平均自由程的公式可以看出，不同的分子由于有着不同的分子有效直径，它们的平均自由程也不相同，即不同种类的分子受热后逸出液面不与其他分子发生碰撞所飞行的距离是不相同的。一般来讲，相对较轻的分子，其分子运动平均自由程较大，而相对重的分子其平均自由程要小些。分子蒸馏技术就是利用不同种类物质的分子逸出液面后其平均自由程大小不同的性质来实现分离提纯的。具体是在液面上方大于重分子平均自由程而小于轻分子平均自由程处设置一冷凝面，使得重分子达不到冷凝面而返回液面保持原有的平衡；而轻分子则不断地在冷凝面上被冷凝，从而破坏了轻分子的动态平衡，结果是混合液中的轻分子不断从液相逸出而被捕集从而达到分离的目的（图 19.1）。分子蒸馏过程一般可分为以下五步。

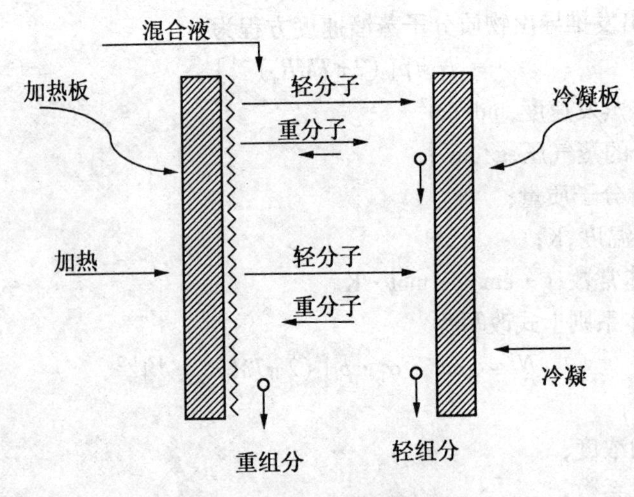

图 19.1 分子蒸馏原理示意图

(1)料在加热面上形成液膜。

通过重力或机械力在蒸发面形成快速移动、厚度均匀的薄膜。通常,液相中的扩散速度是控制分子蒸馏速率的主要因素,在设备设计时,应尽量减薄液层厚度并强化液层的流动。

(2)组分分子在液膜表面上的自由蒸发。

分子在高真空和远低于常压沸点的温度下蒸发。蒸发速率随着温度的升高而上升,但分离效率有时却随着温度的升高而降低,所以应以被加工物质的热稳定性为前提,选择经济合理的蒸馏温度。

(3)分子从加热面向冷凝面的运动。

在蒸馏器内保持足够高的真空条件下,使蒸发分子的平均自由程大于或等于加热面和冷凝面之间的距离,则分子向冷凝面的运动和蒸发过程就可以迅速进行。蒸气分子从蒸发面向冷凝面飞射的过程中,可能彼此相互碰撞,也可能和残存于两面之间的空气分子发生碰撞。由于蒸发分子远重于空气分子,且大都具有相同的运动方向,所以它们发生自身碰撞对飞射方向和蒸发速率影响不大。而残气分子数目的多少是影响蒸发分子飞射方向和蒸发速率的主要因素。

(4)分子在冷凝面上的冷凝。

保持加热面和冷凝面之间达到足够的温差,冷凝面的形状合理且光滑,轻组分就会在冷凝面上瞬间冷凝。

(5)馏出物和残留物的收集。

馏出物在冷凝器底部收集,残留物在加热器底部收集,没有蒸发的重组分和返回到加热面上的极少轻组分残留物,由于重力或离心力的作用,滑落到加热器底部或转盘外缘。

如刮膜式分子蒸馏的操作过程一般如下:进料以恒定的速率进入到旋转分布板上,在一定离心力的作用下被抛向加热蒸发面,在重力作用下沿蒸发面向下流动的同时在刮膜器的作用下得到均匀分布,低沸点组分首先从薄膜表面挥发,径自飞向中间冷凝面,冷凝成液相,冷凝液流向蒸发器的底部,经馏出口流出;不挥发成分从残留口流出;不凝性气体从真空口排出。因此,目的产物既可以是易挥发组分,也可以是难挥发组分。

19.2.2 技术特点

由分子蒸馏原理得知,分子蒸馏操作必须满足三个必要条件:①轻、重组分的分子运动平均自由程必须要有差别;②蒸发面与冷凝面间的距离要小于轻组分的分子运动平均自由程;③必须有极高真空度。

从分子蒸馏的技术原理及设备设计的形式来看,分子蒸馏技术与普通蒸馏或真空蒸馏技术相比,具有如下一些特点。

1. 操作压强低

由分子运动平均自由程公式可知,必须降低蒸馏压强才能获得足够大的平均自由程。另外,由于分子蒸馏装置的冷热面间的间距小于轻分子的平均自由程,轻分子几乎没有压力降就达到冷凝面,使蒸发面的实际操作真空度比传统真空蒸馏的操作真空度高出几个数量级,常规真空蒸(精)馏装置由于存在填料或塔板的阻力,所以系统很难获得较高的真空度。分子蒸馏真空度可达0.1~100 Pa。

2. 操作温度低

常规蒸(精)馏是在物料沸点温度下进行操作的,而分子蒸馏依靠分子运动平均自由程的差别实现分离,也就是说后者在分离过程中,蒸汽分子一旦由液相逸出就可实现分离,并不需要达到物料的沸点(远低于其沸点),加之分子蒸馏的操作真空度更高,这又进一步降低操作温度。如某液体混合物在真空蒸馏时的操作温度为260 ℃,而分子蒸馏仅为150 ℃左右。

3. 物料受热时间短

一般的真空蒸馏,被分离组分从沸腾的液面逸出到冷凝馏出,由于所走的路程较长,所以受热的时间较长。而分子蒸馏在蒸发过程中,物料被强制形成很薄的液膜,并被定向推动,使得液体在分离器中停留时间很短;另外,分子蒸馏由于气态分子从液面逸出到冷凝面冷凝所走的路径要小于其平均自由程,特别是轻分子,经逸出就马上冷凝,所以物料处于气态这一受热状态的时间就短,一般仅为0.05~15 s。这样就使物料的热损伤很小,特别对热敏性物质的净化过程提供了传统蒸馏无法比拟的优越条件。

4. 分离效率高

分子蒸馏常常用来分离常规蒸馏不易分开的物质(不包括同分异构体的分离)。对用两种方法均能分离的物质而言,分子蒸馏的分离程度更高。常规蒸馏的相对挥发度$\alpha = P_1/P_2$,而分子蒸馏的相对挥发度$\alpha_\tau = (P_1/P_2)(m_2/m_1)^{1/2}$。式中,$P_1, P_2, m_1, m_2$分别为轻重组分的饱和蒸气压和摩尔质量。在$P_1/P_2$相同的情况下,由于$m_2/m_1 > 1$,所以$\alpha_\tau > \alpha$。这就表明分子蒸馏较常规蒸馏更易分离,且随着$m_2, m_1$的差值越大则分离程度越高,特别是对脱除大分子物料中的有机溶剂或臭味等低分子物质更为有效。

5. 产品收率和品质高

由于分子蒸馏过程操作温度低,被分离的物料不易氧化分解或聚合;受热停留的时间短,被分离的物料可避免热损伤。因此,分子蒸馏过程不仅产品收率高,而且产品的品质也高。对于高沸点、热敏性及易氧化物料的分离纯化,在保持天然生物活性成分的品质上,分子蒸馏技术显示其独特优势。

6. 生产耗能小

由于分子蒸馏器独特的结构形式,其内部压强极低,内部阻力远比常规蒸馏小,分子蒸馏整个分离过程热损失少,因而可以大大节省能耗。

分子蒸馏的特点决定了它在实际应用中较传统技术有以下明显的优势:

①由于分子蒸馏真空度高,操作温度低且受热时间短,对于高沸点和热敏性及易氧化物料的分离,有常规方法不可比拟的优点,能极好地保证物料的天然品质,可被广泛地应用于天然物质的提取。

②分子蒸馏不仅能有效地去除液体中的低分子物质(如有机溶剂、臭味等),而且有选择地蒸出目的产物,去除其他杂质,因此被视为天然品质的保护者和回归者。

③分子蒸馏能实现传统分离方法无法实现的物理过程。因此,在一些高价值物料的分离上被广泛作为脱臭、脱色及提纯的手段。利用这些特点,可使分子蒸馏在工业化生产上得到极为广泛的应用。

另外,众多学者在研究分子蒸馏分离过程中传热、传质阻力的影响因素后,可见因液膜很薄,加之在非平衡状态下操作,传热、传质阻力的影响较常规蒸馏小得多,因此,其分离效率要均高于常规蒸馏。

由以上特点可以看出,分子蒸馏技术能分离常规蒸馏不易分离的物质,特别适宜于高沸点、热敏性物质的分离。因此,它为工业生产的各个领域中高纯物质的提取开辟了广阔的前景。

19.2.3 分子蒸馏技术的参数

用于分子蒸馏技术的参数模型尚不够完善,下面介绍了一些参数,另外研究者正对传质、传热等因素进行专项研究。

1. 分子蒸馏速度

分子蒸馏速度完全是由物质分子从蒸发液面挥发速度决定,同气液平衡无关。按 Langmuir - Knudsen 方程,多组分体系在理想情况下,每组分的蒸发速率为

$$J = 1.384 \times 10^2 \times P^0 \sqrt{\frac{M}{T}}$$

式中,J 为蒸发速度,$g \cdot (m^2 \cdot g)^{-1}$;$P^0$ 为在 T 下组分的饱和蒸气压,Pa;T 为蒸发温度,K;M 为摩尔质量,$kg \cdot mol^{-1}$;

2. 液膜厚度

液膜厚度是影响分子蒸馏效率的关键因素,在结构设计中,如何减少液膜厚度是设计者应考虑的关键参数。但由于刮膜式、离心式结构的分子蒸馏装置在内部结构上对液膜施加了影响,所以还未找到适用于多种物料的科学的计算方法,因为液膜厚度随蒸发器长度、周边持液量、物料黏度和成膜受力强度不同而变化。

通常降膜式分子蒸馏的液膜厚度是 0.01 ~ 0.3 cm,刮膜式分子蒸馏的液膜厚度是 0.01 ~ 0.025 cm,而离心式分子蒸馏的液膜厚度在 5×10^{-3} cm 数量级。

3. 停留时间

停留时间与加热面长度、周边持液量、刮板速度、物料黏度及要求的产量有关。通常

分子蒸馏器混合液停留时间在 10~25 s。

4. 物料热分解度

分子蒸馏中物料热分解度与蒸气压和停留时间均成正比。刮膜式与离心式分子蒸馏器的物料热分解度远小于其他类型的分子蒸馏装置。

19.3　工艺流程及设备

19.3.1　种类

一套完整的分子蒸馏装置主要包括:分子蒸馏器、进料系统、脱气系统、加热系统、冷却系统和控制系统。分子蒸馏装置的核心部分是分子蒸馏器。

各国所研制的分子蒸馏设备类型多种多样,从结构上可分为静止式、降膜式(falling-film evaporator)、刮膜式(wiped-film evaporator)及离心式(ten-trifugal evaporator)等。但至今为止发展都不尽完善,同时该技术针对不同的产品,其装置结构与配套设备要有不同的特点。目前,应用较广的分子蒸馏设备为离心薄膜式及转子刮膜式。就分子蒸馏装置本身来说,其开发研究的内容十分丰富。

19.3.2　分子蒸馏工艺流程

物料由原料罐经计量泵进入一级薄膜蒸馏器,完成脱气处理;脱气后的物料再经输送泵进入二级分子蒸馏柱,在此蒸出物进入储罐,蒸余物经输送泵进入三级分子蒸馏柱;直至最终蒸出物与蒸余物进入终储罐。根据需要储罐中的物料可作为产品或副产品。流程中每一级都设有独立的真空系统、加热系统和冷却系统,并统一由中央控制柜控制(图 19.2)。

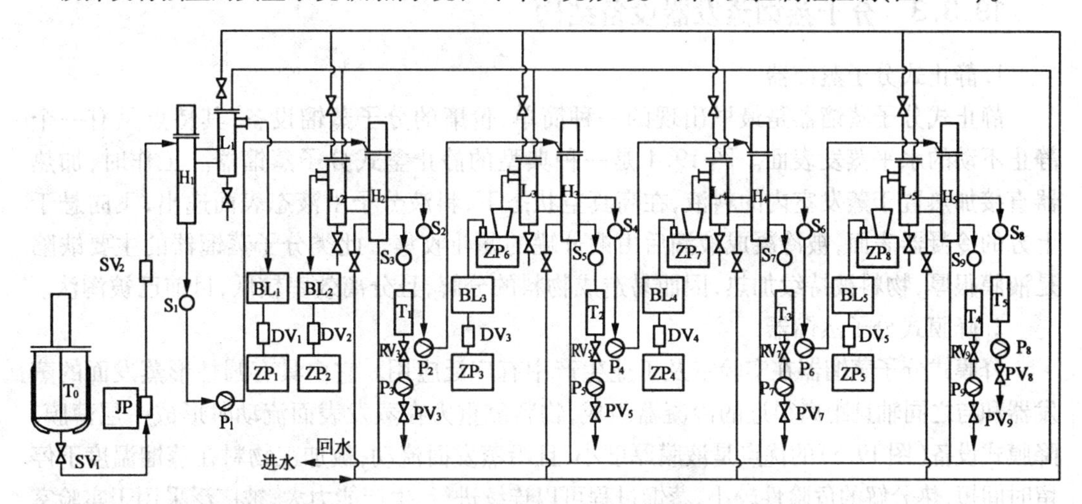

图 19.2　工业生产的四级刮膜式分子蒸馏装置流程示意图

该流程中主要由大型离心式分子蒸馏器(图 19.3)及全套旋转泵与扩散泵组合的高真空系统组成,为提高真空效率,在真空泵前设置冷阱。生产中,原料通过进料泵打入原料罐,再由泵将物料经预热器后打入分子蒸馏器,分离后蒸出物分别进入馏出物罐及蒸余物罐,蒸余物可以循环分离。为完成工业上组分分离的目的,也可采用多级蒸馏并联或串联使用。

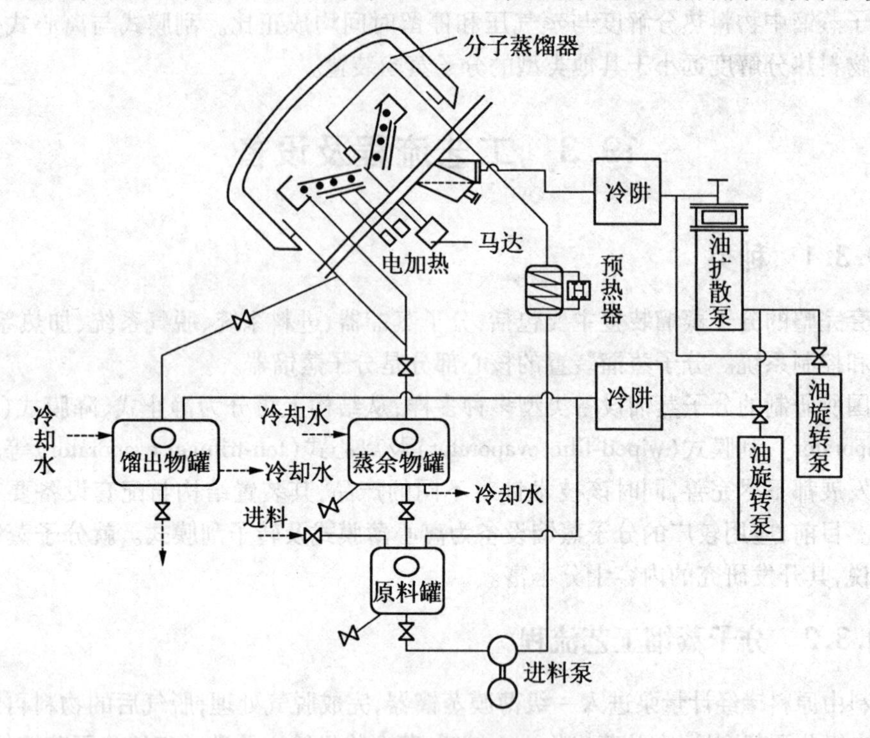

图 19.3　离心式分子蒸馏装置流程图

19.3.3　分子蒸馏蒸发器设备结构

1. 静止式分子蒸馏器

静止式分子蒸馏器是最早出现的一种简单、价廉的分子蒸馏设备,其特点是有一个静止不动的水平蒸发表面。图 19.4 是一种典型的静止釜式分子蒸馏器。工作时,加热器直接加热置于蒸发室内的料液,在高真空状态下,料液分子由液态表面逸出,飞向悬于上方的冷凝器表面,被冷凝成液滴后由馏分罐的漏斗收集。此类分子蒸馏器的主要缺陷是液膜很厚,物料被持续加热,因而易造成物料的分解,且分离效率较低,目前已被淘汰。

2. 降膜式分子蒸馏器

降膜式分子蒸馏器在实验室及工业生产中有广泛应用。它由具有圆柱形蒸发面的蒸发器和与之同轴且距离很近的冷凝器组成,物料靠重力在蒸发表面流动时形成一层薄膜。降膜式设备(图 19.5)的优点是液膜厚度小,且沿蒸发面流动;被加工物料在蒸馏温度下停留时间短,热分解的危险性较小,蒸馏过程可以连续进行,生产能力大,被广泛采用于实验室及工业生产。但缺点是液体分配装置难以完善,很难保证所有的蒸发表面都被液膜均匀覆盖;液体流动时常发生翻滚现象,所产生的雾沫常溅到冷凝面上,降低分离效果。

3. 刮膜式分子蒸馏器

刮膜式分子蒸发器是降膜分子蒸馏器的一个特例,在降膜分子蒸馏装置内设置一个转动的刮膜器，当物料在重力作用下沿加热面向下流动时，借助刮膜器的机械作用将物料迅速刮成厚度均匀、连续更新的液膜分布在加热面上，从而强化传热和传质过程，提高了蒸发速率和分离效率（刮膜式设备的结构如图 19.6、图 19.7 所示）。物料的停留时间短，成膜更均匀，热分解可能性小，生产能力大，蒸馏过程可以连续进行，在工业上应用较广。

刮膜器有刷膜式、刮板式、滑动式和滚筒式等多种型式，刮板式是在旋转轴上安装有刮板，外缘与蒸发器表面维持一定的空隙，轴的旋转带动刮板沿蒸发面做圆周运动；刮板的作用是使物料在蒸发面形成极薄的液膜，强化热量和质量传递，有 Buss，Sambay 和 Smith 三种类型。滚筒式是将若干个圆柱形滚筒呈一定角度安装在与主轴平行的滚轴上，滚筒与主轴间有一定的空隙；当主轴转动时，离心力作用下滚筒在液膜表面同时做圆周运动和滚动，对液膜表面流体不断分布和更新。研究发现，采用滚筒式刮膜器时，物料的停留时间最短、脱尾现象最轻，较其他几种刮膜器表现出了不可比拟的优越性。

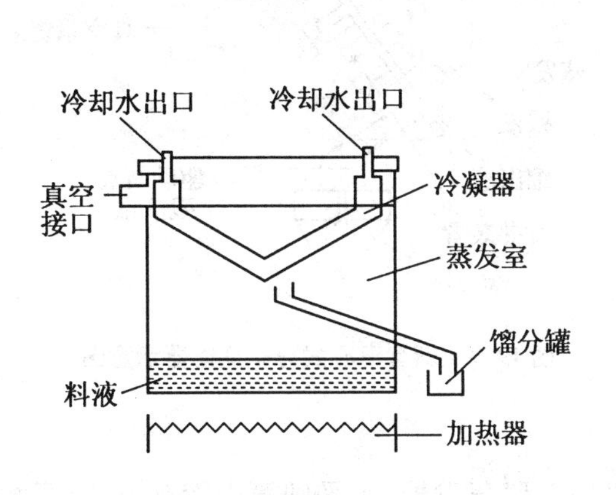

图 19.4　釜式分子蒸馏器示意图

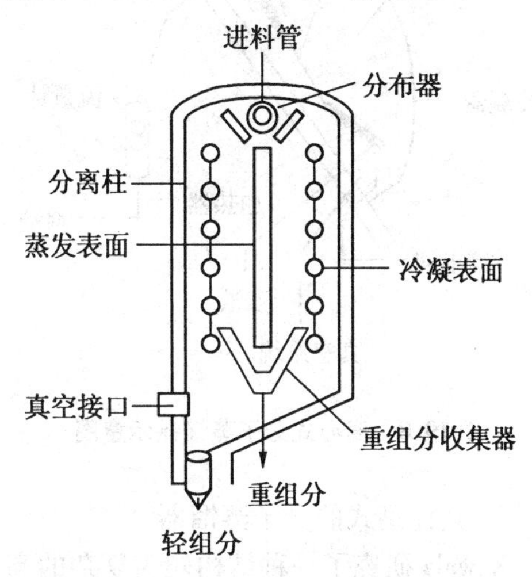

图 19.5　降膜式分子蒸馏器示意图

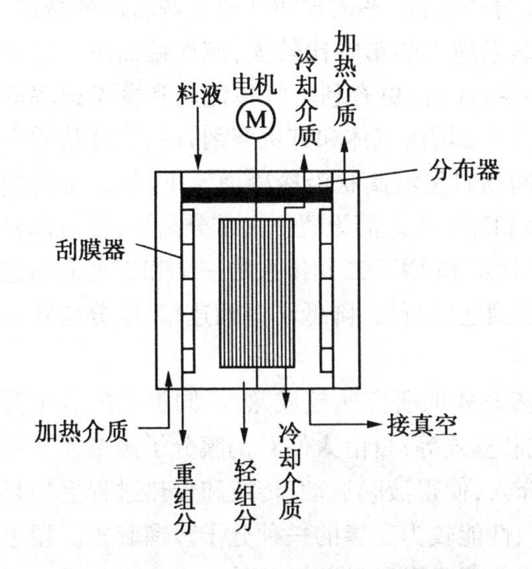

图 19.6　刮膜式分子蒸馏器示意图

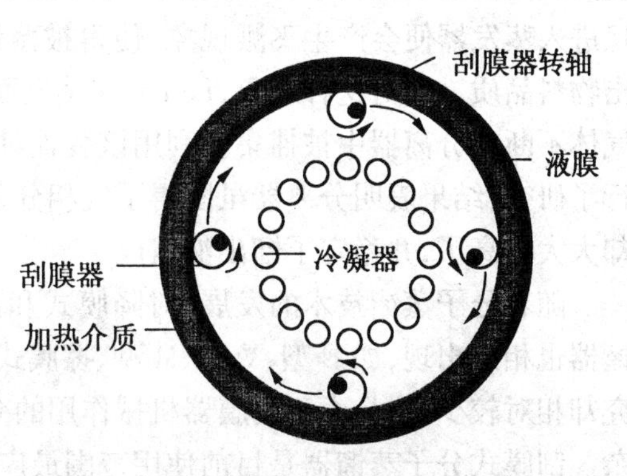

图 19.7　刮膜式分子蒸馏器横切图

4. 离心式分子蒸馏器

离心式分子蒸馏装置是将物料输送到高速旋转的转盘中央,并在旋转面扩展形成液膜,同时加热蒸发使之在对面的冷凝面上冷凝。该装置具有旋转的蒸发面,物料进入蒸发面后,在离心力作用下,形成非常薄而均匀的液膜(液膜厚度一般为0.01~0.06 mm),减少了雾沫飞溅现象,蒸发速率高,停留时间更短(一般为0.1~1 s),处理量更大,分离效率高,可处理热稳定性很差的混合物,是目前较为理想的一种装置型式。与其他方法相比,由于有高速旋转的圆盘,真空密封技术要求更高,设备的制造成本较高(图19.8、图19.9)。

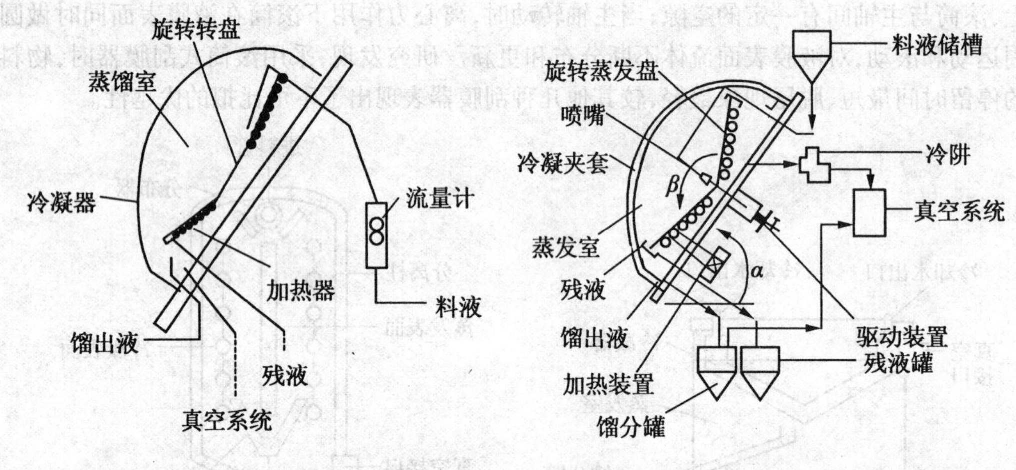

图19.8 离心式分子蒸馏器示意图

图19.9 新型离心式分子蒸馏器示意图

5. 其他型式的分子蒸馏器

Kawala研究了一种结构较为复杂的高真空薄膜蒸发器,水平圆筒中带有10个蒸发圆盘以增加单位体积的蒸发面积,考察了圆筒蒸发面积及圆筒间距离对蒸发速率的影响,并对DBP的蒸发过程划分为三个等级,即分子蒸馏、平衡蒸馏和介于两者间的蒸馏。研究结果表明,装置的气体出口面积对有效蒸发速率的影响比较大,该横截面越大越有利于气体到达冷凝面;当圆盘间的距离为3~4 cm时,更有利于气体流动和蒸发速率的提高。当被蒸馏物料中含有大量的易挥发组分(如溶解气体和有机溶剂)时,这些物质一旦进入蒸发器便会产生飞溅现象,使得被蒸馏物料呈液滴状沿冷凝面流下,从而影响馏出物料品质。针对这种现象,Lutian在蒸发面和冷凝面之间设置一夹带分离器,使易挥发气体不断在分离器中被捕集。利用该装置对DBP和DBS二元物系的一维和二维流动进行了研究,结果表明分离器虽阻碍了气相分子到达冷凝面,降低了蒸馏速率,但分离效率却大大提高了,并稳定了馏出液组成。

随着分子蒸馏技术的发展,对降膜式和离心式的研究比较成熟,不同类型的分子蒸馏器也相继出现,如E型、V型、M型、擦膜式和立式等;目前人们对刮膜分子蒸馏器的研究却相对较少,这是由于刮膜器机械作用的介入,使得液膜流动、传质和传热过程更加复杂。刮膜式分子蒸馏器是目前使用范围最广、性能较为完善的一种分子蒸馏装置。翟志勇等又根据分子蒸馏器的形式,将蒸馏分为简单蒸馏型和精密蒸馏型。

19.4 影响分离的工艺参数因素

如何有效地利用分子蒸馏的蒸发面积,在最优的操作条件下进行分子蒸馏,达到最好的分离效率,也是研究的一个主要方向。Juraj Lutisan 等研究了分子蒸馏的压力、进料温度、蒸发温度和冷凝温度等操作参数对蒸馏效率的影响。

19.4.1 蒸发温度和冷凝温度

蒸发温度和冷凝温度是影响分子蒸馏效率的重要参数。冷凝温度升高,冷凝器表面分子再蒸发程度加强,分离效率降低,残留物中易挥发组分的含量升高。蒸发温度升高,质量传递效率升高,蒸馏效率升高。当冷凝温度下馏出物的饱和蒸气压相对于其在蒸发温度下的饱和蒸气压可忽略不计时,可忽略馏出物在冷凝面的再蒸发。一般蒸发温度和冷凝温度之差高达 70 ~ 100 ℃。

19.4.2 进料温度

物料进料温度的高低直接决定蒸发面积有效利用的程度。物料最好预热到蒸发温度进料;当进料温度低于蒸发温度时,一部分蒸发表面被用来加热物料,蒸发效率降低。液体负荷越大,进料温度越低或者进料温度和蒸发温度之差越大,用来加热物料的蒸发面积就越大,蒸发表面有效利用率就越小。为了防止闪蒸,物料进料温度一般不要超过蒸发温度。

19.4.3 惰性气体对传质效率的影响

分子蒸馏器中残余惰性气体对物质传递效率的影响取决于其分压的大小。当惰性气体分压显著低于被蒸馏液体的饱和蒸气压时,惰性气体的影响很小。但是当惰性气体分压高于被蒸馏液体的饱和蒸气压时,其影响作用很明显,会迅速将物质传递效率降低到扩散控制过程的水平。但是惰性气体的存在对分离效率没有明显影响。

19.4.4 转速和流速的调控

刮膜式 MD 装置的刮膜转子主轴由变速机在 0 ~ 500 r/min 调节。四氟转子环在高速离心下贴着内壁滚动,当料液流到内壁时很快被刷成厚 100 ~ 250 μm 的薄膜,轻分子组分迅速挥发到冷凝面上而被收集。刮膜转速宜调在 250 r/min 以上,以避免物料不成薄膜或膜不均匀化;但刮膜转速也不宜太快,因为刮膜器转动速率太快,会导致部分原料未经蒸发就直接被刮膜器甩到中间冷凝器上,导致分离效率的降低。物料流速与刮膜转速应协调一致。流速不能太快,否则待分离组分来不及蒸发即流到蒸发面底部,达不到分离的效果。尤其是物料黏度较大时应低流速高刮膜转速进行蒸馏。

19.4.5 携带剂的应用

MD 要求物料在系统中始终处于流体状态。如果待分离的组分相对分子质量较大,熔点、沸点都较高,而且黏度也较大、流动性较差时,物料容易长时间滞留在蒸发面上,在较高温度下易焦化、固化,并使刮膜转子失去作用,严重时可损坏刮膜蒸发器,这时就应考虑加入携带剂,以改善物料的流动性。选用的携带剂应沸点高,对物料有良好的溶解性,并且不与物料发生化学反应,最后应易于分离出去。

19.4.6 影响分子蒸馏的其他因素

除上述影响分子蒸馏分离效果的因素外,还应考虑如下因素:①混合物中含有的挥发性物质,如低沸点组分、溶解的空气、湿气,在进蒸馏器之前应除去,否则会引起暴沸并影响产品质量;②混合物的黏度,黏度是影响分子运动平均自由程的因素之一,又是影响液膜厚度和停留时间的因素之一;③液膜厚度,液相中的扩散速度是控制分子蒸发速度的主要因素,因此液膜层厚度应尽量薄;④蒸馏系统的真空度,分子蒸馏必须在高真空度下进行以保证蒸发分子的平均运动自由程大于等于冷热两面的间距。

19.5 分子蒸馏技术在生物工程领域的应用实例

分子蒸馏技术作为一种对高沸点和热敏性物质进行有效的分离手段,克服了传统分离提取方法的种种缺陷,避免了传统分离提取方法易引起环境污染的潜在危险,解决了常规蒸馏无法解决的难题,特别是对于一些高难度物质的分离方面,分子蒸馏技术显示了十分理想的效果。分子蒸馏技术属于高新的工业技术,尚处于起步阶段,人们对该技术了解不多,加之进口设备价格昂贵,非一般企业和科研机构所能承受的,但是由于它与常规蒸(精)馏技术相比具有明显的节能、不损伤热敏性物料等优点,被越来越多的科研单位及企业所接受。分子蒸馏技术的应用领域有石油化工、食品工业、医药工业、农药工业、香精、香料工业及塑料工业等。

19.5.1 应用原则

分子蒸馏的适用范围应符合下列原则。

(1)分子适用于不同物质相对分子质量差别较大的液体混合物系的分离,特别是同系物的分离,相对分子质量必须要有一定差别;不同物质相对分子质量的差异预示着分子平均自由程的差异,也就表示着分离的难易程度。两种相对分子质量之差一般大于50,最小的相对分子质量差别在30左右。

(2)分子蒸馏也可用于相对分子质量接近但性质差别较大的物质的分离,如沸点差较大、相对分子质量接近的分离。由于两者分子结构不同,其分子有效直径也不同,其分子运动平均自由程不同,因此可应用于该技术的分离。

(3)分子蒸馏特别适用于高沸点、热敏性、易氧化物质的分离。

(4)分子蒸馏适宜于附加值高或社会效益较大的物质的分离。由于目前该设备全套装置的一次性投资较大,除了分子蒸馏器本身之外,还要有整套的真空系统及加热、冷却系统等,因此对于常规蒸馏分离不理想,且附加值不高的产品,不宜采用分子蒸馏。

(5)分子蒸馏不适用于同分异构体的分离。互为同分异构体物料,其相对分子质量相等,分子平均自由程相近,采用该技术难以实现分离。

19.5.2　应用作用

(1)分子蒸馏技术可有效地脱除热敏性物质中的轻分子物质,大大提高产品质量。例如,聚酞胺树脂一般由二聚酸与乙二胺聚合而成,而二聚脂肪酸是不饱和脂肪酸通过两个或两个以上分子之间互相聚合而生成的化合物。事实上,二聚体并不是一种单纯物质,而是由36个碳的二聚体、少量54个碳的三聚体、相对分子质量更高的多聚体以及少量未聚合的单体所组成的混合物。二聚酸中二聚体的含量决定着产品的质量。运用常规蒸馏的方法可以使二聚体的质量分数为75%～87%,而采用分子蒸馏的方法可以使二聚体的质量分数达到90%～95%。

在日化产品的生产中,有时要采用化学溶剂提取某些物质或去除一些杂质,其后果往往是在产品中残留有机化学溶剂,严重影响产品质量。常规的方法是用蒸馏法去除溶剂,但对一些热敏性物质在高温下会导致分解或聚合。而用分子蒸馏法由于操作温度低、受热时间短,在脱除溶剂的同时能够极好地保护产品的品质。

(2)分子蒸馏技术可有效地脱除产品中的杂质及颜色,使产品纯度更高,色泽更好。如应用于脂肪酸及其衍生物、脂肪醇及其衍生物等的精制,陆韩涛利用分子蒸馏技术制备各种芳香油。通过分子蒸馏,芳香油产品中的余味和颜色基本除去,有效成分增加,质量可达到出口要求。

(3)分子蒸馏技术可有效地降低热敏性物质的热损伤。甲基丙烯酸酯类是合成丙烯酸酯树脂的重要原料,其合成方法一般有相应的醇与甲基丙烯酸甲酯的酯交换法,相应的醇与甲基丙烯酸的直接酯化法,甲基丙烯酸甲酯和环氧丙烷的混合反应等。反应后的产品都需要提纯,由于丙烯酸酯类都有一定热敏性,故采用传统真空蒸馏不仅纯度不高,而且过高的操作温度会导致产品的得率不佳,而采用分子蒸馏技术则可很好地解决上述问题。

(4)脱除产品中残留的重金属离子及催化剂。如在催化剂钴膦化合物催化下用烯烃羰基合成制高级脂肪醇的工艺中,催化剂和产品醇要分开。可采用二级分子蒸馏完成。

(5)分子蒸馏技术可以大大改进传统生产工艺。在保护产品免受污染的同时,还可更好地保护环境。

19.5.3　分子蒸馏技术在食品工业中的应用与研究进展

随着人类社会的发展,天然绿色食品日益受到人们的青睐。然而,许多来自天然的食品原料,在传统的加工过程中不可避免地受到高温的作用;或添加有机物作为溶剂或化学制剂进行化学处理,致使热敏性的营养素受到破坏或残留有害的化学物质,导致加工的食品失去其天然性。而分子蒸馏技术最大的特点,就是能尽量保持食品的纯天然性,因此特别适用于热敏性天然营养素的提取、分离和精制 。

1. 分子蒸馏技术在不饱和脂肪酸的分离和除臭的应用(从鱼油中提取EPA,DHA)

深海鱼油中富含多种不饱和脂肪酸,典型的代表物是不饱和脂肪酸中的二十碳五烯酸(EPA) 和二十二碳六烯酸(DHA) 。现代医学证明,EPA和DHA是人体必需的活性物质,具有很高的药用和营养价值,在治疗和防止动脉硬化、老年性痴呆症以及抑制肿瘤等方面都有较好疗效,特别是最近发现二十二碳六烯酸对大脑和视网膜有特殊的疗效。为获得高纯度的 EPA 和 DHA,近年来人们利用分子蒸馏法精制鱼油。

鱼油中 DHA 含量只有 5% ~36%、EPA 含量为 2% ~16%。且由于 EPA 及 DHA 为含有不饱和双键的脂肪酸,性质极不稳定,在高温下容易聚合。采用多级分子蒸馏(一般为五级分子蒸馏),在温度 110 ~160 ℃,压力为 1.5 ~20 Pa,可从鱼油中提取 EPA 和 DHA,其含量大于 80%,同时经多级分子蒸馏后,鱼油中低分子饱和脂肪酸和低分子易氧化成腥味的物质被有效除去,过氧化值由 7.2 $mmol \cdot kg^{-1}$ 降至 0.2 $mmol \cdot kg^{-1}$,酸值由 6.7 降到 0.2。其工艺流程如下:

鱼油乙酯⟶分子蒸馏(一级)$\xrightarrow{脱气}$分子蒸馏(二级)⟶提纯⟶{蒸余物 / 副产品}⟶

分子蒸馏(三级)⟶分子蒸馏$\xrightarrow{脱色}${主产品 / 渣}

傅红、裘爱咏等学者研究了多级分子蒸馏法提取深海鱼油中多不饱和脂肪酸的工艺方法,通过对压力和温度的控制得到不同多不饱和脂肪酸含量的各级鱼油产品,当蒸馏温度为 110 ℃以上,蒸馏压力为 20 Pa 以下时,经过三级串联分子蒸馏,得到高碳链不饱和脂肪酸质量分数为 90% ~96% 的鱼油产品。Lucy 等采用分子蒸馏技术从尿素预处理的鱿鱼内脏油乙酯中进一步提取 EPA 和 DHA,EPA 的含量从 28.2% 提高到 39.0%,DHA 的含量从 35.6% 提高到 65.6%。另外,研究表明分子蒸馏技术在对鱼油中高不饱和脂肪酸的工业化研究中可以得到 EPA 和 DHA 含量在 70% 以上的产品。a-亚麻酸是十八碳三烯酸,为多不饱和脂肪酸,医学研究表明,a-亚麻酸对人体具有多种生理调节功能。Steven 等还将分子蒸馏技术用于不饱和脂肪酸的脱色,处理后的不饱和脂肪酸的色价很低(Gardner 色价 =1)。另外,分子蒸馏技术也可用于不饱和脂肪酸的除臭,且处理后的不饱和脂肪酸完全没有臭味。

2. 分子蒸馏技术在天然色素的提取和精制中的应用(β-胡萝卜素的提取分离)

随着人们生活水平的提高,天然食用色素以其安全、无毒等特点,越来越受到人们的欢迎。类胡萝卜素等天然食用色素是人们必需的维生素来源,具有抗菌和防治疾病的作用。传统的类胡萝卜素提取方法有皂化萃取、吸附、酯基转移等,但由于溶剂残留等问题的存在,使产品质量受到影响。柑橘皮中天然类胡萝卜素主要存在于外皮层黄皮层中,在柑橙取油过程中随精油一同被分离出来,使柑橘油呈黄色或鲜红色。Batistella 等先将棕榈油经过中和作用和酯交换反应的处理,采用降膜和离心式分子蒸馏设备从棕榈油酯化物中提纯类胡萝卜素,并将实验结果与模拟结果进行对比,结果表明馏出物中类胡萝卜素含量均超过了 30 000 mg/L,且其中还残留有约 95% 浅色的生物柴油类物质。许多学者采用分子蒸馏法,以冷榨甜橙油为原料,提取其中的类胡萝卜素。结果表明,采用分子蒸馏技术从棕榈油、脱蜡甜橙油中提取的类胡萝卜素纯度高、不含有机溶剂、色价高。辣椒红色素是从辣椒果皮中提取的一种优良的天然类胡萝卜素,由于具有良好的耐受性和强的着色能力,广泛应用于食品、医药、化妆品等行业。传统上采用溶剂浸提,经过普通真空蒸馏脱溶剂处理后,辣椒红色素中仍然残留 1% ~2% 的溶剂,不能满足产品的卫生标准。研究表明,采用二级分子蒸馏对辣椒红色素进行处理后,产品中溶剂残留的体积分数仅为0.002%，产品指标达到和超过了联合国粮农组织（FAO）、世界卫生组织（WHO）标准和我国的国家标准。

类胡萝卜素广泛分布在自然界中，西红柿、杏子、蛋黄和胡萝卜等都含有类胡萝卜素。通常棕榈油中含有质量浓度范围从500 mg/L到3 000 mg/L的浓度天然的类胡萝卜素。棕榈油中类胡萝卜素主要为α－胡萝卜素和β－胡萝卜素，两者占棕榈油中总类胡萝卜素的80%。它们在体内可以转化成维生素A。在常规精制过程中制取轻色油时，棕榈油中的大部分类胡萝卜素都被破坏，造成天然类胡萝卜素潜在资源的损失。棕榈油中含有较高的β－胡萝卜素，采用一级分子蒸馏提取后酯化再用分子蒸馏脱脂肪酸酯，可得到含质量分数为30%以上的β－胡萝卜素的浓缩液。其工艺流程如下：

棕榈油⟶分子蒸馏脱酸⟶{游离脂肪酸；蒸余物}⟶酯化⟶分子蒸馏⟶{脂肪酸脂；β－胡萝卜素浓缩产品}

3. 分子蒸馏技术在天然维生素提取中的应用（油脂加工的大豆脱臭物中提取天然维生素E和植物甾醇）

随着人们生活水平的提高，对保健品的需求越来越大。分子蒸馏技术在其有效成分的浓缩精制、易挥发芳香物的提取等方面，具有很高的提纯率并且不破坏其成分的天然性。研究表明，天然维生素E、维生素A主要存在于一些植物的组织中，如大豆油、小麦胚芽油及油脂加工的脱臭成分和油渣中，采用分子蒸馏法可从大豆油、小麦胚芽油等油脂及其脱臭物中提取高纯度维生素A、维生素E。油脂脱臭馏出物是油脂加工的副产品，约占原料的0.15%～0.45%，其维生素E含量高达5%～13%，利用价值相当高。因维生素E具有热敏性，它的沸点很高，用普通的真空蒸馏很容易使其分解，而用萃取法需要的步骤繁杂，收率较低。分子蒸馏技术只需要两步就可使维生素E的纯度达到60%以上且其回收率为50%～60%。其中的有机农药的残留量很低，食品加工应用的安全性和氧化稳定性相当高，成品附加值很高，可供食品、制药及油脂抗氧化剂之用。姜守霞等采用分子蒸馏技术对大豆油脱臭馏出物进行分级分子蒸馏，在蒸馏柱温达220～230 ℃、真空度为0.2～0.3 Pa时，可把天然维生素E提纯到50%以上。闫广等利用分子蒸馏技术初步探讨了维生素K_1的分离提纯，通过改变实验操作参数（操作压力和蒸馏温度等）得到了不同纯度的维生素K_1馏出物，其最高纯度达到了93%以上，证明了分子蒸馏法提纯维生素K_1具有一定的可行性和工业化前景。

天然维生素E在自然界中广泛存在于植物油种子中，特别是大豆、玉米胚芽、棉籽、菜籽、葵花籽、米胚芽中含有大量的维生素E。由于维生素E是脂溶性维生素，因此在油料取油过程中随油一起被提取出来。大豆油加工的脱臭溜出物中含有质量分数为3%～15%的天然维生素E和质量分数为5%～8%的植物甾醇，若采用二级分子蒸馏可使维生素E的纯度达到40%以上且回收率达到50%，若用分子蒸馏与结晶相结合，可得到纯度90%以上的植物甾醇。如曹国峰等将脱臭馏出物先进行甲脂化，经冷冻、过滤后分离出甾醇，经减压真空蒸馏后再在220～240 ℃、压力为10^{-3}～10^{-1} Pa的高真空条件下进行分子蒸馏，可得到W（天然维生素E）=50%～70%的产品。采取色谱法、离子交换、溶剂萃取等可对其进一步精制。其工艺流程如下：

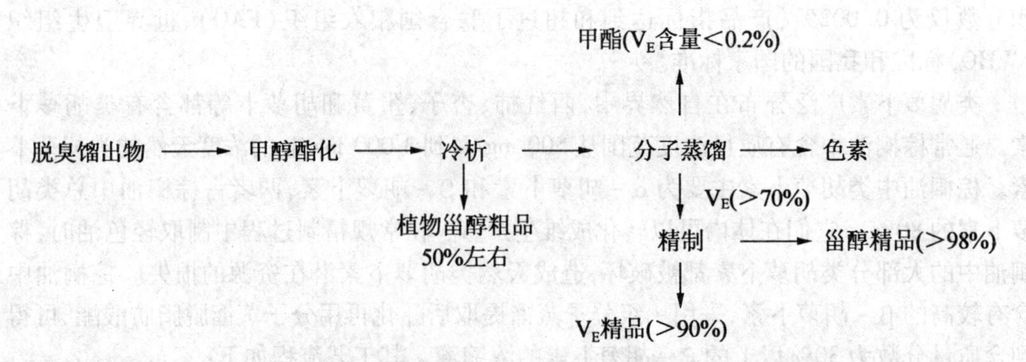

4. 分子蒸馏技术在单脂肪酸甘油酯的分离提纯方面的应用(单甘酯的生产)

单甘酯是一种高效的食品乳化剂和表面活性剂,添加到各种食品中可起到乳化、起泡、分散、消泡、抗淀粉老化等多种不同的作用。因此可以应用于食品中的方便面、糕点、焙烤食品、糖果和巧克力、冰淇淋、饮料、食用油脂、乳制品、肉制品和香肠中。纯度为35%~48%的普通单甘酯已不能满足工业发展的要求,由于油脂的沸点很高,高纯度的单甘酯必须采用分子蒸馏的手段,使高温酯化物中的单甘酯得到富集而制得单甘酯纯度为90%~96%。分子蒸馏技术是采用1~0.1 Pa的高真空和短程蒸馏的工艺降低单甘酯的沸点,从而将单甘酯从中间产品中蒸馏提纯出来,得到纯度为90%~96%的白色粉末状分子蒸馏单甘酯和残渣。梁振明等通过采用旋转刮膜式分子蒸馏器把乳化剂单脂肪酸甘油酯的含量提高到90%以上。分子蒸馏单甘酯制备包括单甘酯合成、采用分子蒸馏技术分离纯单甘酯及产品喷雾冷凝包装三个部分,而单甘酯的合成主要采用酯化和醇解两种工艺,分子蒸馏单甘酯经喷雾冷凝包装成分子蒸馏单甘酯产品,残渣返回到合成单甘酯工艺循环使用。目前国际上50%是使用高纯度单甘酯作为食品添加剂。

单甘酯的用量目前占食品乳化剂用量的三分之二。在商品中它可起到乳化、起酥、蓬松、保鲜等作用,可作为饼干、面包、糕点、糖果等专用食品添加剂。单甘酯可采用脂肪酸与甘油的酯化反应和油脂与甘油的醇解反应两种工艺制取,其原料为各种油脂、脂肪酸和甘油。采用酯化反应或醇解反应合成的单甘酯,通常都含有一定数量的双甘酯和三甘酯,通常单甘酯的质量分数为40%~50%,采用分子蒸馏技术可以得到单甘酯的质量分数大于90%的高纯度产品。此法是目前工业上高纯度单甘酯生产方法中最常用和最有效的方法,所得到的单甘酯达到食品级要求。目前,国际上50%是使用高纯度单甘酯。由于油脂的沸点很高,高纯度的单甘酯必须采用分子蒸馏技术才能进行分离得到。其工艺过程为:氢化动植物油脂与甘油进行酯交换,经过滤后反应混合物被送入分子蒸馏装置;第一级140 ℃,500 Pa真空条件下进行脱水、脱气,除去部分甘油;第二级175 ℃,75 Pa真空条件下除去剩余甘油和游离脂肪酸;第三级200~210 ℃,0.5 Pa真空条件下蒸馏出单甘酯除去双酯和三酯;最后液态蒸馏单酯进入喷雾系统进行制粉。其工艺流程如下:

原料 ⟶ 分子蒸馏(一级) —脱气⟶ {甘油(返回)；蒸余物} ⟶ 分子蒸馏(二级) ⟶ {甘油+游离脂肪酸(返回生产)；蒸余物} ⟶

分子蒸馏(二级) ⟶ {单甘酯(>90%)；二、三甘油酯(也可返回)}

5. 辣椒红色素残留溶剂的脱出

辣椒红是存在于辣椒果皮中的类胡萝卜素，辣椒红色素油溶性好，溶于乙醇、油脂及有机溶剂，具有良好的乳化分散性、耐热性和耐酸性，因而广泛应用于食品、医药以及化妆品等产品的着色。辣椒红色素典型的制备工艺为溶剂→碱分离法和溶剂提取→盐析分离法；典型传统制备工艺的产品仍存在质量分数为1%～2%的残留溶剂，用分子蒸馏技术对辣椒红色素产品进行处理后，产品中溶剂残留量仅为2×10^{-5}，完全符合质量要求。其工艺流程如下：

辣椒红色素原油——→分子蒸馏（一级）—脱溶→{溶剂；残余物}——→分子蒸馏（二级）—脱溶→{溶剂（微量）；蒸余物}——→

分子蒸馏（三级）—脱辣→{辣素（副产品）；辣椒红色素（产品）}

6. 小麦胚芽油

小麦胚芽油富含维生素E、二十八碳醇等多种生物活性成分，除传统的压榨法和溶剂萃取法外还有分子蒸馏法。在140～200 ℃，10～50 Pa下进行一级分子蒸馏，除去游离脂肪酸；在200～250 ℃，1～5 Pa下进行二级分子蒸馏，得到浓缩产品浓度可达12.13 mg/g。其工艺流程如下：

小麦胚芽——→粗提——→小麦胚芽油（粗品）——→分子蒸馏（一级）—脱酸→{脂肪酸（副产品）；小麦胚芽油}——→

分子蒸馏（二级）——→{残余脂肪酸（副产品）；精制小麦胚芽油（产品）}

分子蒸馏技术研究与应用实例见表19.1。

表19.1 分子蒸馏技术研究与应用实例

物质名称	目的	蒸馏温度/℃	操作压力/Pa
玫瑰油	精制分离	120～170	1.33
维生素A	浓缩分离	250～300	0.133
维生素E	浓缩分离	200～250	0.133
小麦胚芽油	脱酸	110～170	1.33
鱼油	脱酸、脱臭	100～120	0.133
杀虫剂（天然）	分离提纯	100～120	13.3
单甘酰	精制分离	200～240	0.133
羊毛脂酸	精制分离	140～200	1.33

随着科研水平及设备国产化能力的提高，该项液－液分离技术必将会在工业生产中得以广泛推广应用，同时也必将带来极大的社会效益与经济效益。

7. 分子蒸馏技术在风味物质的获取中的应用

目前，分子蒸馏技术还成功地应用于风味物质的提取，如采用涂膜式分子蒸馏装置和降膜式分子蒸馏装置从果汁、核桃、奶酪、扇贝及调味料油等中获取其中的香气成分。整个分离过程在较低的温度下进行，不会生成新的化合物，回收率高达71%～114%，浓缩物还原性好。因此,分离出的香气浓缩物经稀释后能达到接近于原来的香气。然而,油的温度和体系的真空度是影响香气回收率的因素。油温度越高,体系的真空度越大,回收率就越大。

19.5.4　分子蒸馏技术在医药行业中的应用与研究进展

1. 高碳醇的精制

高碳脂肪醇是指二十碳以上的直链饱和醇,具有多种生理活性。目前最受关注的是二十八烷醇和三十烷醇,它们具有抗疲劳、降血脂、护肝、美容等功效,可做营养保健剂的添加剂,某些国家也作为降血脂药物,发展前景看好。

精制高碳醇,其工艺十分复杂,需要经过醇相皂化,多种及多次溶剂浸提,然后用多次柱层析分离,最后还要采用溶剂结晶才能得到一定纯度的产品。日本采用蜡脂皂化、溶剂提取、真空分馏的方法得到高碳醇的质量分数为10% ~30%的产品。而刘元法等对米糠蜡中二十八烷醇精制研究中得出,经多级分子蒸馏后,可得到高碳醇的质量分数为80%的产品。张相年等利用富含二十八烷醇的长链脂肪酸高碳醇酯,还原得到二十八烷醇。即以虫蜡为原料,在乙醚中加氢化铝锂(AlLiH),在70 ~80 ℃还原2.5 h得到高碳醇混合物,经分子蒸馏纯化,高碳醇纯度达到96%,其中二十八烷醇的质量分数为16.7%。利用分子蒸馏技术精制高碳醇,工艺简单,操作安全可靠,产品质量高。

2. 芳香油的精制

玫瑰油誉为"液体黄金""精油皇后",其分离纯化的关键在于特殊香气成分的保留和较高的得率。分子蒸馏工艺条件为:绝对压力3 ~5 Pa,转速260 ~280 r/min,流速2.0 ~2.2 mL/min,分馏温度120 ℃。其工艺流程如下:

粗玫瑰油——→薄膜蒸发器—脱气→分子蒸馏—提纯→{产品1 / 蒸余物}——→分子蒸馏——→{精制玫瑰油 / 残渣}

通过分子蒸馏得到的茉莉精油,其主要香气成分苯甲酸顺式-3-己烯酯由原来的13.84%提高到23.64%,精油品质高,是一种特别适用于高级香水和食品中的加香剂。

此外,陆韩涛等用分子蒸馏的方法对山苍子油、姜樟油等几种芳香油进行了提纯,结果表明,分子蒸馏技术是提纯精油的一种有效的方法,可将芳香油中的某一主要成分进行浓缩,并除去异臭和带色杂质,提高其纯度。由于此过程是在高真空和较低温度下进行,物料受热时间极短,因此保证了精油的质量,尤其是对高沸点和热敏性成分的芳香油,更显示了其优越性。

3. α-亚麻酸

α-亚麻酸是十八碳三烯酸,为多不饱和脂肪酸,医学研究表明亚麻酸对人体具有多种生理调节功能。许松林等采用刮膜式分子蒸馏装置对一亚麻酸的提纯进行了研究,采用多级操作方式,蒸馏温度为90 ~105 ℃;操作压力为0.3 ~1.8 Pa,进料温度为60 ℃;进料速率为90 ~100 mL/h;刮膜器转速为150 r/min。如果经过四级分子蒸馏,将原料中的α-亚麻酸的质量分数由原来的67.5%提高到82.3%。

紫苏籽粗油——→分子蒸馏(一级)—脱臭→{副产品 / α-亚麻酸副产品}——→分子蒸馏(二级)—脱色→产品

4. 在植物有效成分提纯中的应用

(1)姜等有效成分的提取分离。

有学者以姜为原料,采用超临界 CO_2 萃取技术,并联合分子蒸馏技术,提取姜中重要功能成分姜精油,使姜精油萃取率达到3.04%,姜精油中主要萜烯类化合物含量提高到80%,其中姜烯含量达到50%。王发松等学者利用分子蒸馏技术对超临界 CO_2 萃取所得的干姜油进行了分离纯化后的化学组成分析,结果姜油中的萜类和姜辣素类组分中姜烯酚类化合物的含量达到86%,6-姜酚的含量达到约60%,分离出萜类成分中的1-姜烯和丁香烯的含量分别达到55%和20%。

(2)苍术油有效部位的分离。

高英等用分子蒸馏技术对超临界萃取的苍术油进行有效部位的分离,以HPLC法和GCMS技术对各水平精制的苍术油进行苍术素含量及分离后的剩余物测定。结果在温度为105 ℃、真空度为100 Pa的条件下,苍术油中的苍术素含量为52.17%,达到有效部位用药的要求。

(3)毛叶木姜子果油的分离纯化。

王发松等用分子蒸馏技术开展了从毛叶木姜子果油中分离纯化柠檬醛的工艺研究,结果所得到的柠檬醛的纯度达到95%,产率为53%(柠檬醛/毛叶木姜子果油),柠檬醛的损失率仅为15%。毛叶木姜子的干燥成熟果实在我国湖北西部等地作毕澄茄入药,其挥发油中所含的化学组成与山苍子果实挥发油相似,后者是重要的香精和工业原料柠檬醛的天然资源。

(4)独活有效成分的提取。

古维新等用分子蒸馏法对独活超临界 CO_2 萃取物进行分离,并对其提取物和蒸出物进行GCMS分析,结果从超临界 CO_2 萃取物和蒸出物中分别得到37种和29种。超临界萃取产物经过分子蒸馏后,化学成分明显减少,分子蒸馏产物中药用有效成分的相对含量也有明显升高。

(5)川芎挥发性成分的提取分离。

川芎性味辛温,具有活血行气、祛风止痛的功效。周本杰等采用分子蒸馏技术对川芎的超临界萃取产物进行了提取和分离研究,在蒸馏温度为130 ℃、蒸馏压力为0.8~1.0 kPa、进料速率为1.8~2.0 mL/min等条件下蒸馏7 h,收集得到黄褐色油状物。通过GC-MS对蒸馏产物进行分析,结果发现与川芎的超临界萃取物相比,经过分子蒸馏处理后,川芎挥发油的化学成分明显减少,挥发油中的主要成分2,3-丁二醇、α-蒎酸、桧烯等含量有明显提高,分别从0.11%,0.03%,0.11%提高到0.76%,0.16%,0.5%

(6)大蒜有效成分的分离。

现代研究表明,大蒜具有抗菌消炎、抗病毒、降血脂、抑制血小板聚集、减少冠状动脉粥样硬化、抗癌防癌等药理作用。张忠义等采用分子蒸馏技术对大蒜的超临界 CO_2 萃取产物进行了分离研究,并用GC-MS对提取和纯化产物进行分析,从超临界萃取 CO_2 产物中鉴定出16个组分,在蒸馏压力为0.1~0.15 kPa、蒸馏温度为50~55 ℃下经分子蒸馏后得到了四个主要成分:二烯丙基二硫;3-乙烯基-1,2-二硫代环己烯-5;2-乙烯基-1,3—二硫代环己烯-5;二烯丙基三硫,含量分别为11.9%,15.0%,59.6%和

13.5%。另外，张忠义等还利用超临界 CO_2 萃取技术、分子蒸馏技术并结合超滤技术对大蒜注射液进行制备研究，测试结果表明，注射液的各项指标均符合《中华人民共和国药典》2000 年版附录 IB 注射剂的各项规定。

(7)连翘挥发油的提取分离。

连翘味苦、性微寒，具有清热解毒、消肿散结之功效，主要成分为挥发油、三萜类、香豆素类等。王鹏等采用两步分子蒸馏对连翘的超临界 CO_2 萃取物进行了分离研究，其中第一步分子蒸馏在压力为 100 Pa、蒸馏温度为 100 ℃条件下进行，主要产物是萜品醇－4 和 α－萜品醇，含量分别达到 87.61%，12.39%；第二步蒸馏在蒸馏压力为 5 Pa、蒸馏温度为 200 ℃条件下进行，主要蒸馏产物是 β－蒎烯和萜品醇－4，含量分别为 54.46% 和 26.40%。

(8)广藿香油的分离纯化。

广藿香油常用中药，其主要成分为高沸点的广藿香醇和广藿香酮，采用三级分子蒸馏在温度 40～60 ℃、压力为 8～10 Pa 下，可使原油中有效部位的含量由 30% 提高到 80%，馏分中低沸点组分(单萜及倍半萜、烯类化合物)的相对含量明显下降，使广藿香油中高沸点的有效成分广藿香酮、广藿香醇与低沸点组分能较好的分离。胡海燕等采用分子蒸馏技术对广藿香油进行分离纯化，结果得到四种馏分，经 GC－MS 检测，广藿香油中广藿香醇和广藿香酮两种有效成分的含量与广藿香原油相比提高了 27% 和 47%，认为分子蒸馏技术能有效提高广藿香油中广藿香醇和广藿香酮的含量，为广藿香油的产业化和新药开发奠定了基础。

(9)银杏有效成分的分离。

许松林等将分子蒸馏技术用于创制一类新药中，银杏叶中含有五种银杏内酯 A，B，C，J 和 M，其中银杏内酯 B 在银杏叶中的含量仅为 0.2%，五种内酯的结构又很相似，分子蒸馏技术可以解决普通方法不易将其分离的难题。

(10)帕罗西汀中有效成分的提取。

帕罗西汀(paroxetine)的有效成分是帕罗西汀碱(paroxetine base)，它在医药上应用十分广泛，主要用于抗焦虑症方面。但其在生产过程存在分离提纯难度大的特点。本实验室应安国等应用刮膜式分子蒸馏设备对帕罗西汀碱原料进行了分离提纯实验，在蒸馏温度为 163 ℃、蒸发压力为 0.1 Pa 的条件下，经过四级分离操作将原料中的帕罗西汀碱含量由 69.3% 提高到 99.31%，纯度则由 79.23% 提高到 99.92%，总馏出率为 50.84%。应用刮膜式分子蒸馏技术提纯帕罗西汀碱具有巨大的利润空间。

(11)蜂蜡中二十八烷醇的分离。

天津大学化工学院一项名为“分子蒸馏技术在中药原料分离过程中的应用”的研究项目对中药蜂蜡中的二十八烷醇进行了分离，克服了产品的热分解性，首次在国内得到纯度高达 76% 的二十八烷醇产品，分离过程没有任何有机残留，可以满足出口要求。该项目组应用分子蒸馏技术对天津达仁堂制药二厂的药用原料“神油”进行分离，克服了原有生产过程中高温、易燃、易爆和产生令人难以忍受的气味等缺点，同时可以将其中的药用成分提高两个百分点以上。

19.5.5 分子蒸馏技术在精细化工上的应用

1.脱除产品物质中的轻分子组分

(1)聚合物产品中脱单体。

在由单体合成为聚合物过程中,总会残留过量的单体物质,并会产生一些不希望要的小分子聚合物,这些“杂质”严重影响着产品的质量。一般清除单体物质及小分子聚合物的方法往往是采用传统的真空蒸馏,而采用分子蒸馏法则可解决真空蒸馏法中因操作温度较高引起的聚合物歧化、缩合或分解的问题,使产品的质量得到保证。

聚氨酯工业中异氰酸醋预聚物粗品中通常含单体的质量分数为10% ~20%,由于异氰酸醋单体是对人体有害的毒性物,当预聚体用于聚氨酯涂料时,国际标准要求单体质量分数必须在0.5%以下。而传统的处理方法使产品中单体的质量分数高达2% ~5% ,若采用三级分子蒸馏,可以将单体质量分数降至0.5%以下。此外在对酚醛树脂纯化中,采用分子蒸馏的方法可以使酚醛树脂中的单体酚含量脱除到 W(单体酚) <0.01%。

(2)芳香油类物质的脱臭、脱色。

香料类物质挥发性强、热敏性高,其共同的工艺要求是脱臭、脱色及纯化,一般可采用三级分子蒸馏,第一级脱气处理,第二级脱臭或纯化,第三级脱色或纯化。分子蒸馏技术是一种从芳香油中分离挥发性物质的极好方法,尤其适用于易挥发的风味物质。通过分子蒸馏,芳香油产品中的余味和颜色基本除去,有效成分增加,质量可达到出口要求。

(3)产品物质中脱溶剂。

由于常用的有机溶剂相对于大多数产品是轻分子物质,用分子蒸馏法很容易将其彻底清除。辣椒红色素是从成熟的辣椒果皮中提取的一种优良的天然色素,因其良好的乳化分散性、耐光、耐热、耐酸碱和耐氧化性而被广泛应用于食品、医药以及化妆品等产品的着色过程。在现代工业上,一般是通过溶剂萃取的方法进行生产。由于通过此方法而得到的辣椒油树脂中仍残存2% ~3%的溶剂,不符合此产品残存溶剂量应小于质量分数 2×10^{-4}的要求;又因辣椒油树脂当温升到120 ℃ 时,易变质,所以不能采用一般的方法进行脱气。为了解决这一问题,伍明采用分子蒸馏的方法对萃取后得到的辣椒油树脂中的残存溶剂除去,最终产品中溶剂残留体积分数仅为 2×10^{-5},完全符合质量要求。

2.分离产品和催化剂

分子蒸馏技术可用于产品与催化剂的分离,在得到高质量产品的同时,保护了可循环利用的催化剂活性。如碳酸酯类是一种现代润滑剂原料,但是由于其中常常残存有从反应带来的催化剂,故影响了它的质量和使用。为了使碳酸酯类得到净化,一般在220 ℃,1 Pa下采用两级分子蒸馏除去残存的催化剂。其产率可达到90%,生产能力可达到200 kg/m^2 · h。

3.脱除产品的杂质

冯武文等利用分子蒸馏可以制取高纯烷基多烯。经三级分子蒸馏可达到残留脂肪醇 <0.5 % 的高纯产品。广泛应用于化妆品上的羊毛脂,其成分复杂,主要含酯(约94%)、游离醇(4%)、游离酸(1%)和烃(1%),这些组分相对相对分子质量大,沸点高,且具有热敏性。用分子蒸馏技术将各组分进行分离,对不同成分进行物理和化学方法的

改性,可得到聚氧乙烯羊毛脂、乙酰羊毛脂、羊毛酸及羊毛聚氧乙烯酯等性能优良的羊毛脂系列产品。

参 考 文 献

[1] LUCENTE F P B, PINTO G M F, WOLF M M R, et al. Monoglyceride and diglyceride production through Lipase - Catalyzed glycerolysis and molecular distillation[J]. Applied Biochemistry and Biotechnology, 2010, 160(7): 1879-1887.

[2] LIÑAN L Z, LIMA N M N, MACIEL M R W, et al. Correlation for predicting the molecular weight of brazilian petroleum residues and cuts: an application for the simulation of a molecular distillation process[J]. Journal of Petroleum Science and Engineering, 2011, 68(1): 78-85.

[3] LIMA N M N, LIÑAN L Z, MANENTI F, et al. Fuzzy cognitive approach of a molecular distillation process[J]. Chemical Engineering Research and Design, 2011, 89(4): 471-479.

[4] GUO Zuogang, WANG Shurong, XU Guohui, et al. Upgrading of bio - oil molecular distillation fraction with solid acid catalyst[J]. BioResources, 2011, 6(3): 2539-2550.

[5] ZHENG Pingyu, XU Yang, WANG Weifei, et al. Production of diacylglycerol - mixture of regioisomers with high purity by two - step enzymatic reactions combined with molecular distillation[J]. Journal of the American Oil Chemists' Society, 2014, 91(2): 251-259.

[6] FU Zhongjun, SONG Feng, YU Lushan, et al. Based on molecular distillation waste organic matter reduction processing technology research[J]. Advanced Materials Research, 2013, 800(48): 48-52.

[7] PABLO C R, PRAMPAROL M D C, GAICH M C, et al. Optimization of molecular distillation to concentrate ethyl esters of eicosapentaenoic (20:5 ω-3) and docosahexaenoic acids (22:6 ω-3) using simplified phenomenological modeling[J]. Journal of the Science of Food and Agriculture, 2011, 91(8): 1452-1458.

[8] GUO Xiujuan, WANG Shurong, GUO Zuogang, et al. Pyrolysis characteristics of bio - oil fractions separated by molecular distillation[J]. Applied Energy, 2010, 87(9): 2892-2898.

[9] AZCAN N, OZLEM YI. Microwave assisted transesterification of waste frying oil and concentrate methyl ester content of biodiesel by molecular distillation[J]. Fuel, 2013, 104: 614-619.

[10] LI Hui, SHI Nan, LI Ying. Research of molecular distillation based on intelligent logic control[J]. Applied Mechanics and Materials, 2011, 101-102: 723-726.

[11] GUO Xiujuan, WANG Shurong. Properties of bio - oil from fast pyrolysis of rice husk [J]. Chinese Journal of Chemical Engineering, 2011, 19(1): 116-121.

[12] YEOH C. M, PHUAH E. T, TANG T K, et al. Molecular distillation and characterization of diacylglycerol - enriched palm olein[J]. European Journal of Lipid Science and Technology, 2014, 116(12):1654-1663.

[13] FU Zhongjun, SONG Feng, WANG Zhaojun, et al. Technology research on molecular distillation separation of renewable waste lubricating oil[J]. Advanced Materials Research, 2013, 726-731: 2979-2982.

[14] DURáN M A, MACIEL FILHO R, MACIEL M R W. Rate - based modeling approach and simulation for molecular distillation of Green Coffee Oil[J]. Computer Aided Chemical Engineering, 2010, 28: 259-264.

[15] LI Yang, XU Songlin. DSMC simulation of vapor flow in molecular distillation[J]. Vacuum, 2014, 110:40-46.

[16] ROCHAA E R L , LOPESA M S, MACIELA M R W, et al. Recovery and characterization of petroleum residues yhrough the molecular distillation process[J]. Petroleum Science and Technology, 2014, 32(20): 2450-2457.

[17] WANG Yong, ZHAO Mouming, SONG Keke. Separation of diacylglycerols from enzymatically hydrolyzed soybean oil by molecular distillation[J]. Separation and Purification Technology, 2010, 75(2): 114-120.

[18] WANG Weifei, LI Tie, NING Zhengxiang, et al. A process for the synthesis of PUFA-enriched triglycerides from high - acid crude fish oil[J]. Journal of Food Engineering, 2012, 109(3): 366-371.

[19] ZHANG Le, LIU Ronghou, YIN Renzhan, et al. Upgrading of bio - oil from biomass fast pyrolysis in China: a review[J]. Renewable and Sustainable Energy Reviews, 2013, 24: 66-72.

[20] YANG Hongwei, YANG Bin, XU Baoqiang, et al. Application of molecular interaction volume model in vacuum distillation of Pb - based alloys[J]. Vacuum, 2012, 86(9): 1296-1299.

[21] MARTINSA P F, CARMONAC C, MARTINEZA E L, et al. Evaluation of methyl chavicol concentration by different evaporation processes using central composite experimental design[J]. Separation and Purification Technology, 2012, 98(19): 464-471.

[22] XUA L, RUNGTAA M, MARK K. B. Olefins - selective asymmetric carbon molecular sieve hollow fiber membranes for hybrid membrane - distillation processes for olefin/paraffin separations[J]. Journal of Membrane Science, 2012, 423-424: 314-323.

[23] LI Yan, ZHANG Xiaodong, LI Sun, et al. Solid superacid catalyzed fatty acid methyl esters production from acid oil[J]. Applied Energy, 2010, 87(7): 2369-2373.

[24] TANG Shaokun, QIN Changrong, WANG Haiqing. Study on supercritical extraction of lipids and enrichment of DHA from oil - rich microalgae[J]. The Journal of Supercritical Fluids, 2011, 57(1): 44-49.

[25] LI Yan, ZHANG Xiaodong, LI Sun. Fatty acid methyl esters from soapstocks with po-

tential use as biodiesel[J]. Energy Conversion and Management, 2010, 51(11): 2307-2311.

[26] WANG Weifei, LI Tie, NING Zhengxiang, et al. Production of extremely pure diacylglycerol from soybean oil by lipase - catalyzed glycerolysis[J]. Enzyme and Microbial Technology, 2011, 49(2): 192-196.

[27] áVILAA B M F, PEREIRA A R. Chemical characterization of aromatic compounds in extra heavy gas oil by comprehensive two - dimensional gas chromatography coupled to time - of - flight mass spectrometry[J]. Journal of Chromatography A, 2011, 1218(21): 3208-3216.

[28] ZHU Qisi, LI Tie, WANG Yonghua. A two - stage enzymatic process for synthesis of extremely pure high oleic glycerol monooleate[J]. Enzyme and Microbial Technology, 2011, 48(2): 143-147.

第20章　泡沫分离技术

20.1 概　述

泡沫分离(foam separation)又可称为泡沫吸附分离(foam adsorbent separation)技术，又称气浮法(air-stripping)，是20世纪初发现的一种新型分离技术，泡沫分离技术的研究开发工作已经进行了一个多世纪，为了统一泡沫分离的概念，Karger、Grieves等于1967年共同向国际纯粹与应用化学联合会(international union of pure and applied chemistry，简称IUPAC)提出将泡沫分离技术分为七种：矿物浮选、粗粒子浮选、细粒子浮选、沉淀浮选、离子浮选、分子浮选和吸附浮选。

早在1915年，泡沫分离技术就已经在矿物浮选领域进行应用，但对于胶体、分子、离子以及沉淀的泡沫吸附分离方法直到20世纪50年代后期，才逐渐得到人们的关注。最初，先是从溶液中回收金属离子，这类体系的分离被广泛地用于工业污水中各种金属离子如铜、铁、铬、锌、汞、银等的分离回收；然后建立了金属离子与表面活性剂离子之间相互作用的扩散-双电子层理论。20世纪中期，开始引用泡沫分离法成功脱除洗涤剂工厂排放的一级污水和二级污水中的表面活性剂——直连烷基磺酸盐和苯磺酸盐。在20世纪70年代，进行了染料等有机物与废水泡沫分离的实验研究。1977年起，开始出现报道用阴离子表面活性剂泡沫分离DNA、蛋白质及液体卵磷脂等生物活性物质。

到目前为止，在生物工程方面，使用泡沫分离法获得的蛋白质及酶如溶菌酶、白蛋白、促性腺酶激素、胃蛋白酶、凝乳酶、血红蛋白、过氧化氢酶、卵磷脂、β-淀粉酶、纤维素酶、D-氨基酸氧化酶、苹果酸脱氢酶等。Ahamad，Gehle和Schuger，Sarkar，Bhattacharya及San，Lalchev等学者分别研究了不同蛋白质及酶的泡沫分离，证明该技术能够作为分离和浓缩蛋白质及酶的一条有效途径。随着工业的发展，尤其是人们对环境保护和资源可持续发展问题的重视日益加强，泡沫分离的相关研究将不断扩展，其工业应用也将越来越广。

20.2 原　理

泡沫分离过程是利用待分离物质本身具有表面活性(如表面活性剂)或能与表面活性剂通过化学的、物理的力结合在一起(比如金属离子、有机化合物、蛋白质和酶等)，在鼓泡过程中被吸附在气泡表面，得以富集，随气泡上升被带出溶剂主体，达到净化液相主体、浓缩待分离物质的目的。由此可见，其分离作用主要取决于组分在气-液界面上的吸附性，其本质是物质在溶液表面活性的差异。泡沫分离必须具备两个基本条件：首先，所分离的溶质应该是表面活性物质，或者是可以和某些活性物质相络合的物质，它们都可以吸附在气/液界面上;其次,富集质在分离过程中需借助气泡与液相主体分离,并在塔顶富集。因此,它的传质过程在鼓泡区中是在液相主体和气泡表面之间进行,在泡沫区中是在气泡表面和间隙液之间进行。所以,表面化学和泡沫本身的结构和特征是泡沫分离的基础。

20.2.1 表面活性剂及其界面特性

表面活性剂是指在液体中加入少量这类物质,能使液体表面张力明显降低。表面活性剂具有亲水的极性基团和憎水的非极性基团,在溶液中可以选择性地吸附在气-液界面上,使表面活性物质在表面相中的浓度高于主体相,并使该溶液的表面张力急剧下降。它的化学结构式一般由非极性基团(亲油性)和极性基团(亲水性)两部分组成,进入溶液后表现出两个基本性质:①在水溶液中的溶解行为是迅速在水面聚集并在水中形成亲水基,亲油基向气相的定向单分子排列,使水和空气的接触面积减小,从而使表面张力急速下降。与此同时,其他的分子在溶液内部形成胶束,分布在液相主体内。②超过表面活性剂形成胶束的最低浓度后,溶液的表面张力不会再降低。但是在相界面上,由于上述定向排列的单分子层的作用,原溶液界面的性质会显著的变化,产生多种界面作用,泡沫分离就是充分利用表面活性剂的这种界面作用发展起来的一种新型分离方法。

20.2.2 Gibbs(吉布斯)等温吸附方程

当溶液中只存在一种表面活性剂,且在一定的温度下达到吸附平衡,此时,气-液界面处表面活性剂的吸附可以用 Gibbs 等温吸附方程描述。1878 年吉布斯用热力学方法推导出描述气-液界面上吸附的一般关系式,即等温吸附方程式,当一种非离子型表面活性剂以非常低的浓度溶解于纯溶剂(如水)时,此方程式可简化为

$$\Gamma = -\frac{C}{RT}\frac{\mathrm{d}\gamma}{\mathrm{d}C} \tag{20.1}$$

式中 Γ——吸附溶质的表面过剩量(即单位面积上吸附溶质的摩尔数与主体溶液浓度之差,对于稀溶液即为溶质的表面浓度),mol/cm^2;

C——主体溶液的平衡浓度,mol/cm^3;

γ——溶液的表面张力(表征溶液表面性质的重要参量),N/cm;

$\mathrm{d}\gamma/\mathrm{d}C$ 值可以从图 20.1 获得。当溶液浓度很低时(低于 a),由于溶液中表面活性剂很少,溶液的表面张力与溶剂相似,几乎不发生吸附;当溶液浓度介于 $a \sim b$ 之间时,溶液的表面张力随溶液浓度的增加而降低,从而可以实现分离;当溶液的浓度大于 b 时,曲线的斜率接近 0,在这一范围内,溶液的主体中形成一定形状的胶束(micelle),此时溶液中表面活性剂的浓度称为临界胶束浓度(CMC)。通常认为理想的溶液吸附发生在 $a \sim b$ 的范围内。很多研究都证明低浓度物质的富集率比较大,因此泡沫分离方法更适合于低浓度表面活性物质的分离纯化。对于非表面活性物质,可以在溶液中添加一种合适的表面活性物质,并且这种物质可以与溶液中原有的溶质结合在一起形成一种新的具有表面活性的溶质,吸附在气泡表面,从而使原有的溶质从溶液中分离出来。

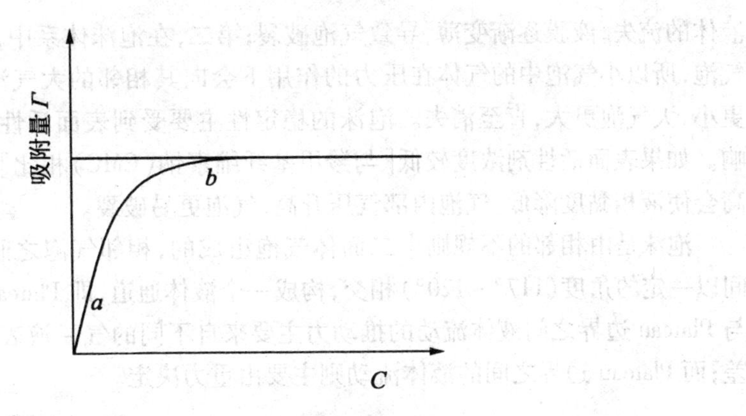

图20.1 溶液吸附等温线示意图

20.2.3 泡沫分离技术的特点

泡沫分离技术作为一种新型的分离方法与传统分离方法相比具有如下优点:①该方法适合对低浓度的产品进行分离,与分离低浓度产品的传统工艺(超临界萃取技术,膜分离技术)相比,泡沫分离法设备简单,便于操作;②分辨率高,该方法是根据被分离物的表面活性的差异进行分离的,对于表面活性差距大的混合液体系,采用该方法进行分离提取能获得纯度较高的富集液;③运行成本低,例如对于蛋白质的分离,传统的技术多采用无机盐以及有机溶剂等分离介质,使得运行成本较高,而泡沫分离技术仅仅消耗了一些动力,很好地控制了成本。泡沫分离技术在生物化工分离体系特别是蛋白质分离体系中将有很好的应用前景,引起了人们越来越多的关注。由于表面活性物质大多是高分子化合物,泡沫分离的主要缺点是表面活性剂消耗量较大,有时也难以回收。泡沫塔内的返混严重影响分离的效率,溶液中的表面活性物质的浓度也难以控制。

20.2.4 泡沫的形成与结构

向含有表面活性物质的溶液中鼓气,或是高速搅拌含有表面活性物质的溶液,溶液中会有大量的气泡(bubbles)形成。因为表面活性剂在气液界面发生吸附时,气液界面张力降低,所以生成的气泡相对稳定。由于浮力的作用气泡在液相中上升,在液相表面大量的气泡汇聚在一起,形成泡沫(foams)。泡沫中的气泡彼此被非常薄的液体薄膜隔开,以多面体的形状相互排列。图20.2给出了泡沫空间构象的示意图,三个相邻的气泡中,每两个气泡中间形成平面的间壁,每三个气泡的共同交界处时具有一定曲率半径的小三角柱,因为该交界处具有内凹的表面,该点的压力低于两泡交界的平面。因而,在气泡界面上存在压力梯度,使得气泡间液膜中的液体向着三泡交界处的小三角柱流动,促使平面液膜变薄,这就是泡沫层发生排液的原因。

实际上,图20.2所示的三个气泡中,每两个气泡还与另外一个气泡形成类似的结构。在存在大量气泡的泡沫中,气泡间的三位结构非常复杂,最可能的情况是形成侧面为正五边形的正十二面体,相邻的两个界面之间呈120°夹角。

泡沫其实是非稳定系统,有两个方面的原因可以导致泡沫的消灭:第一,随着泡沫中液体的流失，液膜逐渐变薄，导致气泡破裂；第二，在泡沫体系中，小气泡的内压要高于大气泡，所以小气泡中的气体在压力的作用下会向其相邻的大气泡中扩散，这使得小气泡更小，大气泡更大，直至消失。泡沫的稳定性主要受到表面活性剂浓度和液相黏度的影响。如果表面活性剂浓度较低[与羧甲基纤维素钠(CMC)相比]，则泡沫不稳定；温度升高会使液相黏度降低，气泡内部气压升高，气泡更易破裂。

泡沫是由相邻的不规则十二面体气泡组成的，相邻气泡之间形成液膜，每三个液膜间以一定的角度(117°～120°)相交，构成一个液体通道，即 Plateau 边界(图 20.3)。液膜与 Plateau 边界之间液体流动的推动力主要来自不同的气－液表面曲率所产生的毛细压差；而 Plateau 边界之间的液体流动则主要由重力决定。

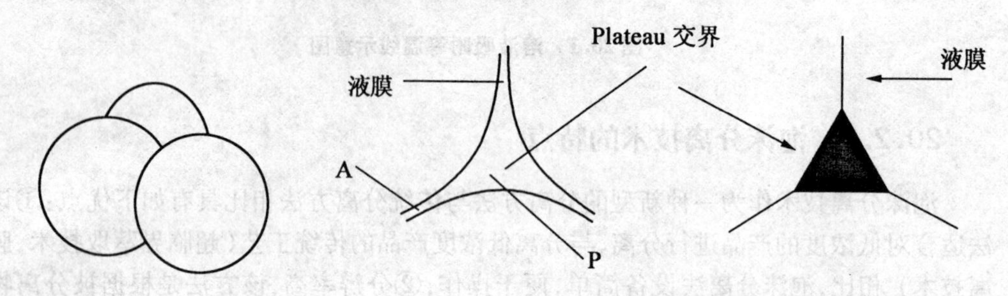

图 20.2　泡沫的空间三泡结构图　　**图 20.3　气泡中的液膜与 Plateau 交界示意图**

20.3　工艺流程及参数因素

泡沫分离设备主要由泡沫塔和消泡器构成。图 20.4 为间歇式泡沫分离设备和分离过程示意图。间歇泡沫分离过程中，先将一定量的料液置入塔中，气体由塔底部进入，在液相中产生气泡，在液相表面就会形成泡沫层。泡沫在上升的过程中不断排液，使被气泡表面所吸附的溶质浓度增大，在到达塔的顶端后排出。排出的泡沫经过消泡器消泡后即可得到目标产物的浓缩液。如果目标产物为表面活性物质，不需外加表面活性剂[图 20.4(a)]；如果目标产物没有表面活性，则需向溶液中添加一定浓度的表面活性剂，而且在分离操作过程中要适当补充表面活性剂，使目标产物回收完全[图 20.4(b)]。

泡沫分离容易进行连续操作。操作中气体和料液连续输入。图 20.5(a)和图 20.5(b)为两种典型的连续泡沫分离操作示意图。图 20.5(a)中，料液在塔的底部连续输入，残液从塔底部排出。此外，流出的消泡液可部分回流。回流可提高目标产物的浓度，这种操作与精馏类似，消泡液中目标产物浓度较高，纯化倍数也较大，但目标产物的回收不完全，产品收率降低。图 20.5(b)中，料液从塔的顶部连续加入，液相和泡沫相逆流相接触，消泡液不需回流，消泡液中目标产物收率较高，但纯化倍数较低。

上述两种操作方式各有利弊，可根据分离目的对应选用。为了获得较高的收率和分离纯化效果，可采用多塔串联操作。如图 20.6 所示，将图 20.5(a)的浓缩纯化塔多极串联。在操作中，料液从第一个塔的下部加入，上一级塔的残液作为下一级塔的原料液；各塔排出的泡沫相消泡后即可得到浓缩纯化的目标产物。这是因为残液经过多级分离后，泡沫液中的目标产物收率和纯化倍数都增高。

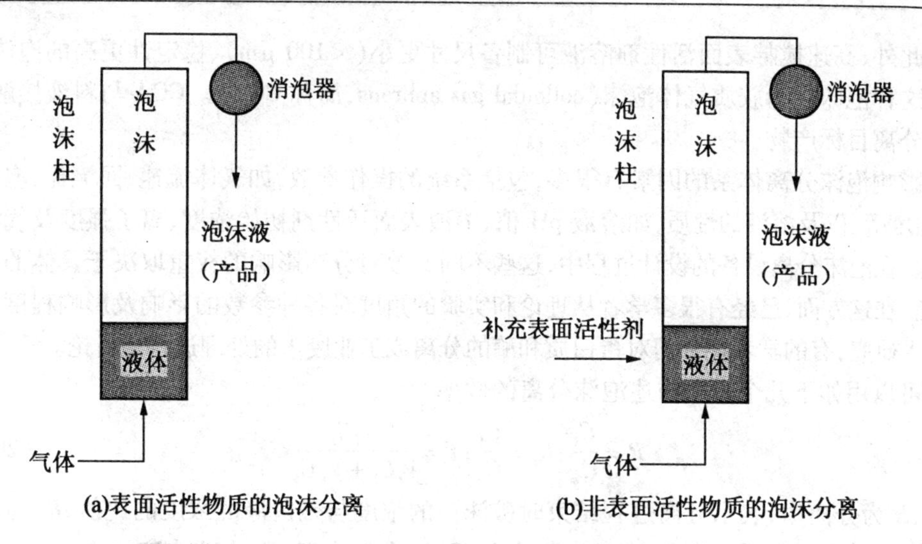

图20.4　间歇泡沫分离过程示意图

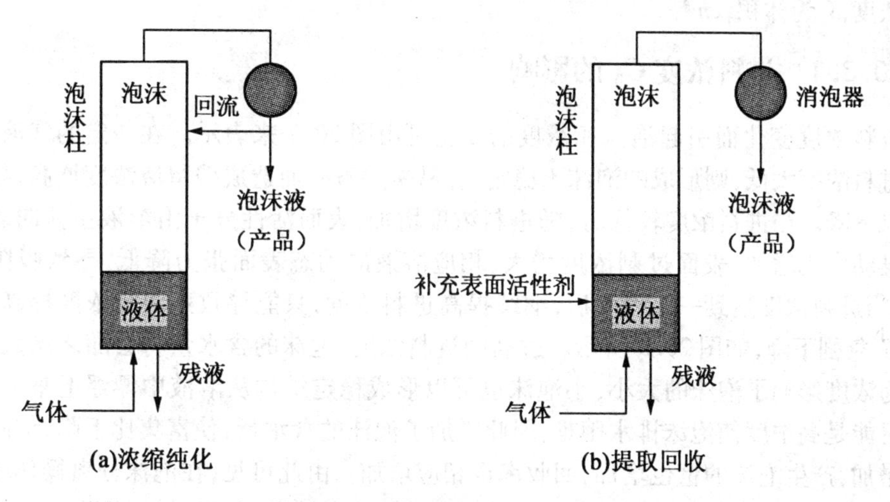

图20.5　连续泡沫分离过程示意图

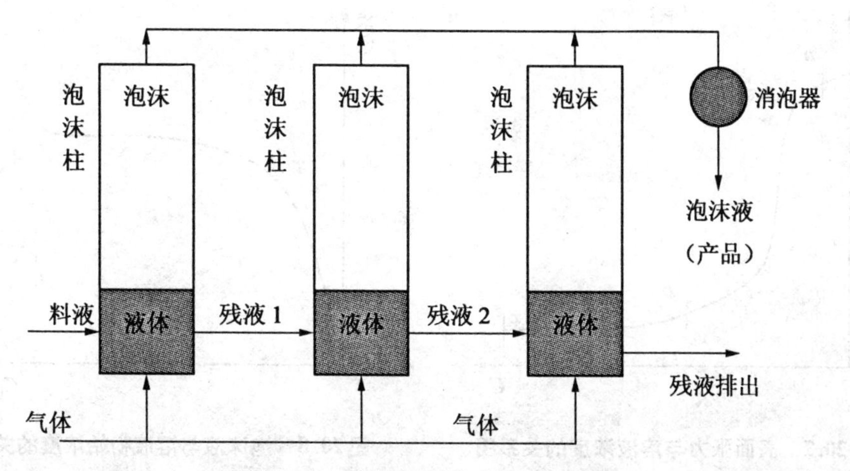

图20.6　多柱串联的泡沫分离示意图

此外,高速搅拌表面活性剂溶液可制备尺寸更小($<100\ \mu m$)、稳定性更高的泡沫,通常将这种泡沫称为胶质气体泡沫(colloidal gas aphrons,简称 CGA)。CGA 与料液接触,可吸附分离目标产物。

影响泡沫分离体系的因素有很多,包括系统的操作参数,如气体流速、回流比、泡沫高度、温度等,以及溶液的性质,如溶液 pH 值、溶液表面活性剂初始浓度、离子强度及气泡大小等。在泡沫分离设备的设计过程中,这些不同参数对分离影响的权重取决于具体的操作条件。在这方面,已经有很多学者从理论和实验的角度对各种参数的影响及影响程度进行了深入研究,有的学者还专门对蛋白质和酶的分离或工业废水的处理进行了讨论。

可以用如下几个参数描述泡沫分离的效率:

$$R=\frac{C_f}{C_w};R_f=\frac{C_f}{C_0};Y=\frac{V_fC_f}{V_fC_f+V_wC_w} \tag{20.2}$$

式中,R 为分离率,表示分离过程结束时破沫液的浓度与残留液的浓度的比值;R_f 为泡沫分离过程结束时溶质的富集率;Y 为回收率;C_0 为进料浓度;C_f 为破沫液的浓度;C_w 为残留液浓度;V 为体积,cm^3。

20.3.1 进料浓度 C_0 的影响

进料浓度变化而引起泡沫相浓度的变化可由图 20.7 来表示。在一定的气液比下,如果进料浓度太低,则形成的泡沫不稳定,容易聚并破碎而造成残留液浓度增高,导致分离效果下降。当进料浓度较低时,随进料浓度增加,表面活性分子由溶液主体向表面扩散的推动力也增加,表面过剩浓度增大,相应溶液的动态表面张力降低,导致吸附量增大;但当进料浓度达到一定程度后,继续提高进料浓度,只能导致残留液浓度提高,分离因子 R 急剧下降,如图 20.8 所示。过高的进料浓度,泡沫的含水量将会随之增大,可能是因为浓度影响了泡沫的大小,小泡沫也可以形成稳定结构从溶液中漂浮上来,另一个原因可能是高浓度使泡沫排水困难,因此增加了泡沫的含水量,使富集比下降,但随着浓度的增加,产生泡沫的量也增加,回收率也相应增加。由此可见,在泡沫分离操作中存在一个最优的进料浓度,在此浓度下可以得到最大的分离效率,如图 20.9 所示。

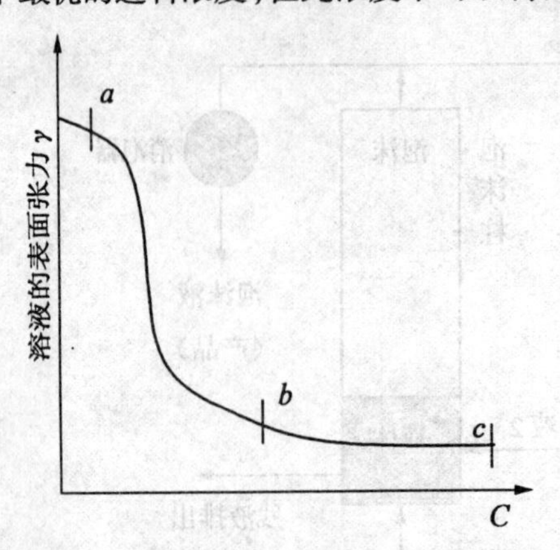

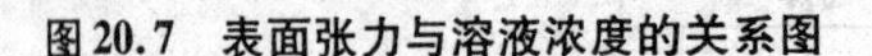
图 20.7 表面张力与溶液浓度的关系图

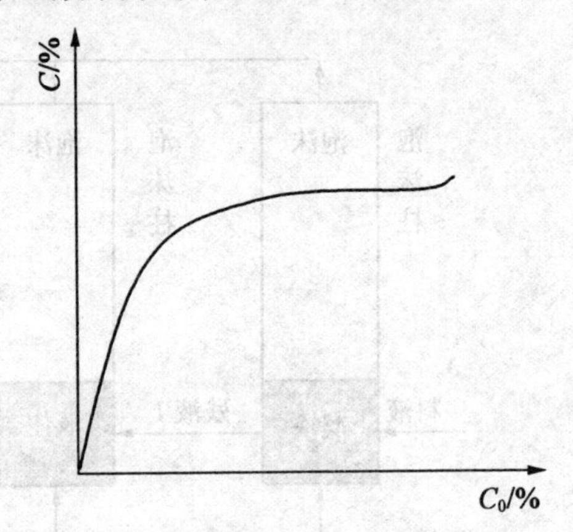

图 20.8 泡沫液与溶液初始浓度的关系

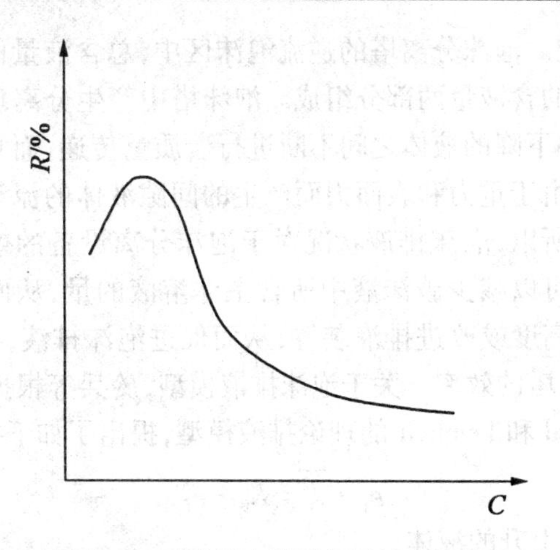

图 20.9　富集率与溶液初始浓度的关系

20.3.2　气泡尺寸的影响

足够的气-液界面面积是泡沫分离的前提,要确定气-液相界面面积就必须先确定泡沫气泡的尺寸和分布。从理论上来讲,小泡沫比大泡沫具有更多的优势。因为小气泡的上升速度慢,有利于促进溶质的吸附;小气泡的夹带能力也比大气泡强。小气泡携带的液体量和表面积都较大,一般来说,这有助于提高分离率和回收率,但不利于提高富集率。随着气泡尺寸的变大,泡沫的含液量将减小,气-液相界面积也要减小。

减小的泡沫含液量可以提高系统的分离程度,但会造成回收率降低,气-液相界面积减小。於兵等在已建立的光电毛细探头技术测定气泡尺寸分布及压力校正方法的基础上,对专门影响气泡尺寸以及泡沫分离塔鼓泡区的气含率进行了系统的实验研究,并给出了在所采用的实验条件下,气含率和进料浓度与空塔气速之间的定量关系。

20.3.3　气体流量的影响

气体流量是泡沫分离系统中的一个重要参数,对分离效率的高低起着重要的作用。如果提高气体流量,可以增大界面面积,有利于溶质的分离;但是,低气体流量可以获得更高的分离因子,因为较小的气速可以降低泡沫的含液量,而且气速过高,产生泡沫的量就会增加,泡沫在分离设备中的停留时间就会减少,导致泡沫中要分离表面活性剂的浓度下降。当然,为了保持一个必要的泡沫高度,泡沫分离塔操作时气体流量不能低于一个临界值。值得注意的是,蛋白质在泡沫表面吸附的时候,蛋白质的空间结构往往发生一些改变,如果要分离的蛋白质是一种酶或其他生物活性蛋白的话,就必须要考虑到这一点,尽管适当降低气速可以增加蛋白质的富集率,但蛋白质在气-液界面吸附时间的延长必然也会使蛋白质更容易受到变性因素的影响。

20.3.4　泡沫排液的影响

泡沫含液量对于分离因子的影响是显而易见的。液膜与 Plateau 边界之间液体流动的推动力主要来自不同的气-液表面曲率所产生的毛细压差;而 Plateau 边界之间的液体流动则主要由重力决定。泡沫分离塔的逆流泡沫区中，总含液量由随泡沫相上升的液体和 Plateau 边界中下降的含液量两部分组成。泡沫塔中产生分离现象主要是由于上升气泡的表面与气泡间隙中下降的液体之间不断进行着质量传递，而且不论泡沫分离设备是否具有外部回流装置，由于重力和表面力而产生的间隙液体的流动都会起到内部回流的作用，从而实现分离。所以，泡沫排液状况对于泡沫分离设备的效率是非常重要的。同时，间隙液体的排放还可以减少破沫液中所含主体溶液的量，从而提高分离效率。实验结果显示，提高泡沫的高度或改进排液装置，从而促进泡沫排液，得到更“干”的泡沫相，将有利于提高泡沫分离塔的效率。关于泡沫排液模型，於兵等根据 Hass 和 Johnson 的经验排液模型以及 Leonard 和 Lemlich 的理论排液模型，提出了如下排液模型：

$$\varepsilon_p \cdot \overline{d^2} = K_0 \cdot v_f^n \tag{20.3}$$

式中　ε_p——随泡沫相上升的液体；

K_0 和 n——常数，与物性及泡沫结构有关；

v_f——纯泡沫线速，cm/s。

20.3.5　温度的影响

假设具有表面活性的化合物在不同的温度下具有不同的泡沫稳定性，那么在设计分离设备的过程中，温度就应被作为一个操作变量来考虑。此外，溶液温度的升高，溶液的动态表面张力将会随之减小。这一现象可能是因为温度的升高导致了表面活性剂溶液黏度的降低，减小了扩散阻力，使吸附阻力降低；另一方面，也可能是因为温度的升高使吸附平衡常数 k 增加，吸附阻力降低，吸附量增大。这两方面的因素都可以提高泡沫分离设备的效率。Uraizee 等的实验也证明温度的升高可以提高泡沫相中蛋白质的浓度，从而提高分离效率。

20.3.6　pH 值的影响

通常溶液中的表面活性物质是一种两性电解质，当处于等电点时，分子所带的电荷为零，此时分子会表现出一些特殊的理化性质，如分子间斥力减小，溶解度降低，这有助于在气液界面处吸附。而且一般来说，当表面活性物质处于等电点时，表面活性物质的表面活性会增强，在溶液中表现出较好的发泡能力，这也有助于蛋白质在泡沫中的富集。谢继宏等的研究中都验证 pH 值对泡沫分离有着明显的影响。刘志红等采用间歇系统考察了溶液体系的 pH 值对分离过程的影响，证明间歇设备最适宜的操作点不在溶质的等电点处，而且 pH 值对于体系的表面张力及溶质在气 - 液界面处的吸附、泡沫的排液和泡沫的稳定性都有显著的影响，通过选择合适的 pH 值，可以优化分离过程。这方面的工作还有待继续研究。

20.3.7　聚并的影响

Uraizee 和 Narsimhan 提出一种聚并泡沫的流体力学模型。聚并现象的存在会导致：①由于内部回流的增加，提高了表面活性剂的浓度；②由于聚并，气泡尺寸变大，泡沫排液加快，从而使泡沫的含液量降低；③由于气泡尺寸变大，气泡表面积减小。他们通过实验证实了聚并作用的存在提高了富集率，同时降低了系统的回收率。由此可见，上述的第二种效果占优势。此外，针对三种聚并频率，实验证明，当聚并频率与气泡的表面积(d^2)成正比时，分离效率最高；当聚并频率为常数时，分离效率最低；当聚并频率与气泡的尺寸(d)成正比时，分离效率介于两者之间。

20.3.8　重力的影响

关于重力对泡沫分离的影响，Schledko 等已经得出泡沫分离颗粒尺寸的理论上限。重力与颗粒的润湿角和密度之间的关系，可由下式表示：

$$R_{\max,g} = \sin\frac{\Phi}{2}\sqrt{\frac{3r}{2\rho \cdot g}} \tag{20.4}$$

式中　Φ——润湿角

实际操作中所观察到的临界粒径通常要明显低于理论值。Noever 考虑重力对泡沫分离效率的影响，通过实验证实在低重力操作条件下，可分离的颗粒尺寸明显大于在单位重力(unit gravity)条件下得到的最大分离尺寸。可见，对于分离大尺寸颗粒的情况，重力的操作条件是十分值得考虑的。

20.3.9　溶质种类的影响

在实际生产中，料液中溶解的溶质(如蛋白质)往往不是唯一的，而且由于不同的溶质都具有表面活性，互相争夺气泡表面积。由于上述原因使得溶质真正的平衡曲线很难得到，且多种溶质同时存在还会影响物质的分离效果。对于多组分分离系统，可以采用相对分离因子加以描述：

$$\alpha = \frac{C_{1f}/C_{1w}}{C_{2f}/C_{2w}} \tag{20.5}$$

式中　1,2——不同的组分；

f——泡沫的破沫液；

w——残留液体。

刘志红等通过单一蛋白质的分离过程规律预测蛋白质混合物的分离效果。他们认为可以通过对单一组分进行研究，选择合适的操作参数，使各组分的分离因子的差值达到最大，目标组分在气-液界面处产生优势吸附。但是，对于蛋白质混合物而言，蛋白质的相互作用还将直接影响溶液的黏度和弹性，这部分工作还有待于继续研究。在设计处理多组分溶液的泡沫分离设备的过程中，Bhattacharya 等认为计算传质单元数的积分时(如式 20.5 所示)，不能假定线性平衡等温线，原因是泡沫相和残留液相溶质浓度的平衡关系无法获得。同时，因为溶液中同时存在多种组分，也不可能得到溶液真正的平衡数据。他们建议通过实验获取泡沫破沫液浓度 C_f 和残留液浓度 C_w 之间的拟平衡关系，并根据这一关系计算操作单元数 NTU，同时给出了传质单元高度 HTU 的经验式：

$$HTU = 928.72 \times 10^{-4} Fd/K_L S \tag{20.6}$$

式中　d——泡沫气泡平均直径，cm；

K_L——总传质系数，cm/s；

S——泡沫分离塔界面积，cm^2。

数据证明实验结果与预测结果的吻合情况是理想的。此外，为了提高泡沫的稳定性或增大溶液的离子强度，以增加表面活性剂的表面吸附量，降低动态表面张力，可以在溶液中加入一定的添加剂（如 NaCl）。Kiefer 和 Wilson 认为在实际的操作中，大多数泡沫塔并非一直处于稳态操作，尤其是在废水处理工业中，进料量和料液浓度很难维持稳定，经常随时间发生变化。因此，他们利用边界层理论，考虑时间变量，提出了一种非稳态的操作模型，并对各种变量突变所带来的影响进行了分析。这种模型还可以用来估计非稳态操作泡沫分离塔的分离效率。然而，在泡沫分离系统中，影响因素很多，参数之间又是非线形相互作用的。因此，即使存在某种可能性，要清楚地解释各种物化及操作参数对系统单独作用时的影响也是非常困难的。

20.4 应用与展望

泡沫分离技术方法简单，设备造价低廉，即使在工业使用上，完成一次泡沫分离的时间也远远少于典型的色谱分离所需时间。其在食品工业中的应用主要分为以下几方面。

20.4.1 泡沫分离法在蛋白质分离浓缩中的应用

蛋白质具有极性和非极性的基团，属于生物表面活性剂，而且环境因素可以引起蛋白质表面活性的改变，使得不同的蛋白质之间表面活性差别增大，容易通过泡沫分离方法从稀溶液中分离出蛋白质、酶或其他生物物质。进行泡沫分离时，由于溶液中溶质间存在表面活性的差异，表面活性强的物质就会优先吸附于分散相与连续相的界面处，被带出连续相而达到浓缩分离的目的。目前能够通过泡沫分离技术成功分离出的蛋白质包括：磷酸酶、链激酶、蛋白酶、血清白蛋白、溶菌酶、胃蛋白酶、尿素酶、过氧化氢酶、明胶、大豆蛋白、抗菌肽类等一系列蛋白质。但同是抗菌肽类的蚕抗菌肽，由于其在泡沫分离过程中存在大量的变性失活，因而不适于泡沫分离。

天然的蛋白质常以混合物的形式存在，Brown，Kawl 和 Varleyl 研究了多元蛋白质体系的连续泡沫分离，采用了牛血清白蛋白（BSA）与酪蛋白（casein）混合液进行泡沫分离，同样是 casein 的收率很高而大量的 BSA 残留在溶液中。同时分别对 BSA 与溶菌酶（lysozyme）混合体系以及 casein 与 lysozyme 的混合体系进行了泡沫分离的研究。研究结果表明，lysozyme 无论是与 BSA 混合还是与 casein 混合，其回收率都很低，由于 lysozyme 能够增强泡沫的稳定性，从而可以提高 BSA 与 casein 的回收率。对于三种蛋白质的混合体系，Zaid 等以乳铁传递蛋白、牛血清白蛋白和 α－乳白蛋白三种蛋白质的混合液为研究对象进行了泡沫分离的研究，乳铁传递蛋白为所需分离出的蛋白质，实验中将乳铁传递蛋白以不同的浓度比加入另外两种蛋白质的混合液中，并不断改变气速，以寻找最佳操作条件。在最佳条件下有质量分数为 87% 的乳铁传递蛋白留在残液中，而牛血清白蛋白与 α－乳白蛋白在泡沫液中的收率分别达到了 98% 和 91%。由此可见，乳铁传递蛋白能够很好地与另外两种蛋白质分离，但目前对于三元蛋白质体系的分离研究还很少，特别需要在机理上的进一步研究。

20.4.2　泡沫分离法在分离天然活性物质方面的应用

泡沫分离在天然活性物质方面的应用主要在对某些草药中的三萜皂苷比如甘草酸、三七皂苷、人参皂苷等都具有表面活性的物质的分离，对茶碱和多糖的分离也有了一定的研究。

1. 甘草酸的分离

将泡沫分离用于甘草酸的富集纯化，成本低、效果好，并有望用于工业规模上从更复杂的甘草粗提物中纯化富集甘草酸。傅强等使用泡沫分离技术对甘草酸进行富集纯化，质量回收率最高达91.17%，并随氮气流量、甘草酸的初始进料浓度、泡沫分离柱的高度和内径的增加而增大。泡沫分离所得甘草酸的质量纯度和HPLC光谱纯度分别为82.14%和90.12%，而对原料甘草酸单铵盐不纯物则分别为76.10%和86.10%。结果表明，泡沫分离纯化富集甘草酸省时、省力，成本低。

2. 三七皂苷的分离

三七是常用中药材。主要药用成分是三七皂苷，它是表面活性物质，因其分子结构中亲水的配糖部分与亲脂的皂苷元所表现出的亲水性与亲脂性达到分子内动态平衡。另外，三七水溶液中还有三七多糖、三七黄酮、多种氨基酸、多肽及无机盐等，这些物质均不是表面活性物，因此可根据它们表面活性差异用泡沫吸附来富集分离三七皂苷，残余液相因没有被有机试剂污染可直接利用。王良贵等对三七粗提液进行泡沫分离，泡沫相三七皂苷收得率为73.16%，液相三七多糖收得率为87.15%。

3. 人参皂苷的分离

修志龙等用泡沫分离法分离人参皂苷，通过对浓缩倍数和收率的测定，考察了气速、pH值、进料浓度、进料量以及通气类型操作方式等因素对人参皂苷泡沫分离效果的影响。结果表明：在其他操作条件相同的情况下，泡沫分离所得的总皂苷浓缩倍数随通气量的增大、料液浓度及体积的增加而降低，收率则随之上升；在中性条件下，人参皂苷的泡沫分离所得收率最高，在酸性条件下所得的浓缩倍数最高而收率最低；鼓泡对不同的皂苷单体作用不同，对皂苷Rb1，Rb2，Rd有显著的浓缩效果，而Rc和Rgl的浓度则没有变化。

4. 茶碱的分离

张星璨等采用泡沫分离技术分离水溶液中的微量茶碱，以十六烷基三甲基溴化铵（CTAB）为表面活性物质，利用以加强排液的一种球形构件的泡沫分离塔对富集水溶液中微量的茶碱进行了研究，重点考察了溶液的pH值、鼓泡气体流量、表面活性剂浓度及泡沫塔装液量对分离效果的影响。结果表明，当合适的操作条件是CTAB质量浓度为0.2 g/L、初始pH值为8.0、气体流量为300 mL/min和装液量为350 mL时，茶碱的富集比为49.3，回收率为56.9%.

5. 牛肝菌多糖的分离

李志洲研究了间歇式泡沫分离法分离牛肝菌水提物中的多糖。常温下，每批投料量为200 mL时，间歇式泡沫分离牛肝菌多糖的最佳工艺条件是pH值为6、原料液质量浓度为0.640 mg/mL、气体流速为300 mL/min、表面活性剂用量(0.02 mg/mL)为25 mL、浮选时间为55 min,回收率可达 83.1 %。结果显示,间歇式泡沫分离牛肝菌多糖是一种可行、有效的分离方法。

20.4.3　泡沫分离技术在其他方面的应用

泡沫分离法除可以进行食品成分的分离以外,还有许多其他方面的用途。例如,泡沫分离法还可以从待分离基质中分离出全细胞。用月桂酸、硬脂酰胺或辛胺作表面活性剂,对初始细胞浓度为 712×10^8 个/ cm^3 大肠杆菌进行细胞分离,结果 1 min 的时间能除去 90% 的细胞,用 10 min 的时间能除去 99% 的细胞。此外,泡沫分离还可用于酵母细胞、小球藻、衣藻等的分离以及糖汁生产中用于澄清糖汁等。

随着现代工业的发展,一种物质的分离往往需要几种分离方法共同参与才能达到分离的目的。泡沫分离常常与萃取、沉降、生化等方法共同应用于化工、生化、医药、污水处理等领域。因此,对泡沫分离技术分离效率的影响因素及其影响程度的研究就显得十分重要。此外,分离设备的创新和改善对于泡沫分离技术的工业化应用也起到了重要作用。为提高泡沫分离的效率,改善泡沫分离设备的性能,有关各种表面活性剂在气 - 液界面处发生分离的吸附机理以及吸附特性还有待于继续深入研究,尤其是吸附动力学以及表面活性物质混合物的竞争吸附。有关吸附动力学和流体力学行为,目前还没有统一的数学模型。更进一步说,由于吸附而引起的溶液黏度等物性的变化,也可能会影响到泡沫排液和泡沫稳定性。单级、间歇及连续操作的泡沫塔的分离能力已有较详细的论述,而多级逆流或错流模型还需进行进一步探讨。不能否认的是,由于泡沫分离技术自身的诸多特性,其应用和发展前景必将十分广阔。

参 考 文 献

[1]　刘颖，木泰华，孙红男，等. 泡沫分离技术在食品及化工业中的应用现状[J]. 食品工业科技，2013(13)：354-358.

[2]　关凤禹，张永强. 间歇式泡沫分离法回收海水中硼的研究[J]. 无机盐工业，2013，45(12)：24-27.

[3]　殷昊，赵艳丽，李雪良，等. 泡沫分离设备及工艺的研究进展[J]. 食品工业科技，2010(8)：360-363.

[4]　杨向平，刘元东，席作家，等. 大豆蛋白废水处理中泡沫分离过程的数学模型[J]. 中国海洋大学学报，2008，38(1)：111-115.

[5]　魏凤玉，方菊，张静，等. 连续泡沫分离法纯化无患子总皂苷的研究[J]. 中草药，2011，42(9)：1728-1731.

[6]　孙瑞娉，殷昊，卢珂，等. 两级泡沫分离废水中大豆蛋白的工艺[J]. 农业工程学报，2010，26(11)：374-378.

[7]　魏凤玉，张静，解辉. 泡沫分离法纯化无患子皂苷[J]. 中成药，2009，31(7)：1021-1024.

[8]　林清霞，郑德勇. 泡沫分离法分离纯化无患子皂苷的研究[J]. 生物质化学工程，

2013, 47(3): 34-38.

[9] 吴伟杰，李博生．泡沫分离法提取文冠果果皮皂苷的工艺条件[J]．浙江农业科学，2010(4)：816-820.

[10] 张海滨，何毓敏，张长城，等．泡沫分离法提取竹节参总皂苷的工艺优选[J]．中国实验方剂学杂志，2013，19(1)：18-20.

[11] YAN Jin, WU Zhaoliang, ZHAO Yanli, et al. Separation of tea saponin by two – stage foam fractionation[J]. Sep Purif Technol, 2011, 80(8): 300-305.

[12] 李志洲．泡沫分离法优化美味牛肝菌多糖分离工艺[J]．食品与机械，2012，28(3)：130-134.

[13] 金玉，陈雷，殷建．泡沫分离技术的现状及研究进展[J]．民营科技，2008(11)：6.

[14] 韦殿杰，李瑞，吴兆亮，等．泡沫相部分水平泡沫分离塔强化分离牛血清蛋白的工艺研究[J]．高校化学工程学报，2011，25(4)：597-602.

[15] 殷钢，周蕊，李琛，等．糖－蛋白质混合体系泡沫分离过程研究[J]．化学工程，2000，28(6)：34-39.

[16] 胡滨，朱海兰，吴兆亮．气体分布器孔径对泡沫分离过程影响的研究[J]．高校化学工程学报，2014，28(2)：246-251.

[17] KAZZKIS N A, MOUZA A A, PARAS S V. Experimental study of bubble foamation at metal porous spargers: effect of liquid properties and sparger characteristics on the initial bubble size distribution [J]. Chem Eng J, 2008, 137(2): 265-281.

[18] MERZ J, BURGHOFF B, ZORN H, et al. Continuous foam fractionation: performance as a function of operating variables [J]. Sep Purif Technol, 2011, 82: 10-18.

[19] 周长春．泡沫分离技术研究进展[J]．生物技术通信，2003，14(1)：85-87.

[20] 赵艳丽，张芳，吴兆亮，等．不同下离子强度对泡沫分离乳清蛋白的影响[J]．河北工业大学学报，2012，41(2)：40-45.

[21] 张星璨，吴兆亮，傅萍，等．泡沫分离水溶液中微量茶碱工艺研究[J]．河北工业大学学报，2012，41(2)：36-40.

第21章　分子印迹

21.1　概　述

分子印迹技术(molecular imprinting technique,简称MIT)是以目标分子为模板分子,将具有结构上互补的功能聚合物单体通过共价或非共价键与模板分子结合,并加入交联剂进行聚合反应,反应完成后将模板分子洗脱出来,形成的一种具有固定空穴大小和形状及有确定排列功能团的交联高聚物。这种交联高聚物即分子印迹聚合物(molecular imprinting polymers,简称MIPs)。其合成过程被形象地描述为制备识别"分子钥匙"的"人工锁"技术。在一定溶剂(致孔剂)中,模板分子(即待测分子)与功能单体上的功能基团通过共价或非共价键(氢键、离子键、疏水相互作用、共轭作用等)相互作用预组装,形成主客体配合物,然后通过加入交联剂、引发剂,在光或热等引发条件下交联聚合,在模板分子周围形成高交联的高分子刚性聚合物,这样经由主客体配合物与交联剂通过自由基共聚合反应,形成了匹配于待测分子的位点。最后将聚合物中的印迹分子通过适当的提取处理,将模板分子洗脱或解离出来,从而在聚合物中便留下了与印迹分子大小相同、形状匹配的立体空穴,由于空穴中包含了精确排列的、与模板分子官能团互补的、由功能单体提供的功能基团,高分子聚合物的这种特性便赋予该聚合物特异的"记忆"识别功能,具有了对印迹分子的选择性识别能力,即类似于天然生物分子识别系统。

1949年,Dickey提出了"分子印迹"这一概念。1973年,Wulff等利用酶和抗体具有分子形状、空间结构选择性的特点,发展了用于色谱手性拆分的分子印迹聚合物,印迹技术得到人们的重视。20世纪80年代,Norrlow等进一步发展了这一技术,但主要用于小分子物质如多肽或辅酶的分离纯化。1995年,Maria等又将该技术用于蛋白质的分离纯化。从此以后,分子印迹技术得到了迅猛发展。

分子印迹分离技术就是使用其表面上具有待分离的目标分子的印迹的聚合物(MIP)作为吸附材料与待分离的混合物溶液接触,待分离的目标分子从体系中被吸附到印迹中,将分离材料与吸附溶液分开,就可达到分离的目的,可形象地用锁—匙关系来比喻待分离分子与分子印迹聚合物的关系。分子印迹聚合物(MIPs)具有三大特点:①预定性(predetermination),即它可以根据不同的目的制备不同的MIPs,以满足各种不同的需要;②识别性(recognition),即MIPs是按照模板分子定做的,可专一地识别印迹分子;③实用性(practicability),即它可以与天然的生物分子识别系统如酶与底物、抗原与抗体、受体与激素相比拟,但由于它是由化学合成的方法制备的,因此又有天然分子识别系统所不具备的抗恶劣环境的能力,从而表现出高度的稳定性和长的使用寿命。因此,从20世纪90年代中后期以来,分子印迹技术受到了极大的重视。最近,出现了将分子印迹技术应用于中药化学成分的分离纯化的新趋势。

21.2 原理

分子印迹技术的原理:①功能单体与目标分子的功能基团在适当的条件下可逆结合,形成复合物;②加入交联剂,使其与功能单体聚合,形成的聚合物将目标分子包埋在内;③用一定的物理和化学方法,将模板分子(即目标分子)从聚合物中洗脱,以获得具有识别功能并与之相匹配的三维空穴。这样,可以再次选择性地与模板分子结合,从而具有专一识别模板分子的功能。目前为止,分子印迹技术主要有以下两种。

21.2.1 共价键法(预组装)

共价键法是由 Wulff 等创立发展起来的。该方法中印迹分子(目标分子)和功能单体以共价键的形式结合生成印迹分子的衍生物,该聚合物进一步在化学条件下打开共价键使印迹分子脱离。功能单体一般采用小分子化合物。共价键结合作用包括硼酸酯、西佛碱、缩醛(酮)、酯、螯合键作用等。共价键法主要应用于制备各种具有特异识别功能的聚合物,如糖类及其衍生物、甘油酸及其衍生物、氨基酸及其衍生物、扁桃酸、芳香酮、二醛、三醛、铁转移蛋白、联辅酶及甾醇类物质。

21.2.2 非共价键法(自组装法)

非共价键法是由 Mosbach 等发展起来的。即把适当比例的印迹分子与功能单体和交联剂混合,通过非共价键结合在一起生成非共价键印迹分子聚合物。这些非共价键包括氢键、静电引力、金属螯合作用、电荷转移、疏水作用以及范德华力等。最常用到的是氢键,但是如果在印迹和后续的分离过程中只有氢键作用时,则拆分外消旋体的效果不佳;如果在印迹过程中既有氢键,又有其他的非共价键作用时,其拆分外消旋体的分离系数 α 值很高。此法主要应用于下列物质的分离中:染料、二胺、维生素、氨基酸衍生物、多肽、肾上腺素功能药物阻抑剂、茶碱、二氮杂苯、核苷酸碱基、非甾醇类抗感染药普生和苄胺等。

共价键和非共价键分子印迹的基本原理如图 21.1 所示。

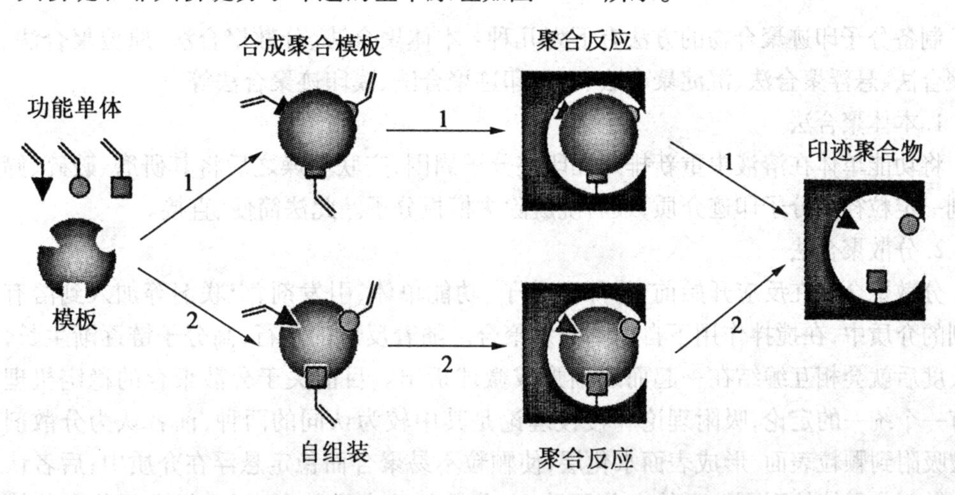

图 21.1 共价键和非共价键分子印迹的基本原理示意图

共价键法和非共价键法的主要区别在于单体与模板分子的结合机理不同：非共价键法中通过弱的相互作用力在溶液中自发地形成单体模板分子复合物;而共价键法是通过单体和模板分子之间的可逆性共价键合成单体－模板分子复合物的。

另外,也有报道将共价作用与非共价作用结合起来进行分子印迹。

21.3 工艺流程及参数因素

和普通聚合物的制备工艺相比,分子印迹聚合物制备的优点,主要体现在以下几个方面:①功能单体上的官能团必须能与模板分子发生一定的作用,例如能够与印迹分子生成可逆共价键的基团,或是能够与印迹分子形成非共价键作用的基团,而不是像普通的聚合物那样先聚合再进行功能化。②分子印迹聚合物一般是高度交联的,以便使聚合物具有一定的刚性结构,让功能单体各功能团的排列和构象能够保持下来,并维持印迹位点在使用过程中空间形状不发生变化,使印迹过程的选择性得以保留。

典型的分子印迹聚合物制备过程通常包括以下 4 个步骤:①功能单体及交联剂的选择。根据模板分子的性质、结构特点以及功能单体与模板分子之间的相互作用的类型,选择带有能与印迹分子发生作用的功能基团的功能单体。如果功能单体不易得可以合理地设计、合成具备这种性质的功能单体。然后依据不同的功能单体选择合适的交联剂,及聚合方式。②聚合反应。在印迹分子和交联剂存在的条件下,通过加入引发剂使单体进行聚合反应。③印迹分子的去除。采用萃取、酸解、碱解等手段将占据在识别位点上的模板分子洗除去。④后处理。在适宜条件下对分子印迹聚合物进行进一步的熟化,增加交联度和刚性、成型加工或真空干燥等后处理手段。从以上制备过程可以看出,分子印迹聚合物的识别敏感性能除受自身所选择的体系如模板分子、功能单体、交联剂、反应溶剂(致孔剂)等因素影响外,还与引发方式和模板分子提取程度以及后处理方式有很大的关系。

21.3.1 分子印迹聚合物制备方法

制备分子印迹聚合物的方法有下列几种：本体聚合法、分散聚合法、原位聚合法、乳液聚合法、悬浮聚合法、沉淀聚合法、表面印迹聚合法、膜印迹聚合法等。

1. 本体聚合法

将功能单体在溶液中重新排列在印迹分子周围,交联干燥之后将其研磨、破碎、筛分得到一定粒径的分子印迹介质,最后洗脱除去模板分子。此法简便、直接。

2. 分散聚合法

分散聚合是在反应开始前,将印迹分子、功能单体、引发剂、交联剂等加入到溶有分散剂的介质中,在搅拌作用下自由基引发聚合。随着反应的进行,高分子链逐渐生长,一定长度后就会相互缠结在一起而逐渐形成微球析出。目前关于分散聚合的稳定机理还没有一个统一的定论,吸附理论和接枝理论是其中较为认同的两种,前者认为分散剂分子被吸附到颗粒表面,形成表面水化层,使颗粒不易聚合而稳定悬浮在介质中;后者认为是分散剂分子接枝到颗粒中的大分子链上,分散剂的支链伸向水相,靠空间位阻使体系稳定。通过对本体聚合法和分散聚合法制备的聚合物微球稳定性对比，并采用漫反射红外分析，认为接枝理论是聚合物稳定的主导因素，但吸附理论也有一定贡献。

分散聚合法制备 MIPs 工艺简单，能合理解决聚合中的散热问题，适用于分子印迹技术中的各种功能单体，可得到粒径分布均匀、单分散性好且粒径适中的印迹聚合物微球。但这种方法制备出的 MIPs 交联度不高，表面活性剂及分散剂的选择不当也难以得到性能良好的 MIPs。

3. 原位聚合法

原位聚合法是在色谱柱或毛细管中直接合成 MIPs 作为固定相的方法，该方法将色谱分离技术与分子印迹技术相结合，不但使得分子印迹微球的制备直接简便，产物比表面积增大、粒径分布均匀，可用于识别的位点数量增多，同时也有利于提高色谱柱柱效和降低柱压，因此具有很强的实用性。中科院采用此法制备了以辛可宁作为印迹分子的 MIPs，分离了非对映异构体抗疟药物辛可宁和辛可尼丁，大大提高了高效液相色谱（HPLC）分离的柱效。此外，由原位聚合法制得分子印迹微球的技术还可以将分子印迹聚合物的高选择性与毛细管电泳的高柱效很好地结合起来，MIPs 共聚物毛细管柱可在很短的时间内实现印迹分子及对映体的基线分离，使得毛细管电泳技术有了新的发展。原位聚合应用于分子印迹技术的最大优势在于聚合得到的产物可直接用于色谱固定相，展现了其用于手性物质分离的潜力，是一种很有发展前景的印迹技术。

4. 乳液聚合法

乳液聚合法应用于分子印迹技术的最成功之处在于有效解决了水溶性分子的印迹问题，有研究表明该法能够设计和制备出形态和尺寸适宜的分子印迹聚合物分离介质。制备过程是将印迹分子、功能单体、交联剂溶于有机溶剂，然后将此溶液转入溶有一定量乳化剂的水中，搅拌使其乳化，加入引发剂交联聚合后就可得到粒径较为均匀的聚合物微球。该法得到的印迹聚合物微球的粒径通常为 50 ~ 500 nm，由于粒径分布在纳米级，使得分子印迹微球的比表面更大，吸附能力更强。

5. 悬浮聚合法

悬浮聚合是将溶解有功能单体和引发剂的有机相和溶解有稳定剂的水相、分散剂，经过高速搅拌，使其形成悬浊液，在悬浊液中，聚合在每一个小的有机液滴中进行，同时高速搅拌，从而获得粒径较为均一的球形分子印迹聚合物，目前这种方法被广泛应用于色谱柱填料的工业生产中，此方法制备的分子印迹聚合物不需要粉碎及研磨，印迹位点不容易被破坏，但是聚合反应中大量水或者其他极性溶剂会和功能单体竞争结合模板分子，削弱功能单体与模板分子的结合强度，甚至破坏主客体配合物的形成，还会大量溶解模板分子、功能单体和交联剂，妨碍在有机相里进行的聚合反应，影响印迹的效果。

6. 沉淀聚合法

沉淀聚合又称非均相溶液聚合，在低浓度的聚合反应中，通过低聚物的团聚成核，并捕捉其他低聚物和单体长大成为粒径均一的微球聚合物，这是用于制备纳米级分子印迹聚合物的技术，沉淀聚合所用的聚合混合物与块状聚合相似，所不同的是溶剂的用量比后者要多，并且聚合反应发生后，生成的是纳米级微球形沉淀，而不是块状印迹聚合物，反应的溶剂黏度必须非常低，这样才能保证单体分子和低聚物有较大的流动性，从而避免过度聚集,这种方法不需要在反应体系中另加入稳定剂,所以组分简单,易于操作,得到的微球聚合物粒径均一、表面干净,不需进行研磨,减少了由这些步骤引起的聚合物的损失,但制备分子印迹聚合物时,需要大量的模板分子,采用此法制备的印迹颗粒比常规块状聚合法获得的印迹颗粒性能要好。

7. 表面印迹聚合法

由上述几种方法制得的 MIPs 识别位点大都在微球内部,而聚合物内部存在的扩散阻力会导致印迹分子与识别位点结合困难,结合效率低,最近出现的一种将识别位点建立在聚合物表面的全新印迹方法可以使这一问题得以解决。由于在聚合过程中,功能单体与印迹分子在乳液界面处结合,形成的结合物就留在反应界面。因此,称这种方法为表面印迹聚合。应用该法可以很好地解决亲水性分子的印迹问题,其主要过程是让印迹分子先同某种金属离子形成配合物,再使该金属离子与功能单体配位形成配合物,将此配合物共聚到其他球形聚合物的表面,抽提出印迹分子后,在该球形聚合物的表面留下了结合位点。

Norrlow 和 Dhal 等分别在硅胶和聚 YRIM 粒子表面嫁接印迹层获得成功。先将模板分子与功能单体在有机溶剂中反应形成加合物,然后将此加合物与表面活化后的硅胶、聚 TRIM 粒子和玻璃介质反应嫁接,这样获得的分子印迹聚合物解决了传统方法中对模板分子包埋过深或过紧而无法洗脱下来的问题。此外,印迹聚合物还具有制备简单、快速、稳定性强,可以长期保存等优点。另外,印迹分子被洗脱后将会发生一定的收缩。当其再度与印迹分子结合时,又会膨胀起来。有人认为这种现象可能是由功能团的溶剂化引起的。

表面印迹法已成功地用于印迹亲水性模板分子,以印迹金属离子为例,将金属离子与功能单体形成配合物,然后将它用缩合聚合引入到硅胶表面除去金属离子后,在硅胶表面上就留下了可识别该金属离子的位点,由于结合位点处于聚合物表面,表面印迹技术有两个明显优点:模板分子更容易洗脱;重新结合时,模板分子不需要进入聚合物刚性结构中,大大缩短了结合达到平衡所用的时间。不过该方法对所用到的配合物配合常数要求比较苛刻,太大则不易洗脱,太小则影响识别效果,因此其应用受到了限制。

8. 膜印迹聚合法

分子印迹膜制备技术在利用膜进行分离及将分子印迹聚合物用于传感器敏感材料方面有着广泛的应用前景,膜分离有着色谱分离所不具备的优势,可以进行连续分离,而且分离物的量也不受限制,其对生物膜功能的模拟在生物无机、有机化学和环境化学研究中有着重要的意义。Takaomi 等运用相转移法进行分子印迹膜的制备。K. Mosbach 等则直接将印迹膜制备在换能器表面,作为传感器直接用来检测模板分子。

21.3.2 分子印迹聚合物制备过程中的影响因素

分子印迹聚合物制备过程涉及很多的因素,如功能单体、交联剂、致孔剂、引发剂、制备条件、聚合物稳定性等,这些因素都影响着分子印迹聚合物的制备和对功能分子的印迹过程。

1. 功能单体、交联剂、致孔剂和引发剂的选择

功能单体包括丙烯酸、甲基丙烯酸、各种甲基丙烯酸酯、三氟甲基丙烯酸、亚甲基丁二酸、丙烯酰胺等,其中最常用的功能单体是甲基丙烯酸,它和印迹分子之间能够形成较多的氢键结合位点,还可以在一定条件下同胺类物质发生离子作用,因此其制成的 MIP 具有很高的选择性。最常用的交联剂是乙二醇二甲基丙烯酸(EDMA)、三甲氧基丙烷、三甲基丙烯酸醇(TRIM),交联剂在分子印迹中起着非常关键的作用,印迹过程中它必须聚合形成不易形变的刚性结构,从而能够记住模板分子的形状,但与之相矛盾的是为了保证把模板分子从印迹空穴中洗脱出来,还必须保证交联后的结构具有一定的柔性,这同时也是分子识别的过程中目标分子能够扩散进入印迹空穴的必要条件。

在分子自组装印迹聚合物的制备过程中,为稳定模板分子和功能单体之间形成的配合物,使其在聚合反应过程中能够稳定存在,得到具有良好选择性的印迹聚合物,选择合适的致孔剂溶剂很重要,在模板分子溶解度允许的情况下,要尽量选择极性低,对氢键影响弱的致孔剂如苯、甲苯、二甲苯、氯仿、二氯甲烷、乙腈、N,N－二甲基甲酰胺、四氢呋喃、乙酸乙醇等,因为在分子自组装方法中,极性溶剂由于自身与模板分子或者功能单体形成氢键作用而与主客体配合物的形成竞争,从而阻止印迹空穴的形成。

制备分子印迹聚合物的自由基共聚合一般采用偶氮二异丁氰(AIBN)或偶氮二异庚氰引发,通常采用的方法是热引发,如果模板分子是热不稳定的化合物,则采用紫外光引发方法。自由基共聚合的反应方式决定引发聚合过程中必须保证完全隔绝氧气,反应混合液一定要通过通氮气、超声脱气等方法反复除氧,否则氧气的存在会淬灭自由基,使聚合反应不完全甚至不能聚合,影响印迹聚合物的识别功能。

2. 模板分子－功能单体复合物的稳定性

影响模板分子－功能单体复合物的稳定性的因素有:①模板分子的用量。合成 MIP 时,模板分子、单体和交联剂的相对用量对 MIP 性能有直接的影响。模板分子的最佳量通常为总量的5%,当用三乙烯基化合物作为交联剂时,模板分子的比例可增大。此外,模板分子的用量还受到其溶解性和获取难易程度的影响。②单体和交联剂的用量。在聚合时增加交联剂的用量有利于形成稳定和完整的"印迹"位点。增加交联剂用量可以使聚合物具有相当的刚性,降低在溶液中的溶胀。减少位点空间结构和功能基定向的改变,提高选择性,这对于结构类似的物质间的分离十分重要。但底物从聚合物进入结合位点主要依靠扩散作用,扩散速度除受温度和浓度的控制外,还受到高分子结构的制约。提高扩散速度,缩短响应时间,主要是通过减少交联剂用量、增加致孔剂用量以增大聚合物链间的空隙。一般而言,对于易挥发的有机待测物需要制备高度交联的聚合物;对于具有一定形状的模板分子,交联剂的用量适量降低。③单体－模板复合物的刚性和稳定性。单体－模板复合物的刚性大,形成的位点与模板分子的吻合程度高,在位点上发生相互识别和键合作用时熵的变化小,有利于提高亲和力和选择性。

3. MIP 识别位点的形成

合成 MIP 时,模板分子、单体和交联剂等通常溶于形成氢键能力较弱的溶剂中,功能单体在聚合前和聚合过程中必须与模板分子产生强烈的相互作用,形成较大数量的识别位点。能产生多个作用点的模板分子和功能单体易于生成高特异性和亲和力的键合位

点,例如,含有碱性基团的模板分子多选用 MAA 作为单体,而含酸性基团的底物多选用 VPY 作为单体。聚合时,多个功能单体的联用在很多情况下可得到具有更高识别能力的 MIP。但如果单体对模板分子没有特殊的亲和力时,单体间的相互结合将是竞争单体与模板分子的结合。根据识别位点的稳定性、完整性和可到达性,将识别位点进行分类。

4. 介质的影响

底物与位点的结合能力与介质的性质密切相关。对于低极性模板分子,有机溶剂作为介质时可达到良好的识别能力。此时,识别主要依靠分子间静电作用,显示出高亲和力和选择性。其中,乙腈形成氢键的能力较弱,对识别位点氢键形成的竞争小,同时对甲基丙烯酸酯骨架和多数化合物具有较好的溶解性,因而是一种常用的溶剂和流动相。当流动相的极性增加时,极性大的模板分子比极性小的模板分子易于从 MIP 上洗脱,这是由于极性小的模板分子的疏水作用增强所致。对于具有质子性功能基团的模板分子,当用 MAA 或 VPY 作为单体时,合成的 MIP 常在亲水流动相中显示优良的色谱性能和选择性。

5. 洗脱剂的影响

底物在选择性吸附后,使用小体积洗脱溶剂能有效地从柱上解吸附、对纯化和富集底物十分重要。如以 MAA 为单体时,对于弱键合的底物,可用甲醇或性质相似的洗脱剂;对于键合能力较强的底物,如含氮碱基,则在碱性溶剂中添加少量酸如三氟乙酸等可达到良好的洗脱效果。在某些情况下,MIP 与待测物紧密结合,难于有效定量的洗脱,则需要更为剧烈的洗脱条件。另外,功能单体相同的 MIP 在洗脱剂中的溶胀程度与 MIP 的结构形态和聚合物链在介质中的溶解程度有关。聚合物在洗脱剂中溶胀、缩小会导致结合位点的可达到性发生变化,并且可使底物陷入其中,这是重现性低的主要原因。

21.3.3 分子印迹聚合物的结构表征

对分子印迹聚合物微球(MIPMs)的结构表征,仍采用传统聚合物微球的表征方法。通常是通过吸附实验进行比表面积、微球体积、粒径大小及其分布、微球形状的测定以及采用静态吸附法对分子印迹微球的吸附性能进行表征等。这两项指标是影响分子印迹微球分离性能的重要因素。此外,粒径大小及其分布也是描述印迹微球性质最基本的指标,粒径可以用电子显微镜观察,也可以用激光粒度分析仪、静 P 动态光散射仪等光学仪器测试。近年来有文献报道利用一些特殊的技术,如反射干涉光谱法对以(R,R) 及(S,S) -2,3-二-O-苯甲酰酒石酸为模板制备的 MIPMs 进行研究,可得到聚合物微球与印迹分子相互作用的信息。

21.3.4 分子印迹聚合物的性能表征

分子印迹聚合物微球的最大性能特征就在于其对印迹分子的选择性识别,常用以下几种方法对该性能进行表征。

1. 色谱法

目前,分子印迹聚合物微球分子识别性能测试中应用最为广泛的方法是高效液相色谱法。该法是将制备出的粒径分布在一定范围内的 MIPMs 作为 HPLC 固定相装入色谱柱中,用流动相洗脱,然后将含有印迹分子的溶液或与其他物质的混合物注入色谱柱内,由于MIPMs中的空间结构和化学基团与各物质的匹配性不同而使保留时间不同,就可以由色谱图来分析聚合物对印迹分子是否具有选择性以及选择性的大小。此外,气相色谱法、毛细电泳色谱法、超临界色谱法等也有所应用,毛细电泳色谱法能在一定程度上改善HPLC中吸收峰峰宽较大、强度较弱以及拖尾现象严重等缺点。同时,针对没有确定紫外吸收的被测物不能用HPLC进行分析这一问题,近年来出现的蒸发光散射检测器(ELSD)技术使之迎刃而解。如果能够选择合适条件,合成出无光学吸收活性化合物的MIPMs,结合HPLC-ELSD技术进行研究,扩展分子印迹技术的应用范围,将具有光辉的研究价值和应用前景。

2. 紫外分光度法

紫外分光度法是一种灵敏度较高的分析检测方法,基于物质在1~20 eV内电子跃迁的普遍性,在分子印迹技术中,通常采用吸附振荡结合紫外光谱检测法来判断印迹聚合物对印迹分子的亲和力和选择性。在操作中,通过采用在紫外光区有较强吸收的物质作为印迹分子,利用合成出的印迹聚合物吸附印迹分子溶液后吸附液在吸附前后吸光度的变化来表征印迹聚合物的吸附及选择性能。此外,也可以通过检测吸附了印迹分子后印迹聚合物的溶液所产生的紫外吸收,根据吸光强度来表征印迹聚合物的性能。该方法主要适于印迹分子与功能单体作用后吸收谱带发生变化的体系,但其谱带过于简单,很难确定结合位点。

3. 电势测定法

这种方法利用流动电位原理,当液体沿固体表面流动时会产生流动电位,液体浓度的变化将影响流动电位的大小。因此,根据所测定的流动电位的变化,可判断液体浓度的变化。基于此原理,在特定条件下,可以确定液相溶质和固相之间的亲和力大小。将其用于分子印迹技术中的具体操作过程是:将所制得的分子印迹聚合物装入流通池,用含有印迹分子的溶液或混合物进行洗涤,由流通池两端相连的电位计读数的变化就可以推算出聚合物对印迹分子的识别性能。电势测定法具有更宽的适用范围,它能测定某些色谱法和紫外分光度法所无法测定的物质。

4. 荧光测试法

该法是近些年来才出现的一种全新的测试分子印迹聚合物性能的分析方法,应用条件是含有印迹分子的溶液具有荧光性,利用印迹聚合物浸泡前后溶液的荧光强度的变化来确定分子印迹聚合物的性能。若制备出的聚合物本身具有荧光时,则可以利用印迹分子对其荧光淬灭或印迹分子及其他物质对印迹聚合物的淬灭不同来确定聚合物的吸附性能及选择性。

5. 傅里叶变换红外光谱和核磁共振法

由傅里叶变换红外光谱和核磁共振法可以确定去除印迹分子后,印迹孔穴内是否留有与印迹分子相互作用的官能团,但其局限性就在于不能确定印迹聚合物对印迹分子的识别选择性。目前主要是应用这两种方法来表征印迹聚合物的分子结构信息,由于其提供更大的信息量和更高的准确度,从而可以确定作用位点和作用强度。

21.4 应用与展望

分子印迹聚合物的应用非常广泛，如色谱分离、膜分离、固相萃取、药物控制释放、化学传感、环境检测等。分子印迹聚合物制备过程简单、高效，能够分离特定的目标产物，因此受到了越来越多的重视。其在天然活性物质的应用越来越多，如多酚、黄酮、茶碱等的分离和纯化。

21.4.1 分子印迹技术在手性药物分离中的应用

手性药物分离是药物分析中一个重要环节。尽管手性药物的两个对映体理化性质相近，但在生物环境中所表现的药物活性、代谢过程及毒性等生理活性却不同，故药物异构体的分析分离对用药安全至关重要。鉴于传统的色谱分析方法存在诸多不足，如固定相选择性差、分离效率低、分析时间长，然而用分子印迹聚合物替代色谱固定相，具有良好的特异性识别能力。与其他色谱固定相相比具有明显的优势：较高的机械稳定性，耐高温、高压及耐酸碱性条件；对分析分子具有高的选择性；不仅对一些常见的手性分离物能实现较好的拆分分离，而且对于与模板分子结构相似的对映体也表现出一定的交叉分离能力。

大多数手性拆分的工作都集中在药物手性分子的拆分上。近年来，分子印迹手性拆分工作进展迅速，而且其拆分方法已不仅限于 HPLC，所研究的拆分对象包括药物、氨基酸及衍生物、肽及有机酸。但是分子印迹聚合物在手性拆分中存在许多不足：①聚合物容量太小。主要是因为聚合物中实际有效结合位点太少所致。Sellergren 等虽然通过自组装和预组织结合的方法提高聚合物容量，但这一方法因其需要的模板分子能发生可逆共价键反应，因而限制了它的广泛应用。②分子印迹聚合物在制备前首先需要纯的对映体分子，这就给一些用一般方法难以拆分的消旋物的拆分工作带来了困难。理论上讲可以用分子类似物作为模板，实际上寻找分子类似物也是一件非常困难的工作。Mosbach 等建议用经部分拆对映体作模板进行逐步的拆分，可以想见其工作是繁琐的。③虽然已有报道在水相中进行了手性拆分，但也都是处于开始阶段，尚有待进一步研究。总之，目前虽有不少问题有待解决，但分子印迹聚合物用于手性拆分的前景是不容否定的。

21.4.2 分子印迹技术在药物传输中的应用

分子印迹技术不仅可以实现对药物分子的选择性分离识别，另外一个最重要的特点就是可以作为一种稳定的药物载体，携带结构类似的药物分子到达病灶部位，进而缓控释放，进行有针对性的治疗。因此，分子印迹聚合物非常适合作为特定药效部位的载药系统，输运治疗的药物分子或与其类似物分散在位点的空穴中。印迹聚合物作为载体输运工具不仅对药物有保护作用，而且具有由于印迹作用引起的选择性和高度亲和性。分子印迹聚合物作为载药系统具有缓释性，特别是对在高浓度下产生毒副作用的药物，分子印迹技术作为输运工具与传统的输运方式相比显得更加具有优势。通过对印迹聚合物中功能单体或者其他组分进行修饰，也可使分子印迹聚合物对药物释放具有可控性和靶向性，从而控制其对药物的释放能随外部条件如 pH 值、光、热、温度等刺激的变化而调控药物释放过程。作为一种良好的体内传输系统，分子印迹聚合物具有生物可降解性，有一定的机械性、灵活性，具备一定的生物黏附性和生物兼容性，对细胞组织器官等损伤小，抵御各种酶和化学物质侵袭能力强，无毒，适应多变的、复杂的体内环境等优点。Allender 等将以甲基丙烯酸为功能单体制备得到的心得安印迹聚合物用作经皮给药装置的赋型剂，在水/乙醇(50:50) 的介质中进行扩散实验，结果表明含印迹聚合物的给药装置的释药速度明显低于不含印迹聚合物的给药装置，具有明显缓释效应。此外，Alvarez Lorenzo 等制备了噻吗心安(timolol) 分子烙印聚合物的眼内释药的软隐形镜，在 37 ℃的人工制作泪液中可持续释药 10 h 以上。

21.4.3　分子印迹作为固相萃取剂研究中的应用

分子印迹聚合物作为固相萃取技术的吸附剂，具有特定的亲和力和选择性，克服了传统固相萃取技术中选择性不高、分离效率低、分离过程繁琐、分离耗时长等缺陷。目前，这种技术广泛应用于环境污染物的监控检测、食品、农副产品、中药材、农药残留检测及生物样品中的药物及其代谢物产物的分离与分析方面。Xu 研究小组将分子印迹聚合物作为固相萃取柱与高效液相色谱或质谱联用，实现了中草药中有效成分的分离、富集及在线鉴定等的一体化过程。

21.4.4　分子印迹技术在天然活性物质分离中的应用

分子印迹技术在天然活性物质分离中的应用主要在对某些草药中的黄酮，比如葛根素、葛根异黄酮、槲皮素、山奈素等黄酮类物质的分离，对侧耳素的分离也有了一定的研究。

1. 葛根素的分离

陈立娜等研究了分子印迹技术在葛根素分离的应用，通过静态吸附实验对聚合物的吸附性能进行了评价。使用量子化学的方法对模板分子与功能单体的结合构象进行了计算机模拟，采用 UV，IR，^{1}H NMR 一系列光谱学分析了分子印迹聚合物形成的机理，通过固相萃取考察了聚合物对葛根素的选择性能。该分子印迹聚合物对葛根素具有高度选择性，一次性处理葛根素的回收率达到 78.0%，纯度可达到 86.5%。为从葛根中高效分离富集异黄酮活性成分——葛根素提供了一种新方法。

2. 葛根异黄酮的分离

赵家伟等进行了分子模拟辅助设计合成葛根异黄酮分子印迹整体柱，以染料木素为模板，4－乙烯吡啶、丙烯酰胺和甲基丙烯酸为候选功能单体，采用密度泛函(DFT)精确预测和计算染料木素与不同功能单体间的氢键能，从而筛选出最佳功能单体及其与模板分子的比例。根据计算的结果，采用原位聚合法合成葛根异黄酮分子印迹整体柱。结果表明，4－乙烯吡啶与染料木素之间的相互作用最强，为最佳功能单体，且 4－乙烯吡啶与染料木素形成的复合物的最佳比例为 2:1；并在此条件下，成功制备出葛根异黄酮分子印迹整体柱。

3. 槲皮素的分离

于兰哲等进行了分子印迹复合物分离槲皮素的研究，以槲皮素为模板分子，4－乙烯基吡啶(4-VP) 为功能单体,乙二醇二甲基丙烯酸酯(EDMA)为交联剂,偶氮二异丁氰(AIBN)为引发剂,丙酮为致孔剂,采用热引发本体聚合法制备了懈皮素分子印迹聚合物,通过红外光谱及扫描电镜对聚合物进行表征,并研究印迹聚合物对懈皮素的吸附性能及机理。静态吸附实验结果表明,该分子印迹聚合物对模板分子具备良好的结合能力,其饱和吸附量为2.045 mg/g,经Scatchard模型分析印迹聚合物存在对模板分子均一的结合位点。

4.山奈素的分离

贠延滨等进行了分子印迹复合物分离山奈素的研究,以山奈素为模板分子,4-乙烯基吡啶(4-VP)为功能单体,乙二醇二甲基丙烯酸酯(EDMA)为交联剂,偶氮二异丁氰(AIBN)为引发剂,在$CHCl_3$-DMF(体积比3:1)的溶剂体系中合成了含碱性功能基团的分子印迹聚合物。通过红外光谱及扫描电镜(SEM)对聚合物进行表征,并研究印迹聚合物对山奈素的吸附性能及机理。静态吸附实验结果表明,该分子印迹聚合物对山奈素具备良好的吸附能力,经Scatchard模型分析印迹聚合物存在对模板分子均一的结合位点,其最大表观吸附量(Q_{max})为3 938 μg/g,平衡解离常数(K_D)为9.074 mg/L。选择性实验表明,分子印迹聚合物在山奈素-芦丁体系中的分离因子达到3.24。

分子印迹技术在天然活性物质的分离取得了显著的进展。但是,由于天然活性物质成分复杂、结构相似,对天然活性物质的分离效果仍然达不到理想的要求。

21.4.5 分子印迹技术在其他方面的应用

分子印迹聚合物在其他方面的应用也取得了很多的进展,如在生物传感器方面的应用。吴灵等研究了分子印迹聚合物压电模拟生物传感器测定烟草中的绿原酸,基于压电石英晶体传感器灵敏的响应性能,结合分子印迹聚合物的特异识别性能,研制出绿原酸分子印迹压电体声波模拟生物传感器,还探讨了膜的修饰作用,验证了该传感器的印迹效应,优化了实验条件。该法线性范围为$5.0\times10^{-8}\sim1.0\times10^{-4}$ mol/L,回收率为96.7%~105.0%,RSD为3.7%,并用该法测定了一些烟草中的绿原酸含量。此外,分子印迹技术还应用于固相萃取、毛细管电色谱等方面。

随着MIPs制备及表征技术研究的不断深入,其应用领域也在不断扩展,使人们越来越清楚地看到分子印迹技术具有广阔的应用前景和深刻的理论意义,但目前该技术仍存在一些问题。首先,MIPs的传质机理、结合位点的作用机理以及从分子水平上对分子印迹过程和识别过程的研究不够深入;其次,印迹分子一般价格昂贵,使得MIPs的制备成本升高,且目前MIPs大多只能在有机相中进行聚合,而天然的分子识别系统大多是在水溶液中进行的,如何能在水溶液或极性溶剂中利用特殊的分子间作用力(如金属配位键等)进行分子印迹和识别仍是一大难题。此外,将生物高分子和微生物作为印迹分子是分子印迹技术的一个重大突破,但所需的新的聚合方法有待于进一步研究。对于气态小分子的研究也很少有人尝试过。这可能是因为气体分子本身体积太小,常温时呈气体,操作中无法控制等原因所致。根据以上分析,认为MIPs的发展趋势如下:①MIPs的制备和识别过程从有机相转向水相,以便接近或达到天然分子识别系统的水平,MIPs的类型也将从有机高分子向无机高分子拓展;②开发新的功能单体和交联剂,以大大拓宽MIPs

的应用范围；③印迹分子将从氨基酸、农药等小分子过渡到酶、蛋白质等生物大分子，甚至生物活体细胞；④气态小分子作为印迹分子的研究，气态中的识别也将会成为分子印迹技术研究的重要方向；⑤将组合化学原理用于 MIPs 亲和性和选择性的筛选中，这种高产量组合分子印迹技术可以大大简化条件优化工作，显著提高分子印迹聚合物的制备效率，将成为分子印迹聚合物制备方法中的重要角色。

MIPs 作为一种具有分子识别能力的新型高分子材料，将在分离科学、传感器技术和化学反应的控制等领域获得越来越广泛的应用，分子印迹技术给我们带来了希望，同时也带来了挑战，挑战我们的智慧，挑战我们的科学奉献精神。相信只要我们孜孜以求，一定会取得令人振奋的成果。

参考文献

[1] 任杰，余若黔．分子印迹技术研究进展[J]．生命的化学，2003，23(1)：70－72.

[2] 白军伟，刘学涌，钟发春，等．2，4，6－三硝基甲苯磁性分子印迹聚合物的合成[J]．高分子材料科学与工程，2013，29(8)：13-15，19.

[3] ALESSANDRO P, ANTHONY P F T, SERGEY A P. Advances in the manufacture of MIP Nanoparticles[J]. Trends in Biotechnology, 2010, 28(12): 629-637.

[4] Advincula R C. Engineering molecularly imprinted polymer (MIP) materials: developments and challenges for sensing and separation technologies[J]. Korean J. Chem. Eng., 2011, 28(6): 1313-1321.

[5] 赵家伟，张丽颖，金阳，等．分子模拟辅助设计合成葛根异黄酮分子印迹整体柱[J]．南京医科大学学报：自然科学版，2013，33(7)：1012-1018.

[6] 陈立娜，都述虎，马坤芳，等．分子印迹技术在葛根素分离中的应用及溶剂对聚合物识别能力的影响[J]．林产化学与工业，2008，28(3)：18-22.

[7] 吴小虎，邹巧根，相秉仁．分子印迹技术在毛细管电色谱手性分离中的应用[J]．药学进展，2004，28(5)：222-227.

[8] LAI Jiaping, CHEN Fang, SUN Hui, et al. Molecularly imprinted microspheres for the anticancer drug aminoglutethimide: synthesis, characterization, and solid－phase extraction applications in human urine samples[J]. J. Sep. Sci. 2014, 37(9－10): 1170-1176.

[9] 郭宇姝，谢剑炜，胡绪英．分子印迹聚合物技术在固相萃取中的应用及影响因素[J]．国外医学药学分册，2001，28(5)：300-304.

[10] JIN Y Z, WAN X L, KYUNG H R. Adsorption isotherms of catechin compounds on (+) catechin－MIP[J]. Bull. Korean Chem. Soc. 2008, 29(8): 1549-1553.

[11] 吴灵，卢红兵，钟科军．分子印迹聚合物压电模拟生物传感器测定烟草中的绿原酸[J]．烟草科技，2004(6)：16-20.

[12] 王新杨，任平平，张丽颖，等．截短侧耳素分子印迹聚合物吸附性能的初步研究[J]．时珍国医国药，2011，22(4)：825-828.

[13] 于兰哲，曲丹，负延滨. 山奈素分子印迹聚合物的制备及识别性能研究[J]. 林产化学与工业，2011，31(4)：19-24.

[14] 陈红艳，宋可珂，负延滨，等. 山奈酚分子印迹聚合物微球的制备及性能研究[J]. 中国农业大学学报,2014，19(1)：150-155.

[15] BONGAERS E，ALENUSL J，HOREMANS F，et al. A MIP - based biomimetic sensor for the impedimetric detection of histamine in different pH environments[J]. Phys. Status Solidi A，2010，207(4)：837-843.

[16] 朱丽，胡小玲，管萍. 分子印迹聚合物微球的制备及表征技术[J]. 高分子通报，2007(11)：60-67.